中国建设工程工程量清单计价规范与英国建筑工程标准计量规则异同

张国栋　主编

中国建材工业出版社

图书在版编目(CIP)数据

中国建设工程工程量清单计价规范与英国建筑工程标准计量规则异同/张国栋主编. — 北京：中国建材工业出版社,2015.1

ISBN 978-7-5160-0967-3

Ⅰ.①中… Ⅱ.①张… Ⅲ.①建筑工程－工程造价－建筑规范－对比研究－中国、英国 Ⅳ.①TU723.3-65

中国版本图书馆 CIP 数据核字(2014)第 215129 号

内 容 简 介

本书是遵照中国规范《建设工程工程量清单计价规范》(GB 50500—2013)及相关工程计算规范(简称中方),《英国建筑工程标准计量规则》(第七版)(简称英方)的有关工程量计算规则编写的。本书共分为五个部分,以《建设工程工程量清单计价规范》(GB 50500—2013)及相关工程计算规范为线索,按其规范顺序,将规范中涉及工程量计算规则的条文及其说明与《英国建筑工程标准计量规则》(第七版)中的工程量计算规则相比较来说明两者之间的异同,使造价工作者尽快掌握新的工程量清单计价模式。本书可供从事工程造价及其管理工作的人员学习和参考。

中国建设工程工程量清单计价规范与英国建筑工程标准计量规则异同

张国栋 主编

出版发行:中国建材工业出版社

地　　址:北京市海淀区三里河路1号

邮　　编:100044

经　　销:全国各地新华书店

印　　刷:北京雁林吉兆印刷有限公司

开　　本:850mm×1168mm 1/16

印　　张:27

字　　数:700 千字

版　　次:2015 年 1 月第 1 版

印　　次:2015 年 1 月第 1 次

定　　价:78.00 元

本社网址:www.jccbs.com.cn　　微信公众号:zgjcgycbs

本书如出现印装质量问题,由我社营销部负责调换。联系电话(010)88386906

编 委 会

主　编　张国栋

参　编　文学红　赵小云　娄金瑞　郭芳芳　陈会敏
闫应鹏　荆玲敏　洪　岩　惠　丽　李　锦
何婷婷　张慧利　杨进军　李　雪　王　琳
马　波　苏　莉　魏晓杰　范胜男　郑倩倩
安新杰　王会梅　孔　秋　周　凡　梁　宁
王丽格　王甜甜　张金萍　李振阳　刘晓锐
周亚萍　余　莉　雷迎春　魏琛琛　冯雪光
蔡利红　张　涛　刘海永　张甜甜　刘金玲
王慧娟　刘伟莎　徐琳琳　王文芳　费英豪

前　言

随着我国市场经济的发展以及加入WTO后建设业的发展与国际惯例接轨的不断深入，我国长期以来的以政府定价为主的工程造价计价模式逐渐被市场定价模式所取代，特别是《建设工程工程量清单计价规范》（GB 50500—2013）及相关工程国家计算规范的颁布和施行，对我国工程造价管理制度产生了深刻的影响。另外，尽管目前已有很多工程造价方面的图书出版，但中国规范与外国规范相对应比较的图书仍是一个空缺。基于这种考虑，我们以《建设工程工程量清单计价规范》（GB 50500—2013）及相关工程国家计量规范为依据，紧密结合《英国建筑工程标准计量规则》（第七版）编写了本书，供建筑造价行业人员参考使用。

本书在编写过程中得到了许多同行的支持与帮助，借此表示感谢。由于编者水平和时间有限，书中难免有错误和不妥之处，望广大读者批评指正。如有疑问，请登录www.gclqd.com（工程量清单计价网）或www.jbjsys.com（基本建设预算网）或www.jbjszj.com（基本建设造价网），或发邮件至dlwhgs@tom.com与编者联系。

编　者

2014.10

中國建材工業出版社
China Building Materials Press

目　　录

第一章　建筑工程工程量清单项目及计算规则

一、土(石)方工程

1. 什么是场地平整？中英方关于场地平整的工程量计算规则、工程内容有何区别？

答:场地平整是将天然地面改造成所要求的设计平面时所进行的土方施工全过程。土方工程施工条件复杂,受地质、水文、气候的影响大,不确定因素多,需周密地进行组织安排,以便经济而快速地完成施工,为后续工程创造有利条件。

中方工程量计算按设计图示尺寸以建筑物首层建筑面积计算,工程内容包括:土方挖填、场地找平及运输。

英方工程量计算主要考虑了植被的影响。计算时树围按高于地面1.00m高度计量;树墩按顶部尺寸计量。工程内容包括:伐树、去除树墩、清除场地植被及铲除草皮并保管。

2. 中英方土方开挖的内容及计算规则有何不同?

答:英方土方开挖包括中方的挖一般土方、挖沟槽土方、挖基坑土方、冻土开挖及挖淤泥、流砂等。

英方工程量清单提供的工程量为开挖前数量,不考虑挖出土方之松散变化量、工作面挖方量或设置土方支撑之开挖量;非桩间地梁的挖方按D20之规则计算。

中方:

挖一般土方工程量清单按设计图示尺寸以体积计算;

挖沟槽、基坑土方工程量清单按设计图示尺寸以基础垫层底面积乘以挖土深度计算;

冻土开挖工程量清单按设计图示尺寸开挖面积乘以厚度以体积计算;

挖淤泥、硫砂工程量清单按设计图示位置、界限以体积计算。

中英方计算工程量的计量单位均为m^3。

3. 中方的“管沟土方”对应于英方的哪个部分？有什么区别？

答:中方的“管沟土方”对应于英方的“与深度无关的任何额外挖方项目”。

英方“与深度无关的任何额外挖方项目”包括:

(1)地下水位以下的挖方,计量单位为m^3,计算时若合同执行后的水位与合同执行前的不同,应相应修改测量值;

(2)靠近现存管道设施之开挖,计量单位为m,计算时在特别要求留意区域执行计量;

(3)围绕现存管道设施之开挖,计量单位为nr,计算时在特别要求留意区域执行计量。

中方“管沟土方”按设计图示以管道中心线长度计算,计量单位为m或者按设计图示管底垫层面积乘以挖土深度计算;无管底垫层按管外径的水平投影面积乘以挖土深度计算。不扣除各类井的长度,井的土方并入,计量单位为m^3。

中方土方工程见表1.1.1。

土方工程。工程量清单项目设置及工程量计算规则,应按表1.1.1的规定执行。

英方土方工程见表1.1.2。

表 1.1.1　中方土方工程

项目名称	项目特征	计量单位	工程量计算规则	工作内容
平整场地	1. 土壤类别 2. 弃土运距 3. 取土运距	m^2	按设计图示尺寸以建筑物首层面积计算	1. 土方挖填 2. 场地找平 3. 运输
挖一般土方	1. 土壤类别 2. 挖土深度 3. 弃土运距	m^3	按设计图示尺寸以体积计算	1. 排地表水 2. 土方开挖 3. 围护(挡土板)及拆除 4. 基底钎探 5. 运输
挖沟槽土方			按设计图示尺寸以基础垫层底面积乘以挖土深度计算	
挖基坑土方				
冻土开挖	1. 冻土厚度 2. 弃土运距		按设计图示尺寸开挖面积乘以厚度以体积计算	1. 爆破 2. 开挖 3. 清理 4. 运输
挖淤泥、流砂	1. 挖掘深度 2. 弃淤泥、流砂距离		按设计图示位置、界限以体积计算	1. 开挖 2. 运输
管沟土方	1. 土壤类别 2. 管外径 3. 挖沟深度 4. 回填要求	1. m 2. m^3	1. 以米计量，按设计图示以管道中心线长度计算 2. 以立方米计量，按设计图示管底垫层面积乘以挖土深度计算；无管底垫层按管外径的水平投影面积乘以挖土深度计算。不扣除各类井的长度，井的土方并入	1. 排地表水 2. 土方开挖 3. 围护(挡土板)、支撑 4. 运输 5. 回填

表 1.1.2　英方土方工程

提供资料	计算规则	定义规则	范围规则	辅助资料
P1　以下资料或应按 A 部分之基本设施费用/总则条款而提供于位置图内，或应提供于与工程量清单相对应的深化图纸内： (a)地下水位及其确定日期。按执行合同前水位定义 (b)每次开挖完重新确定地下水位，并定义为合同执行后水位 (c)受潮汐或类似事项影响的周期性变化地下水位。按平均高、低水位进行说明 (d)试验坑或勘探井及其位置 (e)挡水设施 (f)地表或地下给排水设施及其位置 (g)若适用，按 D30 – D32 章节规定所需说明的桩尺寸及其平面布置				

续表

分类表					计算规则	定义规则	范围规则	辅助资料
1. 场地准备	1. 伐树 2. 去除树墩	1. 树围 600mm ~1.50m 2. 树围 1.5 ~3m 3. 树围 >3.00m，需详细说明	nr		M1 树围按高于地面1.00m高度计量 M2 树墩按顶部尺寸计量		C1 所述工程视作已包括： (a)铲除树根 (b)清运物料出工地 (c)填坑	S1 填充物料说明
	3. 清除场地植被	4. 用于准确确定工程项目的其他说明	m^2			D1 场地植被指灌木、丛林、矮灌木、矮树丛、树及≤600mm的树墩		
	4. 铲除草皮并保管	1. 保护措施，需详细说明	m^2					
2. 土方开挖	1. 保护用地表土	1. 说明平均深度	m^2	1. 当挖深超过现有场地标高0.25m时，需说明具体开挖深度	M3 清单提供的工程量为开挖前数量，不考虑挖出土方之松散变化量、工作面挖方量或设置土方支撑之开挖量 M4 非桩间地梁的挖方按2.5和6**之规则计量			
	2. 挖低标高 3. 地下室及类似构筑物 4. 坑井(nr) 5. 基槽，宽度≤0.30m 6. 基槽，宽度>0.30m 7. 桩承台和桩间地梁 8. 形成台/坡面以供回填用	分级： 1. 最大深度≤0.25m 2. 最大深度≤1.00m 3. 最大深度≤2.00m 4. 此后按每增加2.00m为单位而分段计量	m^3					

续表

分类表					计算规则	定义规则	范围规则	辅助资料
3. 与深度无关的任何额外挖方项目	1. 地下水位以下的挖方		m^3		M5 若合同执行后的水位与合同执行前的不同，应相应修改测量值			
	2. 靠近现存管道设施之开挖	1. 设施类型说明	m		M6 在特别要求留意区域执行计量	D2 防护维持管道视为特殊要求		S2 特殊要求之类别
	3. 围绕现存管道设施之开挖		nr					
4. 打碎现有物料		1. 岩石 2. 混凝土 3. 钢筋混凝土 4. 砖、砌块或石料 5. 涂膜碎石或沥青	m^3	1. 与深度无关的任何额外挖方项目		D3 岩石指因其尺寸或位置而决定不能以壁凿、特殊设备或爆破方式而移走的物料		
5. 打碎现有硬地面，需说明厚度			m^2					
6. 执行挖方之预留工作面	1. 挖低标高、地下室或同类构筑物 2. 坑井 3. 基槽 4. 桩承台及桩间地梁		m^2		M7 当挖方两侧模板面、抹灰面、基坑面或保护墙面的距离 <600 mm时，须计量工作面项目 M8 工作面按模板面、抹灰面、基坑面或保护墙面之周长乘以按开挖标高而计量出的挖方深度计算	D4 当使用经选择或处理的挖方或外运物料执行回填时，须列为特殊物料回填项目	C2 视作已包括土方支承、外运土方、回填、地下水位之下执行工程及破碎等	S3 用特殊材料执行回填的细节

续表

分类表					计算规则	定义规则	范围规则	辅助资料
7. 土方支撑	1. 最大深度≤1.00m 2. 最大深度≤2.00m 3. 此后按每增加2.00m而分级计量	1. 挖方相对面间距≤2.00m 2. 挖方相对面间距为2.00m ~4.00m 3. 挖方相对面间距>4.00m	m^2	1. 曲线 2. 低于地下水位 3. 不稳定土壤 4. 临近道路 5. 临近现有建筑 6. 留在原处	M9 土方支撑按所有挖方竖面的全深度(不管实际是否需要执行支撑)计算,除非: (a) 挖方竖面≤0.25 m高 (b) 挖方竖面为斜面且水平倾斜角度≤45° (c) 挖方竖面靠近原有墙、墩或其他结构 M10 地下水位以下或地基不稳区域的土方支撑,按开挖标高起计的全深度计量 M11 只有当相应项目按3.1.0.0规则计算时及因合同执行后水位有所不同而需作出相应调整时,才会分项计量地下水位以下之土方支撑项目	D5 土方支撑指采用不同于D32章节所述的联接钢板桩方式而进行的,供维持挖方两侧土方稳定所需之一切措施 D6 只有当挖方竖面与道路或人行道路端面的水平距离<低于道路或人行道端面标高起计的开挖深度时,才会分项计量临近道路土方支撑项目 D7 只有当挖方竖面与最临近现存建筑之基础的距离<自基础底部起计的开挖深度时,才会分项计量临近现存建筑之土方支撑项目 D8 不稳定土壤指流动粉砂、流砂、松散碎石或其他同类项目	C3 弧形土方支撑视作已包括执行弧形挖方所需之所有额外费用	

4. 中英方关于石方工程有何差别?

答:中方石方工程包括挖一般石方、挖沟槽石方、挖基坑石方及挖管沟石方。其中,挖一般石方按设计图示尺寸以体积计算,挖沟槽石方按设计图示尺寸沟槽底面积乘以挖石深度以体积计算,挖基坑石方按设计图示尺寸基坑底面积乘以挖石深度以体积计算,三者计量单位均为 m^3,挖管沟石方:1. 以 m 计量,按设计图示以管道中心线长度计算;2. 以 m^3 计量,按设计图示截面积乘以长度计算。

而英方关于石方工程没有明确介绍,只是将其列为:打碎现有物料,计量单位为 m^3;打碎现有硬地面,需说明厚度,计量单位为 m^2。它属于与深度无关的任何额外挖方项目。

中方石方工程见表 1.1.3。工程量清单项目设置及工程量计算规则,应按表 1.1.3 的规定执行。

表 1.1.3　中方石方工程

项目名称	项目特征	计量单位	工程量计算规则	工作内容
挖一般石方	1. 岩石类别 2. 开凿深度 3. 弃碴运距	m^3	按设计图示尺寸以体积计算	1. 排地表水 2. 凿石 3. 运输
挖沟槽石方			按设计图示尺寸沟槽底面积乘以挖石深度以体积计算	
挖基坑石方			按设计图示尺寸基坑底面积乘以挖石深度以体积计算	
挖管沟石方	1. 岩石类别 2. 管外径 3. 挖沟深度	1. m 2. m^3	1. 以米计量,按设计图示以管道中心线长度计算 2. 以立方米计量,按设计图示截面积乘以长度计算	1. 排地表水 2. 凿石 3. 回填 4. 运输

5. 关于土方回填,中英方有何不同?

答:土方回填是对低洼处用土方分层填平。

中方在土方回填时考虑了:1. 密实度要求;2. 填方材料品种;3. 填方粒径要求;4. 填方来源、运距等因素的影响,计算工程量时按设计图示尺寸以体积计算。

(1)场地回填:回填面积乘以平均回填厚度;

(2)室内回填:主墙间面积乘以回填厚度,不扣除间隔墙;

(3)基础回填:按挖方清单项目工程量减去自然地坪以下埋设的基础体积(包括基础垫层及其他构筑物)。

新规范增加了余方弃置项目,计算工程量时,按挖方清单项目工程量减利用回填方面积(正数)计算。

计量单位均以 m^3 计算。

英方考虑取土方式的不同,即使用挖出土方回填、使用场内存土回填、使用场外取土回填等,并考虑回填高度的不同来确定计算规则。计算时:

(1)回填量按回填后体积计算;

(2)用于计量之平均回填厚度为压实后的厚度；

(3)当不处于地面标高时，才需特别说明外部种植层或其他同类项目的位置。

计算单位为 m^3。

中方中的土方回填的工程内容包括：运输、回填、压实等，其中的挖土方对应于英方的挖出土方。中方回填见表1.1.4。

回填工程量清单项目设置及工程量计算规则，应按表1.1.4的规定执行。

表1.1.4　回填

项目名称	项目特征	计量单位	工程量计算规则	工作内容
回填方	1. 密实度要求 2. 填方材料品种 3. 填方粒径要求 4. 填方来源、运距	m^3	按设计图示尺寸以体积计算 1. 场地回填：回填面积乘以平均回填厚度 2. 室内回填：主墙间面积乘以回填厚度，不扣除间隔墙 3. 基础回填：按挖方清单项目工程量减去自然地坪以下埋设的基础体积(包括基础垫层及其他构筑物)	1. 运输 2. 回填 3. 压实
余方弃置	1. 废弃料品种 2. 运距		按挖方清单项目工程量减利用回填方面积(正数)计算	余方点装料运输至弃置点

英方挖出土方工程量清单提供的余土外运工程量为开挖前数量，不考虑开挖后土方松散的变化量或设置土方支撑所需的土方量。

英方土方工程见表1.1.5。

表1.1.5　英方土方工程

提供资料	计算规则	定义规则	范围规则	辅助资料
P1 以下资料或应按A部分之基本设施费用/总则条款而提供于位置图内，或应提供于与工程量清单相对应的深化图纸内： (a)地下水位及其确定日期。按执行合同前水位定义 (b)每次开挖完重新确定地下水位，并定义为合同执行后水位 (c)受潮汐或类似事项影响的周期性变化地下水位。按平均高、低水位进行说明 (d)试验坑或勘探井及其位置 (e)挡水设施 (f)地表或地下给排水设施及其位置 (g)若适用，按D30－D32章节规定所需说明的桩尺寸及其平面布置				

续表

分类表					计算规则	定义规则	范围规则	辅助资料
1. 余土外运	1. 地表水 2. 地面水		项		M12 只有当相应项目按4.1规则计算和因合同执行后水位有所不同而需作出调整时，才会分项计量排走地面水之工程项目	D9 地表水为位于现场和挖方区域的地表水		
	3. 挖出土方	1 运出现场 2. 于场内存土	m^3	1. 规定位置，需说明细节 2. 规定存储，需说明细节	M13 清单提供的余土外运工程量为开挖前数量，不考虑开挖后土方松散的变化量或设置土方支撑所需的土方量		C4 视作已包括任何形式挖方或破碎物料	
2. 土方回填 3. 回填至所需标高 4. 回填至外部种植层高度，需说明位置。	1 平均厚度≤0.25m 2. 平均厚度>0.25m	1. 使用挖出土方回填 2 使用场内存土回填 3. 使用场外取土回填，需说明填土类别	m^3	1. 经选择土方，需说明细节 2. 再处理土方，需说明细节 3. 地表土 4. 特殊存储，需说明细节	M14 回填量按回填后体积计算 M15 用于计量之平均回填厚度为压实后的厚度 M16 当不处于地面标高时，才需特别说明外部种植层或其他同类项目的位置			S4 材料种类及质量 S5 回填及夯实办法
5. 回填层表面夯实	1. 于垂直面或斜面		m^2			D10 仅要求对水平角度>15°的斜面之工作进行详细说明		

续表

分类表					计算规则	定义规则	范围规则	辅助资料
6. 表面处理	1. 使用除草剂		m^2		M17 表面处理也可提供于任何按表面积计量项目的项目描述内			S6 材料类别、质量及利用率
2. 夯实	1. 地面 2. 回填 3. 挖方底面			1. 垫层,需说明材料	M18 特殊垫层按 10 * * * 之规则回填而计量 M19 混凝土垫层按 E10 章节之相关规则计量		C5 夯实视作已包括刮平及形成水平角度 ≤ 15° 的坡面或斜面	S7 夯实方法 S8 材料质量及类别
3. 修整	1. 倾斜表面 2. 切割侧面 3. 筑堤侧面			1. 岩石内 2. 倾斜 3. 垂直	M20 当水平角度 > 15° 时,须分项计量修整斜面项目			
4. 修整岩石以形成平滑表面或外露面								
5. 为地表土准备垫层土								S9 施工准备方法

二、地基处理与边坡支护工程和桩基工程

1. 预制钢筋混凝土桩在中英方有何不同,其工程量清单规则有何不同?

答:中方根据预制钢筋混凝土桩类型的不同可分为预制钢筋混凝土方桩、预制钢筋混凝土管桩。在计算使用钢筋混凝土方桩时主要考虑了地层情况、送桩深度、桩长、桩截面、桩倾斜度、沉桩方法、接桩方式、混凝土强度等级等因素;在计算使用钢筋混凝土管桩时主要考虑了地层情况、送桩深度、桩长、桩外径、壁厚、桩倾斜度、沉桩方法、桩尖类型、混凝土强度等级、填充材料种类、防护材

料种类等因素，按设计图示尺寸以桩长(包括桩尖)计算，计量单位为 m；按设计图示截面积乘以桩长(包括桩尖)以实体积计算，计量单位为 m^3；按设计图示数量计算，计量单位为根。

英方根据预制钢筋混凝土桩类型的不同可分为配筋桩、预应力桩、配筋板桩、空心截面桩等。计算工程量清单时计量单位为 nr、桩视作已包括桩头和桩靴；计算规则主要遵循以下两条：

(1)总打桩深度之计量包括打入接桩之长度；

(2)打桩深度沿桩轴线自开始面量度至桩底脚。

2. 中方的“接桩”相当于英方的哪个部分，有何区别？

中方的“接桩”相当于英方的“分段接长桩”。

计算工程量清单时，中方将其工作内容并于预制混凝土管桩、预制混凝土方桩、钢管桩等项目中不再另行计算。

英方进行工程量清单计算时考虑的参数主要是总桩数/m，并且视作已包括准备桩头以进行桩的延伸接长。

3. 什么是混凝土灌注桩，中英方关于混凝土灌注桩工程量清单计算的计量规则有何区别？

答：灌注桩是指按桩的施工方法分类中的一种桩，与预制桩相对。

中方混凝土灌注桩分为泥浆护壁成孔灌注桩，沉管灌注桩、干作业成孔灌注桩、人工挖孔灌注桩等。主要考虑地层情况、空桩长度、桩长、成孔方法、混凝土强度等级等因素，其中泥浆护壁成孔灌注桩，沉管灌注桩、干作业成孔灌注桩：①按设计图示尺寸以桩长(包括桩尖)计算，以米为计量单位；②按不同截面在桩上范围内以体积计算，以立方米为计量单位；③按设计图示数量计算，以根为计量单位。人工挖孔灌注桩：①按桩芯混凝土体积计算，以立方米为计量单位；②按设计图示数量计算，以根为计量单位。

英方现浇混凝土桩按其类型不同分为钻孔灌注桩、钻孔壳桩和预钻钢管灌注桩，计算工程量清单时，钻孔灌注桩和钻孔壳桩考虑总根数，以 nr 为计量单位；总混凝土桩长，以 m 为计量单位；总长度，说明最大深度，以 m 为计量单位。钻孔灌注桩及钻孔壳桩之长度，按桩轴线自初始表面计算至钻孔灌注桩的桩靴或钻孔壳桩的套管底端，预钻钢管灌注桩考虑桩的最大深度，以 m 为计量单位，只有在特殊要求时才会计算预钻孔。

中方桩基工程见表 1.2.1。

桩基工程工程量清单项目设置及工程量计算规则，应按表 1.2.1 的规定执行。

表 1.2.1　中方桩基工程

项目名称	项目特征	计量单位	工程量计算规则	工作内容
预制钢筋混凝土方桩	1. 地层情况 2. 送桩深度、桩长 3. 桩截面 4. 桩倾斜度 5. 沉桩方法 6. 接桩方式 7. 混凝土强度等级	1. m 2. m^3 3. 根	1. 以米计量，按设计图示尺寸以桩长(包括桩尖)计算 2. 以立方米计量，按设计图示截面积乘以桩长(包括桩尖)以实体积计算 3. 以根计量，按设计图示数量计算	1. 工作平台搭拆 2. 桩机竖拆、移位 2. 沉桩 3. 接桩 4. 送桩

续表

项目名称	项目特征	计量单位	工程量计算规则	工作内容
预制钢筋混凝土管桩	1. 地层情况 2. 送桩深度、桩长 3. 桩外径、壁厚 4. 桩倾斜度 5. 沉桩方法 6. 桩尖类型 7. 混凝土强度等级 8. 填充材料种类 9. 防护材料种类	1. m 2. m^3 3. 根	1. 以米计量，按设计图示尺寸以桩长（包括桩尖）计算 2. 以立方米计量，按设计图示截面积乘以桩长（包括桩尖）以实体积计算 3. 以根计量，按设计图示数量计算	1. 工作平台搭拆 2. 桩机竖拆、移位 3. 沉桩 4. 接桩 5. 送桩 6. 桩尖制作安装 7. 填充材料、刷防护材料
钢管桩	1. 地层情况 2. 送桩深度、桩长 3. 材质 4. 管径、壁厚 5. 桩倾斜度 6. 沉桩方法 7. 填充材料种类 8. 防护材料种类	1. t 2. 根	1. 以吨计量，按设计图示尺寸以质量计算 2. 以根计量，按设计图示数量计算	1. 工作平台搭拆 2. 桩机竖拆、移位 3. 沉桩 4. 接桩 5. 送桩 6. 切割钢管、精割盖帽 7. 管内取土 8. 填充材料、刷防护材料
截（凿）桩头	1. 桩类型 2. 桩头截面、高度 3. 混凝土强度等级 4. 有无钢筋	1. m^3 2. 根	1. 以立方米计量，按设计桩截面乘以桩头长度以体积计算 2. 以根计量，按设计图示数量计算	1. 截（切割）桩头 2. 凿平 3. 废料外运
泥浆护壁成孔灌注桩	1. 地层情况 2. 空桩长度、桩长 3. 桩径 4. 成孔方法 5. 护筒类型、长度 6. 混凝土种类、强度等级	1. m 2. m^3 3. 根	1. 以米计量，按设计图示尺寸以桩长（包括桩尖）计算 2. 以立方米计量，按不同截面在桩上范围内以体积计算 3. 以根计量，按设计图示数量计算	1. 护筒埋设 2. 成孔、固壁 3. 混凝土制作、运输、灌注、养护 4. 土方、废泥浆外运 5. 打桩场地硬化及泥浆池、泥浆沟

续表

项目名称	项目特征	计量单位	工程量计算规则	工作内容
沉管灌注桩	1. 地层情况 2. 空桩长度、桩长 3. 复打长度 4. 桩径 5. 沉管方法 6. 桩尖类型 7. 混凝土种类、强度等级	1. m 2. m^3 3. 根	1. 以米计量，按设计图示尺寸以桩长（包括桩尖）计算 2. 以立方米计量，按不同截面在桩上范围内以体积计算 3. 以根计量，按设计图示数量计算	1. 打（沉）拔钢管 2. 桩尖制作、安装 3. 混凝土制作、运输、灌注、养护
干作业成孔灌注桩	1. 地层情况 2. 空桩长度、桩长 3. 桩径 4. 扩孔直径、高度 5. 成孔方法 6. 混凝土种类、强度等级			1. 成孔、扩孔 2. 混凝土制作、运输、灌注、振捣、养护
挖孔桩土（石）方	1. 地层情况 2. 挖孔深度 3. 弃土（石）运距	m^3	按设计图示尺寸（含护壁）截面积乘以挖孔深度以立方米计算	1. 排地表水 2. 挖土、凿石 3. 基底钎探 4. 运输
人工挖孔灌注桩	1. 桩芯长度 2. 桩芯直径、扩底直径、扩底高度 3. 护壁厚度、高度 4. 护壁混凝土种类、强度等级 5. 桩芯混凝土种类、强度等级	1. m^3 2. 根	1. 以立方米计量，按桩芯混凝土体积计算 2. 以根计量，按设计图示数量计算	1. 护壁制作 2. 混凝土制作、运输、灌注、振捣、养护
钻孔压浆桩	1. 地层情况 2. 空钻长度、桩长 3. 钻孔直径 4. 水泥强度等级	1. m 2. 根	1. 以米计量，按设计图示尺寸以桩长计算 2. 以根计量，按设计图示数量计算	钻孔、下注浆管、投放骨料、浆液制作、运输、压浆
灌注桩后压浆	1. 注浆导管材料、规格 2. 注浆导管长度 3. 单孔注浆量 4. 水泥强度等级	孔	按设计图示以注浆孔数计算	1. 注浆导管制作、安装 2. 浆液制作、运输、压浆

英方预制成型混凝土桩见表1.2.2。

表1.2.2　英方预制成型混凝土桩

提供资料					计算规则	定义规则	范围规则	辅助资料
P1　以下资料或应按A部分之基本设施费用/总则条款而提供于位置图内，或应提供于与工程量清单相对应的深化图纸内： (a)桩基布置总平面图 (b)不同类型桩的设置 (c)场内现存工程和机电设施位置 (d)与邻近建筑物关系 P2　土壤说明： (a)地面特性按D20章节所说明资料提供 (b)当工程靠近运河、河流等或潮水时，应说明与运河、河流正常水位相对的地面标高；或说明至高低变化潮水之平均水位的相对标高；有需要时须说明洪水水位 P3　开始标高： (a)应说明工程开工及量度所依据的开始标高，不规则地面应予以说明								
分类表								
1. 配筋桩 2. 预应力桩 3. 配筋板桩 4. 空心截面桩	1. 说明标称横断面尺寸	1. 说明桩总数量、规定长度和开始表面	nr	1. 初始桩 2. 倾斜桩，需说明斜度	M1 总打桩深度之计量包括打入接桩之长度 M2 打桩深度沿桩轴线自开始面量度至桩底脚	D1 总打桩深度须由设计师确定	C1 视作已包括桩头和桩靴	S1 材料质量和类型 S2 材料试验 S3 桩头和桩靴细节
5. 桩之额外增加项目		2. 总打桩深度	m		M3 只有特别要求时才计量重新打桩项目			
		1. 重新打桩	nr					
6. 预钻孔		1. 说明最大深度	m		M4 只有特别要求时才计量预钻孔项目		C2 预钻孔视作已包括桩侧面和孔壁间隙之灌浆	S4 灌浆形式
7. 喷射钻孔								
8. 混凝土填充空心桩		1. 素混凝土 2. 钢筋混凝土，需详细说明	m					S5 混凝土和钢筋之技术规范

续表

分类表					计算规则	定义规则	范围规则	辅助资料
9. 分段接长桩		1. 总桩数 2. 延伸长度≤3.00m 3. 延伸长度>3.00m	m				C3 视作已包括准备桩头以进行桩的延伸接长	
10. 切桩头（nr）		1. 总桩长	m				C4 切桩头视作已包括准备和设置钢筋入桩承台和地梁及清运出场	
11. 余土外运	1. 挖出物料	1. 场外 2. 场内	m^3	1. 特别要求位置，需详细说明 2. 特别要求处理，需详细说明	M5 清运出场之多余挖方按桩标称截面积、桩长及1－4.1.2 * 规则计量			
12. 延迟执行项目	1. 竖立试验台		h		M6 只有特别准许情况下才分项计量延迟执行项目		C5 延迟执行项目视作已包括所需之人工	
13. 试桩	1. 详细说明		nr					S6 试验时间和测试细节

4. 什么是地下连续墙？中英方关于地下连续墙的工程量清单计算规则有何不同？

答：地下连续墙是建造地下构筑物的一项新技术，它是在地面上采用一种挖槽机械，沿道深开挖工程的周边轴线，在泥浆护壁条件下，开挖一条狭长的深槽，清槽后在槽内吊放钢筋笼，然后用导管法浇筑水下混凝土，筑成一个单元槽段，在地下筑成一道连续的钢筋混凝土墙壁作为截水、防渗、承重和挡土结构。

中方地下连续墙工程内容包括：

(1)导墙挖填、制作、安装、拆除；

(2)挖土成槽、固壁、清底置换；

(3)混凝土制作、运输、灌注、养护；

(4)接头处理；

(5)土方、废泥浆外运；

(6)打桩场地硬化及泥浆池、泥浆沟。

考虑地层情况、导墙类型、截面、墙体厚度、成槽深度、混凝土类别、强度等级、接头形式，计量单位为 m^3，按设计图示墙中心线长乘以厚度乘以槽深以体积计算工程量清单。

英方将地下连续墙归为一个章节，又具体分类为以下几个部分：

(1)土方开挖及外运：计算工程量清单时考虑墙厚、最大深度，以 m^3 为计量单位，按墙体标称长度及深度计算土方开挖和余土外运工程量，深度自开始表面计算；

(2)挖方额外增加项目；

(3)空槽回填：以 m^3 为计量单位；

(4)混凝土：考虑墙厚，以 m^3 为计量单位，混凝土按净量计算工程量清单，但不扣除下述项目所占空间：(a)钢筋 (b)截面≤0.50m^2 之钢构件 (c)预埋配件 (d)≤0.05m^3 之孔洞；

(5)钢筋：钢筋重量不包括表面处理和轧制产生的重量差别；计算内容包括特别要求的加筋肋、提升吊钩和预埋支承；

(6)切除顶端至所需标高：计算工程量清单时考虑墙厚，以 m 为计量单位；

(7)修整及清理地下连续墙墙面：以 m^2 为计量单位；

(8)防水接缝：考虑缝类形及接缝方法，以 m 为计量单位，只有在特殊要求下才分项计量防水接缝；

(9)导水墙：考虑单侧和双侧两种类型，以 m 为计量单位。计算工程量清单时按导水墙计量长度与地下连续墙长度相同考虑；土方开挖，余土外运、支撑、混凝土、钢筋、模板及其他同类项目包括在清单项目描述内；

(10)地下连续墙辅助工程：主要包括三个方面的内容，即准备连接处预埋凹槽或管子槽、挖除临时回填和拆除导水墙。第一方面以"项"为计量单位，计算时准备预埋凹槽或管子槽视作已包括拆摸板及加工预埋钢筋；第二方面：以 m^3 为计量单位；第三方面以 m 为计量单位，导水墙拆除视作已包括将拆除物清运出场，导水墙计量长度与地下连续墙长度相同；

(11)延迟执行项目：以"h"为计量单位，只有在特别准许情况下才分项计量延迟执行项目，延迟执行项目视作已包括所需之人工；

(12)测试：以 nr 为计量单位。

5. 关于地基边坡处理，中英方各是怎样做的规定？其工程量清单计算有何不同？

答：中方地基边坡支护按支护类型分为锚杆支护和土钉支护。在中方 2013 规范中分为锚杆(锚索)、土钉以及喷射混凝土、水泥砂浆等。

支护：在狭窄的场地施工高层建筑深基础、地下室或在工厂技术改造中，在原有厂房内施工深设备基础和地坑，为防止基坑开挖造成邻近建(构)筑物地基沉降、开裂、侧向位移或管道出现开裂、漏水、漏气，妨碍交通运输，影响居民正常生活、工厂生产等问题的出现，保证工程安全顺利施工，常需要在深基坑的四周，设置一种临时性辅助结构物支护，用它来维持天然地基土的平衡状态，既可以保证邻近建筑物和地上、地下设施的正常使用，又可开挖基坑不用放坡，为基础施工提供广阔的空间，同时可减少开挖大量土方，加快进度，在深基坑、槽施工中应用十分广泛。

锚杆(锚索)考虑地层情况、锚杆(索)类型、部位、钻孔深度、钻孔直径、杆体材料品种、规格、数量、预应力、浆液种类、强度等级,以 m 为计量单位,按设计图示尺寸以钻孔深度计算以根为单位,按设计图示数量计算。

土钉考虑地层情况、钻孔深度、钻孔直径、置入方法、杆体材料品种、规格、数量、浆液种类、强度等级,以 m 为计量单位,按设计图示尺寸以钻孔深度计算以根为单位,按设计图示数量计算。

喷射混凝土、水泥砂浆考虑部位、厚度、材料种类、混凝土(砂浆)类别、强度等级,以 m^2 为计量单位,按设计图示尺寸以面积计算。

而英方关于地基边坡支护主要分为两个部分,即执行挖方之预留工作面和土方支撑。

执行挖方之预留工作面,视为已包括土方支承、外运土方、回填、地下水位之下执行工程及破碎等,以 m^2 为计量单位,计算时:

a_1,当挖方两侧模板面、抹灰面、基坑面或保护墙面的距离 <600mm 时,须计量工作面项目;

b_1,工作面按模板面、抹灰面、基坑面或保护墙之周长乘以按开挖标高而计量出的挖方深度计算。

土方支撑计算时以 m^2 为计量单位。

(1)土方支撑按所有挖方竖面的全深度(不管实际是否需要执行支撑)计算,下列情况除外:

①挖方竖面≤0.25m;

②挖方竖面为斜面且水平倾斜角度≤45°;

③挖方竖面靠近原有墙、墩或其他结构。

(2)地下水位以下或地基不稳区域的土方支撑,按开挖标高起计的全深度计量;

(3)只有当相应项目按相关规则计算时及因合同执行后水位有所不同而需作出相应调整时,才会分项计算地下水位以下之土方支撑项目。

中方地下连续墙见表 1.2.3。

地基与边坡处理工程量清单项目设置及工程量计算规则,应按表 1.2.3 的规定执行。

表 1.2.3　地基与边坡处理

项目名称	项目特征	计量单位	工程量计算规则	工作内容
预压地基	1. 排水竖井种类、断面尺寸、排列方式、间距、深度 2. 预压方法 3. 预压荷载、时间 4. 砂垫层厚度	m^2	按设计图示处理范围以面积计算	1. 设置排水竖井、盲沟、滤水管 2. 铺设砂垫层、密封膜 3. 堆载、卸载或抽气设备安拆、抽真空 4. 材料运输
强夯地基	1. 夯击能量 2. 夯击遍数 3. 夯击点布置形式、间距 4. 地耐力要求 5 夯填材料种类			1. 铺设夯填材料 2. 强夯 3. 夯填材料运输

续表

项目名称	项目特征	计量单位	工程量计算规则	工作内容
地下连续墙	1. 地层情况 2. 导墙类型、截面 3. 墙体厚度 4. 成槽深度 5. 混凝土类别、强度等级 6. 接头形式	m^3	按设计图示墙中心线长乘以厚度乘以槽深以体积计算	1. 导墙挖填、制作、安装、拆除 2. 挖土成槽、固壁、清底置换 3. 混凝土制作、运输、灌注、养护 4. 接头处理 5. 土方、废泥浆外运 6. 打桩场地硬化及泥浆池、泥浆沟
咬合灌注桩	1. 地层情况 2. 桩长 3. 桩径 4. 混凝土种类、强度等级 5. 部位	1. m 2. 根	1. 以米计量，按设计图示尺寸以桩长计算 2. 以根计量，按设计图示数量计算	1. 成孔、固壁 2. 混凝土制作、运输、灌注、养护 3. 套管压拔 4. 土方、废泥浆外运 5. 打桩场地硬化及泥浆池、泥浆沟
锚杆(锚索)	1. 地层情况 2. 锚杆(索)类型、部位 3. 钻孔深度 4. 钻孔直径 5. 杆体材料品种、规格、数量 6. 预应力 7. 浆液种类、强度等级	1. m 2. 根	1. 以米计量，按设计图示尺寸以钻孔深度计算 2. 以根计量，按设计图示数量计算	1. 钻孔、浆液制作、运输、压浆 2. 锚杆(锚索)制作、安装 3. 张拉锚固 4. 锚杆(锚索)施工平台搭设、拆除
土钉	1. 地层情况 2. 钻孔深度 3. 钻孔直径 4. 置入方法 5. 杆体材料品种、规格、数量 6. 浆液种类、强度等级	1. m 2. 根	1. 以米计量，按设计图示尺寸以钻孔深度计算 2. 以根计量，按设计图示数量计算	1. 钻孔、浆液制作、运输、压浆 2. 土钉制作、安装 3. 土钉施工平台搭设、拆除
喷射混凝土、水泥砂浆	1. 部位 2. 厚度 3. 材料种类 4. 混凝土(砂浆)类别、强度等级	m^2	按设计图示尺寸以面积计算	1. 修整边坡 2. 混凝土(砂浆)制作、运输、喷射、养护 3. 钻排水孔、安装排水管 4. 喷射施工平台搭设、拆除

英方地下连续墙见表 1.2.4。

表 1.2.4　英方地下连续墙

提供资料				计算规则	定义规则	范围规则	辅助资料
P1　以下资料或应按 A 部分之基本设施费用/总则条款而提供于位置图内，或应提供于与工程量清单相对应的深化图纸内 (a)地下连续墙布置及其与周围建筑物关系 (b)地下连续墙深度、长度及厚度 P2　土壤说明： (a)地面特性按 D20 章节所要求资料提供 (b)当工程靠近运河、河流等或潮水时，应说明与运河、河流正常水位相对的地面标高；或说明至高低变化潮水之平均水位的相对标高；有需要时须说明洪水水位 P3　开始标高： (a)应说明工程开工及量度所依据的开始标高 (b)不规则地面应予以说明							
分类表							
1. 土方开挖及外运	1. 说明墙厚	1. 说明最大深度	m^3	M1 按墙体标称长度及深度计算土方开挖和余土外运工程量，深度自开始表面计算			S1 支承液体细节 S2 余土处运方式限制要求
2. 挖方额外增加项目	1. 打碎现存材料 2 打碎现存硬路面，须说明路面厚度	1. 岩石 2. 混凝土 3. 钢筋混凝土 4. 砖、砌块或石料 5. 涂漠碎石或沥青	m^3 m^2				
3. 空槽回填	1 说明回填材料类型		m^3				
4. 混凝土	1. 说明墙厚		m^3	M2 混凝土按净量计算，但不扣除下述项目所占空间：(a)钢筋。(b)截面≤0.50m^2之钢构件。(c)预埋配件。(d)≤0.05 m^3之孔洞			S3 材料及标号细节 S4 试验

续表

分类表					计算规则	定义规则	范围规则	辅助资料
5. 钢筋					M3 钢筋按 E30 章节之规则计量，计量内容包括特别要求的加劲肋、提升吊钩和预埋支承			
6. 切除顶端至所需标高	1. 说明墙厚		m				C1 切除顶端至所需标高视作已包括提供及填充工作面区域和余料外运	
7. 修整及清理地下连续墙墙面	1. 说明细节		m^2					
8. 防水接缝	1. 说明缝类形及接缝方法		m		M4 只有特殊要求下才分项计量防水接缝			
9. 导水墙	1. 单侧 2. 双侧	1. 说明设计及施工之限制条件	m		M5 导水墙计量长度与地下连续墙长度相同 M6 土方开挖、余土外运、支撑、混凝土、钢筋、模板及其他同类项目包括在清单项目描述内			

续表

分类表				计算规则	定义规则	范围规则	辅助资料
10. 地下连续墙辅助工程	1. 准备连接处预埋凹槽或管子槽，需详细说明		项			C2 准备预埋凹槽或管子槽视作已包括拆模板及加工预埋钢筋	
	2. 挖除临时回填		m³				
	3. 拆除导水墙	1. 单侧 2. 双侧	m	M7 导水墙计量长度与地下连续墙长度相同		C3 导水墙拆除视作已包括将拆除物清运出场	S5 拆除物清运出场方式限制要求
11. 延迟执行项目	1. 竖立试验台		h	M8 只有特别准许情况下才分项计量延迟执行项目		C4 延迟执行项目视作已包括所需之人工	
12. 测试	1. 需详细说明		nr				S6 试验时间和测试细节

英方地基边坡处理见表1.2.5。

表1.2.5　英方地基边坡处理

分类表				计算规则	定义规则	范围规则	辅助资料
1. 执行挖方之预留工作面	1. 挖低标高、地下室或同类构筑物 2. 坑井 3. 基槽 4. 桩承台及桩间地梁		m²	M1 当挖方两侧模板面、抹灰面、基坑面或保护墙面的距离<600mm时，须计量工作面项目 M2 工作面按模板面、抹灰面、基坑面或保护墙面之周长乘以按开挖标高而计量出的挖方深度计算	D1 当使用经选择或处理的挖方或外运物料执行回填时，须列为特殊物料回填项目	C1 视作已括土方支承、外运土方、回填、地下水位之下执行工程及破碎等	S1 用特殊材料执行回填的细节

续表

分类表					计算规则	定义规则	范围规则	辅助资料
2. 土方支撑	1. 最大深度≤1.00m 2. 最大深度≤2.00m 3. 此后按每增加2.00m而分级计量	1. 挖方相对面间距≤2.00m 2. 挖方相对面间距为2.00~4.00m 3. 挖方相对面间距>4.00m	m²	1. 曲线 2. 低于地下水位 3. 不稳定土壤 4. 临近道路 5. 临近现有建筑 6. 留在原处	M3 土方支撑按所有挖方竖面的全深度（不管实际是否需要执行支撑）计算，除非：(a)挖方竖面≤0.25m高；(b)挖方竖面为斜面且水平倾斜角度≤45°；(c)挖方竖面靠近原有墙、墩或其他结构 M4 地下水位以下或地基不稳区域的土方支撑，按开挖标高起计的全深度计量 M5 只有当相应项目按3.1.0.0规则计算时及因合同执行后水位有所不同而需作出相应调整时，才会分项计量地下水位以下之土方支撑项目	D2 土方支撑指采用不同于D32章节所述的联接钢板桩方式而进行的，供维持挖方两侧土方稳定所需之一切措施 D3 只有当挖方竖面与道路或人行道路端面的水平距离<低于道路或人行道端面标高起计的开挖深度时，才会分项计量临近道路土方支撑项目 D4 只有当挖方竖面与最临近现存建筑之基础的距离<自基础底部起计的开挖深度时，才会分项计量临近现存建筑之土方支撑项目 D5 不稳定土壤指流动粉砂、流砂、松散碎石或其他同类项目	C2 弧形土方支撑视作已包括执行弧形挖方所需之所有额外费用	

三、砌筑工程

1. 什么是砖基础？中英方计算砖基础工程量清单有何不同？

答：砖基础应用强度等级为MU7.5、无裂缝的烧结普通砖和不低于M32.5的水泥砂浆砌成，在严寒地区，应采用高强度等级的烧结普通砖和水泥砂浆砌成。

中方：砖基础定额的工程量以 m^3 为计量单位，考虑了砂浆强度等级、基础深度、基础类型、垫层材料种类厚度及砖的性质等因素，按设计图示尺寸以体积计算。基础长度：外墙基础按外墙中心线长度计算；内墙基础按内墙大放脚基础以上净长度计算，基础大放脚T形接头处的重叠部分及嵌入基础的钢筋、铁件、管道、基础防潮层及单个面积≤0.3m^2 孔洞所占体积均不扣除，靠墙暖气沟的挑檐不增加。附墙垛基础宽出部分的体积应并入砖基础工程量内。

砖基础工程量清单项目设置及工程量计算规则，应按表1.3.1的规定执行。

表1.3.1　砖基础

项目名称	项目特征	计量单位	工程量计算规则	工作内容
砖基础	1. 砖品种、规格、强度等级 2. 基础类型 3. 砂浆强度等级 4. 防潮层材料种类	m^3	按设计图示尺寸以体积计算 包括附墙垛基础宽出部分体积，扣除地梁（圈梁）、构造柱所占体积，不扣除基础大放脚T形接头处的重叠部分及嵌入基础内的钢筋、铁件、管道、基础砂浆防潮层和单个面积≤0.3m^2 的孔洞所占体积，靠墙暖气沟的挑檐不增加 基础长度：外墙按外墙中心线，内墙按内墙净长线计算	1. 砂浆制作、运输 2. 砌砖 3. 防潮层铺设 4. 材料运输

英方对砖基础没有做出明确分列开来，在此也不多作说明，计算请参考其他条例。

2. 中英方砖砌体的计算规则有何不同？

答：英方把砖墙、砌块墙归在一类。

英方规定：

（1）除非另有特别说明，砖墙和砌块墙均应按墙体轴线计算。

（2）不扣除以下之空间：

1）孔洞≤0.10m^2；

2）烟道、衬烟道和烟道砌块之孔洞及砌筑料的总面积≤0.25m^2。

（3）应予扣除的圈梁、过梁、门槛、板等的范围，按全厚砖/砌块的高度和半厚砖的厚度计算。

中方砖砌体，砌块砌体分别列出。

将砖砌体细分为：实心砖墙、多孔砖墙、空心砖墙、空斗墙、空花墙、填充墙、实心砖柱、零星砌砖等，并对其工程量计算规则分别作了规定：

（1）实心砖墙、多孔砖墙、空心砖墙：按设计图示尺寸以体积计算。扣除门窗、洞口、嵌入墙内的钢筋混凝土柱、梁、圈梁、挑梁、过梁及凹进墙内的壁龛、管槽、暖气槽、消火栓箱所占体积，不扣除梁头、板头、檩头、垫木、木楞头、沿缘木、木砖、门窗走头、砖墙内加固钢筋、木筋、铁件、钢管及单个面积≤0.3m^2 的孔洞所占的体积。凸出墙面的腰线、挑檐、压顶、窗台线、虎头砖、门窗套的体积亦不增加。凸出墙面的砖垛并入墙体体积内计算。

1）墙长度：外墙按中心线，内墙按净长计算；

2）墙高度：

①外墙：斜（坡）屋面无檐口天棚者算至屋面板底；有屋架且室内外均有天棚者算至屋架下弦底另加200mm；无天棚者算至屋架下弦底另加300mm，出檐宽度超过600mm时按实砌高度计算；与钢筋混凝土楼板隔层者算至板顶。平屋顶算至钢筋混凝土板底。

②内墙：位于屋架下弦者，算至屋架下弦底；无屋架者算至天棚底另加100mm；有钢筋混凝土

楼板隔层者算至楼板顶;有框架梁时算至梁底。

③女儿墙:屋面板上表面算至女儿墙顶面(如有混凝土压顶时算至压顶下表面)。

④内、外山墙:按其平均高度计算。

3)框架间墙:不分内外墙按墙体净尺寸以体积计算。

4)围墙:高度算至压顶上表面(如有混凝土压顶时算至压顶下表面),围墙柱并入围墙体积内。

(2)空斗墙:按设计图示尺寸以空斗墙外形体积计算。墙角、内外墙交接处、门窗洞口立边、窗台砖、屋檐处的实砌部分体积并入空斗墙体积内。

(3)空花墙:按设计图示尺寸以空花部分外形体积计算,不扣除空洞部分体积。

(4)填充墙:按设计图示尺寸以填充墙外形体积计算。

(5)实心砖柱和多孔砖柱:按设计图示尺寸以体积计算。扣除混凝土及钢筋混凝土梁垫、梁头所占体积。

(6)零星砌砖:①以立方米计量,按设计图示尺寸截面积乘以长度计算。

②以平方米计量,按设计图示尺寸水平投影面积计算。

③以米计量,按设计图示尺寸长度计算。

④以个计量,按设计图示数量计算。

砖砌体计算均可以 m^3 为单位。

中方砖砌体见表 1.3.2。

表 1.3.2 中方砖砌体

项目名称	项目特征	计量单位	工程量计算规则	工作内容
实心砖墙	1. 砖品种、规格、强度等级 2. 墙体类型 3. 砂浆强度等级、配合比	m^3	按设计图示尺寸以体积计算 扣除门窗、洞口、嵌入墙内的钢筋混凝土柱、梁、圈梁、挑梁、过梁及凹进墙内的壁龛、管槽、暖气槽、消火栓箱所占体积,不扣除梁头、板头、檩头、垫木、木楞头、沿缘木、木砖、门窗走头、砖墙内加固钢筋、木筋、铁件、钢管及单个面积≤0.3m^2 的孔洞所占的体积。凸出墙面的腰线、挑檐、压顶、窗台线、虎头砖、门窗套的体积亦不增加。凸出墙面的砖垛并入墙体体积内计算 1. 墙长度:外墙按中心线、内墙按净长计算 2. 墙高度: (1)外墙:斜(坡)屋面无檐口天棚者算至屋面板底;有屋架且室内外均有天棚者算至屋架下弦底另加 200mm;无天棚者算至屋架下弦底另加 300mm,出檐宽度超过 600mm 时按实砌高度计算;与钢筋混凝土楼板隔层者算至板顶。平屋顶算至钢筋混凝土板底	

续表

项目名称	项目特征	计量单位	工程量计算规则	工作内容
多孔砖墙	1. 砖品种、规格、强度等级 2. 墙体类型 3. 砂浆强度等级、配合比	m^3	(2)内墙:位于屋架下弦者,算至屋架下弦底;无屋架者算至天棚底另加100mm;有钢筋混凝土楼板隔层者算至楼板顶;有框架梁时算至梁底 (3)女儿墙:从屋面板上表面算至女儿墙顶面(如有混凝土压顶时算至压顶下表面) (4)内、外山墙:按其平均高度计算 3. 框架间墙:不分内外墙按墙体净尺寸以体积计算 4. 围墙:高度算至压顶上表面(如有混凝土压顶时算至压顶下表面),围墙柱并入围墙体积内	1. 砂浆制作、运输 2. 砌砖 3. 刮缝 4. 砖压顶砌筑 5. 材料运输
空心砖墙				
空斗墙	1. 砖品种、规格、强度等级 2. 墙体类型 3. 砂浆强度等级、配合比	m^3	按设计图示尺寸以空斗墙外形体积计算。墙角、内外墙交接处、门窗洞口立边、窗台砖、屋檐处的实砌部分体积并入空斗墙体积内	1. 砂浆制作、运输 2. 砌砖 3. 装填充料 4. 刮缝 5. 材料运输
空花墙			按设计图示尺寸以空花部分外形体积计算,不扣除空洞部分体积	
填充墙	1. 砖品种、规格、强度等级 2. 墙体类型 3. 填充材料种类及厚度 4. 砂浆强度等级、配合比		按设计图示尺寸以填充墙外形体积计算	
实心砖柱	1. 砖品种、规格、强度等级 2. 柱类型 3. 砂浆强度等级、配合比		按设计图示尺寸以体积计算。扣除混凝土及钢筋混凝土梁垫、梁头所占体积	1. 砂浆制作、运输 2. 砌砖 3. 刮缝 4. 材料运输
多孔砖柱				
零星砌砖	1. 零星砌砖名称、部位 2. 砖品种、规格、强度等级 3. 砂浆强度等级、配合比	1. m^3 2. m^2 3. m 4. 个	1. 以立方米计量,按设计图示尺寸截面积乘以长度计算 2. 以平方米计量,按设计图示尺寸水平投影面积计算 3. 以米计量,按设计图示尺寸长度计算 4. 以个计量,按设计图示数量计算	

3. 烟囱在中英方是如何规定的?

答:砖烟囱属砖构筑物,与砖烟道一起构成一个整体。

中方规定:按设计图示尺寸以体积计算,扣除各种孔洞、钢筋混凝土圈梁、过梁等的体积。

英方烟囱没作单独规定,当存在其他工程时或不同材料组成时,需分项计量在其他工程上建造和与其他工程结合的所述构件。

4. 关于石砌体,中英方是如何做出规定的?

答:英方按细部构造把石砌体划分为细部零件,内容较繁琐,计算工程量清单时,可按以下规定计算:

1)石材工程按轴线尺寸量度。

2)有下列所述空间时,应不予扣除计算:

①孔洞≤$0.10m^2$;

②烟道、烟道衬和烟道砌块之孔洞及其露出部位的总面积≤$0.25m^2$;

3)按长度及个数计算的项目应明确槽、喉管、槽沟、框槽、切割和榫眼。

4)弧形工程应说明半径。

计算时,自然状石材砌筑或方石砌筑之天然毛石墙面的材料类别及质量,用或不用砂浆砌筑;分层砌筑时的每层厚度;或若分层砌筑厚度递减时的每层最大或最小厚度应考虑在内。

而中方石砌体又细分为石基础、石勒脚、石墙、石挡土墙、石柱、石栏杆、石护坡、石台阶、石坡道、石地沟、明沟。其项目特征、计量单位、工程量计算规则及工作内容详见表1.3.3。

表1.3.3 中方石砌体

项目名称	项目特征	计量单位	工程量计算规则	工作内容
石基础	1. 石料种类、规格 2. 基础类型 3. 砂浆强度等级	m^3	按设计图示尺寸以体积计算 包括附墙垛基础宽出部分体积,不扣除基础砂浆防潮层及单个面积≤$0.3m^2$ 的孔洞所占体积,靠墙暖气沟的挑檐不增加体积。基础长度:外墙按中心线,内墙按净长计算	1. 砂浆制作、运输 2. 吊装 3. 砌石 4. 防潮层铺设 5. 材料运输
石勒脚	1. 石料种类、规格 2. 石表面加工要求 3. 勾缝要求 4. 砂浆强度等级、配合比	m^3	按设计图示尺寸以体积计算,扣除单个面积 >$0.3m^2$ 的孔洞所占的体积	1. 砂浆制作、运输 2. 吊装 3. 砌石 4. 石表面加工 5. 勾缝 6. 材料运输

续表

<table>
<tr><th>项目名称</th><th>项目特征</th><th>计量单位</th><th>工程量计算规则</th><th>工作内容</th></tr>
<tr><td>石墙</td><td rowspan="4">1. 石料种类、规格
2. 石表面加工要求
3. 勾缝要求
4. 砂浆强度等级、配合比</td><td rowspan="3">m^3</td><td>按设计图示尺寸以体积计算
扣除门窗、洞口、嵌入墙内的钢筋混凝土柱、梁、圈梁、挑梁、过梁及凹进墙内的壁龛、管槽、暖气槽、消火栓箱所占体积，不扣除梁头、板头、檩头、垫木、木楞头、沿缘木、木砖、门窗走头、石墙内加固钢筋、木筋、铁件、钢管及单个面积≤0.3m^2的孔洞所占的体积。凸出墙面的腰线、挑檐、压顶、窗台线、虎头砖、门窗套的体积亦不增加。凸出墙面的砖垛并入墙体体积内计算
1. 墙长度：外墙按中心线、内墙按净长计算
2. 墙高度：
(1)外墙：斜(坡)屋面无檐口天棚者算至屋面板底；有屋架且室内外均有天棚者算至屋架下弦底另加200mm；无天棚者算至屋架下弦底另加300mm，出檐宽度超过600mm时按实砌高度计算；平屋面算至钢筋混凝土板底
(2)内墙：位于屋架下弦者，算至屋架下弦底；无屋架者算至天棚底另加100mm；有钢筋混凝土楼板隔层者算至楼板顶；有框架梁时算至梁底
(3)女儿墙：从屋面板上表面算至女儿墙顶面(如有混凝土压顶时算至压顶下表面)
(4)内、外山墙：按其平均高度计算
3. 围墙：高度算至压顶上表面(如有混凝土压顶时算至压顶下表面)，围墙柱并入围墙体积内</td><td>1. 砂浆制作、运输
2. 吊装
3. 砌石
4. 石表面加工
5. 勾缝
6. 材料运输</td></tr>
<tr><td>石挡土墙</td><td rowspan="2">按设计图示尺寸以体积计算</td><td>1. 砂浆制作、运输
2. 吊装
3. 砌石
4. 变形缝、泄水孔、压顶抹灰
5. 滤水层
6. 勾缝
7. 材料运输</td></tr>
<tr><td>石柱</td><td rowspan="2">1. 砂浆制作、运输
2. 吊装
3. 砌石
4. 石表面加工
5. 勾缝
6. 材料运输</td></tr>
<tr><td>石栏杆</td><td>m</td><td>按设计图示以长度计算</td></tr>
<tr><td>石护坡</td><td rowspan="3">1. 垫层材料种类、厚度
2. 石料种类、规格
3. 护坡厚度、高度
4. 石表面加工要求
5. 勾缝要求
6. 砂浆强度等级、配合比</td><td rowspan="2">m^3</td><td rowspan="2">按设计图示尺寸以体积计算</td><td rowspan="3">1. 铺设垫层
2. 石料加工
3. 砂浆制作、运输
4. 砌石
5. 石表面加工
6. 勾缝
7. 材料运输</td></tr>
<tr><td>石台阶</td></tr>
<tr><td>石坡道</td><td>m^2</td><td>按设计图示尺寸以水平投影面积计算</td></tr>
<tr><td>石地沟、明沟</td><td>1. 沟截面尺寸
2. 土壤类别、运距
3. 垫层材料种类、厚度
4. 石料种类、规格
5. 石表面加工要求
6. 勾缝要求
7. 砂浆强度等级、配合比</td><td>m</td><td>按设计图示以中心线长度计算</td><td>1. 土方挖运
2. 砂浆制作、运输
3. 铺设垫层
4. 砌石
5. 石表面加工
6. 勾缝
7. 回填
8. 材料运输</td></tr>
</table>

四、混凝土及钢筋混凝土工程

1. 什么是基础？现浇混凝土基础工程量清单计算在中英方作何规定？

答：在建筑工程中建筑物与土层直接接触的部分称为基础，支承建筑物的土层叫地基。换句话说，建筑物最底下扩大的这一部分称为基础，而将承受由基础传来的荷载的土层称为地基，如图 1.4.1 所示。

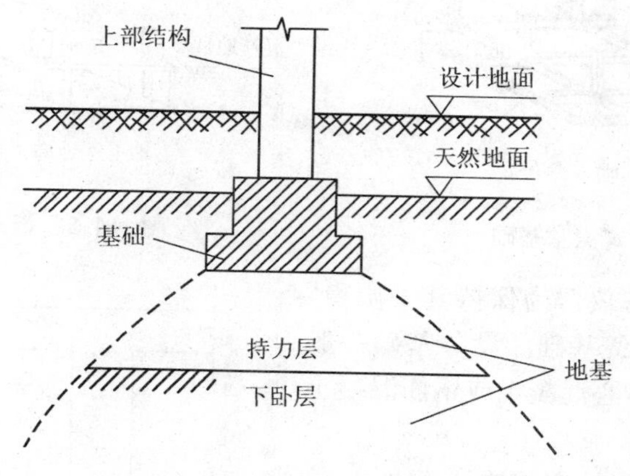

图 1.4.1　地基与基础示意图

中方按基础类型不同将现浇混凝土基础分为带形基础、独立基础、满堂基础、设备基础、桩承台基础。

带形基础：又称条形基础，当建筑物上部结构采用墙承重时，基础沿墙身设置，多做成长条形，此类基础叫条形基础，它是墙下基础的基本形式。墙下的板式基础包括浇筑在一字排桩上面的带形基础。

独立基础：当建筑物上部结构为梁、柱构成的框架、排架或其他类似结构时，下部常采用方形或矩形的独立基础，也称柱式基础。独立基础有阶梯形基础、截头方锥形基础、杯形基础这三种常见的形式，如图 1.4.2 所示。

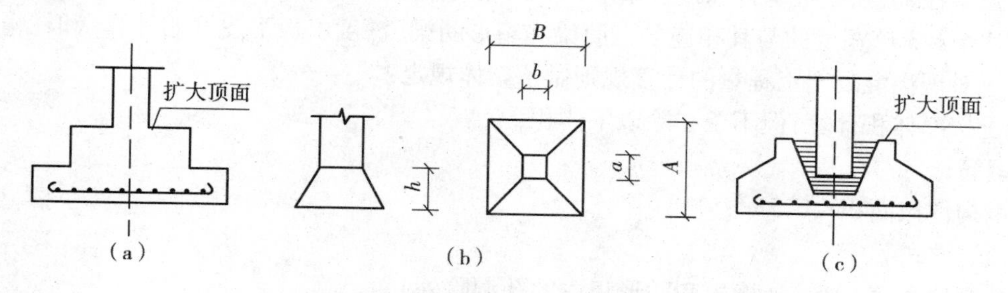

图 1.4.2　独立柱基面示意图

(a)阶梯形基础；(b)截头方锥形基础；(c)杯形基础

满堂基础：当建筑物荷载很大，地基土层是由软弱土组成的，为了满足地基承载力的要求，基底面积往往需要很大，因此形成满堂基础，例如箱式满堂基础、筏形基础以及不埋满堂基础。如图 1.4.3、图 1.4.4 和图 1.4.5 所示。

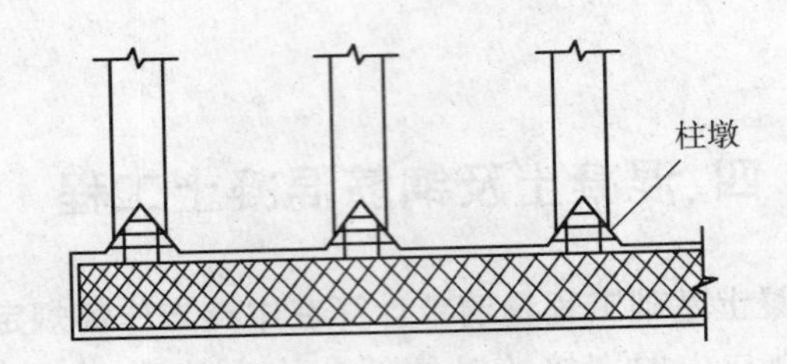

图 1.4.3　无梁式满堂基础

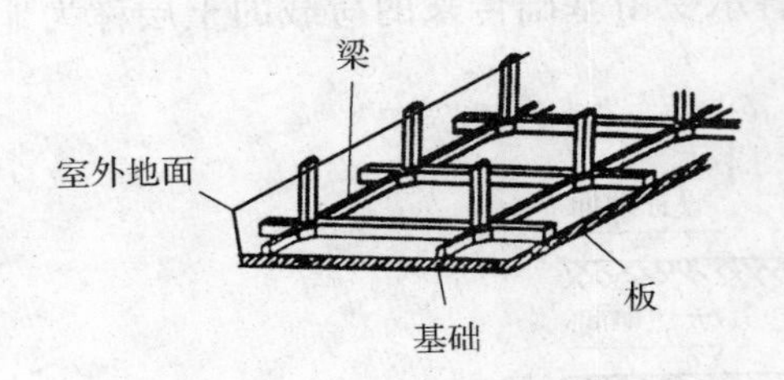

图 1.4.4　有梁式满堂基础

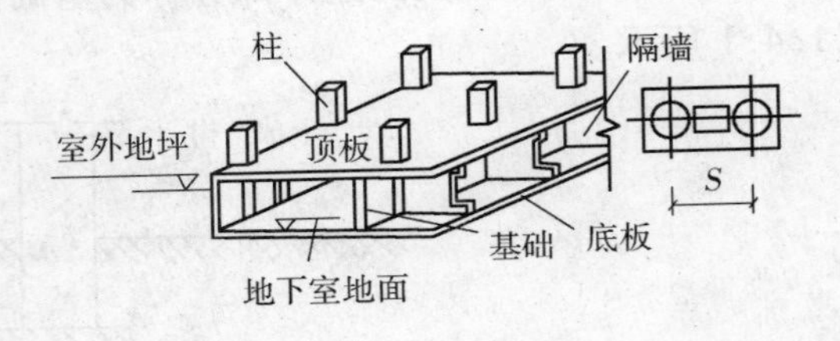

图 1.4.5　箱式满堂基础

设备基础：是一些设备仪器为保持其平衡稳定，便于工作而做的基础叫设备基础。设备基础一般为块体，由矩形、方形、圆形实心混凝土或钢筋混凝土块体为主体组成。

桩承台基础：是承台与桩连接在一起的一种基础，套用定额时，工程量以承台与桩的总体体积计算。带桩承台如图 1.4.6 所示。

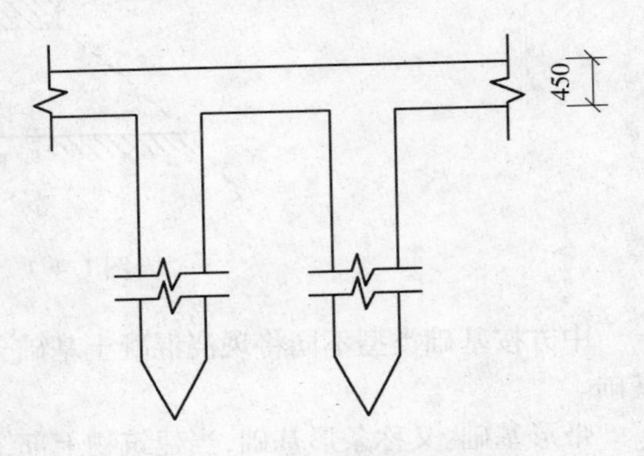

图 1.4.6　带桩承台示意图

现浇混凝土基础工程量清单计算以 m^3 为计量单位，考虑垫层材料种类和厚度、混凝土强度等级、混凝土拌和料要求等因素，按设计图示尺寸以体积计算。要注意的是计算时，不扣除伸入承台基础的桩头所占体积。

英方只对现浇混凝土基础做了简明规定，计算工程量时，项目描述内须说明厚度范围，凸出和凹槽则不用说明；槽板和肋形板厚度按总厚度计算。其中基础包括与其相连的柱基和桩承台；独立基础包括独立柱基、独立桩承台和设备基座；垫层包括素混凝土垫层、基础底座、垫层加厚部分；板包括深度达至≤3 倍宽度的与其相连的三肋梁和箱形肋梁（深度由板下皮开始计算）和柱帽。

英方还对现浇混凝土工程量的计算规则做了整体规定：

混凝土按净体积计算，但不予扣除以下体积：

(a)钢筋；

(b)钢构件截面积≤$0.5m^2$；

(c)预埋件；

(d)孔洞体积≤$0.05m^3$（槽板和肋形板中的孔洞除外）。

2. 什么是柱？中英方对现浇混凝土柱所做规定有何不同？

答：柱是一种竖向直线构件，主要承受各种作用产生的轴向压力，有时也承受弯矩，剪力或扭矩，柱用于支承梁、桁架、楼板等，并把其作用力传递到基础上。

中方按形状不同将现浇混凝土柱分为矩形柱、构造柱和异形柱。异形柱包括工形柱、双肢柱、空格柱和空心柱等。矩形柱、构造柱、异形柱项目适用于各型柱，除无梁板的高度计算至柱帽下表面，其他柱都计算全高。应注意：

（1）单独的薄壁柱根据其截面形状，确定以异形柱或矩形柱构造柱编码列项；

（2）依附柱上的牛腿和升板的柱帽的工程量计算在无梁板体积内；

矩形柱、构造柱和异形柱考虑柱高度、柱截面尺寸、混凝土强度等级、混凝土拌和料要求等因素。工程量计算时以 m^3 为计量单位，按设计图示尺寸以体积计算。

柱高：

（1）有梁板的柱高，应自柱基上表面（或楼板上表面）至上一层楼板上表面之间的高度计算；

（2）无梁板的柱高，应自柱基上表面（或楼板上表面）至柱帽下表面之间的高度计算；

（3）框架柱的柱高，应自柱基上表面至柱顶高度计算；

（4）构造柱按全高计算，嵌接墙体部分并入柱身体积；

（5）依附柱上的牛腿和升板的柱帽，并入柱身体积。

而英方只对现浇混凝土柱做了简明介绍，规定计算工程量时应注意：只有平面图所示长度≤4倍厚度的独立构件才归入“柱”内。柱子的配筋率＞5%。

3. 什么是梁？中英方关于现浇混凝土梁是如何规范的？

答：梁同柱一样，梁亦是房屋建筑的承重构件之一，它承受建筑结构作用在梁上的荷载，且经常和柱、梁、板一起共同承受建筑物荷载，在结构工程应用十分广泛。

钢筋混凝土梁按照断面形状可以分为矩形梁和异形梁，异形梁如“L”、“T”、“＋”、“I”字形等。按结构部分可以划分为基础梁、圈梁、过梁、连续梁等。

基础梁：亦称地基梁。支撑在柱基础上或桩承台上的梁，主要用作单层工业厂房围护墙的基础。在用作独立柱基的多层框架结构和框架剪力墙结构中，为加强基础的整体性和刚性，提高结构的抗震性能，在纵横方面都设置地基梁，除承受墙体重量外，还兼有连联梁的功能。这种梁尽可能用现浇方法施工，或采用装配成整体式施工方法。如图1.4.7、图1.4.8所示为基础梁。

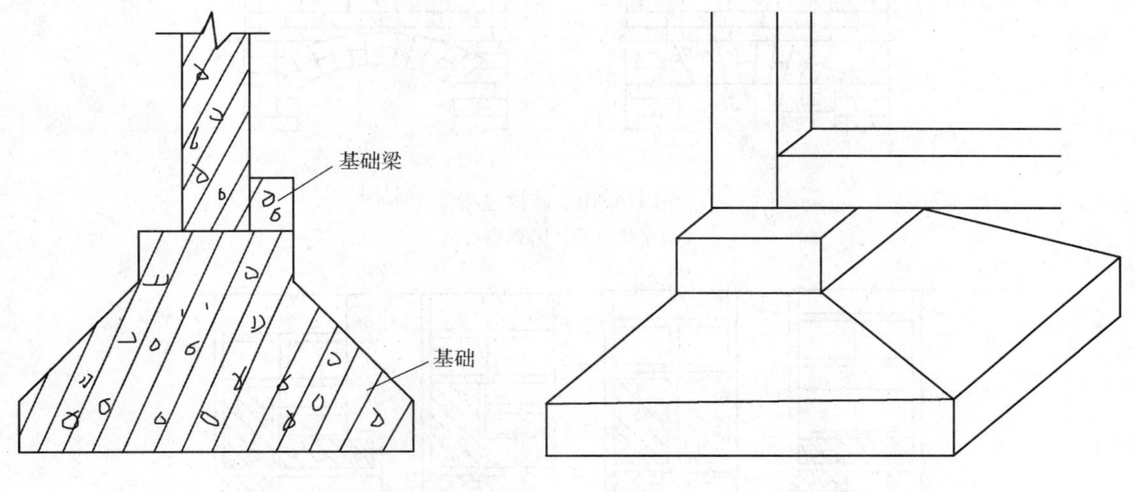

图1.4.7　柱侧基础梁剖面　　图1.4.8　柱间基础梁

矩形梁：横截面为矩形的梁。

异形梁：截面为“T”形、“L”形、“I”形的梁叫异形梁。

圈梁：是沿外墙四周及部分内墙设置在同一水平面上的连续闭合的梁，起着墙体配筋的作用，圈梁配合楼板作用可提高建筑物的空间刚度和整体性，增加墙体的稳定性，减少由于地基不均匀沉降而引起的墙身开裂，圈梁应封闭、连续、紧靠楼板布置。圈梁被窗洞切断时，应增差补强，搭接长度不应小于错开高度的 2 倍或 1.5m，混凝土圈梁示意图如图 1.4.9 所示。

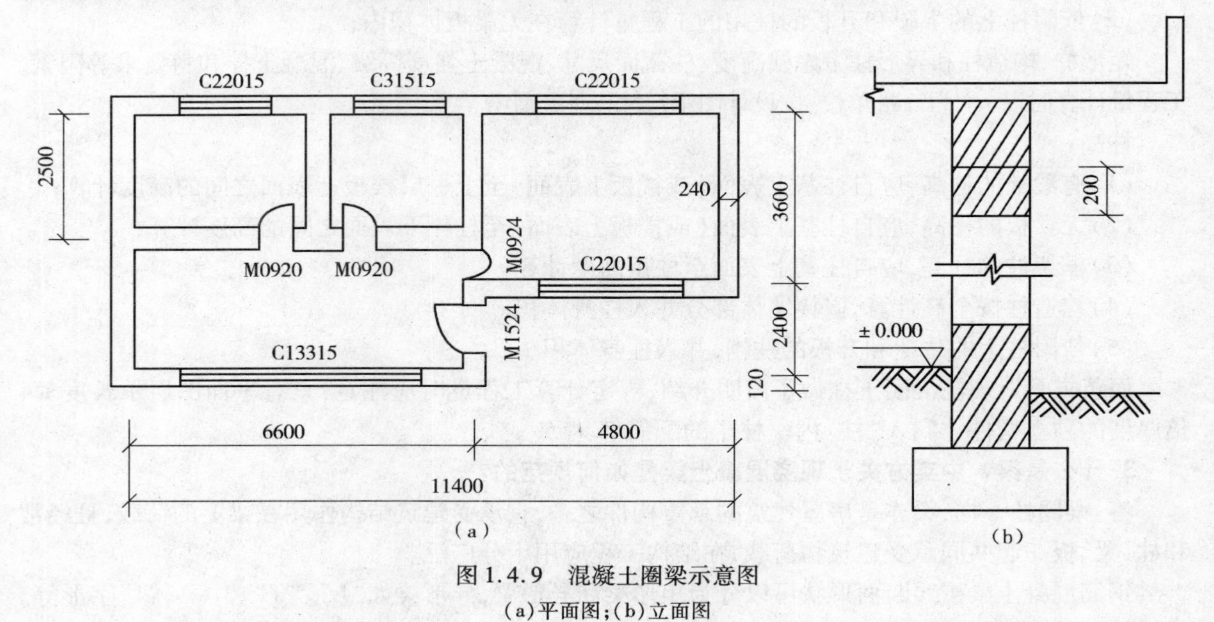

图 1.4.9 混凝土圈梁示意图

(a)平面图；(b)立面图

过梁：是指在门窗洞口或其他洞口顶部，为了承受其洞口上部的荷重，并将其荷重传递给洞口两边的墙体，以保证整体稳定性而设置的一种梁，钢筋混凝土过梁是单梁的一种特指构件，一般都做成矩形，但只有承受洞口上方荷重的梁才叫过梁，在实际使用中过梁常有砖过梁、钢筋砖过梁和钢筋混凝土过梁几种，其中砖拱过梁有平拱与弧拱两种，如图 1.4.10 及图 1.4.11 所示。

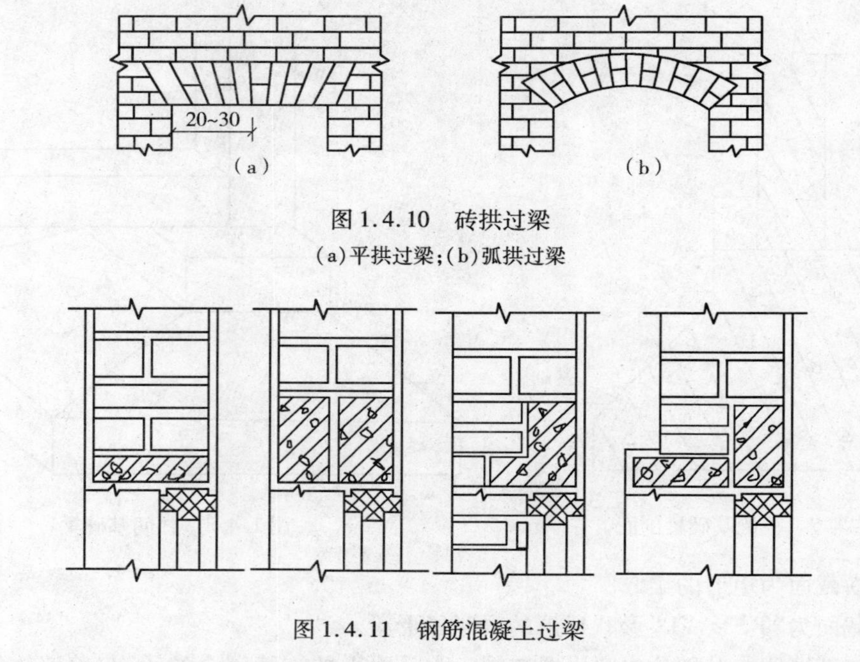

图 1.4.10 砖拱过梁

(a)平拱过梁；(b)弧拱过梁

图 1.4.11 钢筋混凝土过梁

弧形、拱形梁：形状成弧形、拱形的梁，常用于建筑造型。弧形梁示意图如图 1.4.12 所示。

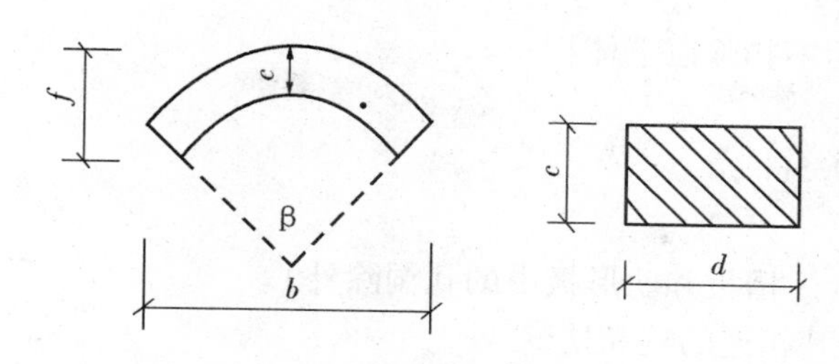

图 1.4.12　弧形梁示意图

对上述所提到的梁的工程量计算规则及相关内容,见表 1.4.1。

表 1.4.1　中方现浇混凝土梁

项目名称	项目特征	计量单位	工程量计算规则	工程内容
基础梁	1. 混凝土种类 2. 混凝土强度等级	m^3	按设计图示尺寸以体积计算。伸入墙内的梁头、梁垫并入梁体积内 梁长: 1. 梁与柱连接时,梁长算至柱侧面 2. 主梁与次梁连接时,次梁长算至主梁侧面	1. 模板及支架(撑)制作、安装、拆除、堆放、运输及清理模内杂物、刷隔离剂等 2. 混凝土制作、运输、浇筑、振捣、养护
矩形梁				
异形梁				
圈梁				
过梁				
弧形、拱形梁				

而英方考虑独立梁,独立梁深度,与板相连接梁深度等因素,规定只有深度大于 3 倍宽度(深度由板下皮开始量度)的定义为深梁和箱形深梁,对其计算规则没有具体规定。

4. 什么是墙？中英方关于现浇混凝土墙工程量清单设置及工程量计算规则有何区别？

答:墙是建筑物的承重构件和围护构件。作为承重构件,承受来自屋顶和楼板等构件传来的垂直荷载以及风力和地震力,并将这些荷载传递给地基。作为围护构件的外墙,主要是防止风、雨、雪以及太阳辐射的影响,达到保温隔热、防水、防潮、隔声、防火的要求。内墙主要起分隔作用,以创造舒适的生活环境。

不同性质和地位的墙所起的作用不同。例如承重外墙兼起承重和围护的双重作用,非承重外墙只有围护作用。而非承重内墙则只起分隔作用,在框架结构中,墙只起分隔和围护作用。墙体要具有足够的强度、稳定性、隔热、防水、防火性能,并且耐久,具有经济性。

现浇混凝土墙分为直形墙、弧形墙、短肢剪力墙、挡土墙。

现浇混凝土墙工程量清单项目设置及工程量计算规则,按表 1.4.2 规定执行。

表 1.4.2　中方现浇混凝土墙

项目名称	项目特征	计量单位	工程量计算规则	工作内容
直形墙	1. 混凝土种类 2. 混凝土强度等级	m^3	设计图示尺寸以体积计算 扣除门窗洞口及单个面积 $>0.3m^2$ 的孔洞所占体积,墙垛及凸出墙面部分并入墙体体积计算内	1. 模板及支架(撑)制作、安装、拆除、堆放、运输及清理模内杂物、刷隔离剂等 2. 混凝土制作、运输、浇筑、振捣、养护
弧形墙				
短肢剪力墙				
挡土墙				

而英方没有明确规定现浇混凝土墙的计算规定。只须按现浇混凝土的计算规则即可:

混凝土按体积计算，但不扣除以下体积：

(a)钢筋；

(b)钢构件截面积≤0.5m^2；

(c)预埋件；

(d)孔洞体积≤0.05m^3(槽板和肋形板中的孔洞除外)。

同时规定墙应包括与其相连的柱和扶壁。

5. 什么是板？中英方关于现浇混凝土板做如何规定？

答：板广义地是指成片状较硬的物体，狭义地是指工程中由支座支承的平面尺寸大，而厚度相对较小的平面构件。它主要承受各种作用产生的弯矩和剪力，在房屋建筑中，多用于水平方向承力构件，如楼板、屋面板、楼梯休息平台板等，主要承受垂直荷载；也有用于垂直方向的板件构件，如大型预制壁板、挂板、条板等，主要承受水平方向的负荷载，是非承重围护构件或分隔空间的构件。

钢筋混凝土楼板是房屋的水平承重构件，并将荷载传递到墙、柱及基础上，按结构形式分为有梁板(包括肋形板、密肋形板、井式楼板)、无梁板、平板等。在全国统一基础定额中还列出了拱板一项，所谓拱板是指拱形或半圆形的现浇板。有梁板是指梁(包括主梁、次梁、圈梁除外)、板同时现浇构成整体的板。其梁板体积应合并计算，套取有梁板项目。如图1.4.13所示。

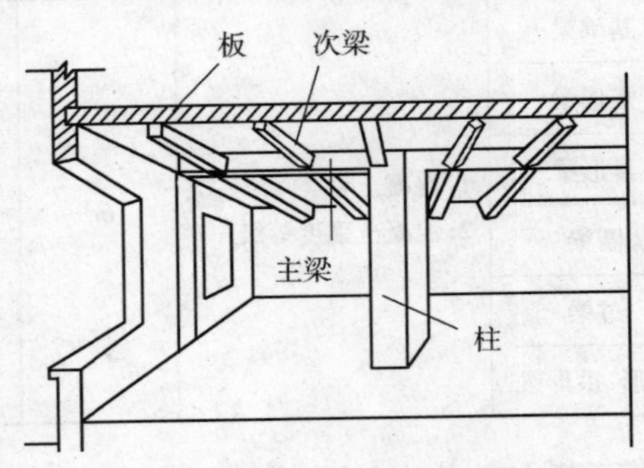

图1.4.13　有梁板透视图

无梁板：是等厚的平板直接支承在柱上，分为有柱帽和无柱帽两种。当楼面荷载较小时可采用无柱帽楼板；当楼面荷载较大时，为提高楼板的承载能力、刚度和抗冲切能力，必须在柱顶加设柱帽。

无梁楼板的模板由柱帽和楼板模板组成，楼板模板的铺板、搁栅、牵杠与支柱等与有梁楼板的模板相同。柱帽为截锥体(方形或圆形)。柱帽模板的下口牢固与柱模相接，柱帽的上口与楼板模板镶平接牢，无梁楼板模板示意图如图1.4.14所示。

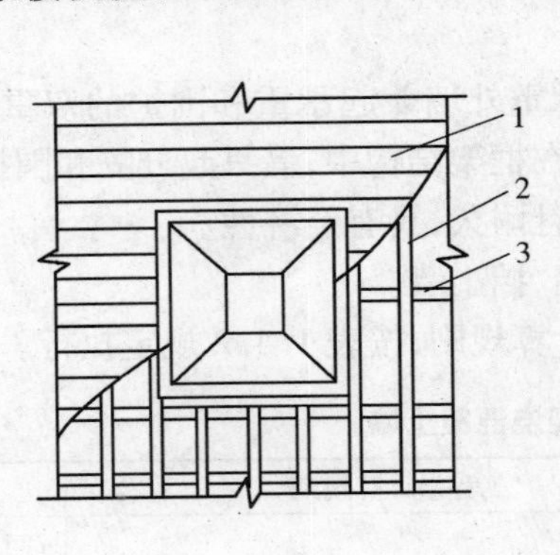

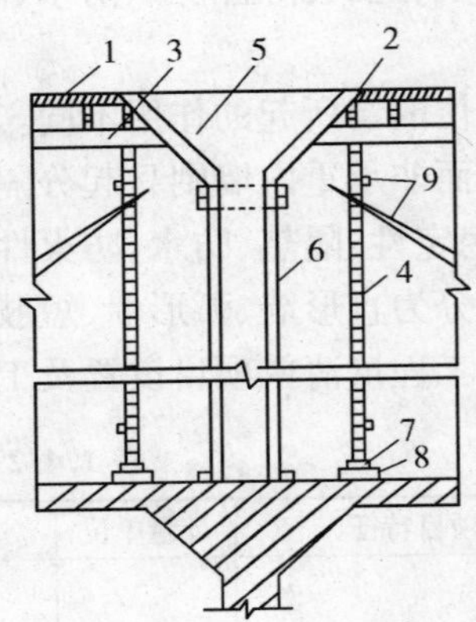

图1.4.14　无梁板楼板模板

1—楼板模板；2—搁栅；3—牵杠；4—牵杠撑；5—柱帽模板；6—柱模板；7—木楔；8—垫木；9—搭头木

无梁板是指不带梁(圈梁除外)直接由柱支承的板。其柱头(柱帽)的体积并入板内计算。如图1.4.15所示。

平板：是指无梁（圈梁除外）直接由墙支承的板。板与圈梁连接时，板算到圈梁的侧面。

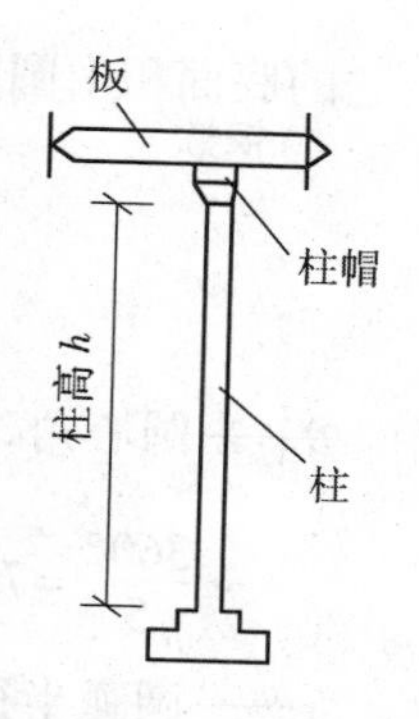

图 1.4.15　无梁板透视图

平板是搁在墙上，厚度均匀，不另设梁的楼板。既无柱支承，又非现浇梁板结构，而且两边直接由墙来支承的现浇混凝土板，这叫平板或板式楼板。这种板多用于较小跨度的房间，如居住建筑中的浴室、卫生间、走廊等跨度一般在 3m 以内，板厚 60 ~ 80mm。这种板虽然也没有梁，但它不属于无梁板，二者的区别是平板无梁而由墙来支承，无梁板由墙和柱来支承。根据受力情况又可分为双向板和单向板，当长边 L_2 与短边 L_1 的比值 $L_2/L_1>2$ 时，在荷载作用下，板基本只在 L_1 方向有变形，而在 L_2 方向变形很小，这表明荷载主要传递到短边上，即单向受力称为单向板。当 $L_2/L_1\leqslant 2$ 时板的两个方向都发生变形，这说明板在两个方向上都受力，因此称为双向板。

拱板：在土建工程中常用于屋面，也可应用于建筑物外形成拱形的板。

拱板常见于建筑造型中，形状如图 1.4.16 所示。其工程量计算有两种方法：

（1）按圆弧公式计算

$$弧长=\frac{\pi}{180^\circ}\times 半径\times 角度（以度计）$$

$$v=cLl_0 \qquad l_0=\frac{\pi\gamma\beta}{180^\circ}$$

图 1.4.16　拱板示意图

式中　v——拱板体积，m^3；

γ——半径，m；

L——拱板长，m；

β——高度，m；

l_0——拱板弧长，m；

c——拱板厚，mm。

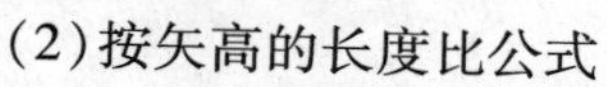

（2）按矢高的长度比公式

拱板体积 = 拱厚（c）× 拱板长（l）× 中心线跨距（b）× 延长系数（a）

薄壳板：外形是几何图形面，厚度较薄的现浇板。如筒形面板、圆球形面板，双曲拱面板、椭圆抛物面板、圆抛物面板等。

薄壳板的体积包括双曲拱顶和依附于边缘的梁、横隔板、横隔拱梁按图示尺寸以 m^3 计算。

各类几何图形面的面积计算方法如下：

薄壳板体积 = 底面积 × 板厚

（1）筒形：常用截面形式为圆弧形，如图 1.4.17 所示。

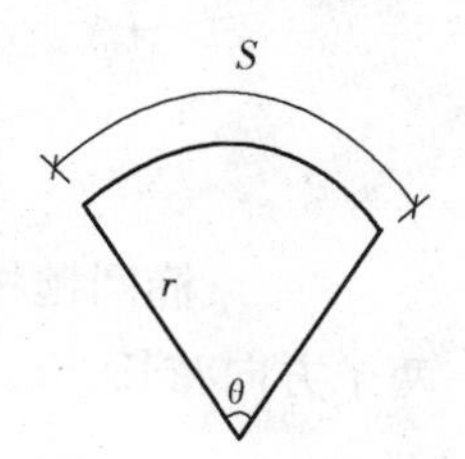

图 1.4.17　筒形屋面

它的底面积由圆弧长及板的设计长度而定。即

$$筒形底面积 = 弧长(s) \times 板长(l)$$

$$弧长(s) = \frac{3.1416}{180°} \times \theta \times r = 0.017453\theta r$$

式中　θ——圆心角，整圆为360°，三等分圆 $\theta = \frac{360°}{3} = 120°$，四等分圆 $\theta = \frac{360°}{4} = 90°$，五等分圆 $\theta = \frac{360°}{5} = 72°$，如此类推；

r——圆弧半径，m。

(2)圆球形面：如图1.4.18所示，它是由一平面割切球体而成。球体表面积 $= \pi D^2 = 4\pi r^2$

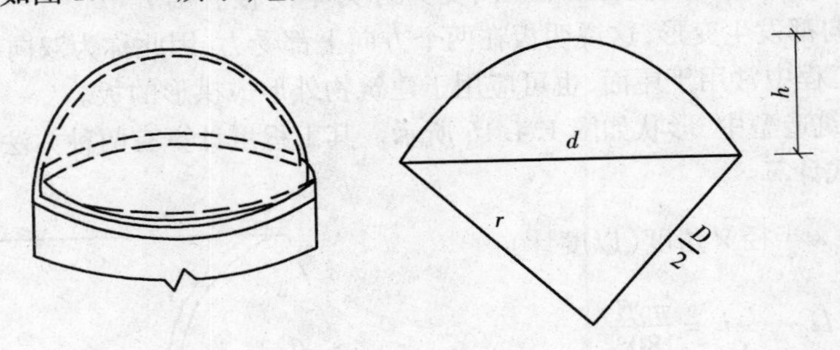

图1.4.18　割球形

因此球形板曲面可按下式计算：

$$球形曲面积 = \pi \cdot D \cdot h = \pi\left(\frac{d^2}{4} + h^2\right)$$

式中　π——3.1416；

D——球体直径，m；

h——球切面高，m；

d——球切面直径，m。

(3)椭圆抛物面：如图1.4.19所示，多用于大跨度屋顶。

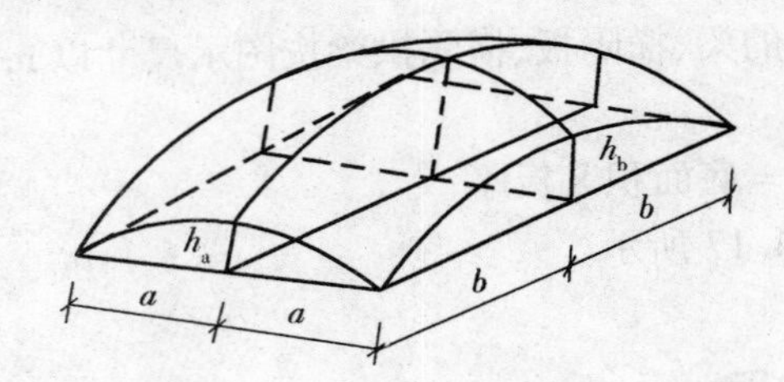

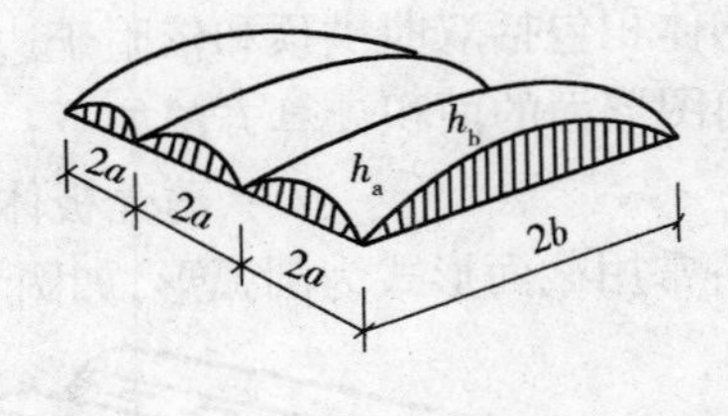

图1.4.19　椭圆抛物面形屋顶

$$椭圆抛物面积 = (2a \times 系数) \times (2b \times 系数)$$

式中　$2a$、$2b$——两个方向弦长，m。

系数由 $\frac{h_a}{2a}$ 或 $\frac{h_b}{2b}$ 查表1.4.3可得。

表 1.4.3　椭圆抛物面系数表

$\frac{h_a}{2a}$或$\frac{h_b}{2b}$	系数	$\frac{h_a}{2a}$或$\frac{h_b}{2b}$	系数	$\frac{h_a}{2a}$或$\frac{h_b}{2b}$	系数	$\frac{h_a}{2a}$或$\frac{h_b}{2b}$	系数
0.050~0.053	1.007	0.107~0.108	1.030	0.144	1.053	0.174	1.076
0.054~0.056	1.008	0.109~0.110	1.031	0.145~0.146	1.054	0.175~0.176	1.077
0.057~0.059	1.009	0.111	1.032	0.147	1.055	0.177	1.078
0.060~0.063	1.010	0.112~0.113	1.033	0.148~0.149	1.056	0.178	1.079
0.064~0.066	1.011	0.114~0.115	1.034	0.150	1.057	0.179	1.080
0.067~0.068	1.012	0.116~0.117	1.035	0.151	1.058	0.180	1.081
0.069~0.071	1.013	0.118	1.036	0.152~0.153	1.059	0.181~0.182	1.082
0.072~0.074	1.014	0.119~0.120	1.037	0.154	1.060	0.183	1.083
0.075~0.076	1.015	0.121	1.038	0.155	1.061	0.184	1.084
0.077~0.078	1.016	0.122~0.123	1.039	0.156~0.157	1.062	0.185	1.085
0.079~0.081	1.017	0.124~0.125	1.040	0.158	1.063	0.186	1.086
0.082~0.083	1.018	0.126~0.127	1.041	0.159	1.064	0.187	1.087
0.084~0.086	1.019	0.128	1.042	0.160~0.161	1.065	0.188~0.189	1.088
0.087~0.089	1.020	0.129~0.130	1.043	0.162	1.066	0.190	1.089
0.090	1.021	0.131	1.044	0.163	1.067	0.191	1.090
0.091~0.092	1.022	0.132~0.133	1.045	0.164~0.165	1.068	0.192	1.091
0.093~0.094	1.023	0.134	1.046	0.166	1.069	0.193	1.092
0.095~0.096	1.024	0.135~0.136	1.047	0.167	1.070	0.194	1.093
0.097~0.098	1.025	0.137	1.048	0.168	1.071	0.195	1.094
0.099~0.100	1.026	0.138~0.139	1.049	0.169~0.170	1.072	0.196	1.095
0.101~0.102	1.027	0.140	1.050	0.171	1.073	0.197~0.198	1.096
0.103~0.104	1.028	0.141~0.142	1.051	0.172	1.074	0.199	1.097
0.105~0.106	1.029	0.143	1.052	0.173	1.075	0.200	1.098

（4）圆抛物面：如图 1.4.20 所示，常用于方形大厅。它的底曲面积按下式计算：

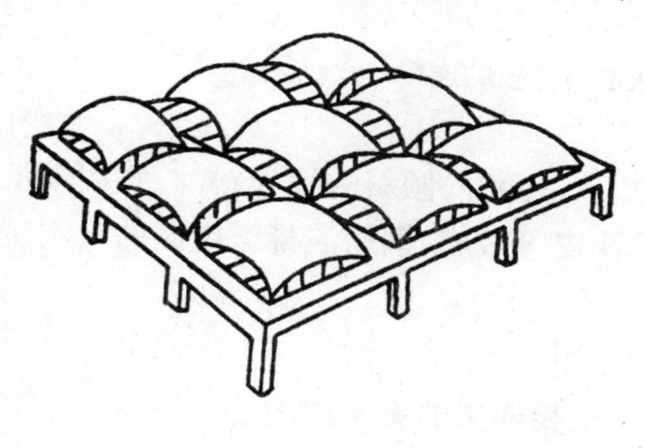

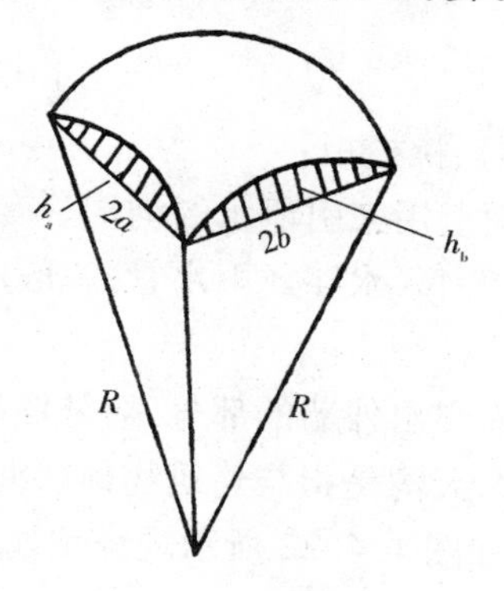

图 1.4.20　圆抛物形屋顶

圆抛物底面积：

$$F = S_a \cdot S_b$$

弧长：

$$S_a = \frac{a \cdot \sqrt{R^2 + a^2}}{R} + R \cdot ln\left(\frac{a + \sqrt{R^2 + a^2}}{R}\right)$$

弧长：

$$S_b = \frac{b \cdot \sqrt{R^2 + b^2}}{R} + R \cdot ln\left(\frac{b + \sqrt{R^2 + b^2}}{R}\right)$$

式中　S_a、S_b——弦长 $2a$、$2b$ 所对应的弧长，m；

a、b——两个方向的半弦长，m；

R——圆弧的半径，m；

ln——自然对数。

栏板：是梯段或阳台上所设的安全设施。位置可在梯段的一侧或梯段中间，视梯段宽度而定。阳台栏杆实心的称为栏板，漏空的叫栏杆。实心栏板可砖砌、预制或现浇钢筋混凝土、钢丝网水泥，在建筑标准较高的建筑中，可用有机玻璃、钢化玻璃、装饰板等作为栏板。为加强其稳定性，须和现浇钢筋混凝土扶手联成整体，并在栏板内每隔1000～1200mm加钢筋或设混凝土构造柱，增加其刚度。组合式栏杆是将空花栏杆与栏板组合在一起构成的一种栏梯形式。空花部分一般采用金属，栏板部分仍然用砖、钢筋混凝土、木材、有机玻璃、钢化玻璃。

栏杆按净长度以延长米计算。伸入墙内的长度已综合在定额内。栏板以 m^3 计算，伸入墙内的栏板，合并计算。

在《全国统一基础定额（土建97）》中规定栏杆按净长度（即从墙外表面开始计算长度）以延长米计算。伸入墙内的长度已综合在定额中，不得另行计算。栏板应按图示尺寸以 m^3 计算。伸入墙内的部分亦不得另行计算。

阳台扶手带花台板或花池时，花台板套用小型构件（零星构件）定额项目，花池按池槽定额执行。花池构造如图1.4.21所示。

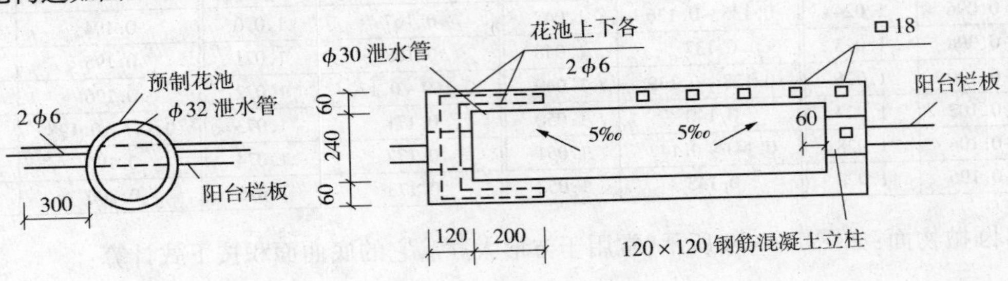

图1.4.21　花池与栏板的连接

天沟（檐沟）、挑檐板：

天沟指屋面上用来引泄水的沟槽。有倾斜和水平两种，倾斜的称为斜沟，它用来汇集屋面流下的雨水并把它们引入水斗或雨水管，一般用镀锌铁皮等做成，钢筋混凝土屋面的天沟用钢筋混凝土做成。

挑檐指屋面突出外墙的部分，对外墙起保护作用。

所谓的挑檐天沟是指与建筑物顶层混凝土圈梁相连接的去水檐沟。

【例】 求如图1.4.22所示现浇钢筋混凝土挑檐天沟的工程量（天沟长度为50m）。

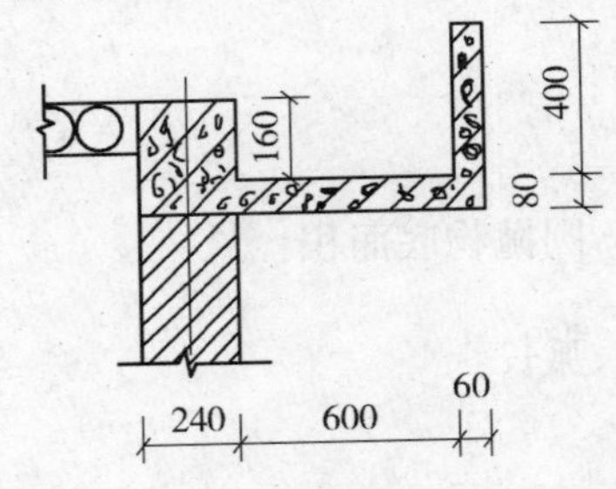

图1.4.22　钢筋混凝土挑檐天沟示意图

【解】 模板工程量按挑出部分接触面积计算（天沟梁另按圈（过）梁计算）。

$$工程量=50.0\times(0.6+0.06+0.4\times2+0.08)m^2=77m^2$$

混凝土工程量按（挑出部分）体积计算。

$$工程量=50.0\times(0.66\times0.08+0.4\times0.06)m^3=3.84m^3$$

注：因天沟长度为假设数，此处未考虑计算天沟挡的模板面积和混凝土体积。

悬挑板（阳台雨篷）：阳台和雨篷都属于建筑物上的悬挑构件。阳台是挑于建筑物每一层的外墙上，是连接室内的室外平台，给居住在多层建筑里的人们提供一个舒适的室外活动空间。雨篷位于建筑物出入口的地方，用来遮挡雨雪，保护外门免受侵蚀，给人们提供一个从室外到室内的过渡空间。挑板式阳台是从楼板外延挑出平板，阳台荷载直接传给纵墙，用现浇楼板来抵抗阳台的倾覆力矩。

阳台按其与外墙面的关系分为挑阳台、凹阳台、半挑半凹阳台；按其在建筑中所处的位置可分为中间阳台与转角阳台。如图1.4.23所示。

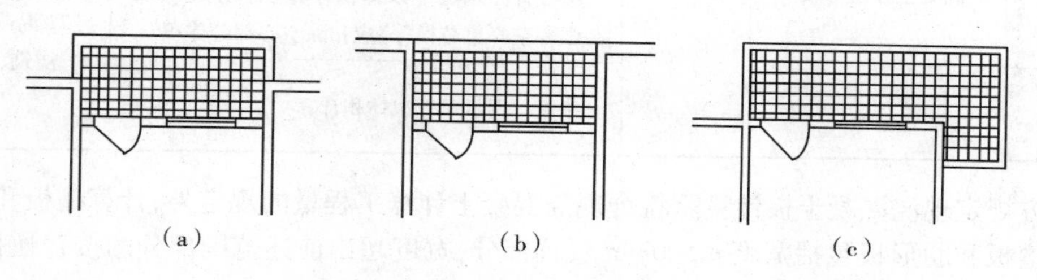

图1.4.23　阳台的类型

(a)半挑半凹阳台（中间阳台）；(b)凹阳台（中间阳台）；(c)挑阳台（转角阳台）

雨篷、阳台工程量计算：现浇钢筋混凝土悬挑板按图外挑部分尺寸的水平投影面积计算。挑出墙外的牛腿梁及板边模板不另计算，而带反挑檐的雨篷，反挑檐部分按展开面积计算并计入雨篷模板工程量内。

叠合板：是指预制板上再浇灌一定厚度的现浇层，如图1.4.24所示。

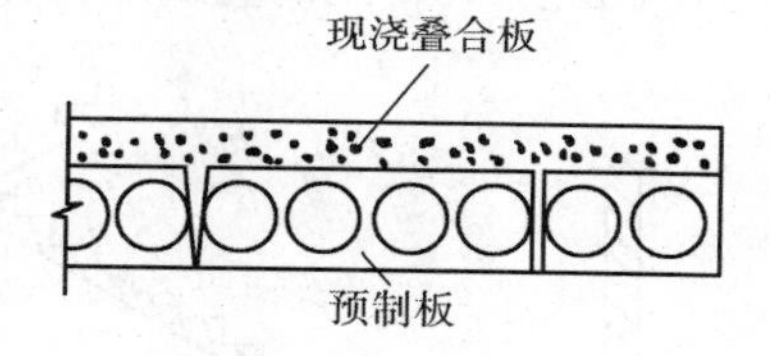

图1.4.24　现浇叠合板示意图

叠合板又分为有肋叠合板和无肋叠合板两种。

(1)有肋叠合板：凡叠合板下层预制楼板板缝下口缝宽在15cm以上者为有肋叠合板。

(2)无肋叠合板：凡叠合板下层预制板缝下口缝宽在4cm以内者为无肋叠合板。

有肋叠合板工程量为叠合板和肋的总体积，以m^3计算。但不得另行计算预制板补板项目。

无肋叠合板工程量为叠合板面积乘以板厚，以m^3计算。其预制板15cm以内的无筋板缝，已包括在预制板接头灌缝项目内，只得套接头计算灌缝部分的空心板一栏，不得重复计算。

现浇楼板体积计算公式：板体积＝板长×板宽×板厚

现浇混凝土板工程量清单项目设置及工程量计算规则，按表1.4.4的规定执行。

表1.4.4　中方现浇混凝土板

项目名称	项目特征	计量单位	工程量计算规则	工作内容
有梁板 无梁板 平板 拱板 薄壳板 栏板	1. 混凝土种类 2. 混凝土强度等级	m^3	按设计图示尺寸以体积计算，不扣除单个面积≤$0.3m^2$的柱、垛以及孔洞所占体积 压形钢板混凝土楼板扣除构件内压形钢板所占体积 有梁板（包括主、次梁与板）按梁、板体积之和计算，无梁板按板和柱帽体积之和计算，各类板伸入墙内的板头并入板体积内，薄壳板的肋、基梁并入薄壳体积内计算	1. 模板及支架（撑）制作、安装、拆除、堆放、运输及清理模内杂物、刷隔离剂等 2. 混凝土制作、运输、浇筑、振捣、养护

续表

项目名称	项目特征	计量单位	工程量计算规则	工作内容
天沟(檐沟)、挑檐板	1. 混凝种类 2. 混凝土强度等级	m^3	按设计图示尺寸以体积计算	1. 模板及支架(撑)制作、安装、拆除、堆放、运输及清理模内杂物、刷隔离剂等 2. 混凝土制作、运输、浇筑、振捣、养护
雨篷、悬挑板、阳台板			按设计图示尺寸以墙外部分体积计算。包括伸出墙外的牛腿和雨篷反挑檐的体积	
空心板			按设计图示尺寸以体积计算。空心板(GBF高强薄壁蜂巢芯板等)应扣除空心部分体积	
其他板			按设计图示尺寸以体积计算	

而英方规定现浇混凝土板计算除符合现浇混凝土计算工程量的规定外,计算槽板和肋形板时,还应考虑槽板和肋形板包括宽度≤500mm 板翼部分,宽度超出前述范围部分的按普通板量度。以 m^3 为计量单位,此点与中方相同。

6. 什么是楼梯? 中英方是如何规定楼梯清单工程量的?

答:楼梯:《全国统一基础定额(土建97)》现浇混凝土部分所指的楼梯,即将楼梯踏步板、楼梯斜梁、休息平台板和平台梁等浇筑在一起的(捣制)现浇钢筋混凝土楼梯。

按楼梯形状不同,中方将楼梯分为直线形与圆弧形两种。

直线形楼梯:常用的直线形楼梯有梁式楼梯与板式楼梯。如图 1.4.25 所示。

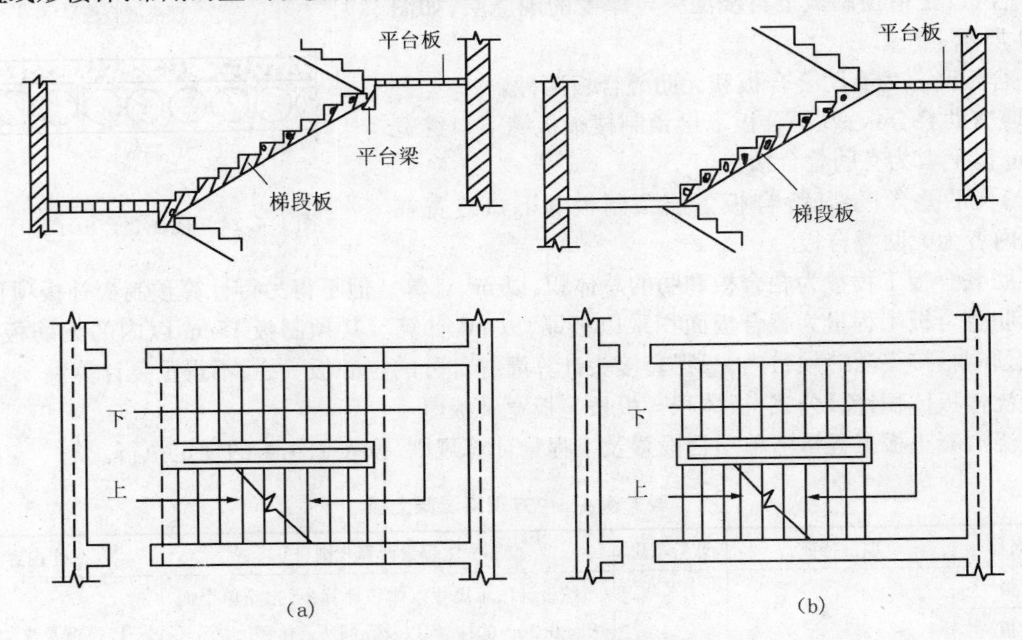

图 1.4.25 现浇钢筋混凝土直线形楼梯
(a)板式楼梯;(b)梁式楼梯

计算工程量时,整体楼梯包括休息平台、平台梁、斜梁及楼梯的连接梁,按水平投影面积计算,不扣除宽度小于 500mm 的楼梯井,伸入墙内部分不另增加。工程量按水平投影面积乘以层数以平方米计算。

【例】 计算如图 1.4.26 所示中的现浇钢筋混凝土楼梯栏板工程量(栏板高度为 0.9m)。

【解】 根据计算规则,模板工程量按侧模接触面积计算。

工程量 = [2.34 × 1.15(斜长系数) × 2 + 0.16 + 0.06 + 1.12] × 0.9(高度) × 2(面)m^2

= 6.05 × 2m^2 = 12.10m^2

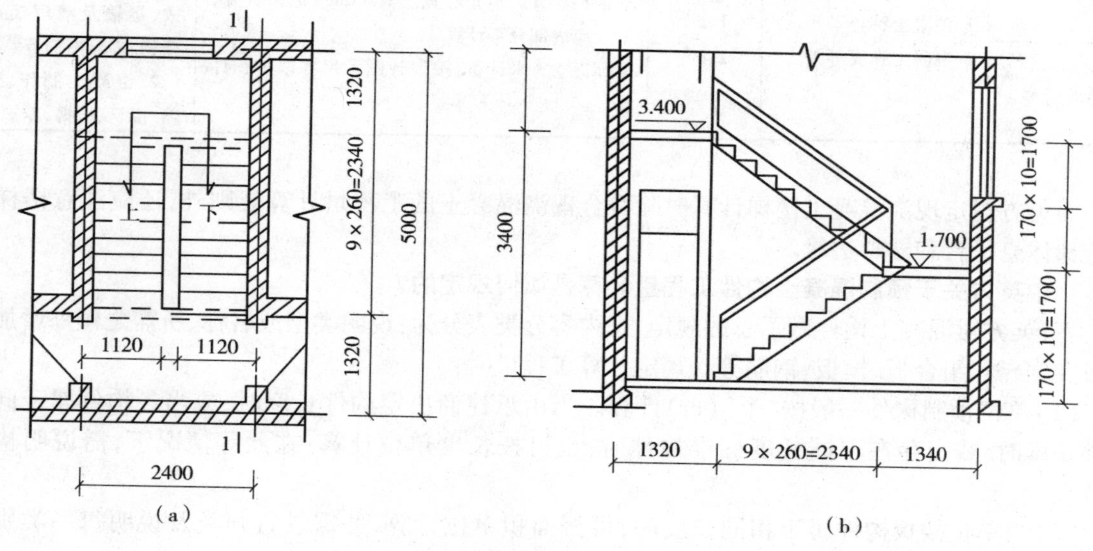

图 1.4.26 梁模

(a)楼梯平面图;(b)1-1 剖面图

混凝土工程量按体积计算,包括伸入墙内部分。

工程量 = [(2.34 × 1.15 × 2 + 0.16 + 1.12) × 0.9 × 0.06(厚度) + 0.9 × 0.12 × 0.06(伸入墙内部分)]m^3

= 0.37m^3

螺旋式楼梯:螺旋式楼梯的内外侧一般是由同一圆心的两条半径不同的螺线组成。螺旋面分级而成,支模前首先做好垫层,在垫层上画出楼梯内外边轮廓线的两个半圆,并将圆弧分成若干等份,定出支柱基点,螺旋形楼梯简意示意图如图 1.4.27 所示。

螺旋形楼梯包括踏步、梁、休息平台,按水平投影面积以 m^2 计算。套用弧形楼梯定额项目。螺旋楼梯的水平投影面即是圆环面,其计算公式为:

$$螺旋梯混凝土工程量 = \frac{W}{360°}\pi(R^2 - r^2)$$

式中 W——螺旋梯旋转角度,°;

R——梯外边缘螺旋线旋转半径,m;

r——梯内边缘螺旋线螺旋半径,m;

图中"B"——螺旋楼梯踏步长度,m。

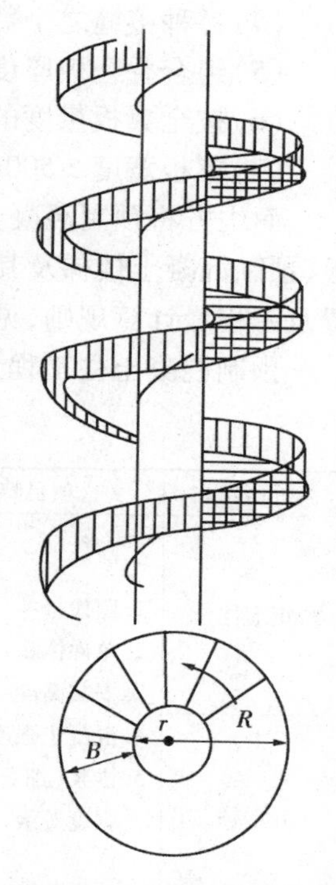

图 1.4.27 螺旋形楼梯简意示意图

现浇混凝土楼梯工程量清单项目设置及工程量计算规则,应按表 1.4.5规定执行。

表 1.4.5 现浇混凝土楼梯

项目名称	项目特征	计量单位	工程量计算规则	工作内容
直形楼梯	1. 混凝土种类 2. 混凝土强度等级	1. m^2 2. m^3	1. 以平方米计量,按设计图示尺寸以水平投影面积计算。不扣除宽度≤500mm 的楼梯井,伸入墙内部分不计算 2. 以立方米计量,按设计图示尺寸以体积计算	1. 模板及支架(撑)制作、安装、拆除、堆放、运输及清理模内杂物、刷隔离剂等 2. 混凝土制作、运输、浇筑、振捣、养护
弧形楼梯				

而英方规定现浇混凝土楼梯计算时除符合现浇混凝土的工程量计算规则外,还应注意楼梯包括楼梯休息平台和楼梯边缘。

7. 中英方关于预制混凝土构件工程量计算是如何规定的?

答:英方对混凝土构件做了总的规定,把内容分类表分为:说明类型或名称、所需之额外增加费项目、结合缝、组合板、模板、钢筋等。规定计算工程量时:

(1)单位预制构件一般按"个"(nr)计算。当由承建商决定构件长度时,或当各构件属于同一标准长度时,或当存在不同长度标准构件时,也可按长度单位计算;在此等情况下,需说明构件个数。

(2)当单位楼板构件属于相同长度时,可按面积单位计算,并需进行归类及说明每一类别的长度。

(3)当单位构件按长度单位计算时,转角、平滑端、垫块等均按"个"计算。

(4)各种接缝之个数的资料可按其发生情况在相应预制作的项目描述内说明。

(5)组合叠合板厚度按总厚度计算。

(6)按全翼板量度的组合叠合板≤500mm 宽。

(7)翼板宽度 >500mm 范围的构件,按有关规定计算。

而中方将预制混凝土构件划分为预制混凝土柱、预制混凝土梁、预制混凝土屋架、预制混凝土板、预制混凝土楼梯及其他预制构件。各构件因形式不同又另加细分,各个构件工程量清单项目设置及工程量计算规则,见表 1.4.6。

预制混凝土柱工程量清单项目设置及工程量计算规则应按表 1.4.6 的规定执行。

表 1.4.6 预制混凝土柱

项目名称	项目特征	计量单位	工程量计算规则	工作内容
矩形柱	1. 图代号 2. 单件体积 3. 安装高度 4. 混凝土强度等级 5. 砂浆(细石混凝土)强度等级、配合比	1. m^3 2. 根	1. 以立方米计量,按设计图示尺寸以体积计算 2. 以根计量,按设计图示尺寸以数量计算	1. 模板制作、安装、拆除、堆放、运输及清理模内杂物、刷隔离剂等 2. 混凝土制作、运输、浇筑、振捣、养护 3. 构件运输、安装 4. 砂浆制作、运输 5. 接头灌缝、养护
异形柱				

预制混凝土梁。工程量清单项目设置及工程量计算规则应按表 1.4.7 的规定执行。

表 1.4.7 预制混凝土梁

项目名称	项目特征	计量单位	工程量计算规则	工作内容
矩形梁	1. 图代号 2. 单件体积 3. 安装高度 4. 混凝土强度等级 5. 砂浆(细石混凝土)强度等级、配合比	1. m^3 2. 根	1. 以立方米计量,按设计图示尺寸以体积计算 2. 以根计量,按设计图示尺寸以数量计算	1. 模板制作、安装、拆除、堆放、运输及清理模内杂物、刷隔离剂等 2. 混凝土制作、运输、浇筑、振捣、养护 3. 构件运输、安装 4. 砂浆制作、运输 5. 接头灌缝、养护
异形梁				
过梁				
拱形梁				
鱼腹式吊车梁				
其他梁				

预制混凝土屋架工程量清单项目设置及工程量计算规则,应按表 1.4.8 的规定执行。

表 1.4.8 预制混凝土屋架

项目名称	项目特征	计量单位	工程量计算规则	工作内容
折线型	1. 图代号 2. 单件体积 3. 安装高度 4. 混凝土强度等级 5. 砂浆(细石混凝土)强度等级、配合比	1. m^3 2. 榀	1. 以立方米计量,按设计图示尺寸以体积计算 2. 以榀计量,按设计图示尺寸以数量计算	1. 模板制作、安装、拆除、堆放、运输及清理模内杂物、刷隔离剂等 2. 混凝土制作、运输、浇筑、振捣、养护 3. 构件运输、安装 4. 砂浆制作、运输 5. 接头灌缝、养护
组合				
薄腹				
门式刚架				
天窗架				

预制混凝土板工程量清单项目设置及工程量计算规则,应按表 1.4.9 的规定执行。

表 1.4.9 预制混凝土板

项目名称	项目特征	计量单位	工程量计算规则	工作内容
平板	1. 图代号 2. 单件体积 3. 安装高度 4. 混凝土强度等级 5. 砂浆(细石混凝土)强度等级、配合比	1. m^3 2. 块	1. 以立方米计量,按设计图示尺寸以体积计算。不扣除单个面积≤300mm×300mm 的孔洞所占体积,扣除空心板空洞体积 2. 以块计量,按设计图示尺寸以数量计算	1. 模板制作、安装、拆除、堆放、运输及清理模内杂物、刷隔离剂等 2. 混凝土制作、运输、浇筑、振捣、养护 3. 构件运输、安装 4. 砂浆制作、运输 5. 接头灌缝、养护
空心板				
槽形板				
网架板				
折线板				
带肋板				
大型板				
沟盖板、井盖板、井圈	1. 单件体积 2. 安装高度 3. 混凝土强度等级 4. 砂浆强度等级、配合比	1. m^3 2. 块(套)	1. 以立方米计量,按设计图示尺寸以体积计算 2. 以块计量,按设计图示尺寸以数量计算	

预制混凝土楼梯工程量清单项目设置及工程量计算规则，应按表1.4.10的规定执行。

表1.4.10 预制混凝土楼梯

项目名称	项目特征	计量单位	工程量计算规则	工作内容
楼梯	1. 楼梯类型 2. 单件体积 3. 混凝土强度等级 4. 砂浆（细石混凝土）强度等级	1. m^3 2. 段	1. 以立方米计量，按设计图示尺寸以体积计算。扣除空心踏步板空洞体积 2. 以段计量，按设计图示数量计算	1. 模板制作、安装、拆除、堆放、运输及清理模内杂物、刷隔离剂等 2. 混凝土制作、运输、浇筑、振捣、养护 3. 构件运输、安装 4. 砂浆制作、运输 5. 接头灌缝、养护

其他预制构件工程量清单项目设置及工程量计算规则，应按表1.4.11的规定执行。

表1.4.11 其他预制构件

项目名称	项目特征	计量单位	工程量计算规则	工作内容
垃圾道、通风道、烟道	1. 单件体积 2. 混凝土强度等级 3. 砂浆强度等级	1. m^3 2. m^2 3. 根（块、套）	1. 以立方米计量，按设计图示尺寸以体积计算。不扣除单个面积≤300mm×300mm的孔洞所占体积，扣除烟道、垃圾道、通风道的孔洞所占体积 2. 以平方米计量，按设计图示尺寸以面积计算。不扣除单个面积≤300mm×300mm的孔洞所占面积 3. 以根计量，按设计图示尺寸以数量计算	1. 模板制作、安装、拆除、堆放、运输及清理模内杂物、刷隔离剂等 2. 混凝土制作、运输、浇筑、振捣、养护 3. 构件运输、安装 4. 砂浆制作、运输 5. 接头灌缝、养护
其他构件	1. 单件体积 2. 构件的类型 3. 混凝土强度等级 4. 砂浆强度等级			

同时注意：

（1）预制混凝土构件或预制钢筋混凝土构件，如施工图设计标注做法见标准图集时，项目特征注明标准图集的编码、页号及节点大样即可。

（2）现浇或预制混凝土和钢筋混凝土构件，不扣除构件内钢筋、螺栓、预埋铁件、张拉孔道所占体积，但应扣除劲性骨架的型钢所占体积。

8. 中英方关于现浇构件钢筋的工程量如何计算，与之相关部分的规范又如何？

答：中方现浇构件钢筋考虑钢筋种类、规格，以“t”为计量单位，按设计图示钢筋（网）长度（面积）乘以单位理论质量计算其工程量、工程内容包括：1. 钢筋制作、运输；2. 钢筋安装；3. 焊接（绑扎）。

英方对现浇构件钢筋分类叙述较细，其工程标准计量规则可参考表1.4.12。

表 1.4.12　英方现浇构件钢筋

提供资料					计算规则	定义规则	范围规则	辅助资料
P1 以下资料或应按 A 部分之基本设施费用/总则条款而提供于位置图内，或应提供于与工程量清单相对应的附图内： (a)混凝土构件相对位置 (b)构件尺寸 (c)构件厚度 (d)与浇注时间相关的允许荷载								S_1 材料类型及质量 S_2 测试详细要求 S_3 弯曲限制
分类表								
1. 钢筋	1. 需说明钢筋标称尺寸	1. 直筋 2. 弯曲筋 3. 弧形筋 4. 箍筋	t	1. 水平筋，长度12.00～15.00m 2. 以后按每增加3.00m而分级量度 3. 垂直筋，长度6.00～9.00m 4. 以后按每增加3.00m分级量度	M1 钢筋重量不包括表面处理和轧制产生的重量差别 M2 第四栏所指长度为弯曲前的长度	D1 水平筋包括水平倾角 ≤ 30°的钢筋 D2 垂直筋包括倾角 > 30° 的钢筋	C1 钢筋视作已包括应由承建商决定的弯钩、钢筋绑扎丝、定位筋和马凳铁	
2. 定位钢筋和马凳铁	2. 需说明尺寸		t		M3 只有当承建商不能自行决定定位筋及马凳铁的要求时，此等项目才需分项计量			
3. 特殊搭接件	1. 需说明标称尺寸和造形		nr					
4. 钢筋网片	1. 需说明钢筋网片规格和每平方米重量		m^2	1. 弯曲 2. 条形网片，需说明宽度	M4 钢筋网计算工程量内不包括网片间的搭接面积 M5 面积 ≤ $1.00m^2$ 的孔洞不予扣除		C2 钢筋网片视作已包括应由承建商自作决定的搭接、钢筋捆扎丝、所有切割、弯曲、定位钢筋和马凳铁 C3 弯曲钢筋网片视作已包括钢构件外的绑扎件	S4 最小搭接长度

9. 中方规范中后张法预应力钢筋对应于英方中的哪个部分？双方是怎样计算工程量的？

答：后张法预应力钢筋是指在后张预应力构件中使用的钢筋。

后张法施工是在钢筋混凝土构件或块体成型时，在设计规定的位置上预留孔道，待混凝土达到设计规定的强度一般不低于设计强度标准值的75%后，将预应力筋穿入孔道中，进行预应力筋的张拉，并用锚具将预应力筋锚固在构件上，然后进行孔道灌浆。预应力筋承受的张拉应力通过锚具传递给预应力混凝土构件，使混凝土获得预拉应力，如图1.4.28所示。

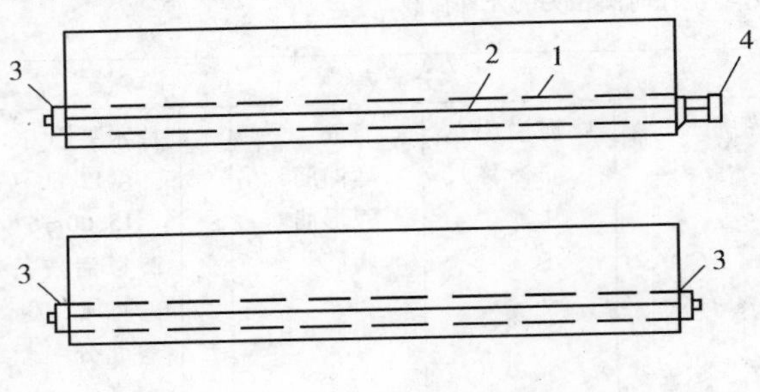

图1.4.28 后张法示意图

英方计算工程量时，考虑

(1)钢筋束中预应力钢丝的数量、长度、材质和尺寸；

(2)管道、孔隙及灌浆；

(3)锚固件和端头处理；

(4)施加应力工序、应力传递、初始应力；

(5)支撑限制条件等因素，规定后张钢筋按同类构件中的预应力钢筋束之数量计算。

而中方考虑：

(1)钢筋种类、规格；

(2)钢丝束种类、规格；

(3)钢绞线种类、规格；

(4)锚具种类；

(5)砂浆强度等级等因素，以“t”为计量单位，按设计图示钢筋(丝束、绞线)长度乘以单位理论质量计算。

(6)低合金钢筋两端均采用螺杆锚具时，钢筋长度按孔道长度减0.35m计算，螺杆另行计算。

(7)低合金钢筋一端采用镦头插片、另一端采用螺杆锚具时，钢筋长度按孔道长度计算，螺杆另行计算。

(8)低合金钢筋一端采用镦头插片、另一端采用帮条锚具时，钢筋增加0.15m计算；两端均采用帮条锚具时，钢筋长度按孔道长度增加0.3m计算。

(9)低合金钢筋采用后张混凝土自锚时，钢筋长度按孔道长度增加0.35m计算。

(10)低合金钢筋(钢铰线)采用JM、XM、QM型锚具，孔道长度在20m以内时，钢筋长度增加1m计算；孔道长度20m以外时，钢筋(钢绞线)长度按孔道长度增加1.8m计算。

(11)碳素钢丝采用锥形锚具，孔道长度在20m以内时，钢丝长度按孔道长度增加1m计算；孔道长在20m以上时，钢丝束长度按孔道长度增加1.8m计算。

(12)碳素钢丝束采用镦头锚具时，钢丝束长度按孔道长度增加0.35m计算。

工程内容包括：

(1)钢筋、钢丝、钢绞线制作、运输；

(2)钢筋、钢丝、钢绞线安装；

(3)预埋管孔道铺设；

(4)锚具安装；

(5)砂浆制作、运输；

(6)孔道压浆、养护。

10. 其他钢筋工程中的钢筋如何计算工程量?

答:英方中钢筋工程除对现浇混凝土的钢筋、现浇混凝土后张法钢筋作了明确规定外,其他钢筋工程量计算体现在有钢筋的构件的计算中,没有另作说明,在此也不累述。

而中方把钢筋工程分为除现浇构件钢筋、后张法预应力钢筋外,还有其他钢筋,其工程量清单项目设置及工程量计算规则,应按表 1.4.13 的规定执行。

表 1.4.13　中方其他钢筋工程

项目名称	项目特征	计量单位	工程量计算规则	工作内容
现浇构件钢筋	钢筋种类、规格	t	按设计图示钢筋(网)长度(面积)乘以单位理论质量计算	1. 钢筋制作、运输 2. 钢筋安装 3. 焊接(绑扎)
预制构件钢筋				
钢筋网片				1. 钢筋网制作、运输 2. 钢筋网安装 3. 焊接(绑扎)
钢筋笼				1. 钢筋笼制作、运输 2. 钢筋笼安装 3. 焊接(绑扎)
先张法 预应力钢筋	1. 钢筋种类、规格 2. 锚具种类		按设计图示钢筋长度乘以单位理论质量计算	1. 钢筋制作、运输 2. 钢筋张拉
后张法 预应力钢筋	1. 钢筋种类、规格 2. 钢丝束种类、规格 3. 钢绞线种类、规格 4. 锚具种类 5. 砂浆强度等级		按设计图示钢筋(丝束、绞线)长度乘以单位理论质量计算。 1. 低合金钢筋两端均采用螺杆锚具时,钢筋长度按孔道长度减 0.35m 计算,螺杆另行计算 2. 低合金钢筋一端采用镦头插片,另一端采用螺杆锚具时,钢筋长度按孔道长度计算,螺杆另行计算 3. 低合金钢筋一端采用镦头插片、另一端采用帮条锚具时,钢筋增加 0.15m 计算;两端均采用帮条锚具时,钢筋长度按孔道长度增加 0.3m计算 4. 低合金钢筋采用后张混凝土自锚时,钢筋长度按孔道长度增加 0.35m 计算 5. 低合金钢筋(钢绞线)采用 JM、XM、QM 型锚具,孔道长度≤20m 时,钢筋长度增加 1m 计算;孔道长度 >20m 时,钢筋长度增加 1.8m 计算 6. 碳素钢丝采用锥形锚具,孔道长度≤20m 时,钢丝束长度按孔道长度增加 1m 计算;孔道长度 >20m 时,钢丝束长度按孔道长度增加1.8m 计算 7. 碳素钢丝束采用镦头锚具时,钢丝束长度按孔道长度增加 0.35m 计算	1. 钢筋、钢丝、钢绞线制作、运输 2. 钢筋、钢丝、钢绞线安装 3. 预埋管孔道铺设 4. 锚具安装 5. 砂浆制作、运输 6. 孔道压浆、养护
预应力 钢丝				
预应力 钢绞线				

续表

项目名称	项目特征	计量单位	工程量计算规则	工作内容
支撑钢筋（铁马）	1. 钢筋种类 2. 规格	t	按钢筋长度乘单位理论质量计算	钢筋制作、焊接、安装
声测管	1. 材质 2. 规格型号		按设计图示尺寸以质量计算	1. 检测管截断、封头 2. 套管制作、焊接 3. 定位、固定

五、厂库房大门、特种门和木结构工程

1. 中英方关于门的工程量计算作何规定?

答:门主要由门樘、门扇、腰头窗和五金零件等部分组成。

门扇通常有玻璃门、镶板门、夹板门、百页门和纱门等。腰头窗又称亮子,在门的上方,供通风和辅助采光用,有固定、平开及上、中、下旋等方式,其构造基本同窗扇。门樘是门扇及腰头窗与墙洞的连系构件,有时还有贴脸或筒子板等装修构件。

门的开启方式主要是由使用要求决定的,通常有以下几种不同方式:

(1)平开门:水平开启的门;

(2)弹簧门:形式同平开门,唯侧边用弹簧铰链或下面用地弹簧传动,开启后能自动关闭;

(3)推拉门:亦称扯门,在上下轨道上左右滑行;

(4)折叠门:为多扇折叠,可拼合折叠推移到侧边;

(5)转门:为三或四扇门连成风车形,在两个固定弧形门套内旋转的门,对防止内外空气的对流有一定的作用,可作为公共建筑及有空气调节房屋的外门。

中方将门分为木板大门、钢木大门、全钢板大门、特种门、防护铁丝门、金属格栅门、钢质花饰大门。

木板大门推拉:指门的开启与关闭采用推拉式,而门扇是用木材做的骨架,再镶拼木板而成的,其材料中除镀锌铁皮 26# 与橡胶板 3mm 厚外。

钢木大门:指大门门扇采用钢骨架,再将木板镶入钢骨架,然后安装压条。平开二面板,三面板钢木大门是指钢木大门的开启采用平开方式。

全钢板大门:指大门由板钢铸成,有平开与推拉式两种,分别表示门的开启与关闭方式来用平开式或推拉式。

特种门:包括防火门、防盗门、金库门、保温门等。

防护铁丝门:系指用在围墙、大院中的钢框制大门、有钢管框铁丝网钢大门与角钢框铁丝网钢大门两种。前者指大门的门框采用钢管铸造,门扇用铁丝网制成;后者指门的门框用角钢铸造,门扇用铁丝镶入其中而成。

其工程量清单项目设置及工程量计算规则,应按表 1.5.1 的规定执行。

表 1.5.1　中方厂库房大门、特种门

项目名称	项目特征	计量单位	工程量计算规则	工作内容
木板大门	1. 门代号及洞口尺寸 2. 门框或扇外围尺寸 3. 门框、扇材质 4. 五金种类、规格 5. 防护材料种类	1. 樘 2. m^2	1. 以樘计量,按设计图示数量计算 2. 以平方米计量,按设计图示洞口尺寸以面积计算	1. 门(骨架)制作、运输 2. 门、五金配件安装 3. 刷防护材料
钢木大门				
全钢板大门				
防护铁丝门 。			1. 以樘计量,按设计图示数量计算 2. 以平方米计量,按设计图示门框或扇以面积计算	
金属格栅门	1. 门代号及洞口尺寸 2. 门框或扇外围尺寸 3. 门框、扇材质 4. 启动装置的品种、规格		1. 以樘计量,按设计图示数量计算 2. 以平方米计量,按设计图示洞口尺寸以面积计算	1. 门安装 2. 启动装置、五金配件安装
钢质花饰大门	1. 门代号及洞口尺寸 2. 门框或扇外围尺寸 3. 门框、扇材质		1. 以樘计量,按设计图示数量计算 2. 以平方米计量,按设计图示门框或扇以面积计算	1. 门安装 2. 五金配件安装
特种门			1. 以樘计量,按设计图示数量计算 2. 以平方米计量,按设计图示洞口尺寸以面积计算	

而英方只是按门的细部构造将门分为小的部分,其工程量清单计算及相关资料请参考表1.5.2。

表 1.5.2　英方门

提供资料	计算规则	定义规则	范围规则	辅助资料
P1 有关资料应按 A 部分之基本设施费用/总则条款而提供于位置图内		D1 除非说明为带饰面尺寸,所有木材尺寸均为公称尺寸		

续表

分类表					计算规则	定义规则	范围规则	辅助资料
1. 门 2. 卷帘门及防爆破活门 3. 推拉/折叠隔断 4. 出入口 5. 保险库门 6. 铁栅箅子		1. 注明尺寸图表	nr	1. 说明近似重量	M1 说明标准断面 M2 多页摺门的每一扇按单扇门计算 M3 仅说明金属门的近似重量，包括相关门框 M4 根据总则节 9.1 款的规则，配有门框及门内衬的门应按复合组件计算		C1 门项目视作已包括安装及悬挂固定 C2 所述工作视作已包括凸出物周边的开槽 C3 项目包括： (a)单元门 (b)作为构件组成部分的框缘、装饰线角及其他同类项目 (c)作为部件提供的五金 (d)对局部运抵构件的饰面 (e)作为部件配置的玻璃 (f)作为部件提供的机械操作和自动操作设备 (g)安装件及紧固件	S1 材料种类及质量。若是木材，则不论锯制或刨制 S2 作为生产程序的防腐处理 S3 作为生产程序的饰面处理 S4 对后续处理的选择和保护 S5 纹理或色彩的匹配 S6 木材定位调整度及是否不允许存在与所述尺寸的偏差 S7 组装或施工方法 S8 固定方法，若所要求不能由承建商自作决定 S9 安装于松软材质上 S10 底框、连接、填缝框构件
7. 门框及门内衬，套(nr)	1. 边框 2. 门楣 3. 窗台板/门楣 4. 竖框 5. 亮子	1. 说明整体断面尺寸	m	1. 相同组件的重复件数(nr) 2. 不同断面造形(nr) 3. 堵塞等用工(nr)	M5 项目说明内不需说明复合门柜及门内所标志的数字			
	6. 组合件	1. 注明尺寸	nr					
8. 底框 9. 填缝框 10. 底框及填缝框			m					

2. 什么是楼梯？其工程量计算中英方有何区别？

答：楼梯是楼房建筑的垂直交通设施，供人们上下楼层和紧急疏散之用。故楼梯具有足够的通行能力以及防火、防滑的要求。

木楼梯是采用木料制成，材质均匀纹理顺直，颜色一致的楼梯。木楼梯的安装必须做到坚固，不得有松动或响声，栏杆应平整、垂直。

中方计算工程量时，考虑：

①楼梯形式；

②木材种类；

③刨光要求；

④防护材料种类等因素，以 m^2 为计量单位，按设计图示尺寸以水平投影面积计算。不扣除宽度小于等于300mm 的楼梯井，伸入墙内部分不计算，工程内容包括：

①制作；

②运输；

③安装；

④刷防护材。

而英方将木楼梯/人行道/栏杆、金属楼梯/人行道/栏杆等归在一起，统一使用一个工程标准计量规则，详见表 1.5.3。

表 1.5.3　英方楼梯/人行道/栏杆

提供资料				计算规则	定义规则	范围规则	辅助资料
P1 有关资料应按 A 部分基本设施费用/总则条款而提 · 供于位置图内					D1 所述项目视作已包括： (a) 楼梯、爬梯及阁楼爬梯 (b) 楼梯休息平台、悬空通道及出入口通道 (c) 栏杆及扶手 (d) 作为阁楼楼梯组成部分的出入口门		
分类表							
1. 组合部件，需说明型号	1. 注明尺寸 2. 构件图		nr	M1 若内衬、梯缘镶边、五金等附件未包括在构件目录表内，则须按适当章节的相关规则计量		C1 组合部件项目视作已包括： (a) 作为整体组件的内衬、梯级凸缘、端板、镶边及其他类似项目	S1 材料种类及质量。若是木材则不论锯制或创断 S2 作为整体生产程序的防腐处理

续表

分类表				计算规则	定义规则	范围规则	辅助资料
			nr	M2 独立扶手按P20章节之规则计量		(b)作为整体组件的底衬、梯下墙护板及其他类似项目 (c)作为整体组件的阁楼爬梯之五金件及运行铰链 (d)局部运拆构件的饰面 (e)安装件、紧固件、阻塞件、楔、螺栓、支架、夹板及其他类似组件 C2 楼梯视作已包括楼梯扶手转角柱	S3 作为整体生产程序的饰面处理 S4 对后续处理的选择和保护 S5 纹理或色彩的匹配 S6 木材定位调整度及是否不允许存在如上所述尺寸的偏差
2. 独立栏杆 3. 栏杆扶手		1. 曲面，需说明半径	m		D2 独立栏杆指不构成建筑物整体楼梯系统的部分 D3 楼梯扶手指与栏杆扶手材质不同的扶手	C3 视作已包括普通端头	S7 安装或施工方法 S8 安装方法，若所要求方法不能由承建商自行决定 S9 安装于松软材质上
4. 所需独立栏杆及栏杆扶手后之额外增加费项目	1. 斜坡 2. 螺旋 3. 弯曲 4. 端头装饰 5. 开洞部分，需详细说明		nr				

六、金属结构工程

1. 什么是钢屋架、钢网架？其工程量计算在中方是如何规定的？

答：钢屋架：屋架是屋盖结构的主要承重构件，直接承受屋面荷载。钢屋架通常由两部分组成，一部分是承重构件，一部分是支撑构件，用来组成承重体系，以承受和传递荷载，通常由屋架和柱子组成平面框架，把作用于屋盖和柱子上的荷载传到地基上，角钢屋架示意图如图 1.6.1 所示。

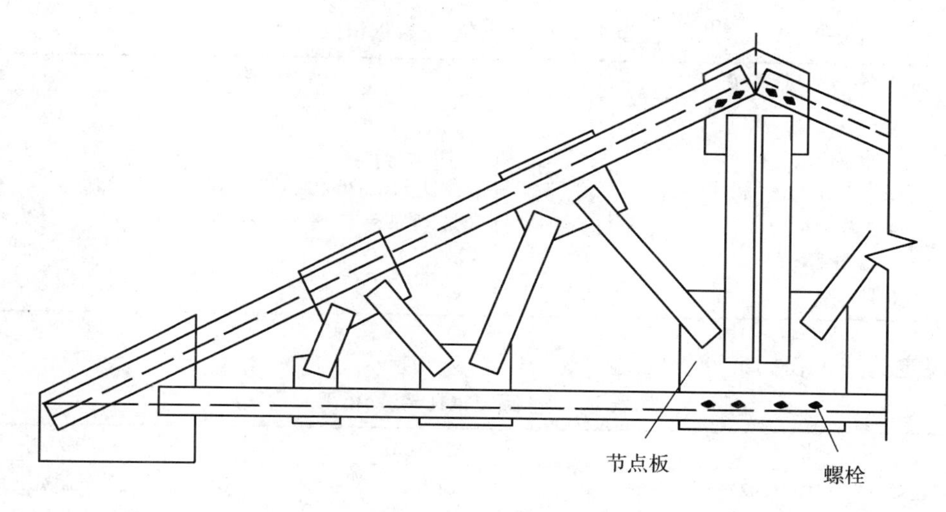

图 1.6.1　角钢屋架示意图

钢网架:网架结构是由许多杆件按一定规律布置,通过节点连接而形成的一种高次超静定的空间杆系结构,也称为网格结构。

中方规定的钢屋架、钢网架工程量清单项目设置及工程量计算规则,应按表 1.6.1 的规定执行。

表 1.6.1　中方钢屋架、钢网架

项目名称	项目特征	计量单位	工程量计算规则	工作内容
钢屋架	1. 钢材品种、规格 2. 单榀质量 3. 屋架跨度、安装高度 4. 螺栓种类 5. 探伤要求 6. 防火要求	1. 榀 2. t	1. 以榀计量,按设计图示数量计算 2. 以吨计量,按设计图示尺寸以质量计算。不扣除孔眼的质量,焊条、铆钉、螺栓等不另增加质量	1. 拼装 2. 安装 3. 探伤 4. 补刷油漆
钢网架	1. 钢材品种、规格 2. 网架节点形式、连接方式 3. 网架跨度、安装高度 4. 探伤要求 5. 防火要求	t	按设计图示尺寸以质量计算。不扣除孔眼的质量,焊条、铆钉等不另增加质量	1. 拼装 2. 安装 3. 探伤 4. 补刷油漆

英方规定,工程量计算时:

(1)框架重量包括所有构件及安装件,除非所述之安装件属于不同类型和材质等级。

(2)只有出现不同类型和材质等级时,才会分项量度安装件。

(3)框架重量按通长计算,不扣除切口和斜端面或面积 $<0.10m^2$ 的切掉物或开孔的重量。

(4)不考虑焊缝、紧固螺栓、螺母、垫圈、铆钉和保护涂层的重量。

(5)钢材比重按 $785kg/m^2/100mm$ 厚($7.85t/m^3$)量度;需说明其他金属的重量。

应注意:按重量计算的制造项目视作已包括结构框架本身和结构框架间相互连接用的工厂和施工现场所需之紧固螺栓、螺母和垫圈。

2. 钢托架、钢桁架的计算工程量规定在中英有何区别?

中方钢托架、钢桁架工程量清单项目设置及工程量计算规则,按表 1.6.2 的规定执行。

表 1.6.2　中方钢托架、钢桁架

项目名称	项目特征	计量单位	工程量计算规则	工作内容
钢托架	1. 钢材品种、规格 2. 单榀质量 3. 安装高度 4. 螺栓种类 5. 探伤要求 6. 防火要求	t	按设计图示尺寸以质量计算。不扣除孔眼的质量，焊条、铆钉、螺栓等不另增加质量	1. 拼装 2. 安装 3. 探伤 4. 补刷油漆
钢桁架				

英方规定的其工程标准计量规则见表 1.6.3。

表 1.6.3　英方钢托架、钢桁架

计算规则	定义规则	范围规则
M1 框架重量包括所有构件及安装件，除非所述之安装件属于不同类型和材质等级 M2 只有出现不同类型和材质等级时，才会分项量度安装件 M3 框架重量按通长计算，不扣除切口和斜端面或面积 $<0.10\text{m}^2$ 的切掉物或开孔的重量 M4 不考虑焊缝、紧固螺栓、螺母、垫圈、铆钉和保护涂层的重量 M5 钢材比重按 $785\text{kg/m}^2/100\text{mm}$ 厚（7.85t/m^3）量度；需说明其他金属的重量	D1 制造需包括所有工艺过程直至运输至现场 D2 檩条和骨架外覆盖层轨条按热轧钢重量计算 D3 线材、缆、盘条和钢筋等包括吊杆、系杆及其他同类项目 D4 特殊螺栓和紧固件指有别于一般紧固螺栓、固定螺栓和组件的螺栓和紧固件	C1 按重量计算的制造项目视作已包括结构框架本身和结构框架间相互连接用的工厂和施工现场所需之紧固螺栓、螺母和垫圈

3. 中英方关于钢梁、钢柱的工程量计算规则有何不同？

答：中方根据钢柱的形式将钢柱分为实腹钢柱、空腹钢柱和钢管柱。

钢柱一般运用于钢结构高层建筑，其截面多为宽翼缘工字形或箱形截面等。宽翼缘工字形柱多采用焊接 H 型钢。

实腹钢柱：是指用钢板圈焊成矩形，中间是空心状的钢构件。

空腹钢柱是指腹部呈"H"型，四周用钢板围焊成矩形的钢构件。

钢管柱：是由整体钢管作为独立支撑的柱子，其制造工艺简单，安装方便。

钢柱工程量清单项目及工程量计算规则列于表 1.6.4。

表 1.6.4　中方钢柱

项目名称	项目特征	计量单位	工程量计算规则	工作内容
实腹钢柱	1. 柱类型 2. 钢材品种、规格 3. 单根柱质量 4. 螺栓种类 5. 探伤要求 6. 防火要求	t	按设计图示尺寸以质量计算。不扣除孔眼的质量，焊条、铆钉、螺栓等不另增加质量，依附在钢柱上的牛腿及悬臂梁等并入钢柱工程量内	1. 拼装 2. 安装 3. 探伤 4. 补刷油漆
空腹钢柱				
钢管柱	1. 钢材品种、规格 2. 单根柱质量 3. 螺栓种类 4. 探伤要求 5. 防火要求		按设计图示尺寸以质量计算。不扣除孔眼的质量，焊条、铆钉、螺栓等不另增加质量，钢管柱上的节点板、加强环、内衬管、牛腿等并入钢管柱工程量内	

钢梁在建筑结构中应用广泛，主要用以承受横向荷载。在工业和民用建筑中常见到的有工作平台梁、楼盖梁、墙架梁、吊车梁以及檩条等。

吊车梁是有吊车的厂房的重要构件之一。当厂房没有桥式或梁式吊车时，需要在柱牛腿上设置吊车梁，吊车轮子就在吊车梁铺设的轨道上运行。吊车梁直接承受吊车起重，运行和风制动时产生的各种往返移动荷载，同时，吊车梁还要承担传递厂房纵向荷载，保证厂房纵向钢度和稳定性的作用。

钢梁。工程量清单项目设置及工程量计算规则，应按表 1.6.5 的规定执行。

同时注意：

①此钢梁项目适用于钢梁和实腹式型钢混凝土梁、空腹式型钢混凝土梁。

②钢吊车梁项目适用于钢吊车梁及吊车梁的制动梁、制动桁架，车档应包括在报价内。

表 1.6.5　中方钢梁

项目名称	项目特征	计量单位	工程量计算规则	工作内容
钢梁	1. 梁类型 2. 钢材品种、规格 3. 单根质量 4. 螺栓种类 5. 安装高度 6. 探伤要求 7. 防火要求	t	按设计图示尺寸以质量计算。不扣除孔眼的质量，焊条、铆钉、螺栓等不另增加质量，制动梁、制动板、制动桁架、车档并入钢吊车梁工程量内	1. 拼装 2. 安装 3. 探伤 4. 补刷油漆
钢吊车梁	1. 钢材品种、规格 2. 单根质量 3. 螺栓种类 4. 安装高度 5. 探伤要求 6. 防火要求			

英方将梁、柱归于一类，统一使用工程标准计量规则，按下表 1.6.6 执行。

表 1.6.6　英方钢梁柱

计算规则	定义规则	范围规则
M1 框架重量包括所有构件及安装件，除非所述之安装件属于不同类型和材质等级 M2 只有出现不同类型和材质等级时，才会分项量度安装件 M3 框架重量按通长计算，不扣除切口和斜端面或面积 $<0.10m^2$ 的切掉物或开孔的重量 M4 不考虑焊缝、紧固螺栓、螺母、垫圈、铆钉和保护涂层的重量 M5 钢材比重按 $785kg/m^2/100mm$ 厚（$7.85t/m^3$）量度；需说明其他金属的重量	D1 制造需包括所有工艺过程直至运输至现场 D2 檩条和骨架外覆盖层轨条按热轧钢重量计算 D3 线材、缆、盘条和钢筋等包括吊杆、系杆及其他同类项目 D4 特殊螺栓和紧固件指有别于一般紧固螺栓、固定螺栓和组件的螺栓和紧固件	C1 按重量计算的制造项目视作已包括结构框架本身和结构框架间相互连接用的工厂和施工现场所需之紧固螺栓、螺母和垫圈

4. 中方规范中的“钢板楼板、钢板墙板”与英方规范的哪个部分相对应，其工程量计算规则在中英方有何区别？

答：中方规范中的“钢板楼板、钢板墙板”与英方规范中的“金属压型条板铺面板”相对应。

在中方，“钢板楼板”项目适用于现浇混凝土楼板，使用压型钢板作永久性模板，并与混凝土叠合后组成共同受力的构件，压型钢板采用镀锌或防腐处理的薄钢板，其工程量清单项目设置及工程量计算规则按表 1.6.7 执行。

英方工程标准计量规则按表 1.6.8 执行。

表 1.6.7　中方钢板楼板、墙板

项目名称	项目特征	计量单位	工程量计算规则	工作内容
钢板楼板	1. 钢材品种、规格 2. 钢板厚度 3. 螺栓种类 4. 防火要求	m^2	按设计图示尺寸以铺设水平投影面积计算。不扣除单个≤0.3m^2 柱、垛及孔洞所占面积	1. 拼装 2. 安装 3. 探伤 4. 补刷油漆
钢板墙板	1. 钢材品种、规格 2. 钢板厚度、复合板厚度 3. 螺栓种类 4. 复合板夹芯材料种类、层数、型号、规格 5. 防火要求		按设计图示尺寸以铺挂展开面积计算。不扣除单个≤0.3m^2 的梁、孔洞所占面积,包角、包边、窗台泛水等不另增加面积	

表 1.6.8　英方金属压型条板铺面板

提供资料					计算规则	定义规则	范围规则	辅助资料
P1 以下资料或应按 A 部分的基本设施费用/总则条款而提供于位置图内,或提供于与工程量清单相对应的附图内: (a)工程范围及其高出楼面标高的高度 (b)非由承包商自行决定的构件规格						D1 除非另有关于成品尺寸的特别说明,所有尺寸均为标称尺寸	C1 所述工程视作已包括移走吊运设施及修复和修补吊运孔等	S1 材料类型和材质 S2 非由承建商自行决定的固定和吊运方法 S3 非由承建商自行决定的连接方法或施工方式 S4 表面处理或按生产程序内的一部分考虑
分类表								
1. 铺面板 2. 单元铺面板(nr)	1. 尺寸说明		m^2	1. 弧形,需说明半径 2. 底衬固定	M1 仅当结构尺寸由承建商自行决定时,才需说明数量 M2 不扣除≤0.50m^2 的孔隙			
3. 铺面板或单位铺面板外所需之额外增加费项目	1. 孔 2. 槽 3. 其他,需提供详细资料	1. 场外 2. 现场	nr					
4. 支承 5. 屋檐 6. 缘饰 7. 支柱 8. 凸边 9. 垫块 10. 嵌条 11. 断面填充物	1. 尺寸说明		m					

5. 钢构件的计算工程量规则中英方有何区别?

答:英方把钢构件分为许多细部结构,其工程标准计量规则见表1.6.9。

表1.6.9　英方钢构件

提供资料				计算规则	定义规则	范围规则
P1 以下资料或应按A部分的基本设施费用/总则条款而提供于位置图内,或提供于与工程量清单相对应的附图内: (a)与所建工程其他部分和拟建建筑相关工程之位置间关系 (b)结构构件的类型尺寸及其相互位置 (c)连接板详细资料或连接处的应力力距和轴向荷载等详细资料						
分类表						
1. 斜撑 2. 檩条和骨架外覆盖层轨条		t	1. 楔形 2. 锥形 3. 曲面 4. 上弯	M1 重量包括所有构件及安装件,除非所述之安装件属于不同类型和材质等级 M2 只有出现不同类型和材质等级时,才会分项量度安装件 M3 重量按通长计算,不扣除切口和斜端面或面积 $<0.10m^2$ 的切掉物或开孔的重量 M4 不考虑焊缝、紧固螺栓、螺母、垫圈、铆钉和保护涂层的重量 M5 钢材比重按 $785kg/m^2/100mm$ 厚($7.85t/m^3$)量度;需说明其他金属的重量	D1 制造需包括所有工艺过程直至运输至现场 D2 檩条和骨架外覆盖层轨条按热轧钢重量计算 D3 线材、缆、盘条和钢筋等包括吊杆、系杆及其他同类项目 D4 特殊螺栓和紧固件指有别于一般紧固螺栓、固定螺杆和组件的螺栓和紧固件	C1 按重量计算的制造项目视作已包括结构框架本身和结构框架间相互连接用的工厂和施工现场所需之紧固螺栓、螺母和垫圈
3. 天车轨	1. 需详细说明固定卡具和弹性垫块					
4. 支架、塔架和组合柱 5. 组合梁	1. 需说明详细构造					
6. 线、缆、盘条和钢筋 7. 安装件		nr				
8. 固定螺栓或组件	1. 需说明详细资料					
9. 特殊螺栓和坚固件	1. 需说明种类和直径					

中方把钢构件进行了详细分类,并分别对其工程量计算规则进行说明,见表1.6.10。

并应注意:

(1)钢构件的除锈刷漆包括在报价内。

(2)钢构件的拼装台的搭拆和材料摊销应列入措施项目费。

(3)钢构件需探伤(包括射线探伤、超声波探伤、磁粉探伤、金相探伤、着色探伤、荧光探伤等)应包括在报价内。

表 1.6.10　中方钢构件

<table>
<tr><th>项目名称</th><th>项目特征</th><th>计量单位</th><th>工程量计算规则</th><th>工作内容</th></tr>
<tr><td>钢支撑、钢拉条</td><td>1. 钢材品种、规格
2. 构件类型
3. 安装高度
4. 螺栓种类
5. 探伤要求
6. 防火要求</td><td rowspan="13">t</td><td rowspan="9">按设计图示尺寸以质量计算，不扣除孔眼的质量，焊条、铆钉、螺栓等不另增加质量</td><td rowspan="13">1. 拼装
2. 安装
3. 探伤
4. 补刷油漆</td></tr>
<tr><td>钢檩条</td><td>1. 钢材品种、规格
2. 构件类型
3. 单根质量
4. 安装高度
5. 螺栓种类
6. 探伤要求
7. 防火要求</td></tr>
<tr><td>钢天窗架</td><td>1. 钢材品种、规格
2. 构件类型
3. 单榀质量
4. 安装高度
5. 螺栓种类
6. 探伤要求
7. 防火要求</td></tr>
<tr><td>钢挡风架</td><td rowspan="2">1. 钢材品种、规格
2. 单榀质量
3. 螺栓种类
4. 探伤要求
5. 防火要求</td></tr>
<tr><td>钢墙架</td></tr>
<tr><td>钢平台</td><td rowspan="2">1. 钢材品种、规格
2. 螺栓种类
3. 防火要求</td></tr>
<tr><td>钢走道</td></tr>
<tr><td>钢梯</td><td>1. 钢材品种、规格
2. 钢梯形式
3. 螺栓种类
4. 防火要求</td></tr>
<tr><td>钢护栏</td><td>1. 钢材品种、规格
2. 防火要求</td></tr>
<tr><td>钢漏斗</td><td rowspan="2">1. 钢材品种、规格
2. 漏斗、天沟形式
3. 安装高度
4. 探伤要求</td><td rowspan="2">按设计图示尺寸以重量计算，不扣除孔眼的质量，焊条、铆钉、螺栓等不另增加质量，依附漏斗或天沟的型钢并入漏斗或天沟工程量内</td></tr>
<tr><td>钢板天沟</td></tr>
<tr><td>钢支架</td><td>1. 钢材品种、规格
2. 安装高度
3. 防火要求</td><td rowspan="2">按设计图示尺寸以质量计算，不扣除孔眼的质量，焊条、铆钉、螺栓等不另增加质量</td></tr>
<tr><td>零星钢构件</td><td>1. 构件名称
2. 钢材品种、规格</td></tr>
</table>

七、屋面及防水工程

1. 什么是型材屋面，其工程计算如何与英方对应？

答：型材屋面即屋面板，指铺设在屋顶部分的木板。

“型材屋面”项目适用于压型钢板、金属压型夹心板、阳光板、玻璃钢等。应注意：型材屋面的钢檩条或木檩条以及骨架、螺栓、挂钩等应包括在内。

中方计算型材屋面工程量时，考虑：

(1)型材品种、规格；

(2)金属檩条材料品种、规格；

(3)接缝、嵌缝材料种类。

按设计图示尺寸以斜面积计算。不扣除房上烟囱、风帽底座、风道、小气窗、斜沟等所占面积，小气窗的出檐部分不增加面积。

英方规定比较简单，只规定屋面板上≤1.00m^2的孔洞不予扣除，其他规则在其他规则中体现。

2. 中英方关于柔性防水是如何规范的？

答：中方把防水分为屋面防水及其他、墙面防水、防潮和楼（地）面防水、防潮。

根据使用材料不同分为柔性防水和刚性防水。柔性防水包括卷材防水、涂膜防水。其工程量清单项目设置及工程量计算规则按表1.7.1的规定执行。

表1.7.1　中方屋面、墙面、楼（地）面柔性防水

<table>
<tr><th>项目名称</th><th>项目特征</th><th>计量单位</th><th>工程量计算规则</th><th>工作内容</th></tr>
<tr><td>屋面卷材防水</td><td>1. 卷材品种、规格、厚度
2. 防水层数
3. 防水层做法</td><td rowspan="2">m^2</td><td rowspan="2">按设计图示尺寸以面积计算
1. 斜屋顶（不包括平屋顶找坡）按斜面积计算，平屋顶按水平投影面积计算
2. 不扣除房上烟囱、风帽底座、风道、屋面小气窗和斜沟所占面积
3. 屋面的女儿墙、伸缩缝和天窗等处的弯起部分，并入屋面工程量内</td><td>1. 基层处理
2. 刷底油
3. 铺油毡卷材、接缝</td></tr>
<tr><td>屋面涂膜防水</td><td>1. 防水膜品种
2. 涂膜厚度、遍数
3. 增强材料种类</td><td>1. 基层处理
2. 刷基层处理剂
3. 铺布、喷涂防水层</td></tr>
<tr><td>墙面卷材防水</td><td>1. 卷材品种、规格、厚度
2. 防水层数
3. 防水层做法</td><td rowspan="2">m^2</td><td rowspan="2">按设计图示尺寸以面积计算</td><td>1. 基层处理
2. 刷粘结剂
3. 铺防水卷材
4. 接缝、嵌缝</td></tr>
<tr><td>墙面涂膜防水</td><td>1. 防水膜品种
2. 涂膜厚度、遍数
3. 增强材料种类</td><td>1. 基层处理
2. 刷基层处理剂
3. 铺布、喷涂防水层</td></tr>
</table>

续表

项目名称	项目特征	计量单位	工程量计算规则	工作内容
楼(地)面卷材防水	1. 卷材品种、规格、厚度 2. 防水层数 3. 防水层做法 4. 反边高度	m^2	按设计图示尺寸以面积计算 1. 楼(地)面防水:按主墙间净空面积计算,扣除凸出地面的构筑物、设备基础等所占面积,不扣除间壁墙及单个面积≤0.3m^2 柱、垛、烟囱和孔洞所占面积 2. 楼(地)面防水反边高度≤300mm算作地面防水,反边高度>300mm按墙面防水计算	1. 基层处理 2. 刷粘结剂 3. 铺防水卷材 4. 接缝、嵌缝
楼(地)面涂膜防水	1. 防水膜品种 2. 涂膜厚度、遍数 3. 增强材料种类 4. 反边高度			1. 基层处理 2. 刷基层处理剂 3. 铺布、喷涂防水层

屋面涂膜防水应注意:

(1)抹屋面找平层,基层处理应包括在报价内。

(2)需加强材料的应包括在报价内。

(3)檐沟、天沟、水落口、泛水收头、变形缝等处的附加层材料应包括在报价内。

(4)浅色、反射涂料保护层、绿豆砂保护层、细砂、云母、蛭石保护层应包括在报价内。

(5)水泥砂浆、细石混凝土保护层可包括在报价内,也可按相关项目编码列项。

英方把屋面防水,墙、地面防水统归为柔性防水,统一使用计量规则,见表 1.7.2。

表 1.7.2　英方柔性防水

提供资料					计算规则	范围规则
P1 下列资料或应按 A 部分之基本设施费用/总则之条款而提供于位置图内,或应提供于与工程量清单相对应清单的附图内: (a)反映工程内容、高于楼面标高的高度及现场设备/材料放置限制要求的各层平面图					M1 曲面工作应按半径一并说明	C1 所述工作视作已包括: (a)切割和修边。 (b)凹槽、弯曲及搭接处附加用料
分类表						
1. 箱体防水及防水涂膜 2. 屋面防水	1. 说明斜度		m^2	1. 说明曲面半径	M2 计算面积为接触面面积,不扣除≤1.00m^2的孔洞	
3. 扶壁 4. 屋檐 5. 檐口 6. 屋脊 7. 斜脊 8. 垂直护角 9. 天沟 10. 墙裙 11. 泛水板 12. 披水 13. 明沟和内衬 14. 边缘覆盖	1. 周长>2.00m 2. 周长≤2.00m,按每增加200mm而分级计量		m^2 m	1. 斜度 2. 梯阶	M3 仅当孔洞>1.00m^2时,才需计量孔洞周边工作项目	C2 周边工作视作已包括所有切割、端头、护角、交叉处理、凹槽、弯曲、压入凹槽、焊接、修整、修边及连接、泛水板覆盖、流水槽工作及其他同类项目和填充

3. 中方屋面刚性防水工程量如何计算，英方又是如何计算的？

答：刚性防水即结构面防水，指在平顶屋面的结构上，采用防水砂浆或细石混凝土加防裂钢丝网浇捣而成的屋面以形成防水。

中方规定，屋面刚性防水考虑：

(1)刚性层厚度；

(2)混凝土种类；

(3)混凝土强度等级；

(4)嵌缝材料种类；

(5)钢筋规格、型号。

以 m^2 为计量单位，按设计图示尺寸以面积计算。不扣除房上烟囱、风帽底座、风道等所占面积。

英方对刚性防水划分较细，其分类及工程标准计量规则见表 1.7.3。

表 1.7.3　英方刚性防水

提供资料					计算规则	定义规则	范围规则	辅助资料
P1 以下或应按 A 部分之基本设施费用/总则条款而提供于位置图内，或应提供于与工程量清单相对应的附图内： (a)说明工作范围高于楼面标高之高度、设备和材料、现场布置限制条件的各层平面图 (b)说明箱体防水工程作法的截面图					M1 楼梯间区域、设备周边区域和设备间的沥青砂胶地面，均需分项计量 M2 说明曲面工程	D1 除非另有特殊说明，沥青砂胶楼面指室内工程	C1 所述工程视作已包括： (a)切割为直线 (b)用于垫层和加强处之切割、刻槽、弯折和搭接用材质 (c)于凹槽、管道盖板和其他同类项目、成形插件、凹处人孔盖、沉入垫、出口管线、集水沟和其他同类项目处执行施工 (d)沿单坡和双坡区域执行工程	S1 材质种类、质量和尺寸，包括找平层和加劲筋 S2 涂层厚度和层数 S3 基层类别 S4 表面处理 S5 铺面板固定方法 S6 结构支撑间距
分类表								
1. 箱体防水和防水层 2. 底板和防水找平层 3. 屋顶 4. 铺面	1. 宽度≤150mm 2. 宽度 150~225mm 3. 宽度 225~300mm 4. 宽度 > 300mm	1. 高跨比	m^2	1. 后续工程 2. 在工作面≤600mm 宽条件下执行施工 3. 悬吊施工	M3 工程量按接触的基层面积计算，不扣除≤$1m^2$ 孔洞的面积		C2 所述工程视作已包括： (a)于金属泛水板或其他材质泛水板处和在人孔盖板、管道盖板或其他同类项目上执行施工 (b)坡线交叉点处理 C3 后续工程视作已包括修边和加工翘边	

续表

分类表					计算规则	定义规则	范围规则	辅助资料
5. 踢脚板 6. 挑檐饰带 7. 防水板	1. 周长≤150mm 2. 周长150~225mm 3. 周长225~300mm 4. 周长>300mm		m	1. 梯阶式 2. 斜坡式 3. 双向坡面	M4 按表面轴线计算 M5 仅当孔隙>1.00m² 时,才需分项计算>1.00m² 的孔洞		C4 踢脚板、饰带和防水板工作视作已包括边缘、滴水、棱角、内部构件间加劲角、斜护角、镶嵌突边入凹槽插件、角、带护角停止端、圆角、交叉区域、出口及镶嵌凸边入凹槽的额外物料	

4. 中英方关于屋面排水管、天沟、檐沟是如何计算其工程量的?

答:中方对屋面排水管,屋面天沟、檐沟的工程量计算规则分别作了说明,应注意:

(1)排水管、雨水口、箅子板、水斗等应包括在报价内。

(2)埋设管卡箍、裁管、接嵌缝应包括在报价内。

(3)天沟、檐沟固定卡件、支撑件应包括在报价内。

(4)天沟、檐沟的接缝、嵌缝材料应包括在报价内。

其工程量清单项目设置及工程量计算规则见表1.7.4。

表1.7.4 中方屋面排水管天沟、檐沟

项目名称	项目特征	计量单位	工程量计算规则	工作内容
屋面排水管	1. 排水管品种、规格 2. 雨水斗、山墙出水口品种、规格 3. 接缝、嵌缝材料种类 4. 油漆品种、刷漆遍数	m	按设计图示尺寸以长度计算。如设计未标注尺寸,以檐口至设计室外散水上表面垂直距离计算	1. 排水管及配件安装、固定 2. 雨水斗、山墙出水口、雨水箅子安装 3. 接缝、嵌缝 4. 刷漆
屋面天沟、檐沟	1. 材料品种、规格 2. 接缝、嵌缝材料种类	m²	按设计图示尺寸以展开面积计算	1. 天沟材料铺设 2. 天沟配件安装 3. 接缝、嵌缝 4. 刷防护材料

英方规定计算工程量时:

(1)按表面轴线计算。

(2)仅当孔隙>1.00m² 时,才需分项计算>1.00m² 的孔洞。

同时规定:天沟、排水槽、排水沟等的内衬和路缘石盖板视作已包括修边、修圆角、内护角、倾斜角、镶嵌凸边入凹槽、端头、弯角、交叉位处理和镶嵌凹边入凹槽的额外所需物料。

八、防腐、隔热、保温工程

1. 什么是天棚？中英方关于保温隔热天棚的工程量计算是如何规范的？

答：天棚指在建筑物的楼板层或屋顶下附加的结构层或覆盖层，亦称“天棚”，又称“平顶”，有时还称“天花”，即“天花板”。它具备的基本建筑功能为保温、隔声、美观等。

中方规定保温隔热天棚计算时考虑：

(1)保温隔热面层材料品种、规格、性能。

(2)保温隔热材料品种、规格及厚度。

(3)粘结材料种类及做法。

(4)防护材料种类及做法等因素，以 m^2 为计量单位，按设计图示尺寸以面积计算。扣除面积 $>0.3m^2$ 上柱、垛、孔洞所占面积，与天棚相连的梁按展开面积，计算并入天棚工程量内。

同时规定：

(1)下贴式如需底层抹灰时，应包括在报价内。

(2)保温隔热材料需加药物防虫剂时，应在清单中进行描述。

英方对吊顶（天棚）的计算规则叙述的很详细，见表 1.8.1。

表 1.8.1 英方吊顶(天棚)

提供资料	计算规则	定义规则	范围规则	辅助资料
P1 以下资料或应按 A 部分之基本设施费用/总则条款而提供于位置图内，或应提供于与工程量清单相对应的附图内： (a)工程范围及位置，包括相关装置 (b)吊顶上空隙层内布置的设备，包括所有额外支撑等	M1 板底龙骨直接固定的内衬，按相关章节的规则计量 M2 楼梯间及设备间的吊顶需分项计量 M3 高出楼面 3.50m 以上天花板和梁的吊顶（两者高度均按天花板标高计算），除楼梯间的工作外，均按每增加 1.5m 而分级说明	D1 除非特别说明为室外工程，所有工程均为室内工程	C1 吊顶等视作已包括： (a)覆盖及围绕凸出物的工作 (b)支撑系统和安装附件 (c)悬挂和框体构件 C2 带花饰工程视作已包括所需之额外处理 C3 整体装置项目视作已包括所有吊杆、框架及其他同类项目	S1 材料类型和材质 S2 面板及龙骨尺寸 S3 框架和悬挂系统施工 S4 固定方法 S5 所安装结构类别 S6 吊顶空隙层内的设备 S7 绝缘材料 S8 隔汽层 S9 整体隔热、通风、照明和防火装置

续表

分类表					计算规则	定义规则	范围规则	辅助资料
1. 天花板 2. 梁	1. 吊顶深度≤150mm 2. 吊顶深度150~500mm 3. 此后按每增加500mm而分级计量	1. 说明内衬厚度和与相关结构的连接方法	m^2	1. 带花饰者，需详细说明 2. 带坡面内衬，须详细说明	M4 按暴露面的面积量度，不扣除≤$0.50m^2$空洞 M5 吊顶深度从主结构底面计算至衬板 M6 当隔热层及隔气层作为整个吊顶系统的组成部分及安装于吊顶上时，所述项目需量度于本章节内	D2 当相关装置按吊顶组件设计及与吊顶结合作用时，整体装置项目才会发生		
3. 吊顶独立压条，需说明内衬厚度		1. 宽度≤300mm 2. 此后按每增加300mm而分级计量	m	3. 曲面，需说明半径 4. 受设备影响的悬挂系统 5. 吊顶区域内按通常间隔布置的镶边，需详细说明	M7 位于内衬边缘线及第一组装置间的天花板独立压条不用分开计量	D3 天花板独立压条指尺寸比特别相关衬板的规格更窄的衬条		
4. 所需之除内衬外的额外增加费项目	1. 检查口镶板	1. 尺寸说明	nr				C4 检查口镶板包括镶边和固定件	S10 板材组成和安装方法
5. 上翻部分	1. 内衬厚度	1. 高度≤300mm 2. 此后按每增加300mm而分级计量	m					S11 支撑方法和悬挂系统深度

续表

分类表					计算规则	定义规则	范围规则	辅助资料
6. 不规则窗户和天窗侧壁	1. 尺寸说明		nr				C5 不规则窗户和天窗侧壁视作已包括切口和额外支架	
7. 空心防火墙,需说明总厚度	1. 普通 2. 受设备阻碍者	1. 高度 ≤ 300mm 2. 此后按每增加300mm而分级计量	m				C6 空心防火墙视作已包括所需之拼接、护角、端部处理及支撑工作	
8. 端部镶边	1. 普通 2. 浮雕	1. 尺寸说明	m		M8 吊顶区域内通常间距镶边包括在1-3、*、*、5同样项目的说明内 M9 镶边量度至装置开洞	D4 普通镶边指与结构固定的镶边 D5 浮雕镶边指与天花板固定的镶边	C7 镶边视作已包括对倾斜、规则和非规则角部的镶边	S12 固定中心
9. 角部镶边								

2. 中方规范中的"保温隔热墙面"对应于英方规范的哪个部分？其工程量计算在两方有何区别？

答：做了保温隔热措施的墙面称为保温隔热墙面，如图1.8.1所示。常用保温材料有软木、聚苯乙烯泡沫塑料板、加气混凝土块、珍珠岩板、玻璃棉、矿渣棉和稻壳等。

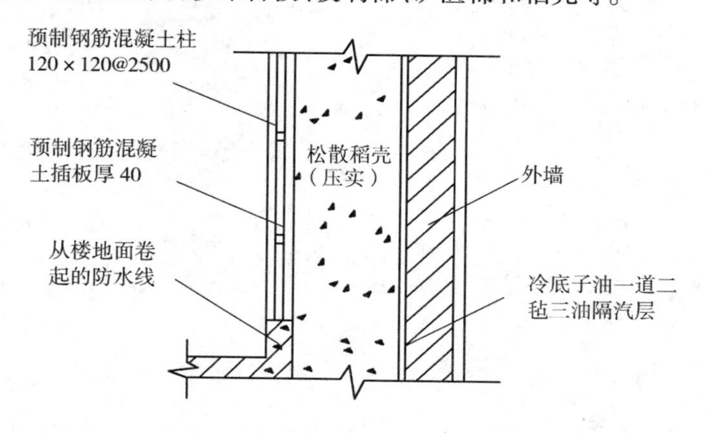

图1.8.1 稻壳绝热层外墙构造示意图

其工程量清单项目设置及工程量计算规则，应按表1.8.2规定执行。

表1.8.2　中方保温隔热墙面

项目名称	项目特征	计量单位	工程量计算规则	工作内容
保温隔热墙面	1. 保温隔热部位 2. 保温隔热方式 3. 踢脚线、勒脚线保温做法 4. 龙骨材料品种、规格 5. 保温隔热面层材料品种、规格、性能 6. 保温隔热材料品种、规格及厚度 7. 增强网及抗裂防水砂浆种类 8. 粘结材料种类及做法 9. 防护材料种类及做法	m^2	按设计图示尺寸以面积计算。扣除门窗洞口以及面积>$0.3m^2$梁、孔洞所占面积；门窗洞口侧壁以及与墙相连的柱，并入保温墙体工程量内	1. 基层清理 2. 刷界面剂 3. 安装龙骨 4. 填贴保温材料 5. 保温板安装 6. 粘贴面层 7. 铺设增强格网、抹抗裂、防水砂浆面层 8. 嵌缝 9. 铺、刷（喷）防护材料

英方对隔墙划分的比较详细，其工程标准计量规则见表1.8.3。

表1.8.3　英方隔墙

提供资料	计算规则	定义规则	范围规则	辅助资料
P1 以下资料或应按A部分之基本设施费用/总则条款而提供于位置图内，或应提供于与工程量清单相对应的附图内： (a)工程范围及位置 (b)设在吊顶或隔墙内的设施，包括整体综合设施	M1 楼梯间区域及设备间内工作需分开量度 M2 除楼梯间区域外的超出地面3.50m以上高度之吊顶和梁（均按至天花板高度计算），均按每增加1.50m高度而分级计算 M3 保温层/隔热层、隔汽层、防火墙、绝缘层、防湿处理及其他同类项目不需分项量度、除非属于内衬、隔墙或吊顶的整体构造之一或作为所建构造而安装	D1 除非特别注明为室外工程，所有工程均为室内工程	C1 所述工程视作已包括： (a)平滑接缝 (b)于凸出部分周围或上部作业，使进入凹槽或特殊造型预埋件 (c)悬吊作业之增加人工 (d)涂擦、填充和饰面的抹灰 (e)接缝和加强带 (f)沥青浸渍垫块 C2 样板工作包括全部所需之额外工作	S1 薄板和构件的类型、质量和厚度 S2 施工方法 S3 接缝布置和处理 S4 复杂的整体机电设施 S5 固定方法 S6 内衬上安装的隔热层、隔汽层 S7 隔声层 S8 防湿处理及其他同类项目 S9 形成干衬里饰面的表面处理 S10 绝缘模 S11 复合板连接方法

续表

分类表					计算规则	定义规则	范围规则	辅助资料
1. 专用隔墙	1. 按每增加300mm高度而分级计量，并需说明隔墙厚度	1. 单面贴面板 2. 双面贴面板	m	1. 带花饰墙，需详细说明 2. 曲面，需说明半径 3. 受内置设施限制的墙	M4 工程量按跨越凸出装置计算 M5 不考虑搭接缝余量 M6 隔墙长度按隔墙轴线长计算 M7 按墙衬长度至墙面层之轴线长度计算 M8 隔墙和墙衬中的孔洞不予扣除，除非所述孔洞延伸达至隔墙或墙衬的全高、全长或全宽 M9 按表面积计算墙衬工程量时，不予扣除≤0.50m² 的孔洞 M10 当双面隔墙的一面或墙衬的一面需跨越凸出装置时，隔墙或墙衬按通体计算，不单列扶壁项目 M11 只有凹槽仅作为整体高度的一部分而非整体高度时，才予以计量	D2 框架高度指框体高度。若面板高度与框架高度不一致，应特别详细说明 D3 >600mm 墙衬中开口和凹洞两侧及底面的工程量，按附着于墙、梁或柱上而分项 D4 墙衬指不构成专用系统一部分的装置，且不包括木龙骨框架	C3 当作为专用系统一部分时，隔墙和墙衬视作已包括以下内容；但若不作为专用系统一部分时，所述项目则按其他相关适用章节内的规则计量 (a) 顶板和独立板 (b) 竖龙骨、加劲肋板、楔条和水平龙骨 (c) 金属弹性压条 (d) 连接板条 (e) 隔热层、隔离层 (f) 抹角、压条及其他同类项目	
2. 墙衬	1. 墙	1. 高度按每增加300mm而分级计量	m					
	2. 梁、梁面(nr) 3. 柱、柱面(nr)	1. 总周长≤600mm 2. 以后按每增加600mm而分级计量						
	4. 开洞和凹进处侧墙和底面	1. 宽≤300mm 2. 宽为300～600mm之间						
	5. 天花		m²					

第二章　装饰装修工程工程量清单项目及计算规则

一、楼地面工程

1. 什么是楼地面？水泥砂浆楼地面工程量计算规则在中方是怎样规定的，在英方又是怎么规定的？

答：楼地面是指构成的基层（楼板、夯实土基）、垫层（承受地面荷载并均匀传递给基层的构造层）、填充层（在建筑楼地面上起隔声、保温、找坡或敷设暗管、暗线等作用的构造层）、隔离层（起防水、防潮作用的构造层）、找平层（在垫层、楼板上或填充层上起找平、找坡或加强作用的构造层）、结合层（面层与下层相结合的中间层）、面层（直接承受各种荷载作用的表面层）等。

中方规定水泥砂浆楼地面在计算工程量时考虑：

(1)找平层厚度、砂浆配合比；

(2)素水泥浆遍数；

(3)面层厚度、砂浆配合比；

(4)面层做法要求，以 m^2 为计量单位，按设计图示尺寸以面积计算。扣除凸出地面构筑物、设备基础、室内铁道、地沟等所占面积，不扣除间壁墙及 $\leq 0.3m^2$ 柱、垛、附墙烟囱及孔洞所占面积。门洞、空圈、暖气包槽、壁龛的开口部分不增加面积。

其工作内容包括：

(1)基层清理；

(2)抹找平层；

(3)抹面层；

(4)材料运输等。

英方规定与中方有所不同，其工程标准计量规则见表2.1.1。

同时规定楼板工程视作已包括：

(1)在拌灰层或面层中形成浅槽；

(2)坡面工程中的交叉段。

2. 中方规范对现浇水磨石楼地面、细石混凝土楼地面的工程量计算规则如何规定，与之相应的英国规范又是怎样规定的？

答：中方对现浇水磨石楼地面、细石混凝土楼地面工程量清单项目设置及工程量计算规则，见表2.1.2。

表 2.1.1　英方楼地面工程

计算规则	定义规则	范围规则	辅助资料
M1 采用刷子或滚动抹子处理的树脂地板面层/墙面按条款 M60 计算 M2 计算面积为与底层之接触面，不扣除≤0.50m^2 的空隙或木砖的面积 M3 楼梯间和机房的工程量需分别计算 M4 高出地面 3.5m 以上的天花板和梁（二者高度均以天花板为准），应于项目描述内加以注明，高度每增加 1.50m 均需分项注明及计算。但楼梯间除外 M5 曲面工程应注明以表面为准的半径	D1 除非特别说明为室外工程，所有工程均为室内工程 D2 所注明的厚度为标称厚度 D3 半径大于 100mm 的内圆角和外圆角归类于曲面工程 D4 楼面包括楼梯休息平台	C1 工程内容视作已包括： (a)平接缝 (b)出口，跨越或围绕障碍物和管道等类似物体，入凹槽及压型预埋件 (c)所需之胶合剂 C2 带有图案花纹的工程包括所有相关工作	S1 材料类型、材质、成分和拌合物，包括防水剂和其他外加剂及石膏板或其他刚性压型板条 S2 应用方法 S3 表面处理的性质，包括打蜡磨光或树脂密封层 S4 表面的特殊养护 S5 底层的性质 S6 胶合前的准备工作 S7 框架或衬里固定前需完成的工作细目

表 2.1.2　中方现浇水磨石、细石混凝土楼地面

项目名称	项目特征	计量单位	工程量计算规则	工作内容
现浇水磨石楼地面	1. 找平层厚度、砂浆配合比 2. 面层厚度、水泥石子浆配合比 3. 嵌条材料种类、规格 4. 石子种类、规格、颜色 5. 颜料种类、颜色 6. 图案要求 7. 磨光、酸洗、打蜡要求	m^2	按设计图示尺寸以面积计算。扣除凸出地面构筑物、设备基础、室内铁道、地沟等所占面积，不扣除间壁墙及≤0.3m^2 的柱、垛、附墙烟囱及孔洞所占面积。门洞、空圈、暖气包槽、壁龛的开口部分不增加面积	1. 基层清理 2. 抹找平层 3. 面层铺设 4. 嵌缝条安装 5. 磨光、酸洗、打蜡 6. 材料运输
细石混凝土楼地面	1. 找平层厚度、砂浆配合比 2. 面层厚度、混凝土强度等级			1. 基层清理 2. 抹找平层 3. 面层铺设 4. 材料运输

英方规定其计量规则比较详细，具体内容详见表 2.1.3。

表 2.1.3　英方现浇水磨石、细石混凝土楼地面

计算规则	定义规则	范围规则	辅助资料
M1 面积以暴露面计，不扣除≤0.50m^2 的空隙面积	D1 除非特别说明为室外工程，所有工程均为室内工程	C1 工程内容视作已包括： (a)平接缝	S1 材料类型和材质 S2 组件的尺寸，形状和厚度

续表

计算规则	定义规则	范围规则	辅助资料
M2 楼梯间和机房的工程量需分别计算 M3 高出地面3.5m以上的天花板和梁(二者高度均以天花板为准),应于项目描述内加以注明,高度每增加1.50m均需分项注明及计算。但楼梯间除外 M4 曲面工程应注明以表面为准的半径	D2 注明的厚度不包括键、槽等 D3 未按15.1－3.1.0条计算的半径>10mm的内圆角和外圆角归类于曲面工程	(b)跨越及围绕障碍物 (c)使用内脚手架之额外工作 (d)切口 (e)排水口 (f)垫层砂浆和胶合剂 (g)灌浆 (h)清理、密封和抛光	S3 基层材质 S4 准备工程 S5 完成之表面层,包括密封/抛光 S6 垫层或其他固定方法 S7 接缝处理 S8 接缝布置

同时注意:

(1)楼板包括楼梯休息平台。

(2)楼板工程视作已包括坡面工程中的交叉段。

与中方规定不同。

3. 中方规范中的“块料面层”对应英方中的哪个部分,两方对“块料面层”工程量计算规则如何规定?

中方把“块料面层”细分为石材楼地面、碎石材楼地面和块料楼地面,其工程量清单设置及工程量计算规则见表2.1.4。

表2.1.4　中方块料面层

项目名称	项目特征	计量单位	工程量计算规则	工作内容
石材楼地面 碎石材楼地面 块料楼地面	1. 找平层厚度、砂浆配合比 2. 结合层厚度、砂浆配合比 3. 面层材料品种、规格、颜色 4. 嵌缝材料种类 5. 防护层材料种类 6. 酸洗、打蜡要求	m^2	按设计图示尺寸以面积计算。门洞、空圈、暖气包槽、壁龛的开口部分并入相应的工程量内	1. 基层清理 2. 抹找平层 3. 面层铺设、磨边 4. 嵌缝 5. 刷防护材料 6. 酸洗、打蜡 7. 材料运输

英方将石材楼地面、碎石材楼地面、块料楼地面统归为一类,统一使用工程标准计量规则,其详细内容见表2.1.5。

同时注意:

(1)楼板包括楼梯休息平台。

(2)楼板工程视作已包括坡面工程中的交叉段。

表 2.1.5　英方块料面层

计算规则	定义规则	范围规则	辅助资料
M1 面积以暴露面计，不扣除≤0.50m^2 的空隙面积 M2 楼梯间和机房的工程量需分别计算 M3 高出地面 3.5m 以上的天花板和梁（二者高度均以天花板为准），应于项目描述内加以注明，高度每增加 1.50m 均需分项注明及计算。但楼梯间除外 M4 曲面工程应注明以表面为准的半径	D1 除非特别说明为室外工程，所有工程均为室内工程 D2 注明的厚度不包括键、槽等 D3 未按 15.1－3.1.0 条计算的半径＞10mm 的内圆角和外圆角归类于曲面工程	C1 工程内容视作已包括： （a）平接缝 （b）跨越及围绕障碍物 （c）使用内脚手架之额外工作 （d）切口 （e）排水口 （f）垫层砂浆和胶合剂 （g）灌浆 （h）清理、密封和抛光	S1 材料类型和材质 S2 组件的尺寸，形状和厚度 S3 基层材质 S4 准备工程 S5 完成之表面层，包括密封/抛光 S6 垫层或其他固定方法 S7 接缝处理 S8 接缝布置

4. 中方规范中，“橡塑面层”的工程量计算规则是如何规定的，英方又是怎样规定的？

答：中方把橡塑面层细分为橡胶板楼地面、橡胶板卷材楼地面、塑料板楼地面和塑料卷材楼地面。

橡胶板地面：是指在橡胶中掺入适量的填充料制成的地板铺贴而成的地面，橡胶地面具有良好的弹性，双层橡胶地面的底层如改用海绵橡胶则弹性更好。

塑胶地板：又名 PVC 地砖，系以 PVC 树脂为主要原料经高温加压与橡胶底层强力黏合而成。它具有高密度、有一定韧性、脚感良好、花色新颖、耐磨、耐水洗、耐胀缩、耐冲击、耐酸碱、阻燃防火、无毒无味、表面光而不滑、易清洁、易保养、规格多样、可以拼成各种图案等特点，适用于住宅、办公楼、宾馆、商店及其他各种建筑楼地面铺装。

塑料地板：常用于地面面层的塑料地板分为半硬质、软质板块和软质卷材，具有耐磨、绝缘性好、吸水性小、耐化学侵蚀等特点，并具有一定的弹性，行走舒适。

塑料卷材楼地面：用聚氯乙烯树脂、增塑剂、填充料及着色剂等经混合、滚压成卷形的塑料板铺贴而成的地面。

橡塑面层工程量清单项目设置及工程量计算规则见表 2.1.6。

表 2.1.6　中方橡塑面层

项目名称	项目特征	计量单位	工程量计算规则	工作内容
橡胶板楼地面	1. 粘结层厚度、材料种类 2. 面层材料品种、规格、颜色 3. 压线条种类	m^2	按设计图示尺寸以面积计算。门洞、空圈、暖气包槽、壁龛的开口部分并入相应的工程量内	1. 基层清理 2. 面层铺贴 3. 压缝条装钉 4. 材料运输
橡胶板卷材楼地面				
塑料板楼地面				
塑料卷材楼地面				

而英方规范把橡胶面层划分得较细,把每个构件,每个部分都加以说明,其工程标准计量规则详见表2.1.7。

表2.1.7 英方橡塑面层

提供资料	计算规则	定义规则	范围规则	辅助资料
P1 以下资料或应按第A部分之基本设施费用/总则条款而提供于位置图内,或应提供于与工程量清单相对应的附图上: (a)工程范围及其位置	M1 计算面积为与底层之接触面,不扣除≤$0.50m^2$的空隙或木砖的面积 M2 楼梯间和机房的工程量需分别计算 M3 高出地面3.5m以上的天花板和梁(二者高度均以天花板为准),应于项目描述内加以注明,高度每增加1.50m均需分项注明及计算。但楼梯间除外 M4 曲面工程应注明以表面为准的半径	D1 除非特别说明为室外工程,所有工程均为室内工程 D2 半径>100mm的内圆角和外圆角归类于曲面工程	C1 工程内容视作已包括: (a)平接缝 (b)出口、跨越或围绕障碍物和管道等类似物体,入凹槽及压型埋件 (c)因使用内脚手架之额外人工 (d)周边固定	S1 材料类型、材质和尺寸 S2 垫层材质和层数 S3 搭接范围 S4 接缝型式 S5 基层材质 S6 表面处理 S7 材料类型、宽度和铺设方向 S8 固定方法和接缝处理

续表

分类表					计算规则	定义规则	范围规则	辅助资料
1. 墙 2. 天花板 3. 独立梁 4. 独立柱	1. 宽度>300mm	1. 说明固定方法，接缝处理	m²	1. 带详述图案花纹 2. 埋件，注明尺寸或剖面 3. 垫层	M5 宽度为每一个面的宽度	D3 邻接梁和洞口的侧面和顶或底面的工程量以及邻接柱的侧面工程量计入墙或天花板 D4 非邻接梁、柱则分别归类为独立梁、独立柱	C2 工程内容视作已包括半 stet≤100mm 的外角、内外圆角	
	2. 宽度≤300mm		m					
5. 楼板		1. 水平或落差≤15° 2. 落差和横向坡面≤15° 3. 坡度>15°					C3 地板视作已包括无需切割的浅槽内之表面处理 C4 坡面、横向坡面及斜面视作已包括交叉段	
6. 楼梯斜梁 7. 栏板 8. 楼梯踏步板	1. 注明宽度		m				C5 楼梯斜梁和栏板视作已包括端部、角部、带坡道和扭曲形交叉段 C6 楼梯踏步板和楼梯踏步竖板视作已包括所有的平边、内外角	
9. 楼梯踏步竖板	1. 光面 2. 凸雕	1. 注明高度	m					
10. 踢脚板 11. 缘石		1. 注明高度 2. 注明高度和宽度	m	1. 详述图案花纹 2. 埋件，注明尺寸或剖面 3. 平齐 4. 倾斜 5. 垂直			C7 踢脚板和缘饰视作已包括平边、圆边、珠状饰边、线脚边、凹槽接头、端部、边缘和坡道	

续表

分类表					计算规则	定义规则	范围规则	辅助资料
12. 线槽里衬		1. 注明表面周长	m	1. 详述图案花纹 2. 埋件,注明尺寸或剖面			C8 暗槽里衬视作已包括边棱、墙顶藏灯凹槽、端部、角部和交叉段、出口	
13. 附件	1. 隔离膜,注明厚度		m^2					
	2. 凸沿	1. 尺寸说明	m			D5 活动接缝包括伸缩缝	C9 凸沿视作已包括表面处理 C10 视作已包括斜接之规则和不规则角饰	
	3. 活动接缝 4. 压条 5. 分隔条							
	6. 楼梯压毯条 7. 压毯条 8. 地毯夹等 9. 盖条		nr		M6 非周边固定件分别计算,见C(d)条款			

5. 什么是木地板?中英关于木地板的工程量计算如何规定?

答:木地板是有较强的质感,装饰地面会给人以温暖舒服的感觉。木地板表面花纹精美且花纹多样,增加了地面整体美。

中方规范中只描述了木地板中的竹、木(复合)地板。竹地板是以优质竹材为原料,经初步加工、脱水及防腐防蛀处理,拼装、精加工等工艺加工制成。产品表面一般用聚氨酯漆涂装,具有防水、防霉、防腐、防蛀、坚韧耐磨、光洁高雅、弹性好等特点。

竹、木(复合)地板工程清单项目设置及工程量计算规则叙述如下:

竹、木(复合)地板计算时以 m^2 为计量单位,考虑:

(1)龙骨材料种类、规格、铺设间距;

(2)基层材料种类、规格;

(3)面层材料品种、规格、颜色;

(4)防护材料种类。

按设计图示尺寸以面积计算。门洞、空圈、暖气包槽、壁龛的开口部分并入相应的工程量内。

工作内容包括:

(1)基层清理;

(2)龙骨铺设;

(3)基层铺设;

(4)面层铺贴;

(5)刷防护材料;

(6)材料运输。

英国对木块地板、镶木地板统一规定其工程标准计量规则,详见表 2.1.8。

表 2.1.8　英方木块地板、镶木地板

计算规则	定义规则	范围规则	辅助资料
M1 面积以暴露面计，不扣除≤0.50m^2 的空隙面积 M2 楼梯间和机房的工程量需分别计算 M3 高出地面 3.5m 以上的天花板和梁（二者高度均以天花板为准），应于项目描述内加以注明，高度每增加1.50m 均需分项注明及计算。但楼梯间除外 M4 曲面工程应注明以表面为准的半径	D1 除非特别说明为室外工程，所有工程均为室内工程 D2 注明的厚度不包括键、槽等 D3 未按 15.1－3.1.0 条计算的半径＞10mm 的内圆角和外圆角归类于曲面工程	C1 工程内容视作已包括： （a）平接缝 （b）跨越及围绕障碍物 （c）使用内脚手架之额外工作 （d）切口 （e）排水口 （f）垫层砂浆和胶合剂 （g）灌浆 （h）清理、密封和抛光	S1 材料类型和材质 S2 组件的尺寸，形状和厚度 S3 基层材质 S4 准备工程 S5 完成之表面层，包括密封/抛光 S6 垫层或其他固定方法 S7 接缝处理 S8 接缝布置

同时考虑：

（1）水平或≤15°之斜坡；

（2）≤15°之坡面及交叉坡面；

（3）水平坡度＞15°之斜坡。

规定：（1）楼板包括楼梯休息平台；

（2）楼板工程视作已包括坡面工程中的交叉段。

6. 中方规范中“楼梯面层”及其工程量清单设置及工程量计算规则是如何规定的？英方又是如何规定的？

答：中方将“楼梯面层”按面层材料不同分为石材楼梯面层、块料楼梯面层、水泥砂浆楼梯面层、现浇水磨石楼梯面层、地毯楼梯面层、木板楼梯面层、拼碎块料面层、橡胶板楼梯面层、塑料板楼梯面层等，它们统一使用工程量计算规则，见表 2.1.9。

同时应注意：

（1）单跑楼梯不论其中间是否有休息平台，其工程量与双跑楼梯同样计算；

（2）台阶面层与平台面层是同一种材料时，平台计算面层后，台阶不再计算最上一层踏步面积；如台阶计算最上一层踏步（加 30cm），平台面层中必须扣除该面积。

表 2.1.9　中方楼梯面层

项目名称	项目特征	计量单位	工程量计算规则	工作内容
石材楼梯面层	1. 找平层厚度、砂浆配合比 2. 粘结层厚度、材料种类 3. 面层材料品种、规格、颜色 4. 防滑条材料种类、规格 5. 勾缝材料种类 6. 防护层材料种类 7. 酸洗、打蜡要求	m^2	按设计图示尺寸以楼梯（包括踏步、休息平台及≤500mm 以内的楼梯井）水平投影面积计算。楼梯与楼地面相连时，算至梯口梁内侧边沿；无梯口梁者，算至最上一层踏步边沿加 300mm	1. 基层清理 2. 抹找平层 3. 面层铺贴、磨边 4. 贴嵌防滑条 5. 勾缝 6. 刷防护材料 7. 酸洗、打蜡 8. 材料运输
块料楼梯面层				
拼碎块料面层				

续表

<table>
<tr><th>项目名称</th><th>项目特征</th><th>计量单位</th><th>工程量计算规则</th><th>工作内容</th></tr>
<tr><td>水泥砂浆楼梯面层</td><td>1. 找平层厚度、砂浆配合比
2. 面层厚度、砂浆配合比
3. 防滑条材料种类、规格</td><td rowspan="6">m²</td><td rowspan="6">按设计图示尺寸以楼梯（包括踏步、休息平台及≤500mm 以内的楼梯井）水平投影面积计算。楼梯与楼地面相连时，算至梯口梁内侧边沿；无梯口梁者，算至最上一层踏步边沿加 300mm</td><td>1. 基层清理
2. 抹找平层
3. 抹面层
4. 抹防滑条
5. 材料运输</td></tr>
<tr><td>现浇水磨石楼梯面层</td><td>1. 找平层厚度、砂浆配合比
2. 面层厚度、水泥石子浆配合比
3. 防滑条材料种类、规格
4. 石子种类、规格、颜色
5. 颜料种类、颜色
6. 磨光、酸洗、打蜡要求</td><td>1. 基层清理
2. 抹找平层
3. 抹面层
4. 贴嵌防滑条
5. 磨光、酸洗、打蜡
6. 材料运输</td></tr>
<tr><td>地毯楼梯面层</td><td>1. 基层种类
2. 面层材料品种、规格、颜色
3. 防护材料种类
4. 粘结材料种类
5. 固定配件材料种类、规格</td><td>1. 基层清理
2. 铺贴面层
3. 固定配件安装
4. 刷防护材料
5. 材料运输</td></tr>
<tr><td>木板楼梯面层</td><td>1. 基层材料种类、规格
2. 面层材料品种、规格、颜色
3. 粘结材料种类
4. 防护材料种类</td><td>1. 基层清理
2. 基层铺贴
3. 面层铺贴
4. 刷防护材料
5. 材料运输</td></tr>
<tr><td>橡胶板楼梯面层</td><td rowspan="2">1. 粘结层厚度、材料种类
2. 面层材料品种、规格、颜色
3. 压线条种类</td><td rowspan="2">1. 基层清理
2. 面层铺贴
3. 压缝条装钉
4. 材料运输</td></tr>
<tr><td>塑料板楼梯面层</td></tr>
</table>

英方把楼梯面层分为两个部分，把石材楼梯面层、块料楼梯面层、水泥砂浆楼梯面层、现浇水磨石楼梯面层归为一类，与表 2.1.10 所规定的规则对应。

表 2.1.10　英方楼梯面层

计算规则	定义规则	范围规则	辅助资料
M1 采用刷子或滚动抹子处理的树脂地板面层/墙面按条款 M60 计算 M2 计算面积为与底层之接触面，不扣除 ≤0.50m² 的空隙或木砖的面积 M3 楼梯间和机房的工程量需分别计算 M4 高出地面 3.5m 以上的天花板和梁（二者高度均以天花板为准），应于项目描述内加以注明，高度每增加 1.50m均需分项注明及计算。但楼梯间除外 M5 曲面工程应注明以表面为准的半径	D1 除非特别说明为室外工程，所有工程均为室内工程 D2 所注明的厚度为标称厚度 D3 半径大于 100mm 的内圆角和外圆角归类于曲面工程 D4 楼面包括楼梯休息平台	C1 工程内容视作已包括： (a)平接缝 (b)出口，跨越或围绕障碍物和管道等类似物体，入凹槽及压型预埋件 (c)所需之胶合剂 C2 带有图案花纹的工程包括所有相关工作	S1 材料类型、材质、成分和拌合物，包括防水剂和其他外加剂及石膏板或其他刚性压型板条 S2 应用方法 S3 表面处理的性质，包括打蜡磨光或树脂密封层 S4 表面的特殊养护 S5 底层的性质 S6 胶合前的准备工作 S7 框架或衬里固定前需完成的工作细目

同时注意：

1. 楼梯踏步板和楼梯踏步竖板包括裸露边部、半径≤10mm 的内外圆角和交叉段。

2. 楼梯斜梁和栏板包括端部、角部、带坡的和螺旋形的半径≤10mm 内外圆角部和交叉段。

另外，把地毯楼梯面层、木板楼梯面层归为一类，与表 2.1.11 对应。

表 2.1.11　英方地毯、木板楼梯面层

计算规则	定义规则	范围规则	辅助资料
M1 面积以暴露面计，不扣除≤0.50m² 的空隙面积 M2 楼梯间和机房的工程量需分别计算 M3 高出地面 3.5m 以上的天花板和梁（二者高度均以天花板为准），应于项目描述内加以注明，高度每增加 1.50m 均需分项注明及计算。但楼梯间除外 M4 曲面工程应注明以表面为准的半径	D1 除非特别说明为室外工程，所有工程均为室内工程 D2 注明的厚度不包括键、槽等 D3 未按 15.13.1.0 条计算的半径 >10mm 的内圆角和外圆角归类于曲面工程	C1 工程内容视作已包括： (a)平接缝 (b)跨越及围绕障碍物 (c)使用内脚手架之额外工作 (d)切口 (e)排水口 (f)垫层砂浆和胶合剂 (g)灌浆 (h)清理、密封和抛光	S1 材料类型和材质 S2 组件的尺寸，形状和厚度 S3 基层材质 S4 准备工程 S5 完成之表面层，包括密封/抛光 S6 垫层或其他固定方法 S7 接缝处理 S8 接缝布置

同时注意：

(1)楼梯踏步板、门槛和楼梯踏步竖板视作已包括平边、内外圆角。

(2)曲面楼梯踏步板、楼梯踏步竖板、楼梯斜梁和栏板视作已包括特制边缘镶砖施工前的打凿等准备工作。

(3)楼梯斜梁和栏板视作已包括平边、端部、角部和斜坡道。

二、墙、柱面装饰与隔断、幕墙工程

1. 什么是墙面抹灰？中英方关于墙面抹灰的工程量计算规则有何不同？

答：墙面一般抹灰是用石灰砂浆、水泥砂浆、麻刀灰、纸筋灰、石膏灰等抹在墙面上，起保护、美化墙面的作用。

一般抹灰有石灰砂浆、水泥砂浆、混合砂浆、麻刀灰、石膏灰等，一般抹灰按使用标准和质量又可分为三个等级即普通抹灰、中级抹灰和高级抹灰。

墙面装饰抹灰：利用普通材料模仿某种天然石花纹在墙体上抹成的具有艺术效果的抹灰。

一般抹灰包括：石灰砂浆、水泥混合砂浆、水泥砂浆、聚合物水泥砂浆、膨胀珍珠岩水泥砂浆和麻刀灰、纸筋灰、石膏灰等。

装饰抹灰包括：水刷石、水磨石、斩假石、干粘石、假面砖、拉条灰、拉毛灰、甩毛灰、扒拉石、喷毛灰、喷涂、喷砂、滚涂、弹涂等。

墙面勾缝：是指墙面与墙面之间留有10mm以内的缝口，其缝口用密封胶勾满填实，保持墙面的整体性。

新规范增加的立面砂浆找平层项目适用于仅做找平层的立面抹灰。

墙面抹灰工程量清单项目设置及工程标准计量规则见表2.2.1。

同时注意：

(1)墙面抹灰不扣除与构件交接处的面积，是指墙与梁的交接处所占面积，不包括墙与楼板的交接。

(2)外墙裙抹灰面积，按其长度乘以高度计算，是指外墙裙的长度。

英方对墙面抹灰的工程标准计量规则按表2.2.2执行。

表2.2.1 中方墙面抹灰

<table>
<tr><th>项目名称</th><th>项目特征</th><th>计量单位</th><th>工程量计算规则</th><th>工作内容</th></tr>
<tr><td>墙面一般抹灰</td><td rowspan="2">1. 墙体类型
2. 底层厚度、砂浆配合比
3. 面层厚度、砂浆配合比
4. 装饰面材料种类
5. 分格缝宽度、材料种类</td><td rowspan="4">m^2</td><td rowspan="4">按设计图示尺寸以面积计算。扣除墙裙、门窗洞口及单个>0.3m^2的孔洞面积，不扣除踢脚线、挂镜线和墙与构件交接处的面积，门窗洞口和孔洞的侧壁及顶面不增加面积。附墙柱、梁、垛、烟囱侧壁并入相应的墙面面积内：
1. 外墙抹灰面积按外墙垂直投影面积计算
2. 外墙裙抹灰面积按其长度乘以高度计算
3. 内墙抹灰面积按主墙间的净长乘以高度计算
(1)无墙裙的，高度按室内楼地面至天棚底面计算
(2)有墙裙的，高度按墙裙顶至天棚底面计算
(3)有吊顶天棚抹灰，高度算至天棚底
4. 内墙裙抹灰面按内墙净长乘以高度计算</td><td rowspan="2">1. 基层清理
2. 砂浆制作、运输
3. 底层抹灰
4. 抹面层
5. 抹装饰面
6. 勾分格缝</td></tr>
<tr><td>墙面装饰抹灰</td></tr>
<tr><td>墙面勾缝</td><td>1. 勾缝类型
2. 勾缝材料种类</td><td>1. 基层清理
2. 砂浆制作、运输
3. 勾缝</td></tr>
<tr><td>立面砂浆找平层</td><td>1. 基层类型
2. 找平层砂浆厚度、配合比</td><td>1. 基层清理
2. 砂浆制作、运输
3. 抹灰找平</td></tr>
</table>

表 2.2.2　英方墙面抹灰

计算规则	定义规则	范围规则	辅助资料
M1 采用刷子或滚动抹子处理的树脂地板面层/墙面按条款 M60 计算，不扣除≤$0.50m^2$ 的空隙面积 M2 计算面积为与底层之接触面 M3 楼梯间和机房的工程量需分别计算 M4 高出地面 3.5m 以上的天花板和梁（二者高度均以天花板为准），应于项目描述内加以注明，高度每增加 1.50m 均需分项注明及计算。但楼梯间除外 M5 曲面工程应注明以表面为准的半径 M6 宽度为每一个面的宽度	D1 除非特别说明为室外工程，所有工程均为室内工程 D2 注明的厚度不包括键、槽等 D3 未按 15.1.1.0 条计算的半径 >10mm 的内圆角和外圆角归类于曲面工程 D4 楼面包括楼梯休息平台 D5 邻接梁和洞口的侧面和顶或底面的工程量以及邻接柱的侧面工程量计入墙或天花板 D6 非邻接梁、柱则归类为独立梁、独立柱	C1 工程内容视作已包括： (a)平接缝 (b)出口，跨越或围绕障碍物和管道等类似物体，入凹槽及压型预埋件 (c)所需之胶合剂 C2 带有图案花纹的工程包括所有相关工作 C3 石膏板或其他薄衬板已包括接缝加强网衬 C4 墙、天花板、梁、柱已包括内外圆角部和半径≤10mm 交叉段	S1 材料类型和材质、成分和拌合物，包括防水剂和其他外加剂及石膏板或其他刚性压型板条 S2 应用方法 S3 表面处理的性质，包括打蜡磨光或树脂密封层 S4 表面的特殊养护 S5 底层的性质 S6 胶合前的准备工作 S7 框架或衬里固定前需完成的工作细目 S8 石膏板或其他刚性压型板条的接缝与固定方法

同时考虑：

(1)注明涂层厚度和层数。

(2)注明石膏板或其他刚性压型板条的厚度，注明涂层的厚度和层数。

(3)详述图案花纹。

(4)按区格铺设的楼面，注明区格的平均尺寸。

(5)面层与底层同属一道工序。

(6)内脚手架作业。

2. 什么是柱(梁)面抹灰？中英方关于柱(梁)面抹灰的工程量计量规则有何不同？

答：中方将柱(梁)面抹灰分为柱(梁)面一般抹灰、柱(梁)面装饰抹灰、柱面勾缝、柱(梁)面砂浆找平。

柱(梁)面一般抹灰：用石灰砂浆、水泥砂浆、混合砂浆、麻刀灰、纸筋灰、石膏灰等抹在柱(梁)面上，起保护柱(梁)和美化柱(梁)的作用。

柱(梁)面装饰抹灰：利用普通材料模仿某种天然石花纹在柱(梁)体上抹成的具有艺术效果的抹灰。

柱面勾缝：在柱面上贴完一个流水段后即可根据设计要求的缝宽进行勾缝。

柱面抹灰项目适用于矩形柱、异形柱(包括圆形柱、半圆形柱等)，砂浆找平项目适用于仅做找平层的柱(梁)面抹灰。

柱(梁)面抹灰工程量清单项目设置及工程量计算规则，应按表 2.2.3 的规定执行。

表 2.2.3　中方柱(梁)面抹灰

<table>
<tr><th>项目名称</th><th>项目特征</th><th>计量单位</th><th>工程量计算规则</th><th>工作内容</th></tr>
<tr><td>柱、梁面一般抹灰</td><td rowspan="2">1. 柱(梁)体类型
2. 底层厚度、砂浆配合比
3. 面层厚度、砂浆配合比
4. 装饰面材料种类
5. 分格缝宽度、材料种类</td><td rowspan="4">m²</td><td rowspan="3">1. 柱面抹灰:按设计图示柱断面周长乘高度以面积计算
2. 梁面抹灰:按设计图示梁断面周长乘长度以面积计算</td><td rowspan="2">1. 基层清理
2. 砂浆制作、运输
3. 底层抹灰
4. 抹面层
5. 勾分格缝</td></tr>
<tr><td>柱、梁面装饰抹灰</td></tr>
<tr><td>柱、梁面砂浆找平</td><td>1. 柱(梁)体类型
2. 找平的砂浆厚度、配合比</td><td>1. 基层清理
2. 砂浆制作、运输
3. 抹灰找平</td></tr>
<tr><td>柱面勾缝</td><td>1. 勾缝类型
2. 勾缝材料种类</td><td>按设计图示柱断面周长乘高度以面积计算</td><td>1. 基层清理
2. 砂浆制作、运输
3. 勾缝</td></tr>
</table>

同时应注意:

(1)柱、梁的一般抹灰和装饰抹灰及勾缝,以柱、梁断面周长乘以高度计算,柱、梁断面周长是指结构断面周长。

(2)装饰柱、梁面按设计图示外围饰面尺寸乘以高度以面积计算。外围饰面尺寸是饰面的表面尺寸。

英方对柱、梁抹灰的工程标准计量规则详见表 2.2.4。

表 2.2.4　英方柱、梁面抹灰

计算规则	定义规则	范围规则	辅助资料
M1 采用刷子或滚动抹子处理的树脂地板面层/墙面按条款 M60 计算 M2 计算面积为与底层之接触面,不扣除≤0.50m² 的空隙或木砖的面积 M3 楼梯间和机房的工程量需分别计算 M4 高出地面 3.5m 以上的天花板和梁(二者高度均以天花板为准),应于项目描述内加以注明,高度每增加1.50m 均需分项注明及计算。但楼梯间除外 M5 曲面工程应注明以表面为准的半径 M6 宽度为每一个面的宽度	D1 除非特别说明为室外工程,所有工程均为室内工程 D2 所注明的厚度为标称厚度 D3 半径大于 100mm 的内圆角和外圆角归类于曲面工程 D4 楼面包括楼梯休息平台 D5 邻接梁和洞口的侧面和顶或底面的工程量以及邻接柱的侧面工程量计入墙或天花板 D6 非邻接梁、柱则归类为独立梁、独立柱	C1 工程内容视作已包括: (a)平接缝 (b)出口,跨越或围绕障碍物和管道等类似物体,入凹槽及压型预埋件 (c)所需之胶合剂 C2 带有图案花纹的工程包括所有相关工作 C3 石膏板或其他薄衬板已包括接缝加强网衬 C4 墙、天花板、梁、柱已包括内外圆角部和半径≤10mm 交叉段	S1 材料类型、材质、成分和拌合物,包括防水剂和其他外加剂及石膏板或其他刚性压型板条 S2 应用方法 S3 表面处理的性质,包括打蜡磨光或树脂密封层 S4 表面的特殊养护 S5 底层的性质 S6 胶合前的准备工作 S7 框架或衬里固定前需完成的工作细目 S8 石膏板或其他刚性压型板条的接缝与固定方法

同时考虑：

(1)注明涂层厚度和层数。

(2)注明石膏板或其他刚性压型板条的厚度，注明涂层的厚度和层数。

(3)详述图案花纹。

(4)按区格铺设的楼面，注明区格的平均尺寸。

(5)面层与底层同属一道工序。

(6)内脚手架作业。

3. 中方计算“墙面块料面层”工程量时是如何规定的？英方又是如何规定的？

答：中方将墙面块料面层按面层材料不同划分为石材墙面、拼碎石材墙面、块料墙面、干挂石材钢骨架。

石材墙面：采用大理石、花岗石、水磨石等石材做墙的饰面。

拼碎石材墙面：采用碎石、水泥、胶结材料在墙体表面涂刷成具有装饰效果的墙面。

块料墙面：是指采用大理石、陶瓷锦砖、碎块大理石、水泥花砖等预制板铺贴在墙表面，起装饰效果。

干挂石材钢骨架：是在墙基面上按设计要求设置膨胀螺栓，将不锈钢连接件或不锈钢固定在基面上，再用不锈钢连接螺栓和不锈钢插棍将钻有孔洞的石板，固定在不锈钢连接件或不锈钢角钢上，固定时要先整平后固定，要求面平缝实，若设计要求留有勾缝者，缝口用密封胶嵌实。

墙面块料面层工程量清单项目设置及工程量计算规则，应按表 2.2.5 的规定执行。

表 2.2.5　中方墙面块料面层

项目名称	项目特征	计量单位	工程量计算规则	工作内容
石材墙面 拼碎石材墙面 块料墙面	1. 墙体类型 2. 安装方式 3. 面层材料品种、规格、颜色 4. 缝宽、嵌缝材料种类 5. 防护材料种类 6. 磨光、酸洗、打蜡要求	m^2	按镶贴表面积计算	1. 基层清理 2. 砂浆制作、运输 3. 粘结层铺贴 4. 面层安装 5. 嵌缝 6. 刷防护材料 7. 磨光、酸洗、打蜡
干挂石材钢骨架	1. 骨架种类、规格 2. 防锈漆品种、遍数	t	按设计图示以质量计算	1. 骨架制作、运输、安装 2. 刷漆

英方墙面块料面层应按表 2.2.6 的规定执行。

表 2.2.6　英方墙面块料面层/英方装饰墙饰、墙布

提供资料	计算规则	定义规则	范围规则	辅助资料
P1 以下资料或应按第 A 部分之基本设施费用/总则条款而提供于位置图内，或应提供于与工程量清单相对应的附图上： (a)工程范围及其位置	M1 在生产厂家和图案花纹无法完全确定时，只计算粘挂/固定工程量，而供应及输运到工地之费用计入暂定款 M2 楼梯间分别计算 M3 只计算覆盖面积或长度，视作已包括了边缘、造型、镶板、沉孔、波纹、开槽、雕刻、增添装饰等的额外用料 M4 不扣除≤ $0.50m^2$ 的空隙面积 M5 高出地面 3.5m 以上的天花板和梁（二者高度均以天花板为准），应于项目描述内加以注明，高度每增加 1.50m 均需分别注明及计算。但楼梯间除外		C1 工程内容视作已包括为适应障碍物，凸出物而作的剪裁配合	S1 材料类型和材质，生产厂家和图案花纹 S2 基层材质 S3 准备工作 S4 固定方法和接缝处理

续表

分类表					计算规则	定义规则	范围规则	辅助资料
1. 墙和柱 2. 天花板和梁	1. 面积>0.50m²		m²	1. 倾斜和弧形切口		D1 除非特别说明，所有样纸均视作竖向粘挂		
	2. 面积≤0.50m²		nr	2. 衬纸				
3. 边缘饰条			m	1. 造型切割边缘饰条			C2 边缘饰条视作已包括斜接缝和交叉段	
4. 角饰 5. 花边			nr	1. 造型切割角饰 2. 造型切割花边				

4. 中方关于墙饰面的工程量计算规则是如何规定的？英方又是如何规定的？

答：中方对墙饰面的工程量计算主要归结为对墙面装饰板的工程量计算。

计算工程时，考虑：

（1）龙骨材料种类、规格、中距；

（2）隔离层材料种类、规格；

（3）基层材料种类、规格；

（4）面层材料品种、规格、颜色；

（5）压条材料种类、规格。

以 m² 为计量单位，按设计图示墙净长乘以净高以面积计算。扣除门窗洞口及单个 0.3m² 以上的孔洞所占面积。

工作内容包括：

（1）基层清理；

（2）龙骨制作、运输、安装；

（3）钉隔离层；

（4）基层铺钉；

（5）面层铺贴；

新规范新增了墙面装饰浮雕项目，计算工程时，考虑：

（1）基层类型；

（2）浮雕材料种类；

（3）浮雕样式。

以 m² 为计量单位，按设计图示尺寸以面积计算。

工作内容包括：

（1）基层清理；

（2）材料制作、运输；

(3)安装成型。

凡不属于仿古建筑的项目均按其编码列项。

英方规定工程标准计量规则详见表2.2.6。

5. 中方关于柱饰面的工程量计算规则是如何规定的？英方又是如何规定的？

答:中方对柱饰面的工程量计算主要归为对柱面装饰的工程量计算,且和梁统一使用同一计量规则。

计算柱面装饰工程量时,主要考虑:

(1)龙骨材料种类、规格、中距;

(2)隔离层材料种类;

(3)基层材料种类、规格;

(4)面层材料品种、规格、颜色;

(5)压条材料种类、规格。

以 m^2 为计量单位,按设计图示饰面外围尺寸以面积计算。柱帽、柱墩并入相应柱饰面工程量内。

工作内容包括:

(1)清理基层;

(2)龙骨制作、运输、安装;

(3)钉隔离层;

(4)基层铺钉;

(5)面层铺贴。

同时注意:

装饰柱面按设计图示外围饰面尺寸乘以高度以面积计算。外围饰面尺寸是饰面的表面尺寸。

而英方对装饰柱面介绍较详细,按表2.2.7规定执行。

表2.2.7　英方装饰柱面

提供资料	计算规则	定义规则	范围规则	辅助资料
P1 以下资料或应按第A部分之基本设施费用/总则条款而提供于位置图内,或应提供于与工程量清单相对应的附图上: (a)工程范围及其位置	M1 面积以暴露面计,不扣除≤$0.50m^2$的空隙面积 M2 楼梯间和机房的工程量需分别计算 M3 高出地面3.5m以上的天花板和梁(二者高度均以天花板为准),应于项目描述内加以注明,高度每增加1.50m均需分项注明及计算。但楼梯间除外 M4 曲面工程应注明以表面为准的半径	D1 除非特别说明为室外工程,所有工程均为室内工程 D2 注明的厚度不包括键、槽等 D3 未按15.1-3.1.0条计算的半径 >10mm的内圆角和外圆角归类于曲面工程	C1 工程内容视作已包括: (a)平接缝 (b)跨越及围绕障碍物 (c)使用内脚手架之额外工作 (d)切口 (e)排水口 (f)垫层砂浆和胶合剂 (g)灌浆 (h)清理、密封和抛光	S1 材料类型和材质 S2 组件的尺寸、形状和厚度 S3 基层材质 S4 准备工程 S5 完成之表面层,包括密封/抛光 S6 垫层或其他固定方法 S7 接缝处理 S8 接缝布置
分类表				

续表

提供资料					计算规则	定义规则	范围规则	辅助资料
1. 墙 2. 天花板 3. 独立梁 4. 独立柱	1. 光面，宽度>300mm		m^2	1. 详述图案花纹 2. 平铺长边瓷砖	M5 宽度为每个面的宽度	D4 独立梁、独立柱区别于相邻的天花柱或墙 D5 邻接梁和洞口的侧面和顶或底面的工程量以及邻接柱的侧面工程量计入墙或天花板 D6 除非特别说明，墙砖按垂直于地面铺设	C2 墙、天花板、梁和柱的工程视作已包括半径≤10mm内外圆角和交叉段	
	2. 光面，宽度≤300mm		m					
	3. 接缝按大样图施工，宽度>300mm	1. 尺寸说明	m^2					
	4. 接缝按大样图施工，宽度≤300mm		m					

6. 什么是隔断？隔断工程量计算规则在中方是怎样规定的？英方又是怎样规定的？

答：隔断是用以分割房屋或建筑物内部大空间的，作用是使空间大小更加合适，并保持通风采光效果，一般要求隔断自重轻、厚度薄，拆移方便，并具有一定的刚度和隔声能力，按使用材料区分有木隔断、石膏板隔断等。其工程量清单项目设置及工程量计算规则见表 2.2.8。

表 2.2.8 中方隔断

项目名称	项目特征	计量单位	工程量计算规则	工作内容
木隔断	1. 骨架、边框材料种类、规格 2. 隔板材料品种、规格、品牌、颜色 3. 嵌缝、塞口材料品种 4. 压条材料种类	m^2	按设计图示框外围尺寸以面积计算。不扣除单个≤0.3 m^2 以上的孔洞所占面积；浴厕门的材质与隔断相同时，门的面积并入隔断面积内	1. 骨架及边框制作、运输、安装 2. 隔板制作、运输、安装 3. 嵌缝、塞口 4. 装钉压条
金属隔断	1. 骨架、边框材料种类、规格 2. 隔板材料品种、规格、颜色 3. 嵌缝、塞口材料品种			1. 骨架及边框制作、运输、安装 2. 隔板制作、运输、安装 3. 嵌缝、塞口
玻璃隔断	1. 边框材料种类、规格 2. 玻璃品种、规格、颜色 3. 嵌缝、塞口材料品种		按设计图示框外围尺寸以面积计算。不扣除单个≤0.3 m^2 的孔洞所占面积	1. 边框制作、运输、安装 2. 玻璃制作、运输、安装 3. 嵌缝、塞口
塑料隔断	1. 边框材料种类、规格 2. 隔板材料品种、规格、颜色 3. 嵌缝、塞口材料品种			1. 骨架及边框制作、运输、安装 2. 隔板制作、运输、安装 3. 嵌缝、塞口
成品隔断	1. 隔板材料品种、规格、颜色 2. 配件品种、规格	1. m^2 2. 间	1. 以平方米计量，按设计图示框外围尺寸以面积计算 2. 以间计量，按设计间的数量计算	1. 隔板制作、运输、安装 2. 嵌缝、塞口

续表

项目名称	项目特征	计量单位	工程量计算规则	工作内容
其他隔断	1. 骨架、边框材料种类、规格 2. 隔板材料品种、规格、颜色 3. 嵌缝、塞口材料品种	m^2	按设计图示框外围尺寸以面积计算。扣除单个≤0.3m^2的孔洞所占面积	1. 骨架及边框安装 2. 隔板安装 3. 嵌缝、塞口

英国把隔断划分的很详细,其工程标准计量规则详见表2.2.9。

表2.2.9　英方隔断

提供资料	计算规则	定义规则	范围规则	辅助资料
P1 以下资料或应按第A部分之基本设施费用/总则条款而提供于位置图内,或应提供于与工程量清单相对应的附图内: (a)工程范围及位置 (b)设在吊顶或隔墙内的设施,包括整体综合设施	M1 楼梯间区域及设备间内工作需分开量度 M2 除楼梯间区域外的超出地面3.50m以上高度之吊顶和梁(均按至天花板高度计算),均按每增加1.50m高度而分级计算 M3 保温层/隔热层、隔汽层、防火墙、绝缘层、防湿处理及其他同类项目不需分项量度,除非属于内衬、隔墙或吊顶的整体构造之一或作为所建构造而安装	D1 除非特别说明为室外工程,所有工程均为室内工程	C1 所述工程视作已包括: (a)平滑接缝 (b)于凸出部分周围或上部作业,使进入凹槽或特殊造型预埋件 (c)悬吊作业之增加人工 (d)涂擦、填充和饰面的抹灰 (e)接缝和加强带 (f)沥青浸渍垫块 C2 样板工作包括全部所需之额外工作	S1 薄板和构件的类型、质量和厚度 S2 施工方法 S3 接缝布置和处理 S4 复杂的整体机电设施 S5 固定方法 S6 内衬上安装的隔热层、隔汽层 S7 隔声层 S8 防湿处理及其他同类项目 S9 形成干衬里饰面的表面处理 S10 绝缘模 S11 复合板连接方法

续表

分类表					计算规则	定义规则	范围规则	辅助资料
1. 专用隔墙	1. 按每增加300mm高度而分级计量，并需说明隔墙厚度	1. 单面贴面板 2. 双面贴面板	m	1. 带花饰墙，需详细说明 2. 曲面，需说明半径 3. 受内置设施限制的墙	M4 工程量按跨越凸出装置计算 M5 不考虑搭接缝余量 M6 隔墙长度按隔墙轴线长度计算 M7 按墙衬长度至墙面层之轴线长度计算 M8 隔墙和墙衬中的孔洞不予扣除，除非所述孔洞延伸达至隔墙或墙衬的全高、全长或全宽 M9 按表面积计算墙衬工程量时，不予扣除≤0.50m²的孔洞 M10 当双面隔墙的一面或墙衬的一面需跨越凸出装置时，隔墙或墙衬按通体计算，不单列扶壁项目 M11 只有凹槽仅作为整体高度的一部分而非整体高度时，才予以计量	D2 框架高度指框体高度。若面板高度与框架高度不一致，应特别详细说明 D3 大于600mm的墙衬中开口和凹洞两侧及底面的工程量，按附着于墙、梁或柱上而分项 D4 墙衬指不构成专用系统一部分的装置，且不包括木龙骨框架	C3 当作为专用系统一部分时，隔墙和墙衬视作已包括以下内容；但若不作为专用系统一部分时，所述项目则按其他相关适用章节内的规则计量 (a)顶板和独立板 (b)竖龙骨、加劲肋板、楔条和水平龙骨 (c)金属弹性压条 (d)连接板条 (e)隔热层、隔离层 (f)抹角、压条及其他同类项目	
2. 墙衬	1. 墙	1 高度按每增加300mm而分级计量	m					
	2. 梁、梁面(nr) 3. 柱、柱面(nr)	1. 总周长≤600mm 2. 以后按每增加600mm而分级计量						
	4. 开洞和凹进处侧墙和底面	1. 宽≤300mm 2. 宽为300~600mm之间						
	5. 天花		m²					

续表

分类表					计算规则	定义规则	范围规则	辅助资料
3. 隔墙角部 4. 隔墙T形接口 5. 隔墙交叉处	1. 光面 2. 不规则状	1. 注明隔墙厚度	m^2	1. 当位于不同结构间时，需详细说明两侧结构的装修类别			C4 开洞处的角部、T形接口、交叉处、扶壁和洞口镶边视作已包括相关额外处理如板墙筋、地面、墙角贴封条及其他同类项目	S12 饰面处理或线角、地面或框架组装详细资料
6. 扶壁		1. 注明隔墙或墙衬厚度	m					
7. 墙衬角部	1. 内 2. 外		m	1. 当位于不同装饰面板间时，需详细说明两侧装饰面板之类别			C5 护角视作已包括相关额外处理如墙角贴封条及其他同类项目	
8. 隔墙端部	1. 说明隔墙厚度		m		M12 仅当隔墙暴露端饰面处理与隔断面相同时，或附有作为隔墙整体系统一部分的镶边时，才会分项计量隔墙端部项目		C6 隔墙端部视作已包括所需之额外处理如板墙筋、墙板、镶边等	S13 饰面处理或镶边线角之详细资料
9. 可拆隔墙	1. 注明隔墙高度和厚度	1. 工厂完成饰面者 2. 现场完成饰面者	m	1. 曲面，需说明半径 2. 受整体内装设备影响者	M13 工程量计算需覆盖凸出物 M14 隔墙按轴线长度计算 M15 只有不能由承建商决定的工厂完成饰面和现场完成饰面才会分项计量		C7 隔墙视作已包括工厂预制好物料所附之所有相关构件及孔等，但不包括镶边	S14 材料类型和材质 S15 施工方法 S16 接缝布置 S17 安装方法 S18 综合内装设备 S19 垫层、接缝或勾缝方法 S20 五金件、玻璃、内衬等的详细资料
10. 镶边	1. 尺寸说明		m			D5 镶边按单独项目列出，作为现场安装构件。用以覆盖板间端部或板间接缝处		
11. 所需之额外开洞	1. 假门 2. 门 3. 窗 4. 镶玻璃嵌板 5. 检查口镶板	1. 尺寸说明	nr			D6 开洞指一般隔墙施工时断面的通用名词，其中包括填充开洞装置	C8 开洞视作已包括附加的相关构件 C9 开洞视作已包括五金件、玻璃、内衬等，但不包括镶边	

续表

分类表					计算规则	定义规则	范围规则	辅助资料
12. 立方形隔墙	1. 制配图		nr			D7 立方体隔墙包括门、五金件或其他类似项目,但不包括镶边	C10 立方体隔墙视作已包括骨架、加劲肋、支撑牛腿、支座连接和固定装置	S21 材料类型和材质 S22 施工方法 S23 安装方法 S24 垫层、接缝和勾缝方法
13. 镶边	1. 尺寸说明		m			D8 镶边指作为单独项目存在的,在现场安装于立方体隔墙连接处及所建隔墙与相邻结构间连接处的项目		

7. 什么是幕墙,幕墙的工程量计算规则在中英方有何区别?

答:幕墙是装饰于建筑物外表的,如同罩在建筑物外表的一层薄薄的帷幕的墙体,使用最为普遍的一种幕墙是玻璃幕墙。

中方将幕墙划分为带骨架幕墙和全玻(无框玻璃)幕墙。

带骨架幕墙是将玻璃与骨架结构连成的墙体。其主要有型钢骨架、铝合金型材骨架、不露骨架结构三种类型。

全玻(无框玻璃)幕墙:是指玻璃本身既是饰面构件,又为承受自身质量荷载和风荷载的承力构件,整个玻璃幕墙采用通长的大块玻璃幕墙体系。这种幕墙通透感强,立面简洁,视线宽阔,适宜在首层较开阔的部位采用,不宜在高层使用。

幕墙工程工程量清单项目设置及工程量计算规则,按表 2.2.10 执行。

表 2.2.10　中方幕墙

项目名称	项目特征	计量单位	工程量计算规则	工作内容
带骨架幕墙	1. 骨架材料种类、规格、中距 2. 面层材料品种、规格、颜色 3. 面层固定方式 4. 隔离带,框边封闭材料品种、规格 5. 嵌缝、塞口材料种类	m^2	按设计图示框外围尺寸以面积计算。与幕墙同种材质的窗所占面积不扣除	1. 骨架制作、运输、安装 2. 面层安装 3. 隔离带、框边封闭 4. 嵌缝、塞口 5. 清洗
全玻(无框玻璃)幕墙	1. 玻璃品种、规格、颜色 2. 粘结塞口材料种类 3. 固定方式		按设计图示尺寸以面积计算。带肋全玻幕墙按展开面积计算	1. 幕墙安装 2. 嵌缝、塞口 3. 清洗

英国规范只对玻璃幕墙作了详细介绍,考虑了内镶板、周边、角、紧闭器、采光窗、门等细部构件,对其分别进行说明。玻璃幕墙工程标准计量规则详见表 2.2.11。

表 2.2.11　英方玻璃幕墙

提供资料					计算规则	定义规则	范围规则	辅助资料
P1 以下资料或应按 A 部分之基本设施费用/总则条款而提供于位置图内,或应提供于工程量清单相对应的附图内: (1)工程范围及位置 (2)制配图					M1 变截面木构件应特别注明,并提供最大尺寸 M2 不扣除 ≤1.00m² 的孔洞	D1 幕墙由非承重木质或金属质框架整体组装,并由窗户、透光孔、玻璃和内镶板组成 D2 除非对完成尺寸另有特别规定,所有尺寸均为标称尺寸		
分类表								
1. 幕墙		1. 尺寸说明	m²	1. 平板 2. 坡板 3. 曲面板,需注明半径			C1 玻璃幕墙视作已包括所有加劲条、牛腿托架、连接螺栓和固定件 C2 所述工程视作已包括: (a)单元门 (b)各部件修拱、修边及其他同类工作 (c)各部件五金件 (d)各部件运输过程的饰面 (e)各部件镶玻璃 (f)各部件机械操作和自动控制装置 (g)玛瑺脂封胶/密封剂,除非所述工艺须由专家完成,并按 P22 章节密封接缝的计算规则计算 (h)安装及紧固	S1 锯制或刨制的木材,需说明材料类型和材质 S2 防腐处理按属于生产工艺内的一部分考虑 S3 表面处理按属于生产工艺内的一部分考虑 S4 续后处理的选择和保护 S5 纹理和颜色相匹配 S6 木材平整度要求及说明是否允许存在与设计尺寸的偏差 S7 连接形式或施工方法 S8 厚度或工序 S9 非由承建商自行决定的固定方法 S10 垫料、连接或勾缝材料 S11 通过易碎材料时的安装方式
2. 所需之幕墙额外增加费项目	1. 内镶板	1. 说明类别和厚度	m²		M3 内镶板按全框计算			
	2. 周边	1. 上口 2. 下槛 3. 扶壁	m	1. 异形 2. 水平 3. 坡面 4. 垂直 5. 曲面,需注明半径		D3 异形连接指不按 90° 角连接的其他角度连接		
	3. 角	1. 内角 2. 外角						
	4. 紧闭器	1. 挡火墙 2. 隔断紧闭器 3. 墙角紧闭器 4. 塑料压紧边条						
	5. 采光窗 6. 门	1. 尺寸说明	nr			D4 采光窗包括适用的开启装置		

三、天棚工程

1. 什么是天棚抹灰，中英方关于天棚抹灰的工程量计算规则有何不同？

答：天棚抹灰是指在楼板底部抹一般水泥砂浆和混合砂浆，其抹灰面积指天棚抹灰面积，相对天棚装饰面积，所指的范围小一些，装饰面积还包括在天棚上粘贴装饰材料。

天棚抹灰工程量清单项目设置及工程量计算规则，按表2.3.1的规定执行。

表2.3.1　中方天棚抹灰

项目名称	项目特征	计量单位	工程量计算规则	工作内容
天棚抹灰	1. 基层类型 2. 抹灰厚度、材料种类 3. 砂浆配合比	m^2	按设计图示尺寸以水平投影面积计算。不扣除间壁墙、垛、柱、附墙烟囱、检查口和管道所占的面积，带梁天棚、梁两侧抹灰面积并入天棚面积内，板式楼梯底面抹灰按斜面积计算，锯齿形楼梯底板抹灰按展开面积计算	1. 基层清理 2. 底层抹灰 3. 抹面层

英方对天棚抹灰的规定不很明确，只把它归于抹灰工程的一个构件抹灰进行说明，其工程标准计量规则见表2.3.2。

表2.3.2　英方抹灰工程

计算规则	定义规则	范围规则	辅助资料
M1 采用刷子或滚动抹子处理的树脂地板面层/墙面按条款M60计算 M2 计算面积为与底层之接触面，不扣除≤0.50m^2的空隙或木砖的面积 M3 楼梯间和机房的工程量需分别计算 M4 高出地面3.5m以上的天花板和梁（二者高度均以天花板为准），应于项目描述内加以注明，高度每增加1.50 m均需分项注明及计算。但楼梯间除外 M5 曲面工程应注明以表面为准的半径	D1 除非特别说明为室外工程，所有工程均为室内工程 D2 所注明的厚度为标称厚度 D3 半径大于100mm的内圆角和外圆角归类于曲面工程 D4 楼面包括楼梯休息平台	C1 工程内容视作已包括： （a）平接缝 （b）出口，跨越或围绕障碍物和管道等类似物体，入凹槽及压型预埋件 （c）所需之胶合剂 C2 带有图案花纹的工程包括所有相关工作	S1 材料类型、材质、成分和拌合物，包括防水剂和其他外加剂及石膏板或其他刚性压型板条 S2 应用方法 S3 表面处理的性质，包括打蜡磨光或树脂密封层 S4 表面的特殊养护 S5 底层的性质 S6 胶合前的准备工作 S7 框架或衬里固定前需完成的工作细目
M6 宽度为每一个面的宽度	D5 邻接梁和洞口的侧面和顶或底面的工程量以及邻接柱的侧面工程量计入墙或天花板 D6 非邻接梁、柱则归类为独立梁、独立柱	C3 石膏板或其他薄衬板已包括接缝加强网衬 C4 墙、天花板、梁、柱已包括内外圆角和半径≤10mm交叉段	S8 石膏板或其他刚性压型板条的接缝与固定方法

同时注意：

（1）注明涂层厚度和层数。

(2)注明石膏板或其他刚性压型板条的厚度,注明涂层的厚度和层数。

(3)详述图案花纹。

(4)按区格铺设的楼面,注明区格的平均尺寸。

(5)面层与底层同属一道工序。

(6)内脚手架作业。

2. 什么是天棚吊顶? 中英方关于天棚吊顶的工程量计算规则是如何规定的?

答:所谓悬吊式天棚是将装饰面板通过一定量的悬吊构件,固定在天花板上由骨架和面板所组成的天棚,简称为"吊顶"。吊顶的作用是:美化室内环境,遮挡结构构件和各种管线;改善室内声学性能和光学性能;满足室内的保温、隔热等环境卫生要求。吊顶在设计时应注意防火;协调各种管线、设备、灯具,使之成为有机整体;便于维修,便于工业化施工,避免湿作业。

天棚吊顶工程量清单项目设置及工程量计算规则见表2.3.3。

表2.3.3 中方天棚吊顶

项目名称	项目特征	计量单位	工程量计算规则	工作内容
吊顶天棚	1. 吊顶形式、吊杆规格、高度 2. 龙骨材料种类、规格、中距 3. 基层材料种类、规格 4. 面层材料品种、规格 5. 压条材料种类、规格 6. 嵌缝材料种类 7. 防护材料种类	m^2	按设计图示尺寸以水平投影面积计算。天棚面中的灯槽及跌级、锯齿形、吊挂式、藻井式天棚面积不展开计算。不扣除间壁墙、检查口、附墙烟囱、柱垛和管道所占面积,扣除单个 $>0.3m^2$ 的孔洞、独立柱与天棚相连的窗帘盒所占的面积	1. 基层清理,吊杆安装 2. 龙骨安装 3. 基层板铺贴 4. 面层铺贴 5. 嵌缝 6. 刷防护材料
格栅吊顶	1. 龙骨材料种类、规格、中距 2. 基层材料种类、规格 3. 面层材料品种、规格 4. 防护材料种类		按设计图示尺寸以水平投影面积计算	1. 基层清理 2. 安装龙骨 3. 基层板铺贴 4. 面层铺贴 5. 刷防护材料
吊筒吊顶	1. 吊筒形状、规格 2. 吊筒材料种类 3. 防护材料种类			1. 基层清理 2. 吊筒制作安装 3. 刷防护材料
藤条造型悬挂吊顶	1. 骨架材料种类、规格 2. 面层材料品种、规格			1. 基层清理 2. 龙骨安装 3. 铺贴面层
织物软雕吊顶				
装饰网架吊顶	网架材料品种、规格			1. 基层清理 2. 网架制作安装

同时注意：

（1）天棚抹灰与天棚吊顶工程量计算规则有所不同：天棚抹灰不扣除柱垛所占面积；天棚吊顶不扣除柱垛所占面积，但应扣除独立柱所占面积。柱垛是指与墙体相连的柱而突出墙体部分。

（2）天棚吊顶应扣除与天棚吊顶相连的窗帘盒所占的面积。

（3）格栅吊顶、吊筒吊顶、藤条造型悬挂吊顶、织物软吊顶、网架吊顶均按设计图示的吊顶尺寸以水平投影面积计算。

英方只对吊顶作了详细规定。英方的吊顶包含了中国的天棚与吊顶，划分较细。其工程标准计量规则详见表2.3.4。

表2.3.4　英方吊顶

提供资料					计算规则	定义规则	范围规则	辅助资料
P1 以下资料或应按A部分之基本设施费用/总则条款而提供于位置图内，或应提供于与工程量清单相对应的附图内： （a）工程范围及位置，包括相关装置 （b）吊顶上空隙层内布置的设备，包括所有额外支撑等					M1 板底龙骨直接固定的内衬，按相关章节的规则计量 M2 楼梯间及设备间的吊顶需分项计量 M3 高出楼面3.50m以上天花板和梁的吊顶（两者高度均按天花板标高计算），除楼梯间的工作外，均按每增加1.5m而分级说明	D1 除非特别说明为室外工程，所有工程均为室内工程	C1 吊顶等视作已包括： （a）覆盖及围绕凸出物的工作 （b）支撑系统和安装附件 （c）悬挂和框体构件 C2 带花饰工程视作已包括所需之额外处理 C3 整体装置项目视作已包括所有吊杆、框架及其他同类项目	S1 材料类型和材质 S2 面板及龙骨尺寸 S3 框架和悬挂系统施工 S4 固定方法 S5 所安装结构类别 S6 吊顶空隙层内的设备 S7 绝缘材料 S8 隔汽层 S9 整体隔热、通风、照明和防火装置
分类表								
1. 天花板 2. 梁	1. 吊顶深度≤150mm 2. 吊顶深度150～500mm 3. 此后按每增加500mm而分级计量	1. 说明内衬厚度和与相关结构的连接方法	m²	1. 带花饰者，需详细说明 2. 带坡面内衬，需详细说明	M4 按暴露面的面积量度，不扣除≤0.50m² 空洞 M5 吊顶深度从主结构底面计算至衬板 M6 当隔热层及隔汽层作为整个吊顶系统的组成部分及安装于吊顶上时，所述项目需量度于本章节内	D2 当相关装置按吊顶组件设计及与吊顶结合作用时，整体装置项目才会发生		

续表

分类表					计算规则	定义规则	范围规则	辅助资料
3. 吊顶独立压条,需说明内衬厚度		1. 宽度≤300mm 2. 此后按每增加300mm而分级计量	m	3. 曲面,需说明半径 4. 受设备影响的悬挂系统 5. 吊顶区域内按通常间隔布置的镶边,需详细说明	M7 位于内衬边缘线及第一组装置间的天花板独立压条不用分开计量	D3 天花板独立压条指尺寸比特别相关衬板的规格更窄的衬条		
4. 所需之除内衬外的额外增加费项目	1. 检查口镶板	1. 尺寸说明	nr				C4 检查口镶板包括镶边和固定件	S10 板材组成和安装方法
5. 上翻部分	1. 内衬厚度	1. 高度≤300mm 2. 此后按每增加300mm而分级计量	m					S11 支撑方法和悬挂系统深度
6. 不规则窗户和天窗侧壁	1. 尺寸说明		nr				C5 不规则窗户和天窗侧壁视作已包括切口和额外支架	
7. 空心防火墙,需说明总厚度	1. 普通 2. 受设备阻碍者	1. 高度≤300mm 2. 此后按每增加300mm而分级计量	m				C6 空心防火墙视作已包括所需之拼接、护角、端部处理及支撑工作	
8. 端部镶边	1. 普通 2. 浮雕	1. 尺寸说明	m		M8 吊顶区域内通常间距镶边包括在1-3、*、*、5同样项目的说明内 M9 镶边量度至装置开洞	D4 普通镶边指与结构固定的镶边 D5 浮雕镶边指与天花板固定的镶边	C7 镶边视作已包括对倾斜、规则和非规则角部的镶边	S12 固定中心
9. 角部镶边								

续表

分类表					计算规则	定义规则	范围规则	辅助资料
10. 所需之额外镶边	1. 不规则角部构件		nr			D6 不规则角部构件指特制角部构件		
11. 贯穿防火墙的设备套管	1. 管道 2. 线槽	1. 需说明防火墙两侧套管的长度	nr		M10 属于整体防火墙组成部分的套管需分项计量			S13 类型
12. 拉结件	1. 跨度说明		m		M11 当天花板内套管宽度影响标准天花板格网时，需计量拉结件		C8 拉结件视作已包括额外固定件	
13. 吊顶上装置	1. 轻型装置件支架或其他同类项目	1. 尺寸说明	m nr					

四、门窗工程

1. 中方关于门的工程量计算规则是如何规定的，英国又是如何规定的？

答：中方对门分得较细，把门分为木门、金属门、金属卷帘（闸）门、厂库房大门、特种门及其他门。又把木门细分为木质防火门、木质门、木质连窗门等。

计算木门工程量时，木质防火门、木质门、木质连窗门考虑：

(1) 门代号及洞口尺寸；

(2) 镶嵌玻璃品种，厚度。

以樘为计量单位，按设计图示数量计算。以平方米计量，按设计图示洞口尺寸以面积计算。

工作内容包括：

(1) 门安装；

(2) 玻璃安装；

(3) 五金安装。

把金属门分为金属（塑钢）门、彩板门、防盗门、钢质防火门等。

把金属卷帘（闸）门分为金属卷帘（闸）门、防火卷帘（闸）门等。

其他门包括电子感应门、旋转门、电子对讲门、电动伸缩门、全玻自由门、镜面不锈钢饰面门、复合材料门。

以上门工程量清单设置及工程量计算规则见表2.4.1～表2.4.3。

金属门工程量清单项目设置及工程量计算规则，应按表2.4.1的规定执行。

表2.4.1　中方金属门

项目名称	项目特征	计量单位	工程量计算规则	工作内容
金属(塑钢)门	1.门代号及洞口尺寸 2.门框或扇外围尺寸 3.门框、扇材质 4.玻璃品种、厚度	1.樘 2. m^2	1.以樘计量，按设计图示数量计算 2.以平方米计量，按设计图示洞口尺寸以面积计算	1.门安装 2.五金安装 3.玻璃安装
彩板门	1.门代号及洞口尺寸 2.门框或扇外围尺寸			
钢质防火门	1.门代号及洞口尺寸 2.门框或扇外围尺寸 3.门框、扇材质			
防盗门				1.门安装 2.五金安装

金属卷帘(闸)门工程量清单项目设置及工程量计算规则，应按表2.4.2的规定执行。

表2.4.2　中方金属卷帘(闸)门

项目名称	项目特征	计量单位	工程量计算规则	工作内容
金属卷帘(闸)门	1.门代号及洞口尺寸 2.门材质 3.启动装置品种、规格	1.樘 2. m^2	1.以樘计量，按设计图示数量计算 2.以平方米计量，按设计图示洞口尺寸以面积计算	1.门运输、安装 2.启动装置、活动小门、五金安装
防火卷帘(闸)门				

其他门工程量清单项目设置及工程量计算规则，应按表2.4.3的规定执行。

表 2.4.3　中方其他门

<table>
<tr><th>项目名称</th><th>项目特征</th><th>计量单位</th><th>工程量计算规则</th><th>工作内容</th></tr>
<tr><td>电子感应门</td><td rowspan="2">1. 门代号及洞口尺寸
2. 门框或扇外围尺寸
3. 门框、扇材质
4. 玻璃品种、厚度
5. 启动装置的品种、规格
6. 电子配件品种、规格</td><td rowspan="7">1. 樘
2. m^2</td><td rowspan="7">1. 以樘计量，按设计图示数量计算
2. 以平方米计量，按设计图示洞口尺寸以面积计算</td><td rowspan="4">1. 门安装
2. 启动装置、五金、电子配件安装</td></tr>
<tr><td>旋转门</td></tr>
<tr><td>电子对讲门</td><td rowspan="2">1. 门代号及洞口尺寸
2. 门框或扇外围尺寸
3. 门材质
4. 玻璃品种、厚度
5. 启动装置的品种、规格
6. 电子配件品种、规格</td></tr>
<tr><td>电动伸缩门</td></tr>
<tr><td>全玻自由门</td><td>1. 门代号及洞口尺寸
2. 门框或扇外围尺寸
3. 框材质
4. 玻璃品种、厚度</td><td rowspan="3">1. 门安装
2. 五金安装</td></tr>
<tr><td>镜面不锈钢饰面门</td><td rowspan="2">1. 门代号及洞口尺寸
2. 门框或扇外围尺寸
3. 框、扇材质
4. 玻璃品种、厚度</td></tr>
<tr><td>复合材料门</td></tr>
</table>

英方没有对门进行分类，所有门统一使用同一工程标准计量规则。详见表 2.4.4。

表 2.4.4　英方门

提供资料	计算规则	定义规则	范围规则	辅助资料
P1 有关资料应按 A 部分之基本设施费用/总则条款而提供于位置图内		D1 除非说明为带饰面尺寸，所有木材尺寸均为公称尺寸		

续表

分类表					计算规则	定义规则	范围规则	辅助资料
1. 门 2. 卷帘门及防爆破活门 3. 推拉/折叠隔断 4. 出入口 5. 保险库门 6. 铁栅箅子		1. 注明尺寸图表	nr	1. 说明近似重量	M1 说明标准断面 M2 多叶褶门的每一扇按单扇门计算 M3 仅说明金属门的近似重量，包括相关门框 M4 根据总则节9.1款的规则,配有门框及门内衬的门应按复合组件计算		C1 门项目视作已包括安装及悬挂固定 C2 所述工作视作已包括凸出物周边的开槽 C3 项目包括: (a)单元门 (b)作为构件组成部分的框缘、装饰线角及其他同类项目 (c)作为部件提供的五金 (d)对局部运抵构件的饰面 (e)作为部件配置的玻璃 (f)作为部件提供的机械操作和自动操作设备 (g)安装件及紧固件	S1 材料种类及质量。若是木材，则不论锯制或刨制 S2 作为生产程序的防腐处理 S3 作为生产程序的饰面处理 S4 对后续处理的选择和保护 S5 纹理或色彩的匹配 S6 木材定位调整度及是否不允许存在与所述尺寸的偏差 S7 组装或施工方法 S8 固定方法，若所要求不能由承建商自行决定 S9 安装于松软材质上 S10 底框、连接、填缝框构件
7. 门框及门内衬，套(nr)	1. 边框 2. 门楣 3. 窗台板/门楣 4. 竖框 5. 亮子 6. 组合件	1. 说明整体断面尺寸	m	1. 相同组件的重复件数(nr) 2. 不同断面造形(nr) 3. 堵塞等用工(nr)	M5 项目说明内不需说明复合门框及门内所标志的数字			
8. 底框 9. 填缝框 10. 底框及填缝框		1. 注明尺寸	nr					
			m					

2. 中英方关于窗的工程量计算规则如何规定？两者有何不同？

答:中方对窗的划分较细,把窗划分为木窗和金属窗。

木窗又可分为木质窗、木飘(凸)窗、木橱窗、木纱窗。

木质窗又分为木百叶窗、木组合窗、木天窗、木固定窗、木装饰空花窗等。

计算木质窗工程量时,考虑:

(1)窗代号及洞口尺寸;

(2)玻璃品种、厚度。

①以樘为计量单位,按设计图示数量计算;

②以平方米计量，按设计图示洞口尺寸以面积计算。

工作内容包括：

(1)窗安装；

(2)五金、玻璃安装。

计算木飘(凸)窗工程量时，考虑：

(1)窗代号及洞口尺寸；

(2)玻璃品种、厚度。

①以樘计量，按设计图示数量计算；

②以平方米计量，按设计图示尺寸以框外围展开面积计算。

工作内容包括：

(1)窗制作、运输、安装；

(2)五金、玻璃安装；

(3)刷防护材料。

计算木橱窗工程量时，考虑：

(1)窗代号；

(2)框截面及外围展开面积；

(3)玻璃品种、厚度；

(4)防护材料种类。

①以樘计量，按设计图示数量计算；

②以平方米计量，按设计图示尺寸以框外围展开面积计算。

工作内容包括：

(1)窗制作、运输、安装；

(2)五金、玻璃安装；

(3)刷防护材料。

计算木纱窗工程量时，考虑：

(1)窗代号及框的外围尺寸；

(2)窗纱材料品种、规格。

①以樘计量，按设计图示数量计算；

②以平方米计量，按框的外围尺寸以面积计算。

工作内容包括：

(1)窗安装；

(2)五金安装。

金属窗分为金属(塑钢、断桥)窗、金属防火窗、金属百叶窗、金属纱窗、金属格栅窗、金属(塑钢、断桥)橱窗、金属(塑钢、断桥)飘(凸)窗、彩板窗、复合材料窗。

金属窗工程量清单项目设置及工程量计算规则应按表2.4.5规定执行。

表2.4.5　中方金属窗

项目名称	项目特征	计量单位	工程量计算规则	工作内容
金属(塑钢、断桥)窗	1. 窗代号及洞口尺寸 2. 框、扇材质 3. 玻璃品种、厚度	1. 樘 2. m^2	1. 以樘计量，按设计图示数量计算 2. 以平方米计量，按设计图示洞口尺寸以面积计算	1. 窗安装 2. 五金、玻璃安装
金属防火窗				

续表

项目名称	项目特征	计量单位	工程量计算规则	工作内容
金属百叶窗	1. 窗代号及洞口尺寸 2. 框、扇材质 3. 玻璃品种、厚度	1. 樘 2. m^2	1. 以樘计量,按设计图示数量计算 2. 以平方米计量,按设计图示洞口尺寸以面积计算	1. 窗安装 2. 五金安装
金属纱窗	1. 窗代号及框的外围尺寸 2. 框材质 3. 窗纱材料品种、规格		1. 以樘计量,按设计图示数量计算 2. 以平方米计量,按框的外围尺寸以面积计算	
金属格栅窗	1. 窗代号及洞口尺寸 2. 框外围尺寸 3. 框、扇材质		1. 以樘计量,按设计图示数量计算 2. 以平方米计量,按设计图示洞口尺寸以面积计算	
金属(塑钢、断桥)橱窗	1. 窗代号 2. 框外围展开面积 3. 框、扇材质 4. 玻璃品种、厚度 5. 防护材料种类		1. 以樘计量,按设计图示数量计算 2. 以平方米计量,按设计图示尺寸以框外围展开面积计算	1. 窗制作、运输、安装 2. 五金、玻璃安装 3. 刷防护材料
金属(塑钢、断桥)飘(凸)窗	1. 窗代号 2. 框外围展开面积 3. 框、扇材质 4. 玻璃品种、厚度			1. 窗安装 2. 五金、玻璃安装
彩板窗	1. 窗代号及洞口尺寸 2. 框外围尺寸 3. 框、扇材质 4. 玻璃品种、厚度		1. 以樘计量,按设计图示数量计算 2. 以平方米计量,按设计图示洞口尺寸或框外围以面积计算	
复合材料窗				

英方没有对窗进行分类,统一使用同一计算工程标准计量规则,详见表2.4.6。

表2.4.6 英方窗

提供资料	计算规则	定义规则	范围规则	辅助资料
P1 有关资料应按A部分之基本设施费用/总则条款而提供于位置图上		D1 除非特别说明为带饰面层尺寸,所有木料尺寸均为标称尺寸		

续表

分类表					计算规则	定义规则	范围规则	辅助资料
1. 窗及窗框 2. 窗百叶 3. 遮阳罩 4. 屋顶采光窗、天窗、屋顶窗及窗框 5. 屏风、间接采光窗及框架 6. 店铺门脸 7. 百叶窗及框架		1. 制配图纸	nr		M1 标明标准截面		C1 所述工程视作已包括凸出物周围刻槽 C2 项目包括: (a)单元门 (b)装饰线角、镶边、门槛或窗台板、副框及其他组件 (c)作为部件提供之五金 (d)对局部运抵部件的饰面 (e)作为部件配置之玻璃 (f)作为部件提供之机械操作和自动操作设备 (g)连接件和紧固件	S1 材料类别及质量。若是木材则不论锯制或刨制 S2 作为整体生产程序的防腐处理 S3 作为生产程序的饰面处理 S4 对后续处理的选择和保护 S5 纹理和色彩的匹配 S6 木材定位调整度及是否不允许存在与所要求尺寸的偏差 S7 连接工艺及施工方法 S8 安装方法,若所要求方法不能由承建商自行决定 S9 安装于松软材质上 S10 底框、连接、填缝框的构件
8. 底框 9. 填缝框 10. 底框及填缝框			m					

五、油漆、涂料、裱糊工程

1. 中英方关于油漆工程的工程量计算规则是如何规定的?

答:中方与英方对油漆工程的描述是从不同角度进行的。

中方从大的方面把油漆工程人为划分成门油漆、窗油漆、木扶手及其板条线条油漆、木材面油漆、金属面油漆、抹灰面油漆。

门油漆计算工程量时,考虑:

(1)门类型;

(2)门代号及洞口尺寸;

(3)腻子种类;

(4)刮腻子遍数;

(5)防护材料种类;

(6)油漆品种、刷漆遍数。

①以樘计量,按设计图示数量计算;

②以平方米计量,按设计图示洞口尺寸以面积计算。

工作内容包括：
(1)基层清理；
(2)刮腻子；
(3)刷防护材料、油漆。
窗油漆考虑：
(1)窗类型；
(2)窗代号及洞口尺寸；
(3)腻子种类；
(4)刮腻子遍数；
(5)防护材料种类；
(6)油漆品种、刷漆遍数。
①以樘为计量单位，按设计图示数量计算；
②以平方米计量，按设计图示洞口尺寸以面积计算。
工作内容与门的工作内容相同。
木扶手及其他板条线条油漆考虑：
(1)断面尺寸；
(2)腻子种类；
(3)刮腻子遍数；
(4)防护材料种类；
(5)油漆品种、刷漆遍数。
以m为计量单位，按设计图示尺寸以长度计算。工作内容与门、窗油漆工作内容相同。
木材面油漆计算分得较细，详见表2.5.1。
金属面油漆计算工程量时考虑：
(1)构件名称；
(2)腻子种类；
(3)刮腻子要求；
(4)防护材料种类；
(5)油漆品种、刷漆遍数。
①以吨计量，按设计图示尺寸以质量计算；
②以 m^2 计量，按设计展开面积计算。
抹灰面油漆计算工程量时考虑：
(1)基层类型；
(2)腻子种类；
(3)刮腻子遍数；
(4)防护材料种类；
(5)油漆品种、刷漆遍数；
(6)部位。
以 m^2 为计量单位，按设计图示尺寸以面积计算；
抹灰线条油漆计算工程量时应考虑：
(1)线条宽度、道数；

(2)腻子种类；
(3)刮腻子遍数；
(4)防护材料种类；
(5)油漆品种、刷漆遍数。
以米为计量单位，按设计图示尺寸以长度计算。
木材面油漆工程量清单项目设置及工程量计算规则，应按表2.5.1的规定执行。

表2.5.1　中方木材面油漆

项目名称	项目特征	计量单位	工程量计算规则	工作内容
木护墙、木墙裙油漆	1.腻子种类 2.刮腻子遍数 3.防护材料种类 4.油漆品种、刷漆遍数	m^2	按设计图示尺寸以面积计算	1.基层清理 2.刮腻子 3.刷防护材料、油漆
窗台板、筒子板、盖板、门窗套、踢脚线油漆				
清水板条天棚、檐口油漆				
木方格吊顶天棚油漆				
吸音板墙面、天棚面油漆				
暖气罩油漆				
其他木材面				
木间壁、木隔断油漆			按设计图示尺寸以单面外围面积计算	
玻璃间壁露明墙筋油漆				
木栅栏、木栏杆(带扶手)油漆				
衣柜、壁柜油漆			按设计图示尺寸以油漆部分展开面积计算	
梁柱饰面油漆				
零星木装修油漆				
木地板油漆			按设计图示尺寸以面积计算。空洞、空圈、暖气包槽、壁龛的开口部分并入相应的工程量内	
木地板烫硬蜡面	1.硬蜡品种 2.面层处理要求			1.基层清理 2.烫蜡

英方是按构件不同，对各个构件的油漆工程标准计量计算进行规范，详见表2.5.2。

表2.5.2　英方油漆工程

提供资料	计算规则	定义规则	范围规则	辅助资料
P1 以下资料或应按第A部分之基本设施费用/总则条款而提供于位置图内，或应提供于与工程量清单相对应的附图上： (a)工程范围及其位置	M1 楼梯间和机房的工程量需分别计算 M2 只计算覆盖面积和长度，除特别规定外视作已包括边缘周长、造型、镶板、沉孔、波纹、开槽、雕刻、增添装饰等的额外用料	D1 除非特别说明为室外工程，所有工程均为室内工程 D2 多颜色工程指的是在某一表面所涂颜色超过一种，但墙面、柱墩面或天花板和梁面除外	C1 工程内容视作已包括用玻璃砂纸、金刚砂纸或普通砂纸打磨 C2 多颜色工程视作已包括嵌入颜色及分割成条状的额外处理	S1 材料类型和材质 S2 基层材质 S3 准备工作 S4 底层或密封层(nr) S5 打底(nr) S6 面层(nr)和表面修饰 S7 涂漆方法 S8 玻璃砂纸、金刚砂纸或普通砂纸打磨以外的层间磨蚀或其他处理

续表

提供资料					计算规则	定义规则	范围规则	辅助资料
					M3 不扣除≤0.50m² 的空隙面积 M4 高出地面3.5m 以上的天花板和梁（二者高度均以天花板为准），应于项目描述内加以注明，高度每增加1.50m 均需分项注明及计算。但楼梯间除外	D3 墙面、柱墩面或天花板和梁面的多颜色工程指的是在同一房间内墙面、柱墩面或天花板和梁面所涂颜色超过一种 D4 不规则表面指的是波纹、凹槽、镶板、雕刻或装饰面 D5 非涂漆表面包括贴防火条和挡风雨条 D6 独立表面包括相关造型的表面周长 D7 本表所述之涂漆视作已包括表面清漆处理工作		
分类表								
1. 一般表面		1. 周长＞300 mm	m²	1. 多颜色工程 2. 详述非涂漆表面 3. 不规则表面 4. 安装固定前之现场涂漆		D8 一般表面指其他分类表述的表面以外的面层	C3 一般表面的工程内容视作已包括与门、框架和窗套相连接的对接件和紧固件的表面	
		2. 独立表面，周长≤300 mm	m					
		3. 独立面积≤0.50m²，不论周长	nr					

续表

分类表					计算规则	定义规则	范围规则	辅助资料
2. 玻璃窗户和玻璃屏风 3. 玻璃上下推拉窗 4. 玻璃门	1. 玻璃片面积≤0.10m^2 2. 玻璃片面积0.10~0.50m^2 3. 玻璃片面积0.50~1.00m^2 4. 玻璃片面积>1.00m^2	1. 周长>300mm	m^2	1. 多颜色工程 2. 详述非涂漆表面 3. 部分镶玻璃 4. 不规则表面 5. 安装固定前构件的现场涂漆	M5 计算面积为窗、屏风和玻璃门的每侧面积、玻璃门面积为平面面积加镶边面积 M6 当玻璃片的尺寸超过一种时，按平均尺寸 M7 相关窗套和窗台的工程以一般表面计算	D9 玻璃片面积为单块玻璃片面积	C4 镶玻璃之工程内容视作已包括： (a)双悬窗扇中推拉窗所未包括的开敞式窗洞和开敞部分的边缘 (b)开敞式窗洞周边框架的额外涂漆 (c)下一块玻璃的切割 (d)玻璃嵌条以及其平接头和紧固件	
		2. 独立表面，周长≤300mm	m					
		3. 独立面积≤0.50m^2，不论周长	nr					
5. 结构金属构件	1. 一般表面 2. 屋顶桁架、格构大梁、檩条等的构件	1. 周长>300mm	m^2	1. 多颜色工程 2. 详述非涂漆表面 3. 安装固定前构件的现场涂漆 4. 构件高出地面5.00~8.00m 5. 此后，高度以3.0m为一级	M8 构件高度以构件最高点之高度计		C5 结构金属构件视作已包括相关的钩头螺栓、夹具等	
		2. 独立表面，周长≤300mm	m					
		3. 独立面积≤0.50m^2，不论周长	nr					
6. 散热片	1. 板式 2. 柱式	1. 周长>300mm	m^2		M9 散热片按涂漆的面积计算		C6 散热片视作已包括支架和定位架	
		2. 独立表面，周长≤300mm	m					
		3. 独立面积≤0.50m^2，不论周长	nr					
7. 栏杆、围墙和大门	1. 一般敞开式	1. 周长>300mm	m^2		M10 一般敞开式围墙和大门按各构件的尺寸分类	D10 一般敞开式围墙举例：常规柱和铁丝网、柱和围栏、链索、铁丝网、桩篱、栅栏和金属栏杆		

续表

分类表					计算规则	定义规则	范围规则	辅助资料
		2. 独立表面，周长≤300 mm	m		M11 封闭式围墙和大门的每侧按总面积计算 M12 带有装饰的栏杆和大门的每一侧均计算总面积，且不扣除空洞部分（不论前述计算规则如何规定）	D11 封闭式围墙举例：封闭墙板、预制混凝土构件和波纹构件		
		3. 独立面积≤0.50m²，不论周长	nr					
	2. 封闭式 3. 装饰式		m²					
8. 檐沟	1. 屋顶排水沟和女儿墙 2. 檐口	1. 周长>300 mm	m²				C7 檐沟视作已包括檐沟支架	
		2. 独立表面，周长≤300 mm	m					
		3. 独立面积≤0.50m²，不论周长	nr					
9. 设备		1. 周长>300 mm	m²	1. 多颜色工程 2. 详述非涂漆表面 3. 按色标规范涂漆 4. 安装前，构件现场涂漆		D12 设备包括管道、管道附件、导线管、电缆、管沟、通风管道、固定夹板、标准件、条钢及类似物品 D13 对通风格栅、煤灰门、冲洗水箱、水落斗、长页铰链和类似的独立设施进行涂漆归类为设备涂漆	C8 设备视作已包括托架、管钩、卡环、接线盒和其他安装部件	
		2. 独立表面，周长≤300 mm	m					
		3. 独立区≤0.50m²，不计周长	nr					
10. 设备管线着色识别条	1. 颜色	1. 规定说明	nr					

六、其他装饰工程

1. 中英方关于其他细部构件的工程量计算规则是如何规范的？

答：中英方对其他装饰工程的分类是不一样的，其工程量清单项目设置及工程量计算规则也不相同，中方规定详见表 2.6.1 ~ 表 2.6.7。

英方规定详见表 2.6.8。

柜类、货架工程量清单项目设置及工程量计算规则，应按表 2.6.1 的规定执行。

表 2.6.1　中方柜类、货架

项目名称	项目特征	计量单位	工程量计算规则	工作内容
柜台 酒柜 衣柜 存包柜 鞋柜 书柜 厨房壁柜 木壁柜 厨房低柜 厨房吊柜 矮柜 吧台背柜 酒吧吊柜 酒吧台 展台 收银台 试衣间 货架 书架 服务台	1. 台柜规格 2. 材料种类、规格 3. 五金种类、规格 4. 防护材料种类 5. 油漆品种、刷漆遍数	1. 个 2. m 3. m^3	1. 以个计量，按设计图示数量计算 2. 以米计量，按设计图示尺寸以延长米计算 3. 以立方米计量，按设计图示尺寸以体积计算	1. 台柜制作、运输、安装（安放） 2. 刷防护材料、油漆 3. 五金件安装

暖气罩工程量清单项目设置及工程量计算规则，应按表 2.6.2 的规定执行。

表 2.6.2　中方暖气罩

项目名称	项目特征	计量单位	工程量计算规则	工作内容
饰面板暖气罩	1. 暖气罩材质 2. 防护材料种类	m^2	按设计图示尺寸以垂直投影面积(不展开)计算	1. 暖气罩制作、运输、安装 2. 刷防护材料
塑料板暖气罩				
金属暖气罩				

浴厕配件工程量清单项目设置及工程量计算规则,应按表 2.6.3 的规定执行。

表 2.6.3　中方浴厕配件

项目名称	项目特征	计量单位	工程量计算规则	工作内容
洗漱台	1. 材料品种、颜色 2. 支架、配件品种、规格	1. m^2 2. 个	1. 按设计图示尺寸以台面外接矩形面积计算。不扣除孔洞、挖弯、削角所占面积,挡板、吊沿板面积并入台面面积内 2. 按设计图示数量计算	1. 台面及支架制作、运输、安装 2. 杆、环、盒、配件安装 3. 刷油漆
晒衣架		个	按设计图示数量计算	1. 台面及支架运输、安装 2. 杆、环、盒、配件安装 3. 刷油漆
帘子杆				
浴缸拉手				
卫生间扶手				
毛巾杆(架)		套		1. 台面及支架制作、运输、安装 2. 杆、环、盒、配件安装 3. 刷油漆
毛巾环		副		
卫生纸盒		个		
肥皂盒				
镜面玻璃	1. 镜面玻璃品种、规格 2. 框材质、断面尺寸 3. 基层材料种类 4. 防护材料种类	m^2	按设计图示尺寸以边框外围面积计算	1. 基层安装 2. 玻璃及框制作、运输、安装
镜箱	1. 箱体材质、规格 2. 玻璃品种、规格 3. 基层材料种类 4. 防护材料种类 5. 油漆品种、刷漆遍数	个	按设计图示数量计算	1. 基层安装 2. 箱体制作、运输、安装 3. 玻璃安装 4. 刷防护材料、油漆

压条、装饰线工程量清单项目设置及工程量计算规则,应按表 2.6.4 的规定执行。

表 2.6.4　中方压条、装饰线

项目名称	项目特征	计量单位	工程量计算规则	工作内容
金属装饰线	1. 基层类型 2. 线条材料品种、规格、颜色 3. 防护材料种类	m	按设计图示尺寸以长度计算	1. 线条制作、安装 2. 刷防护材料
木质装饰线				
石材装饰线				
石膏装饰线				
镜面玻璃线				
铝塑装饰线				
塑料装饰线				
GRC 装饰线条	1. 基层类型 2. 线条规格 3. 线条安装部位 4. 填充材料种类			线条制作安装

雨篷、旗杆工程量清单项目设置及工程量计算规则，应按表 2.6.5 的规定执行。

表 2.6.5　中方雨篷、旗杆

项目名称	项目特征	计量单位	工程量计算规则	工作内容
雨篷吊挂饰面	1. 基层类型 2. 龙骨材料种类、规格、中距 3. 面层材料品种、规格 4. 吊顶(天棚)材料品种、规格 5. 嵌缝材料种类 6. 防护材料种类	m^2	按设计图示尺寸以水平投影面积计算	1. 底层抹灰 2. 龙骨基层安装 3. 面层安装 4. 刷防护材料、油漆
金属旗杆	1. 旗杆材料、种类、规格 2. 旗杆高度 3. 基础材料种类 4. 基座材料种类 5. 基座面层材料、种类、规格	根	按设计图示数量计算	1. 土石挖、填、运 2. 基础混凝土浇注 3. 旗杆制作、安装 4. 旗杆台座制作、饰面
玻璃雨篷	1. 玻璃雨篷固定方式 2. 龙骨材料种类、规格、中距 3. 玻璃材料品种、规格 4. 嵌缝材料种类 5. 防护材料种类	m^2	按设计图示尺寸以水平投影面积计算	1. 龙骨基层安装 2. 面层安装 3. 刷防护材料、油漆

招牌、灯箱工程量清单项目设置及工程量计算规则，应按表2.6.6的规定执行。

表2.6.6　中方招牌、灯箱

项目名称	项目特征	计量单位	工程量计算规则	工作内容
平面、箱式招牌	1. 箱体规格 2. 基层材料种类 3. 面层材料种类 4. 防护材料种类	m^2	按设计图示尺寸以正立面边框外围面积计算。复杂形的凸凹造型部分不增加面积	1. 基层安装 2. 箱体及支架制作、运输、安装 3. 面层制作、安装 4. 刷防护材料、油漆
竖式标箱		个	按设计图示数量计算	
灯箱				
信报箱	1. 箱体规格 2. 基层材料种类 3. 面层材料种类 4. 保护材料种类 5. 户数			

美术字工程量清单项目设置及工程量计算规则，应按表2.6.7的规定执行。

表2.6.7　中方美术字

项目名称	项目特征	计量单位	工程量计算规则	工作内容
泡沫塑料字	1. 基层类型 2. 镌字材料品种、颜色 3. 字体规格 4. 固定方式 5. 油漆品种、刷漆遍数	个	按设计图示数量计算	1. 字制作、运输、安装 2. 刷油漆
有机玻璃字				
木质字				
金属字				
吸塑字				

有关说明：

(1)厨房壁柜和厨房吊柜以嵌入墙内为壁柜，以支架固定在墙上的为吊柜。

(2)压条、装饰线项目已包括在门扇、墙柱面、天棚等项目内的，不再单独列项。

(3)洗漱台项目适用于石材(天然石材、人造石材等)、玻璃等。

(4)旗杆的砌砖或混凝土台座，台座的饰面可按相关附录的章节另行编码列项，也可纳入旗杆报价内。

(5)美术字不分字体，按大小规格分类。

(6)台柜的规格以能分离的成品单体长、宽、高来表示，如一个组合书柜分上下两部分，下部为独立的矮柜，上部为敞开式的书柜，可以上、下两部分标注尺寸。

(7)镜面玻璃和灯箱等的基层类型是指玻璃背后的衬垫材料，如胶合板、油毡等。

(8)装饰线和美术字的基层类型是指装饰线、美术字依托体的材料，如砖墙、木墙、石墙、混凝土墙、墙面抹灰，钢支架等。

（9）旗杆高度指旗杆台座上表面至杆顶的尺寸（包括球珠）。

（10）美术字的字体规格以字的外接形长、宽和字的厚度表示。固定方式指粘贴、焊接以及铁钉、螺栓、铆钉固定等方式。

（11）台柜工程以“个”计算，即能分离的同规格的单体个数计算，如：柜台有同规格为1500×400×1200的5个单体，另有一个柜台规格为1500×400×1150，台底安装胶轮4个，以便柜台内营业员由此出入，这样1500×400×1200规格的柜台数为5个，1500×400×1150柜台数为1个。

（12）洗漱台放置洗面盆的地方必须挖洞，根据洗漱台摆放的位置有些还需选形，产生挖弯、削角，为此洗漱台的工程量按外接矩形面积计算。挡板指镜面玻璃下边沿至洗漱台面和侧墙与台面接触部位的竖挡板（一般挡板与台面使用同种材料品种，不同材料品种应另行计算）。吊沿指台面外边沿下方的竖挡板。挡板和吊沿均以面积并入台面面积内计算。

（13）台柜项目以“个”计算，应按设计图纸或说明，包括台柜、台面材料（石材、皮草、金属、实木等）、内隔板材料、连接件、配件等，均应包括在报价内。

（14）洗漱台现场制作，切割、磨边等人工、机械的费用应包括在报价内。

（15）金属旗杆也可将旗杆台座及台座面层一并纳入报价。

表2.6.8　英方家具/设备

<table>
<tr><th colspan="5">提供资料</th><th>计算规则</th><th>定义规则</th><th>范围规则</th><th>辅助资料</th></tr>
<tr><td colspan="5">P1 以下资料或应按第A部分之基本设施费用/总则条款而提供于位置图内，或应提供于与工程量清单相对应的附图上：
（a）工程范围及其位置</td><td rowspan="2">M1 本文件规定允许使用其他适当计算规则，但需注明该项目及所用之规则</td><td rowspan="2">D1 各项的固定装置、家具设备、设备和器具包括附录A中N10－13、N15、N20－23、Q50所列各项内容，但不包括招牌、雕刻和雕塑</td><td rowspan="2"></td><td rowspan="2"></td></tr>
<tr><td colspan="5">分类表</td></tr>
<tr><td rowspan="2">1. 与管线系统无关的器具、家具和设备</td><td>1. 配件图索引</td><td rowspan="3">nr</td><td rowspan="3"></td><td rowspan="3"></td><td rowspan="3"></td><td rowspan="3"></td><td rowspan="3"></td><td rowspan="3">S1 与设备的采购、设计、施工、供应和/或加工及其在工程中的应用有关的资料
S2 场地/道路设施/设备的地基开挖和混凝土回填之详情</td></tr>
<tr><td>2. 尺寸图</td></tr>
<tr><td>2. 招牌
3. 雕刻和雕塑</td><td>1. 尺寸说明</td></tr>
</table>

续表

分类表					计算规则	定义规则	范围规则	辅助资料
4. 与管线系统有关的器具、设备和装置	1. 说明类型、规格和样式、容量、负荷以及安装方法	1. 交叉参考规范	nr	1. 详述与装置、设备和器具配套的辅件 2. 整体控制及其仪表说明 3. 详述遥控、仪表及其连接方式 4. 详述装置、设备和器具所附的支架、固定件和隔热绝缘材料 5. 详述初始费用 6. 说明安装方法和支座情况	M2 标记位置、辅件、标识、测试和调试、临时操作，并备有图纸，使用和维修手册（在Y51、Y54和Y59等节中说明）		C1 视作已包括一切必需的辅件	S3 操作的具体规范和规章 S4 材料类型和材质 S5 材料规格、厚度和材质 S6 材料和设备之必需测试 S7 现场完工表面或表面处理 S8 在现场外的完工表面或表面处理应说明是在工厂加工或组装之前或之后进行 S9 设备的最大尺寸和重量限制
5. 装置、设备或器具未包括的辅件	1. 说明接合的类型尺寸和方法	1. 说明装置、设备和器具的类型	nr	1. 说明整体控制或控制仪表 2. 详述遥控、仪表及其连接方式			C2 视作已包括装置、设备或器具的辅件	
6. 业主提供的固定装置、家具设备、装置和器具	1. 说明安装类型、规格和方法		nr	1. 详述所需附件 2. 说明支座情况			C3 视作已包括运输、储存和装卸条件	

第三章　通用安装工程工程量清单项目及计算规则

一、机械设备安装工程

1. 中英方关于切削设备安装的工程量计算规则是如何规定的?

答:金属切削机床是用刀具对工件进行切削加工的机器,又称工作母机,金属切削机床的种类繁多,构造不同,用途各异,涉及的知识面较广。

中方对切削设备的说明主要归结为对切削机床的说明,并对机床按照机床的加工性质和使用的刀刃进行分类,其分类情况及各部分的工程量清单项目设置及工程量计算规则见表 3.1.1。

切削设备安装工程量清单项目设置及工程量计算规则,应按表 3.1.1 的规定执行。

表 3.1.1　中方切削设备安装

项目名称	项目特征	计量单位	工程量计算规则	工作内容
台式及仪表机床	1. 名称 2. 型号 3. 规格 4. 质量 5. 灌浆配合比 6. 单机试运转要求	台	按设计图示数量计算	1. 本体安装 2. 地脚螺栓孔灌浆 3. 设备底座与基础间灌浆 4. 单机试运转 5. 补刷(喷)油漆
卧式车床				
立式车床				
钻床				
镗床				
磨床				
铣床				
齿轮加工机床				
螺纹加工机床				
刨床				
插床				
拉床				
超声波加工机床				
电加工机床				
金属材料试验机械				
数控机床				
木工机械				
其他机床				
跑车带锯机	1. 名称 2. 型号 3. 规格 4. 质量 5. 保护罩材质、形式 6. 单机试运转要求			1. 本体安装 2. 保护罩制作、安装 3. 单机试运转 4. 补刷(喷)油漆

注:工程量清单计量应根据不同型号的切削设备按其质量分别以设计图示数量进行,以“台”为单位。

英方规定见表3.1.2。

表3.1.2　英方机械系统测试及调试系统/标识系统——机械式/各类一般机械杂项/英方锻压设备/英方铸造设备/英方起重设备/英方机械设备/英方其他机械

提供资料					计算规则	定义规则	范围规则	辅助资料
P1 以下资料或应按第A部分之基本设施费用/总则条款而提供于位置图内：					M1 与本章节有关的工程内容按附录B内规则R14－U10计算，并作相应分类			
分类表								
1. 标出孔洞、榫眼与暗槽于结构中的位置	1. 安装说明		项	1. 在施工过程中成型				
2. 散装附件	1. 钥匙 2. 工具 3. 备件 4. 部件/化学品	1. 注明类型、材质或数量	nr	1. 注明接收人姓名				
3. 未与设备同时提供的标识	1. 图版 2. 磁碟 3. 标签 4. 磁带或条码 5. 箭头、象征、字母与数字 6. 图表	1. 注明类型、尺寸与安装方法	nr	1. 提供刻线划字方面的细节信息 2. 图表的装裱，细节说明				
4. 测试	1. 安装说明	1. 预备性操作，细节说明 2. 列出阶段性测试(nr)，说明目的 3. 保险公司的测试，细节说明 4. 完整操作的人员培训	项	1. 所需的照管服务 2. 所需的仪器、仪表			C1 视作已包括电力与其他供应 C2 视作已包括提供检测鉴定书	
5. 依业主要求的试运转	1. 注明安装和操作目的	1. 说明运行周期	项	1. 所需的照管服务 2. 业主在准许运行之前的要求 3. 业主的特殊保险的要求	M2 水、燃气、电与其他供应已包括在A54条款的暂定款内			

续表

分类表					计算规则	定义规则	范围规则	辅助资料
6. 图纸准备	1. 注明所需之信息、复印件份数	1. 底片、正片与缩微胶片，细节说明	项	1. 装订成套，细节说明 2. 注明收件人姓名		D1 图纸内容需包括：土建施工图纸、制造商图纸、安装图纸与记录，或其他“合适”的图纸		
7. 运行与维护手册			项					

2. 中英方关于锻压设备安装的工程量计算规则是如何规定的？

答：中方规定：锻压设备安装的种类很多，可分为机械压力机、液压机、自动锻压机、锤类、剪切机、锻机、弯曲矫正机及其他类。

机械压力机是一种采用液压原理将能量转换的装置。主要用于板料冲压、冲孔、落料、剪切、弯曲、校正及浅拉伸等工作，有的则可专门依靠冲击作用来使工件变形。

液压机是锻压、冲压、冷压、冷挤、校直、弯曲、粉末冶金、成型等压力加工工艺中应用广泛的机械设备。适应于可塑性材料制品的压制、冲孔、弯曲、校正、压装及冲压成形等工作。

自动锻压机是用冲击力或压力使金属在上下两个砧块三间产生变形，以获得所需形状的锻件。

锻锤是指模锻锤。

剪切机是利用各种操作方法来对锻件进行切割的装置。

弯曲校正机是将毛坯弯成曲线或一定角度的锻造工序的装置，它同其他工序联合使用，便可得到各种弯曲形状的锻件。

锻造水压机是专门用来锻造大型锻件的一种装置。

锻压设备工程量清单项目设置及工程量计算规则，按表 3.1.3 执行。

同时应注意：工程量清单计量应根据不同型号的锻压设备按其质量分别以设计图示数量进行，以“台”为单位。

锻压设备安装工程量清单项目设置及工程量计算规则，应按表 3.1.3 的规定执行。

表 3.1.3　中方锻压设备安装

项目名称	项目特征	计量单位	工程量计算规则	工作内容
机械压力机	1. 名称 2. 型号 3. 规格 4. 质量 5. 灌浆配合比 6. 单机试运转要求	台	按设计图示数量计算	1. 本体安装 2. 随机附件安装 3. 地脚螺栓孔灌浆 4. 设备底座与基础间灌浆 5. 单机试运转 6. 补刷(喷)油漆
液压机				
自动锻压机				
锻锤				
剪切机				
弯曲校正机				

续表

项目名称	项目特征	计量单位	工程量计算规则	工作内容
锻造水压机	1. 名称 2. 型号 3. 质量 4. 公称压力 5. 灌浆配合比 6. 单机试运转要求	台	按设计图示数量计算	1. 本体安装 2. 随机附件安装 3. 地脚螺栓孔灌浆 4. 设备底座与基础间灌浆 5. 单机试运转 6. 补刷(喷)油漆

英方规定锻压设备工程标准计量规则详见表3.1.2。

3. 中英方关于铸造设备安装的工程量计算规则是如何规定的?

答:中方将铸造设备安装按项目名称分为砂处理设备、造型设备、制芯设备、落砂设备、清理设备、金属型铸造设备、材料准备设备、抛丸清理室、铸铁平台等。

铸造设备安装适用于铸造场所铸造设备安装工程的工程量清单设置。工程量清单计量应根据不同型号的铸造设备按其质量分别以设计图示数量进行,以“台”为单位,其工程量清单项目设置及工程量计算规则,按表3.1.4执行。

而英方对铸造设备安装的分类与中方不同,其工程标准计量规则也不同,详见表3.1.2。

铸造设备安装工程量清单项目设置及工程量计算规则,应按表3.1.4的规定执行。

表3.1.4 中方铸造设备安装

项目名称	项目特征	计量单位	工程量计算规则	工作内容
砂处理设备	1. 名称 2. 型号 3. 规格 4. 质量 5. 灌浆配合比 6. 单机试运转要求	台(套)	按设计图示数量计算	1. 本体安装、组装 2. 设备钢梁基础检查、复核调整 3. 随机附件安装 4. 设备底座与基础间灌浆 5. 管道酸洗、液压油冲洗 6. 安全护栏制作安装 7. 轨道安装调整 8. 单机试运转 9. 补刷(喷)油漆
造型设备				
制芯设备				
落砂设备				
清理设备				
金属型铸造设备				
材料准备设备				
抛丸清理室		室		1. 抛丸清理室机械设备安装 2. 抛丸清理室地轨安装 3. 金属结构件和车挡制作、安装 4. 除尘机及除尘器与风机间的风管安装 5. 单机试运转 6. 补刷(喷)油漆
铸铁平台	1. 名称 2. 规格 3. 质量 4. 安装方式 5. 灌浆配合比	t	按设计图示尺寸以质量计算	1. 平台制作、安装 2. 灌浆

4. 中英方关于起重设备安装及起重机轨道安装的计算工程量规则是如何定义的?

答:中方规定见表3.1.5、表3.1.6。

起重设备安装工程量清单项目设置及工程量计算规则,应按表3.1.5的规定执行。

表3.1.5　中方起重设备安装

项目名称	项目特征	计量单位	工程量计算规则	工作内容
桥式起重机 吊钩门式起重机 梁式起重机 电动壁行悬挂式起重机 旋臂壁式起重机 旋臂立柱式起重机 电动葫芦 单轨小车	1. 名称 2. 型号 3. 质量 4. 跨距 5. 起重质量 6. 配线材质、规格、敷设方式 7. 单机试运转要求	台	按设计图示数量计算	1. 本体组装 2. 起重设备电气安装、调试 3. 单机试运转 4. 补刷(喷)油漆

起重机轨道安装工程量清单项目设置及工程量计算规则,应按表3.1.6的规定执行。

表3.1.6　中方起重机轨道安装

项目名称	项目特征	计量单位	工程量计算规则	工作内容
起重机轨道	1. 安装部位 2. 固定方式 3. 纵横向孔距 4. 型号 5. 规格 6. 车挡材质	m	按设计图示尺寸,以单根轨道长度计算	1. 轨道安装 2. 车挡制作、安装

英方规定起重机设备工程标准计量规则详见表3.1.2。

5. 中英方关于输送设备、电梯、风机、泵、压缩机安装的工程量计算规则是如何规定的?

答:中方规定见表3.1.7～表3.1.11。

输送设备安装工程量清单项目设置及工程量计算规则,应按表3.1.7的规定执行。

表 3.1.7　中方输送设备安装

项目名称	项目特征	计量单位	工程量计算规则	工作内容
斗式提升机	1. 名称 2. 型号 3. 提升高度、质量 4. 单机试运转要求	台	按设计图示数量计算	1. 本体安装 2. 单机试运转 3. 补刷(喷)油漆
刮板输送机	1. 名称 2. 型号 3. 输送机槽宽 4. 输送机长度 5. 驱动装置组数 6. 单机试运转要求	组		
板(裙)式输送机	1. 名称 2. 型号 3. 链板宽度 4. 链轮中心距 5. 单机试运转要求	台		
悬挂输送机	1. 名称 2. 型号 3. 质量 4. 链条类型 5. 节距 6. 单机试运转要求			
固定式胶带输送机	1. 名称 2. 型号 3. 输送的长度 4. 输送机胶带宽度 5. 单机试运转要求			
螺旋输送机	1. 名称 2. 型号 3. 规格 4. 单机试运转要求			
卸矿车	1. 名称 2. 型号 3. 质量 4. 设备宽度 5. 单机试运转要求			
皮带秤				

电梯安装工程量清单项目设置及工程量计算规则，应按表3.1.8的规定执行。

表3.1.8 中方电梯安装

项目名称	项目特征	计量单位	工程量计算规则	工作内容
交流电梯	1. 名称 2. 型号 3. 用途 4. 层数 5. 站数 6. 提升高度、速度 7. 配线材质、规格、敷设方式 8. 运转调试要求	部	按设计图示数量计算	1. 本体安装 2. 电梯电气安装、调试 3. 辅助项目安装 4. 单机试运转及调试 5. 补刷(喷)油漆
直流电梯				
小型杂货电梯				
观光梯				
液压扶梯				
自动扶梯	1. 名称 2. 型号 3. 层高 4. 扶手中心距 5. 运行速度 6. 配线材质、规格、敷设方式 7. 运转调试要求	部	按设计图示数量计算	1. 本体安装 2. 自动扶梯电气安装、调试 3. 单机试运转及调试 4. 补喷(刷)油漆
自动步行道	1. 名称 2. 型号 3. 宽度、长度 4. 前后轮距 5. 运行速度 6. 配线材质、规格、敷设方式 7. 运转调试要求			1. 本体安装 2. 步行道电气安装、调试 3. 单机试运转及调试 4. 补喷(刷)油漆
轮椅升降台	1. 名称 2. 型号 3. 提升高度 4. 运转调试要求			1. 本体安装 2. 轮椅升降台电气安装、调试 3. 单机试运转及调试 4. 补刷(喷)油漆

风机安装工程量清单项目设置及工程量计算规则，应按表3.1.9的规定执行。

表 3.1.9　中方风机安装

项目名称	项目特征	计量单位	工程量计算规则	工作内容
离心式通风机	1. 名称 2. 型号 3. 规格 4. 质量 5. 材质 6. 减振底座形式、数量 7. 灌浆配合比 8. 单机试运转要求	台	按设计图示数量计算	1. 本体安装 2. 拆装检查 3. 减振台座制作、安装 4. 二次灌浆 5. 单机试运转 6. 补刷(喷)油漆
离心式引风机				
轴流通风机				
回转式鼓风机				
离心式鼓风机				
其他风机				

泵安装工程量清单项目设置及工程量计算规则,应按表 3.1.10 的规定执行。

表 3.1.10　中方泵安装

项目名称	项目特征	计量单位	工程量计算规则	工作内容
离心式泵	1. 名称 2. 型号 3. 规格 4. 质量 5. 材质 6. 减振装置形式、数量 7. 灌浆配合比 8. 单机试运转要求	台	按设计图示数量计算	1. 本体安装 2. 泵拆装检查 3. 电动机安装 4. 二次灌浆 5. 单机试运转 6. 补刷(喷)油漆
旋涡泵				
电动往复泵				
柱塞泵				
蒸汽往复泵				
计量泵				
螺杆泵				
齿轮油泵				
真空泵				
屏蔽泵				
潜水泵				
其他泵				

压缩机安装工程量清单项目设置及工程量计算规则,应按表 3.1.11 的规定执行。

表 3.1.11　中方压缩机安装

项目名称	项目特征	计量单位	工程量计算规则	工作内容
活塞式压缩机	1. 名称 2. 型号 3. 质量 4. 结构形式 5. 驱动方式 6. 灌浆配合比 7. 单机试运转要求	台	按设计图示数量计算	1. 本体安装 2. 拆装检查 3. 二次灌浆 4. 单机试运转 5. 补刷(喷)油漆
回转式螺杆压缩机				
离心式压缩机				
透平式压缩机				

英方规定详见表3.1.2。

6. 中英方关于工业炉、煤气发生设备及其他机械安装的工程量计算规则是如何规定的？

答：中方规定见表3.1.12～表3.1.14。

工业炉安装工程量清单项目设置及工程量计算规则，应按表3.1.12的规定执行。

表3.1.12　中方工业炉安装

<table>
<tr><th>项目名称</th><th>项目特征</th><th>计量单位</th><th>工程量计算规则</th><th>工作内容</th></tr>
<tr><td>电弧炼钢炉</td><td rowspan="2">1. 名称
2. 型号
3. 质量
4. 设备容量
5. 内衬砌筑要求</td><td rowspan="8">台</td><td rowspan="8">按设计图示数量计算</td><td rowspan="5">1. 本体安装
2. 内衬砌筑、烘炉
3. 补刷（喷）油漆</td></tr>
<tr><td>无芯工频感应电炉</td></tr>
<tr><td>电阻炉</td><td rowspan="3">1. 名称
2. 型号
3. 质量
4. 内衬砌筑要求</td></tr>
<tr><td>真空炉</td></tr>
<tr><td>高频及中频感应炉</td></tr>
<tr><td>冲天炉</td><td>1. 名称
2. 型号
3. 质量
4. 熔化率
5. 车挡材质
6. 试压标准
7. 内衬砌筑要求</td><td>1. 本体安装
2. 前炉安装
3. 冲天炉加料机的轨道加料车、卷扬装置等安装
4. 轨道安装
5. 车挡制作、安装
6. 炉体管道的试压
7. 内衬砌筑、烘炉
8. 补刷（喷）油漆</td></tr>
<tr><td>加热炉</td><td rowspan="2">1. 名称
2. 型号
3. 质量
4. 结构形式
5. 内衬砌筑要求</td><td rowspan="2">1. 本体安装
2. 内衬砌筑、烘炉
3. 补刷（喷）油漆</td></tr>
<tr><td>热处理炉</td></tr>
</table>

续表

项目名称	项目特征	计量单位	工程量计算规则	工作内容
解体结构井式热处理炉安装	1. 名称 2. 型号 3. 质量 4. 试压标准 5. 内衬砌筑要求	台	按设计图示数量计算	1. 本体安装 2. 设备补刷(喷)油漆 3. 炉体管道安装、试压 4. 内衬砌筑、烘炉

煤气发生设备安装工程量清单项目设置及工程量计算规则,应按表3.1.13的规定执行。

表3.1.13 中方煤气发生设备安装

项目名称	项目特征	计量单位	工程量计算规则	工作内容
煤气发生炉	1. 名称 2. 型号 3. 质量 4. 规格 5. 构件材质	台	按设计图示数量计算	1. 本体安装 2. 容器构件制作、安装 3. 补刷(喷)油漆
洗涤塔	1. 名称 2. 型号 3. 质量 4. 规格 5. 灌浆混合比			1. 本体安装 2. 二次灌浆 3. 补刷(喷)油漆
电气滤清器	1. 名称 2. 型号 3. 质量 4. 规格			1. 本体安装 2. 补刷(喷)油漆
竖管	1. 类型 2. 高度 3. 规格			
附属设备	1. 名称 2. 型号 3. 质量 4. 规格 5. 灌浆混合比			1. 本体安装 2. 二次灌浆 3. 补刷(喷)油漆

其他机械安装工程量清单项目设置及工程量计算规则,应按表3.1.14的规定执行。

表3.1.14 中方其他机械安装

项目名称	项目特征	计量单位	工程量计算规则	工作内容
冷水机组	1. 名称 2. 型号 3. 质量 4. 制冷(热)形式 5. 制冷(热)量 6. 灌浆配合比 7. 单机试运转要求	台	按设计图示数量计算	1. 本体安装 2. 二次灌浆 3. 单机试运转 4. 补刷(喷)油漆
热力机组				
制冰设备	1. 名称 2. 型号 3. 质量 4. 制冰方式 5. 灌浆配合比 6. 单机试运转要求			
冷风机	1. 名称 2. 规格 3. 质量 4. 灌浆配合比 5. 单机试运转要求			
润滑油处理设备	1. 名称 2. 型号 3. 质量 4. 灌浆配合比 5. 单机试运转要求			
膨胀机				
柴油机				
柴油发电机组				
电动机				
电动发电机组				

续表

<table>
<tr><th>项目名称</th><th>项目特征</th><th>计量单位</th><th>工程量计算规则</th><th>工作内容</th></tr>
<tr><td>冷凝器</td><td rowspan="2">1. 名称
2. 型号
3. 结构
4. 规格</td><td rowspan="9">台</td><td rowspan="16">按设计图示数量计算</td><td rowspan="6">1. 本体安装
2. 补刷(喷)油漆</td></tr>
<tr><td>蒸发器</td></tr>
<tr><td>贮液器(排液桶)</td><td>1. 名称
2. 型号
3. 质量
4. 规格</td></tr>
<tr><td>分离器</td><td rowspan="2">1. 名称
2. 介质
3. 规格</td></tr>
<tr><td>过滤器</td></tr>
<tr><td>中间冷却器</td><td>1. 名称
2. 型号
3. 质量
4. 规格</td></tr>
<tr><td>冷却塔</td><td>1. 名称
2. 型号
3. 规格
4. 材质
5. 质量
6. 单机试运转要求</td><td>1. 本体安装
2. 单机试运转
3. 补刷(喷)油漆</td></tr>
<tr><td>集油器</td><td rowspan="5">1. 名称
2. 型号
3. 规格</td><td rowspan="5">1. 本体安装
2. 补刷(喷)油漆</td></tr>
<tr><td>紧急泄氨器</td></tr>
<tr><td>油视镜</td><td>支</td></tr>
<tr><td>储气罐</td><td rowspan="5">台</td></tr>
<tr><td>乙炔发生器</td></tr>
<tr><td>水压机蓄势罐</td><td>1. 名称
2. 型号
3. 质量</td><td rowspan="4">1. 安装
2. 调试
3. 补刷(喷)油漆</td></tr>
<tr><td>空气分离塔</td><td>1. 名称
2. 型号
3. 规格</td></tr>
<tr><td>小型制氧机附属设备</td><td>1. 名称
2. 型号
3. 质量</td></tr>
<tr><td>风力发电机</td><td>1. 名称
2. 型号
3. 规格
4. 容量
5. 塔高</td><td>组</td></tr>
</table>

英方规定详见表 3.1.2。

二、热力设备安装工程

1. 中英方关于中压锅炉本体设备安装、中压锅炉风机安装、中压锅炉除尘装置安装、中压锅炉制粉系统安装的工程量计算规则如何规定？

答：中方规定上述设备安装的工程量清单项目设置及工程量计算规则，按表3.2.1～表3.2.4执行。

中压锅炉本体设备安装工程量清单项目设置及工程量计算规则，应按表3.2.1的规定执行。

表3.2.1　中方中压锅炉本体设备安装

项目名称	项目特征	计量单位	工程量计算规则	工作内容
钢炉架	1. 结构形式 2. 蒸汽出率(t/h)	t	按制造厂设备安装图示质量计算	1. 构件清点 2. 安装
汽包	1. 结构形式 2. 蒸汽出率(t/h) 3. 质量	台	按设计图示数量计算	1. 汽包及其内部装置安装 2. 外置式汽水分离器及连接管道安装 3. 底座或吊架安装
水冷系统	1. 结构形式 2. 蒸汽出率(t/h)	t	按制造厂的设备安装图示质量计算	1. 水冷壁组件安装 2. 联箱安装 3. 降水管、汽水引出管安装 4. 支吊架、支座、固定装置安装 5. 刚性梁及其联接件安装 6. 炉水循环泵系统安装 7. 循环流化床锅炉的水冷风室安装
过热系统				1. 蛇形管排及组件安装 2. 顶棚管、包墙管安装 3. 联箱、减温器、蒸汽联络管安装 4. 联箱支座或吊杆、管排定位或支吊铁件安装 5. 刚性梁及其联接件等安装

续表

项目名称	项目特征	计量单位	工程量计算规则	工作内容
省煤器	1. 结构形式 2. 蒸汽出率(t/h)	t	按制造厂设备安装图示质量计算	1. 蛇形管排组件安装 2. 包墙及悬吊管安装 3. 联箱、联络管安装 4. 联箱支座、管排支吊铁件安装 5. 防磨装置安装 6. 管系支吊架安装
管式空气预热器	结构形式			1. 设备供货范围内的部(组)件安装 2. 检修平台安装 3. 设备表面底漆修补
回转式空气预热器	1. 结构形式 2 转子直径 3. 质量	台	按设计图示数量计算	
旋风分离器（循环流化床锅炉）	1. 结构类型 2. 直径			1. 外护板组合安装 2. 水冷套组合安装 3. 中心筒安装 4. 非保温设备金属设备表面底漆修补
本体管路系统		t	按制造厂的设备安装图示质量计算	1. 锅炉本体设计图范围内属制造厂定型设计的系统管道安装 2. 阀门、管件、表计安装 3. 支吊架安装 4. 吹灰器安装 5. 非保温设备金属表面底漆修补
锅炉本体金属结构				1. 锅炉本体的护板、内外金属墙皮安装 2. 联箱和炉顶的罩壳、构件及铁件安装 3. 各类门孔和支吊装置等金属构件安装
锅炉本体平台扶梯	1. 结构形式 2. 蒸汽出率(t/h)			1. 锅炉本体设备成套供应的平台、扶梯、栏杆及围护板安装 2. 底漆修补
炉排及燃烧装置		套	按设计图示数量计算	1. 35t/h 炉的炉排、传动机组件安装 2. 煤粉炉的燃烧器、喷嘴、点火油枪安装 3. 循环流化床锅炉的风帽安装
除渣装置		t	按制造厂设备安装图示质量计算	1. 除渣室安装 2. 渣斗水封槽安装 3. 循环流化床锅炉的冷渣器安装 4. 链条炉的碎渣机、输灰机安装

中压锅炉风机安装工程量清单项目设置及工程量计算规则,应按表3.2.2的规定执行。

表3.2.2 中方中压锅炉风机安装

项目名称	项目特征	计量单位	工程量计算规则	工作内容
送、引风机	1.用途 2.名称 3.型号 4.规格	台	按设计图示数量计算	1.本体安装 2.电动机安装 3.附属系统安装 4.设备表面底漆修补

中压锅炉除尘装置安装工程量清单项目及工程量计算规则,应按表3.2.3的规定执行。

表3.2.3 中方中压锅炉除尘装置安装

项目名称	项目特征	计量单位	工程量计算规则	工作内容
除尘器	1.名称 2.型号 3.结构形式 4.筒体直径 5.电感面积(m^2)	台	按设计图示数量计算	1.本体安装 2.附件安装 3.附属系统安装 4.设备表面底漆修补

中压锅炉制粉系统安装工程量清单项目设置及工程量计算规则,应按表3.2.4的规定执行。

表3.2.4 中方中压锅炉制粉系统安装

项目名称	项目特征	计量单位	工程量计算规则	工作内容
磨煤机	1.名称 2.型号 3.出力	台	按设计图示数量计算	1.本体安装 2.传动设备、电动机安装 3.附属设备安装 4.油系统安装,油管路酸洗 5.钢球磨煤机的加钢球 6.平台、扶梯、栏杆及围栅安装 7.密封风机安装 8.设备表面底漆修补

续表

项目名称	项目特征	计量单位	工程量计算规则	工作内容
给煤机	1. 名称 2. 型号 3. 出力	台	按设计图示数量计算	1. 主机安装 2. 减速机安装 3. 电动机安装 4. 附件安装
叶轮给粉机				1. 主机安装 2. 电动机安装
螺旋输粉机				1. 主机安装 2. 减速机、电动机安装 3. 落粉管安装 4. 闸门板安装

英方规定详见表3.2.5。

表3.2.5　英方管道系统通用设备/输气管道通用设备/隔振装置台座/控制装置——机械式/英方中压锅炉其他辅助设备/英方机械设备/英方上煤设备安装/英方循环水处理系统、给水炉水校正处理系统安装/英方低压锅炉附属及辅助设备安装/英方卸煤设备安装/英方锅炉补给水除盐系统设备安装

提供资料	计算规则	定义规则	范围规则	辅助资料
P1 以下资料或应按A部分之基本设施费用/总则条款而提供于位置图内，或应提供于与工程量清单相对应的附图上： (a)工程范围及其位置，包括机房内的工作内容	M1 与本章节有关的工程内容按附录B内规则R20－U70计算，并作相应分类 M2 机房内的工作单独计算	D1 面层及表面处理不包括按Y50及M60规则计算的保温绝热层及装饰性面层	C1 视作已包括提供一切必要的连接件 C2 视作已包括提供格式、模式与模具等	S1 特殊的行规及规范 S2 材料类型与材质 S3 材料规格、厚度或材质 S4 材料必须符合的测试标准 S5 现场操作的面层或表面处理 S6 非现场操作的面层或表面处理，应说明是在工厂组装或安装之前或之后进行 S7 设备尺寸和质量限制

续表

分类表					计算规则	定义规则	范围规则	辅助资料
1. 设备	1. 注明类型、尺寸、模式、功能效率、容量、负荷以及安装方法	1. 另需参考技术要求	nr	1. 与设备同时提供的附件，详细说明 2. 综合控制或指示器，详细说明 3. 遥控器或指示器，以及连接件，详细说明 4. 与设备同时提供的支承，抗振动装置，绝缘设备。细节及安装方法说明 5. 初始费用，详细说明 6. 注明安装环境			C3 视作已包括与设备同时提供的用于标识的铭牌、磁碟与标签	
2. 不与设备同时提供的设备附件	1. 注明类型、尺寸与安装方法	1. 注明设备类型	nr	1. 综合控制或指示器，详细说明 2. 遥控器或指示器，以及之间的衔接，详细说明			C4 视作已包括设备连接件	
3. 窗台散热片 4. 墙裙散热片	1. 构件(nr)	1. 注明输出热值、类型、尺寸与连接方法	m				C5 视作已包括边沿密封条	
	2. 外罩	2. 注明类型、尺寸与连接方法	m					
5. 窗台与墙裙散热片外罩所需的额外项目	1. 角形截面铁件 2. 配合板 3. 进出口盖 4. 端盖	1. 注明类型、尺寸与连接方法	nr					
6. 不与设备同时提供的支承件	1. 注明类型、尺寸与连接方法		nr	1. 注明安装的环境				

续表

分类表					计算规则	定义规则	范围规则	辅助资料
7. 独立垂直钢烟囱	1. 高度、内直径与连接方法说明		nr	1. 底板(nr) 2. 底板的样板(nr) 3. 内衬(nr) 4. 外覆层(nr) 5. 地脚螺栓(nr) 6. 缆索(nr) 7. 梯子(nr) 8. 防护栏杆(nr) 9. 油工安全系钩(nr) 10. 除灰门(nr) 11. 通风帽 12. 烟道终端	M3 在 Y10 章节，烟道作为管道系统进行计算			
8. 不与设备同时提供的抗振配件	1. 类型、尺寸与安装方法		nr	1. 注明安装的环境				
9. 抗振或隔声材料	1. 设备基础	1. 注明性质与厚度	m^2	1. 由其他施工单位设计				
10. 设施的拆开、堆放、再安装(为了其他工种方便)	1. 注明设备类型与拆开目的		项					

2. 中英方关于中压锅炉烟、风、煤管道安装的工程量如何计算?

答:中方规定见表3.2.6。

中压锅炉烟、风、煤管道安装工程量清单项目设置及工程量计算规则，应按表3.2.6的规定执行。

表3.2.6 中压锅炉烟、风、煤管道安装

项目名称	项目特征	计量单位	工程量计算规则	工作内容
烟道	1. 管道形状 2. 管道断面尺寸 3. 管壁厚度	t	按设计图示质量计算	1. 管道安装 2. 送粉管弯头浇灌防磨混凝土 3. 风门、挡板安装 4. 管道附件安装 5. 支吊架组合、安装 6. 附属设备安装 7. 管道密封试验 8. 非保温金属表面底漆修补
热风道				
冷风道				
制粉管道				
送粉管道				
原煤管道				

注:中压锅炉烟、风、煤管道安装的项目特征均为管道断面尺寸和管壁厚度。管道安装的实体名称(风道、烟道、制粉、送粉管道等)均为项目名称，所以项目设置时，只在名称后面表述管道的截面尺寸和壁厚即可。计量单位为“t”，计算规则按设计图示质量计算。在清单项目的工程内容描述中，对油漆要注明油漆名称和技术要求。保温要注明保温材料和技术要求。

英方规定见表3.2.7。

表3.2.7　英方机械供热/制冷/冷冻系统

分类表					计算规则	定义规则	范围规则
1. 洞穿现有管线 2. 洞穿现有管道	1. 注明类型、尺寸和现有管线和管道的位置	1. 说明洞穿目的	项	1. 取得必要的关闭、切断许可 2. 切断现有管线和管道 3. 切断并清空现有管道 4. 为新工程作接口准备 5. 关闭时间的限制			
3. 新管线接入现有管线 4. 新管线接入现有管道	1. 提供管线和管道的类型、尺寸及连接方法		nr	1. 在不受1-2.1.1.4项条款制约情况下,在原管线和管道上准备接口			C1 视作已包括管道连接所需之全部器材
5. 拆除部分设备 6. 拆除所有设备	1. 尺寸说明,详述范围和位置		nr	1. 取得必要的关闭、切断 2. 切断局部或全部需拆除的设备 3. 切断并清空局部或全部需修复的设施 4. 安全保证 5. 关闭时间的限制			
	2. 局部项目尺寸说明		项				
7. 提供临时设施、临时支线等	1. 尺寸说明		nr	1. 安装前的组装	M1 作为另选方案,本工程可按新建工程的规定计算并按相关项目类型分组		C2 提供临时设施、临时支线等视作已包括事后的拆除和恢复原状
8. 拆除部分设施的保温绝缘系统 9. 拆除整个设施的保温绝缘系统	1. 尺寸说明,详述范围和位置	1. 将要拆除的绝缘保温系统类型	nr	1. 需采取的安全措施 2. 废料处理要求			
	2. 局部项目尺寸说明		项				

续表

分类表					计算规则	定义规则	范围规则
10. 测试和试运行现有管道及机械设备	1. 注明部分设备 2. 注明整个设备	1. 详述准备性操作 2. 分步测试(nr),说明步数和目的 3. 必要时的保险公司测试,提供详细资料 4. 完工后指导设备操作员	项	1. 需参加的人员 2. 需提供的仪表 3. 说明业主的特殊保险要求			C3 视作已包括水、燃气、电力和其他必须的供应 C4 视作已包括提供测试完成证书

3. 中英方关于中压锅炉其他辅助设备安装的工程量是如何计算的?

答:中压锅炉其他辅助设备安装的工程量设置及工程量清单计算规则详见表3.2.8。

同时应注意:

①扩容器分为排污扩容器和疏水扩容器,排污扩容器又分为定期和连续排污两种,它们的特征均体现在名称、型号和规格上。排污扩容器的规格以直径区分,疏水扩容器则以容积区分。清单项目就以其名称(型号)和规格来设置。

②排汽消声器,这里单指多孔多次转折式,在特征一栏中的"结构类型"即指消声器,也可通过名称来体现,其规格中、高压和质量来分别设置清单项目。

上述清单项目均以"台"为计量单位,按设计图示数量计算。

③煤粉分离器的特征"结构类型"指粗粉和细粉之别。

以"只"为计量单位,按图示数量计算

④测粉装置按"标尺比例"不同设置清单项目。以"套"为计量单位,按图示数量计算,对清单项目应做的工作内容应予以描述,作为报价的依据。

表3.2.8　中方中压锅炉其他辅助设备安装

项目名称	项目特征	计量单位	工程量计算规则	工作内容
扩容器	1. 名称、型号 2. 出力(规格) 3. 结构形式 4. 质量	台	按设计图示数量计算	1. 本体安装 2. 附件安装 3. 支架组合、安装
消声器				1. 本体安装 2. 支架组合、安装
暖风器		只		1. 本体安装 2. 框架组合、安装
测粉装置	1. 名称、型号 2. 标尺比例	套		1. 本体安装 2. 附件安装
煤粉分离器	1. 结构类型 2. 直径 3. 质量	只		1. 本体安装 2. 操作装置安装 3. 防爆门及人孔门安装

4. 中英方关于中压锅炉墙砌筑的工程量如何计算？

答：中方规定见表3.2.9。

表3.2.9 中方中压锅炉炉墙砌筑

项目名称	项目特征	计量单位	工程量计算规则	工作内容
敷管式、膜式水冷壁炉墙和框架式炉墙砌筑	1. 砌筑材料名称、规格 2. 砌筑厚度 3. 保温制品名称及保温厚度 4. 填塞材料名称	m^3	按设计图示的设备表面尺寸以体积计算	一、炉墙砌筑 1. 炉底磷酸盐混凝土砌筑 2. 炉墙耐火混凝土砌筑 3. 炉墙保温混凝土砌筑 4. 炉墙矿、岩棉毡、超细棉制品敷设 5. 炉墙密封、抹面 6. 炉顶砌筑 二、炉墙中局部耐火混凝土浇灌 1. 耐火混凝土浇灌 2. 耐火塑料浇灌 3. 保温混凝土浇灌 4. 燃烧带敷设 三、炉墙耐火材料填塞
循环流化床锅炉旋风分离器内衬砌筑				1. 耐火混凝土浇灌 2. 耐火塑料浇灌 3. 耐火砖砌筑 4. 炉顶砌筑 5. 耐火材料填塞 6. 岩棉毡、硅酸铝制品敷设
炉墙耐火砖砌筑				1. 非定型异型砖配制 2. 耐火砖砌筑 3. 耐火混凝土填塞

注：①适用于敷管式、膜式水冷壁炉墙和框架式炉墙的砌筑、浇筑和填塞。

②本清单项目名称是一个统称，没有指出炉墙种类。在设置清单项目名称时，首先注明炉墙种类，即敷管式水冷壁，膜式水冷壁炉墙、框架式炉墙。

③以"m^3"为计量单位。计算规则按图示的设备表面尺寸以体积计算。

④清单设置后，除了按项目特征表述外，还要参照表中的工作内容，结合设计要求，对该清单项目应完成的工作进行描述，为报价提供依据。

⑤炉墙砌筑的工作内容包括炉底处理、炉顶砌筑、炉墙中局部浇筑和炉墙填塞。

英方对其没有明确作出规定，只在砌块工程中指出炉墙砌筑的工程量计算规则，详见表3.2.10。

表3.2.10　英方炉墙砌筑

提供资料				计算规则	定义规则	范围规则	辅助资料
P1 以下资料或应按A部分之基本设施费用/总则条款而提供于位置图内，或应提供于与工程量清单相对应的附图内： (a)各层平面图和主要剖面图。须表现有墙位置和所使用材料 (b)外立面图，须表现所使用材料				M1 除非另有特别说明，砖墙和砌块墙均应按墙体轴线计算 M2 不扣除以下之空间： (a)孔洞≤0.10m² (b)烟道、衬烟道和烟道砌块之孔洞及砌筑料的总面积≤0.25m² M3 关于应予扣除的圈梁、过梁、门槛、板等的范围，按全厚砖/砌块的高度和半厚砖的厚度计算 M4 弧形工程按半径说明	D1 除非另有特别说明，所说明的厚度均为标称厚度 D2 饰面工程指对砖墙或砌块墙执行饰面处理的所有工程 D3 除非另有特别说明，所有工程均为垂直工程 D4 墙壁包括空心墙罩面层	C1 砖墙和砌块墙视作已包括： (a)弧形工程所需的额外材料 (b)所有粗切割和细切削 (c)形成粗细槽、喉道、榫眼、凹槽、凹凸榫、孔、挡板和斜接面 (d)刮开接口以形成键结合 (e)檐口填充所需之人工 (f)转弯、端部和转角所需之人工 (g)中心线持续对中	S1 砖墙和砌块墙的种类、质量及尺寸 S2 连接形式 S3 水泥砂浆配合比及标号 S4 勾缝类型 S5 不能由承建商决定的切割方法
分类表							
1. 锅炉基座			m²				
2. 烟道内衬	1. 厚度说明			M7 非砖砌烟道内衬按F30章节11.1.0.0规则计算			
3. 锅炉基座凸缘	1. 形状和尺寸说明		m				

5. 中英方关于汽轮发电机组本体安装的工程量是如何计算的？

答：中方关于汽轮发电机组本体安装的工程量清单设置及工程量计算规则见表3.2.11。

表 3.2.11　中方汽轮发电机组本体安装

项目名称	项目特征	计量单位	工程量计算规则	工作内容
汽轮机	1. 结构形式 2. 型号 3. 质量	台	按设计图示数量计算	1. 汽轮机本体安装 2. 调速系统安装 3. 主汽门、联合汽门安装 4. 随本体设备成套供应的系统管道、管件、阀门安装 5. 管道系统水压试验 6. 非保温设备表面底漆修补
发电机、励磁机	1. 结构形式 2. 型号 3. 发电机功率(MW) 4. 质量			1. 发电机本体安装 2. 励磁机、副励磁机安装 3. 抽真空系统安装 4. 随本体设备成套供应的系统管道、管件、阀门安装 5. 发电机整套风压试验 6. 设备表面底漆修补
汽轮发电机组空负荷试运	机组容量		按设计系统计算	1. 配合调试单位对各分系统调试 2. 分系统调试项目的系统恢复

英方规定详见表 3.2.12。

表 3.2.12　英方高压开关柜、低压开关柜和配电柜、电流接触电器和启动器、驱动电机

提供资料	计算规则	定义规则	范围规则	辅助资料
P1 以下资料或应按第 A 部分之基本设施费用/总则条款而提供于位置图内，或应提供于与工程量清单相对应的附图上： (a)工程范围及其位置	M1 与本章节有关的工程内容按附录 B 内规则 V10－W62 计算，并作相应分类	D1 面层及表面处理不包括 M60 规则计算的装饰性面层	C1 视作已包括接头所需的全部配件 C2 视作已包括模式、造型和样板等	S1 特殊的行规及规范 S2 材料类型与材质 S3 材料规格、厚度或材质 S4 材料必须符合的测试标准 S5 现场操作的面层或表面处理 S6 非现场操作的面层或表面处理，应说明是在工厂组装或安装之前或之后进行 S7 设备尺寸和质量限制

续表

提供资料					计算规则	定义规则	范围规则	辅助资料
1. 开关柜 2. 配电柜 3. 接触器和启动器 4. 电机驱动器	1. 注明类型、尺寸、额定容量和固定方法	1. 另需参考技术要求	nr	1. 熔断器 2. 随设备提供的支架，提供详细资料和固定方法 3. 注明安装的环境			C3 视作已包括随设备提供的标识板、磁盘和铭牌	
5. 支撑，未随开关柜、配柜、接触器和启动器以及电机驱动器一起提供	1. 注明类型、尺寸和固定方法		nr	1. 注明安装的环境				

6. 中英方关于汽轮发电机辅助设备安装及汽轮发电机附属设备安装的工程量是如何计算的?

答:中方关于汽轮发电机辅助设备安装及汽轮发电机附属设备安装的工程量清单设置及工程量计算规则见表 3.2.13 ~ 表 3.2.14。

表 3.2.13　中方汽轮发电机辅助设备安装

项目名称	项目特征	计量单位	工程量计算规则	工作内容
凝汽器	1. 结构形式 2. 型号 3. 冷凝面积 4. 质量	台	按设计图示数量计算	1. 外壳组装 2. 铜管安装 3. 内部设备安装 4. 管件安装 5. 附件安装 6. 胶球清洗装置安装
加热器	1. 名称 2. 结构形式 3. 型号 4. 热交换面积 5. 质量			1. 本体安装 2. 附件安装 3. 支架组合、安装
抽气器	1. 结构形式 2. 型号 3. 规格 4. 质量			1. 本体安装 2. 附件安装 3. 随设备供货的连接管道安装 4. 支吊架组合、安装 5. 设备表面底漆修补
油箱和油系统设备	1. 名称 2. 结构形式 3. 型号 4. 冷却面积 5. 油箱容积			

表 3.2.14　中方汽轮发电机附属设备安装

项目名称	项目特征	计量单位	工程量计算规则	工作内容
除氧器及水箱	1. 结构形式 2. 型号 3. 水箱容积	台	按设计图示数量计算	1. 水箱本体及托架安装 2. 除氧器本体安装 3. 附件及平台安装
电动给水泵	1. 型号 2. 功率			1. 本体安装 2. 附件安装 3. 电动机安装 4. 设备表面底漆修补
循环水泵				
凝结水泵				
机械真空泵				
循环水泵房入口设备	1. 名称 2. 型号 3. 功率 3. 尺寸			1. 支承架组合安装 2. 本体安装 3. 附件安装 4. 设备表面底漆修补

英方规定与中方规定不同，对机械设备作了总的说明，不分别对各个设备进行说明，详见表 3.2.5。

7. 中英方关于卸煤设备安装、煤场机械设备安装、碎煤设备安装的工程量如何计算?

答:中方规定详见表3.2.15~表3.2.17。

煤场机械设备安装工程量清单项目设置及工程量计算规则,应按表3.2.15的规定执行。

表3.2.15 中方煤场机械设备安装

项目名称	项目特征	计量单位	工程量计算规则	工作内容
斗轮堆取料机	1. 型号 2. 跨度 3. 高度 4. 装载量	台	按设计图示数量计算	1. 门座架安装 2. 行走机构安装 3. 皮带机安装 4. 取料机构安装 5. 液压机构安装 6. 设备表面底漆修补
门式滚轮堆取料机				1. 构架安装 2. 转动机构安装 3. 输送机安装 4. 检修用吊车安装 5. 设备表面底漆修补

碎煤设备安装工程量清单项目设置及工程量计算规则,应按表3.2.16的规定执行。

表3.2.16 中方碎煤设备安装

项目名称	项目特征	计量单位	工程量计算规则	工作内容
反击式碎煤机	1. 型号 2. 功率	台	按设计图示数量计算	1. 本体安装 2. 电动机安装 3. 传动部件安装 4. 设备表面底漆修补
锤击式破碎机				
筛分设备	1. 名称 2. 型号 3. 规格			1. 本体安装 2. 电动机安装 3. 设备表面底漆修补

卸煤设备安装工程量清单项目设置及工程量计算规则,应按表3.2.17的规定执行。

表3.2.17 中方卸煤设备安装

项目名称	项目特征	计量单位	工程量计算规则	工作内容
抓斗	1. 型号 2. 跨度 3. 高度 4. 起重量	台	按设计图示数量计算	1. 构架安装 2. 行走机械安装 3. 抓斗安装 4. 附件安装 5. 平台扶梯组合、安装 6. 设备表面底漆修补
斗链式卸煤机	1. 型号 2. 规格 3. 输送量			1. 构架安装 2. 行走、传动机构安装 3. 斗链安装 4. 输送机构安装 5. 附件安装 6. 平台扶梯组合、安装 7. 设备表面底漆修补

8. 中英方关于上煤设备安装的工程量是如何计算的?

答:中方关于上煤设备安装的工程量清单项目设置及工程量计算规则详见表 3.2.18。

表 3.2.18　中方上煤设备安装

项目名称	项目特征	计量单位	工程量计算规则	工作内容
皮带机	1. 型号 2. 长度 3. 皮带宽度	1. 台 2. m	1. 以台计量,按设计图示数量计算 2. 以米计量,按设计图示长度计量	1. 构架、托辊安装 2. 头部、尾部安装 3. 减速机安装 4. 电动机安装 5. 拉紧装置安装 6. 皮带安装 7. 附件安装 8. 扶手、平台安装 9. 设备表面底漆修补
配仓皮带机				1. 皮带机安装 2. 中间构架安装 3. 附件安装 4. 设备表面底漆修补
输煤转运站落煤设备	1. 型号 2. 质量	套	按设计图示数量计算	1. 落煤管安装 2. 落煤斗安装 3. 切换挡板安装 4. 传动装置安装 5. 设备表面底漆修补
皮带秤	1. 名称 2. 型号 3. 规格	台		1. 安装 2. 设备表面底漆修补
机械采样装置及除木器				1. 本体安装 2. 减速机安装 3. 电动机安装 4. 设备表面底漆修补
电动犁式卸料器	1. 型号 2. 规格			1. 犁煤器安装 2. 落煤斗安装 3. 电动推杆安装 4. 设备表面底漆修补
电动卸料车	1. 型号 2. 规格 3. 皮带宽度			1. 卸煤车安装 2. 减速机安装 3. 电动机安装 4. 电动推杆安装 5. 落煤管安装 6. 导煤槽安装 7. 扶梯、栏杆组合、安装 8. 设备表面底漆修补
电磁分离器	1. 型号 2. 结构形式 3. 规格			1. 本体安装 2. 附属设备安装 3. 附属构件安装

英方规定详见表 3.2.5。

9. 中英方关于水力冲渣、冲灰设备安装及化学水预处理系统设备安装的工程量计量规则是什么？

答：中方规定详见表3.2.19、表3.2.20。

水力冲渣、冲灰设备安装工程量清单项目设置及工程量计算规则，应按表3.2.19的规定执行。

表3.2.19 中方水力冲渣、冲灰设备安装

项目名称	项目特征	计量单位	工程量计算规则	工作内容
捞渣机	1. 型号 2. 出力(t/h)	台	按设计图示数量计算	1. 本体安装 2. 减速机安装 3. 电动机安装 4. 附件安装 5. 设备表面底漆修补
碎渣机	1. 型号 2. 出力(t/h)	台	按设计图示数量计算	1. 本体安装 2. 减速机安装 3. 电动机安装 4. 附件安装 5. 设备表面底漆修补
渣仓	1. 容积(m^3) 2. 钢板厚度	t	按设计图示设备质量计算	1. 本体制作、安装 2. 附件及平台、扶梯的制作、安装 3. 设备表面底漆修补
水力喷射器	1. 型号 2. 出力(t/h)	台	按设计图示数量计算	1. 本体安装 2. 附件安装 3. 设备表面底漆修补
箱式冲灰器	1. 型号 2. 出力(t/h)	台	按设计图示数量计算	1. 本体安装 2. 附件安装 3. 设备表面底漆修补
砾石过滤器	1. 型号 2. 直径	台	按设计图示数量计算	1. 本体安装 2. 附件安装 3. 设备表面底漆修补
空气斜槽	1. 型号 2. 长度 3. 宽度	台	按设计图示数量计算	1. 槽体、端盖板安装 2. 载气阀安装
灰渣沟插板门	1. 型号 2. 门孔尺寸(mm)	套	按设计图示数量计算	1. 本体安装 2. 内部组件安装 3. 电动机安装 4. 附件安装 5. 设备表面底漆修补
电动灰斗闸板门	1. 型号 2. 门孔尺寸(mm)	套	按设计图示数量计算	1. 本体安装 2. 内部组件安装 3. 电动机安装 4. 附件安装 5. 设备表面底漆修补
电动三通门	1. 型号 2. 门孔尺寸(mm)	套	按设计图示数量计算	1. 本体安装 2. 内部组件安装 3. 电动机安装 4. 附件安装 5. 设备表面底漆修补
锁气器	1. 型号 2. 出力(m^3/h)	台	按设计图示数量计算	1. 本体安装 2. 内部组件安装 3. 电动机安装 4. 附件安装 5. 设备表面底漆修补

化学水预处理系统设备安装工程量清单项目设置及工程量计算规则，应按表3.2.20的规定执行。

表3.2.20 中方化学水预处理系统设备安装

项目名称	项目特征	计量单位	工程量计算规则	工作内容
反渗透处理系统	1. 型号 2. 出力(t/h) 3. 附属设备型号、规格	套	按设计图示数量计算	1. 组件安装 2. 附属设备安装 3. 非保温设备表面底漆修补
凝聚澄清过滤系统	1. 名称 2. 型号、规格 3. 出力(t/h) 4. 容积(m^3) 5. 附属设备型号、规格	套	按设计图示数量计算	1. 设备支架安装 2. 本体设备安装 3. 附件安装 4. 非保温设备表面底漆修补

英方规定详见表3.2.5。

10. 中英方关于锅炉给水除盐系统设备安装的工程量计算规则是如何规定的?

答:中方规定锅炉给水除盐系统设备安装内容包括:机械过滤系统安装、除盐加混床设备安装、除二氧化碳和离子交换设备安装。

适用范围:适用于锅炉补给水除盐系统上述设备安装工程量清单项目的设置与计价。

本节项目名称均为某一系统的各种设备的统称,不是某实体的名称,所以在设置清单项目时一定要用具体设备的名称和特征来表征。

本节的计量单位均为"套",计算规则按设计图示数量计算。

其工程量清单设置及工程量计算规则详见表3.2.21。

表3.2.21 中方锅炉补给水除盐系统设备安装

项目名称	项目特征	计量单位	工程量计算规则	工作内容
机械过滤系统	1. 名称 2. 型号 3. 规格 4. 直径或容积(m^3) 5. 树脂高度	套	按设计图示数量计算	1. 衬里设备防腐层检验 2. 本体设备安装 3. 随设备供应的管子、管件、阀门等的安装 4. 设备本体范围内的平台、梯子、栏杆的安装 5. 随设备供货的配套附件的安装 6. 树脂预处理、运搬、筛分、装填 7. 设备试运前的灌水及水压试验 8. 非保温设备表面底漆修补
除盐加混床设备				
除二氧化碳和离子交换设备	1. 名称 2. 型号 3. 出力(t/h) 4. 直径 5. 树脂高度			

英方规定详见表3.2.5。

11. 中英方关于凝结水处理系统设备安装,循环水处理系统设备安装,给水、炉水校正处理系统设备安装等的工程量计算规则是如何规定的?

答:中方规定详见表3.2.22~表3.2.24。

注:①项目名称"凝结水处理设备"为凝结水处理系统各种设备的统称,不是某设备实体的名称,所以在设置清单项目时,要以具体设备的名称和其特征来表达,各清单项目的计量单位均为"套",计算规则按设计图示数量计算。

②给水、炉水校正处理系统的上述设备安装的项目名称为该系统的各种设备统称,不是某实体的名称,所以在设置清单项目时,一定要用具体设备的名称,设备的型号、出力、容积按设计标示填写。

凝结水处理系统设备安装。工程量清单项目设置及工程量计算规则,应按表3.2.22的规定执行。

表 3.2.22　中方凝结水处理系统设备安装

项目名称	项目特征	计量单位	工程量计算规则	工作内容
凝结水处理设备	1. 名称 2. 型号 3. 规格 4. 出力(t/h) 5. 容积或直径 6. 树脂高度	套	按设计图示数量计算	1. 衬里设备防腐层检验 2. 本体设备安装 3. 随设备供应的管子、管件、阀门等的安装 4. 设备本体范围内的平台、梯子、栏杆的安装 5. 随设备供货的配套附件的安装 6. 树脂预处理、运搬、筛分、装填 7. 设备试运前的灌水及水压试验 8. 非保温设备表面底漆修补

循环水处理系统设备安装工程量清单项目设置及工程量计算规则，应按表 3.2.23 的规定执行。

表 3.2.23　中方循环水处理系统设备安装

项目名称	项目特征	计量单位	工程量计算规则	工作内容
循环水处理及加药设备	1. 名称 2. 型号 3. 规格 4. 出力(t/h) 5. 直径	套	按设计图示数量计算	1. 衬里设备防腐层检验 2. 本体设备安装 3. 随设备供应的管子、管件、阀门等的安装 4. 设备本体范围内的平台、梯子、栏杆的安装 5. 随设备供货的配套附件的安装 6. 设备试运前的灌水及水压试验 7. 非保温设备表面底漆修补

给水、炉水校正处理系统设备安装工程量清单项目设置及工程量计算规则，应按表 3.2.24 的规定执行。

表 3.2.24　中方给水、炉水校正处理系统设备安装

项目名称	项目特征	计量单位	工程量计算规则	工作内容
给水、炉水校正处理设备	1. 名称 2. 型号 3. 出力(t/h) 4. 容积或直径	套	按设计图示数量计算	1. 衬里设备防腐层检验 2. 本体设备安装 3. 随设备供应的管子、管件、阀门等的安装 4. 随设备供货的平台、梯子、栏杆的安装 5. 随设备供货的配套附件的安装 6. 设备试运前的灌水及水压试验 7. 非保温设备表面底漆修补

英方规定详见表 3.2.5。

12. 中英方关于低压锅炉本体设备安装、低压锅炉附属及辅助设备安装的工程量计算规则是如何规定的？

答：中方规定详见表 3.2.25、表 3.2.26。

注：①低压锅炉本体设备安装包括成套整装锅炉和散装、组装锅炉安装。

②低压锅炉附属及辅助设备安装：

a)适用于低压锅炉的上述附属及辅助设备安装工程量清单项目的设置与计价。

b)对清单项目的描述很重要，它是投标报价的依据，所以要按设计和施工与验收规范的要求。

c)如果还有需要承包商做的，亦必须予以描述，作为报价的依据。

低压锅炉本体设备安装工程量清单项目设置及工程量计算规则，应按表 3.2.25 的规定执行。

表 3.2.25　中方低压锅炉本体设备安装

项目名称	项目特征	计量单位	工程量计算规则	工作内容
成套整装锅炉	1. 结构形式 2. 蒸汽出率(t/h) 3. 热功率(MW)	台	按设计图示数量计算	1. 锅炉本体安装 2. 附属设备安装 3. 管道、阀门、表计安装 4 非保温设备底漆修补
散装和组装锅炉		1. 台 2. t	1. 以台计量,按设计图示数量计算 2. 以吨计量,按设计图示设备质量计算	1. 钢炉架安装 2. 汽包、水冷壁、过热器安装 3. 省煤器、空气预热器安装 4. 本体管路、吹灰器安装 5. 炉排、门、孔安装 6. 平台扶梯制作、安装 7. 炉墙砌筑 8. 非保温设备表面底漆修补 9. 水压、酸洗 10. 烘炉、煮炉

低压锅炉附属及辅助设备安装工程量清单项目设置及工程量计算规则,应按表 3.2.26 的规定执行。

表 3.2.26　中方低压锅炉附属及辅助设备安装

项目名称	项目特征	计量单位	工程量计算规则	工作内容
除尘器	1. 名称 2. 型号 3. 规格 4. 质量	台	按设计图示数量计算	1. 本体安装 2. 附件安装 3. 非保温设备表面底漆修补
水处理设备	1. 名称 2. 型号 3. 出力(t/h)		按系统设计清单和设备制造厂供货范围计算	1. 浮动床钠离子交换器 2. 组合式水处理设备的本体安装 3. 内部组件安装 4. 附件安装 5. 填料 6. 非保温设备表面底漆修补
换热器	1. 型号 2. 质量		按设计图示数量计算	1. 本体安装 2. 管件、阀门、表计安装
输煤设备(上煤机)	1. 结构形式 2. 型号 3. 规格			1. 本体安装 2. 附属部件安装 3. 设备表面底漆修补
除渣机	1. 型号 2. 输送长度 3. 出力(t/h)			1. 本体安装 2. 机槽安装 3. 传动装置安装 4. 附件安装 5. 设备表面底漆修补
齿轮式破碎机	1. 型号 2. 辊齿直径			1. 本体安装 2. 润滑系统安装 3. 液压管路安装 4. 附件安装 5. 设备表面底漆修补

英方规定详见表 3.2.5。

三、静置设备与工艺金属结构制作安装工程

1. 中英方关于静置设备制作及静置设备安装的工程量是如何计算的？

答：中方规定静置设备制作工程量清单项目设置及工程量计算规则，应按表3.3.1的规定执行。

表3.3.1　中方静置设备制作

项目名称	项目特征	计量单位	工程量计算规则	工作内容
容器制作	1. 名称 2. 构造形式 3. 材质 4. 容积 5. 规格 6. 质量 7. 压力等级 8. 附件种类、规格及数量、材质 9. 本体梯子、栏杆、扶手类型、质量 10. 焊接方式 11. 焊缝热处理设计要求	台	按设计图示数量计算	1. 本体制作 2. 附件制作 3. 容器本体平台、梯子、栏杆、扶手制作、安装 4. 预热、后热 5. 压力试验
塔器制作	1. 名称 2. 构造形式 3. 材质 4. 质量 5. 压力等级 6. 附件种类、规格及数量、材质 7. 本体梯子、栏杆、扶手类型、质量 8. 焊接方式 9. 焊缝热处理设计要求			1. 本体制作 2. 附件制作 3. 塔本体平台、梯子、栏杆、扶手制作、安装 4. 预热、后热 5. 压力试验
换热器制作	1. 名称 2. 构造形式 3. 材质 4. 质量 5. 压力等级 6. 附件种类、规格及数量、材质 7. 焊接方式 8. 焊缝热处理设计要求			1. 换热器制作 2. 接管制作与装配 3. 附件制作 4. 预热、后热 5. 压力试验

静置设备安装工程量清单项目设置及工程量计算规则，应按表3.3.2的规定执行。

表 3.3.2 静置设备安装

项目名称	项目特征	计量单位	工程量计算规则	工作内容
容器组装	1. 名称 2. 构造形式 3. 到货状态 4. 材质 5. 质量 6. 规格 7. 内部构件名称 8. 焊接方式 9. 焊缝热处理设计要求	台	按设计图示数量计算	1. 容器组装 2. 内部构件组对 3. 吊耳制作、安装 4. 焊缝热处理 5. 焊缝补漆
整体容器安装	1. 名称 2. 构造形式 3. 质量 4. 规格 5. 压力试验设计要求 6. 清洗地、脱脂、钝化设计要求 7. 安装高度 8. 灌浆配合比			1. 安装 2. 吊耳制作、安装 3. 压力试验 4. 清洗、脱脂、钝化 5. 灌浆
塔器组装	1. 名称 2. 构造形式 3. 到货状态 4. 材质 5. 规格 6. 质量 7. 塔内固定件材质 8. 塔盘结构类型 9. 填充材料种类 10. 焊接方式 11. 焊缝热处理设计要求			1. 塔器组装 2. 塔盘安装 3. 塔内固定件组对 4. 吊耳制作、安装 5. 焊缝热处理 6. 设备填充 7. 焊缝补漆

续表

项目名称	项目特征	计量单位	工程量计算规则	工作内容
整体塔器安装	1. 名称 2. 构造形式 3. 质量 4. 规格 5. 安装高度 6. 压力试验设计要求 7. 清洗、脱脂、钝化设计要求 8. 塔盘结构类型 9. 填充材料种类 10. 灌浆配合比	台	按设计图示数量计算	1. 塔器安装 2. 吊耳制作、安装 3. 塔盘安装 4. 设备填充 5. 压力试验 6. 清洗、脱脂、钝化 7. 灌浆
热交换器类设备安装	1. 名称 2. 构造形式 3. 质量 4. 安装高度 5. 抽芯设计要求 6. 灌浆配合比			1. 安装 2. 地面抽芯检查 3. 灌浆
空气冷却器安装	1. 名称 2. 管束质量 3. 风机质量 4. 构架质量 5. 灌浆配合比			1. 管束(翅片)安装 2. 构架安装 3. 风机安装 4. 灌浆
反应器安装	1. 名称 2. 内部结构形式 3. 质量 4. 安装高度 5. 灌浆配合比			1. 安装 2. 灌浆
催化裂化再生器	1. 名称 2. 安装高度 3. 质量 4. 龟甲网材料			1. 安装 2. 冲击试验 3. 龟甲网安装
催化裂化沉降器				
催化裂化旋风分离器				1. 安装 2. 龟甲网安装

续表

项目名称	项目特征	计量单位	工程量计算规则	工作内容
空气分馏塔安装	1. 构造形式 2. 安装高度 3. 质量 4. 规格型号 5. 填充材料种类 6. 灌浆配合比	台	按设计图示数量计算	1. 安装 2. 保冷材料填充 3. 灌浆
电解槽安装	1. 名称 2. 构造形式 3. 质量 4. 底座材质	台	按设计图示数量计算	安装
电除雾器安装	1. 名称 2. 构造形式 3. 壳体材料	套	按设计图示数量计算	安装
电除尘器安装	1. 名称 2. 壳体质量 3. 内部结构 4. 除尘面积	台	按设计图示数量计算	安装

其中：

①金属容器：可以加工、处理和贮存物质的设备或包壳式结构的设备统称为容器，如压力容器、反应器、换热器、塔器等。容器一般由金属材料或大部分由金属材料制作而成，称之为金属容器。

②塔器：塔类设备是化工、石油、轻工等各类工业的重要设备。它可使气（或汽）-液或液-液两相之间进行紧密接触，达到相际传质及传热的目的。在塔类设备中完成单元操作，如精馏、吸收、解收和萃取等。此外，工业气体的冷却与回收，气体的湿洁净制和干燥，以及兼有气-液两相传质和传热的增湿、减湿等。据粗略统计，炼油厂塔器所占的钢材质量约占全厂设备总质量的25%～30%，投资约占全厂总投资的10%～20%。常用塔类设备种类很多，按操作压力分为加压塔、常压塔和减压塔；按单元操作分为精馏塔、吸收塔、解收塔、萃取塔、反应塔和干燥塔；最常见的分类方法是按塔内体结构分为板式塔和填料塔两大类。

塔类设备的结构，除了种类繁多的各种内件外，其余构件基本相同，由塔体、塔体支座，除沫装置、物料进出口接管、人孔和手孔、吊柱等组成。从塔的外形来看，一般都比较庞大，质量从几吨到数百吨，无论是在数量还是在造价方面，它在工程中都占有相当大的比重。

塔类结构简图如图 3.3.1 所示。

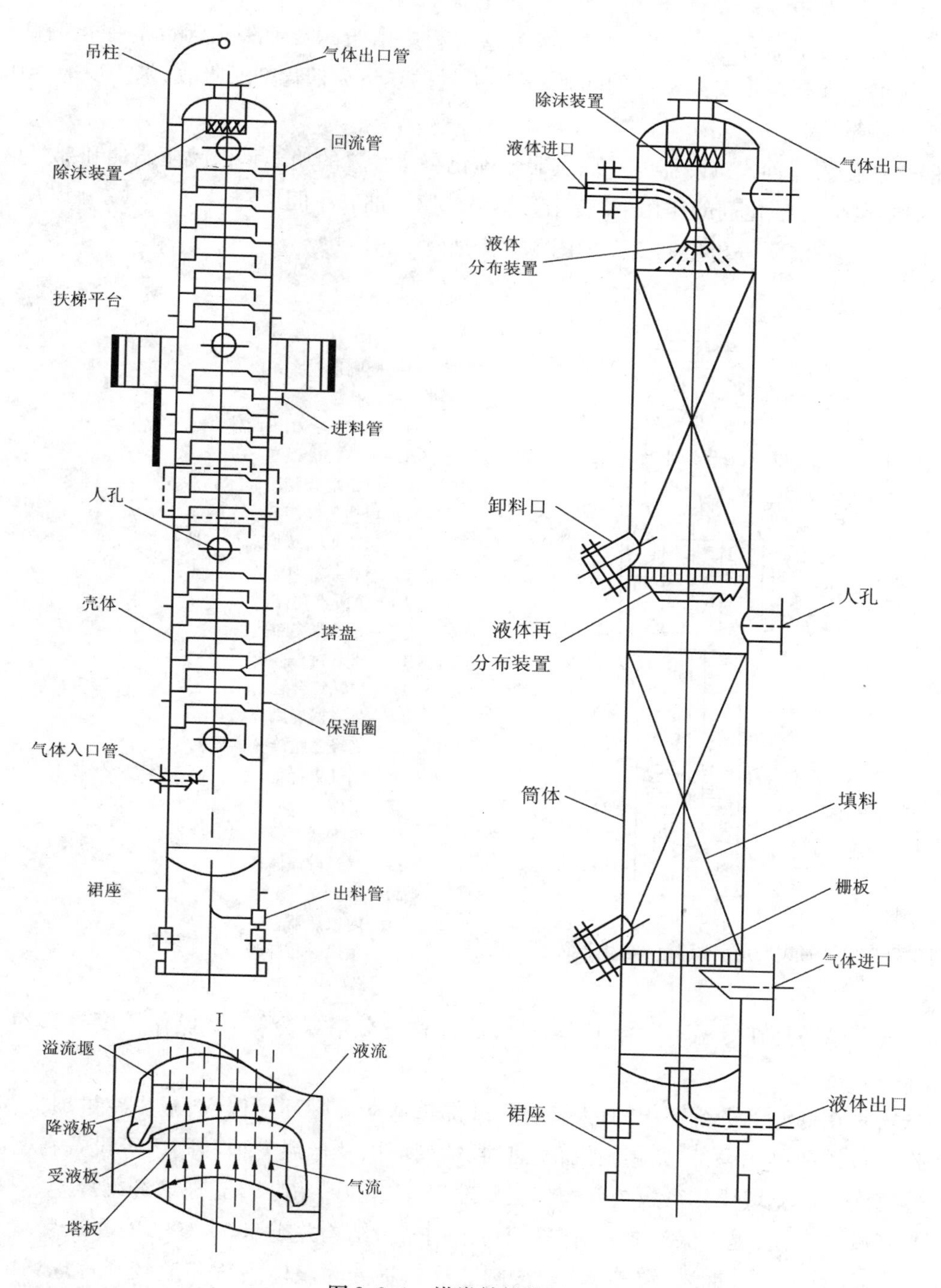

图 3.3.1　塔类结构简图

③换热器制作：换热设备是化工生产中为了实现物料之间热量传递过程的一种设备。根据其传递过程中的物理本质的不同，其热量的传递基本方式为导热、辐射和对流。换热器的典型结构是由外壳、内壳、附件三部分组成。其中外壳包括封头、筒体、管箱和连接法兰；内壳包括管板、管束、折流管、定距管、管箱隔板等；附件包括接管、鞍座、膨胀节等。

④催化裂化再生器：作用是通过燃烧，使反应过程中由于积炭而失去活性的催化剂恢复活性；在烧掉摧化剂表面积炭恢复其活性的同时，放出大量的热量为催化剂所吸收，带入反应器作为原料油反应所需热量。

⑤催化裂化的同轴式沉降器——反应器。催化裂化装置的功能是以减压蜡油和部分重馏分油（重油）为原料油，在催化剂的作用下，转化为高率烷值汽油和中间原料。

同轴式反应—沉降—再生器简图如图 3.3.2 所示。

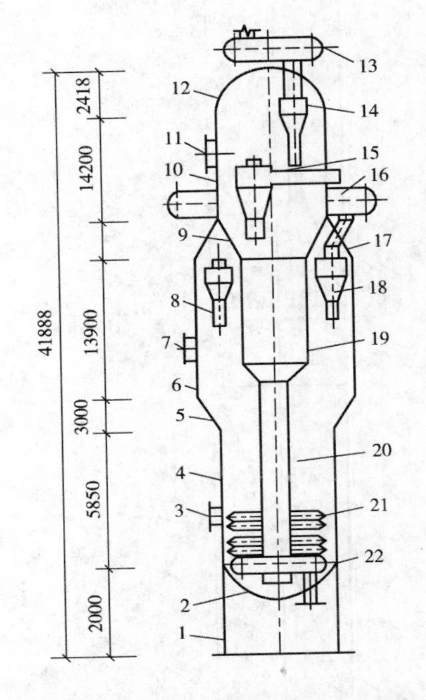

图 3.3.2　同轴式反应—沉降—再生器简图

1—裙座；
2—椭圆形封头；
3—人孔；
4—再生器密相段筒体；
5—锥体；
6—再生器稀相段筒体；
7—再生器装卸孔；
8—再生器一级旋风分离器；
9—汽提段锥体；
10—沉降器筒体；
11—沉降器装卸孔；
12—球形封头；
13—油气集合管；
14—沉降器旋风分离器；
15—沉降器粗旋分离器；
16—烟气集合管；
17—锥体；
18—再生器二级旋风分离器；
19—汽提段筒体；
20—待生立管；
21—内取热器；
22—主风分布环管

⑥空气分馏塔是在低温下进行工作的设备（简称空分塔或冷箱）。操作温度 -200℃左右，俗称空分深冷设备。

空分塔是在低温下进行工作的，为了防止外部热量从周围环境侵入，减少冷量损失，必须将低温下工作的机械和单元设备，如膨胀机、换热器、精馏塔以及低温管道和阀门等设置在密闭的保冷箱内。冷箱内一般充填导热系数较低的膨胀珍珠岩（珠光砂）、矿渣棉、玻璃纤维等绝热材料，加以绝热。为了减少冷损，提高保冷效果，保冷箱可采用密封结构并充 500～1000Pa 的干氮气。

空分塔：又称空气分馏塔及“冷箱”。按制造厂供货分为整体到货和散装到货现场组装两种。中高压双级精馏分子筛吸附生产工艺的空分塔常为整体到货。冷箱内主要由分馏塔主体（上、下塔组成）、热交换器、过冷器及管道阀门和仪表板壳体组成。为减少冷损失，冷箱内设备与管道之间均置于充填绝热剂包围，由制造厂完成冷箱内设备安装、管道安装、仪表电气安装，全部工作内容以成品供货到现场。室内室外均可安装。

⑦电解槽是氯碱工业生产的主要反应器，是以食盐水为原料生产烧碱溶液、氯气、氢气的反应器类设备。

⑧电除雾器也称湿式电除尘器，由沸腾炉引出经过电除尘处理的气体虽然基本上清除了矿尘，但它的尘含量一般仍有 0.28mg/m³ 左右。

⑨电除尘器系高压直流静电设备，电晕线接高压直流电成为负极，阳极板接地成为正极。

电除尘器主要由壳体、气体分布装置、电晕极、收尘极、电晕极振打装置、收尘极振打装置、排灰装置等组成。如图 3.3.3 所示为 LD801 型电除尘器示意图。

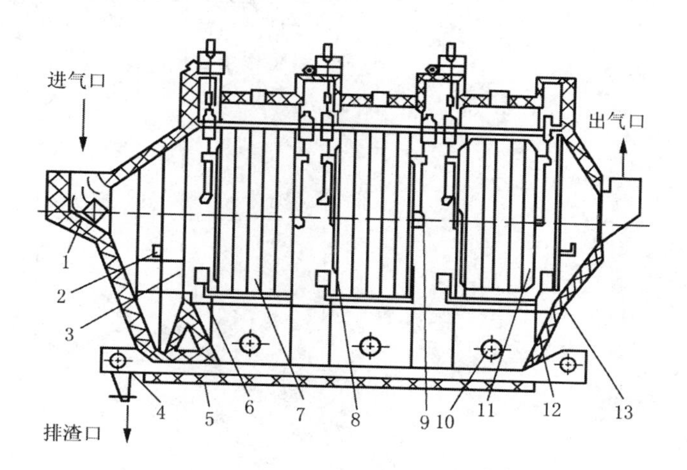

图 3.3.3　LD801 型电除尘器示意图

1—导向板；2—分布板振打装置；3—分布板；

4—埋刮板排灰装置；5—保湿层；6—收尘极振打装置；

7—C 型极板；8—电晕极提拉侧向振打；9—电晕极侧向旋转振打；

10—人孔；11—RS 刺形电板；12—壳体；13—出口分布板

注：①容器、塔器、换热器应根据构造形式、材质、安装方式、焊接方式、容积、直径、质量、内部构件等特征分别编码列项，按设计图示数量以“台”为单位计算。静置设备附件制作中的鞍座、支座制作，根据单件质量分别编码列项以“t”为单位计量。静置设备附件制作中的接管、入孔制作安装按设计图示数量以“个”为单位计量。

②静置设备安装应根据到货状态、材质、安装方式、焊接方式、安装高度、直径、质量、内部构件等特征分别以设计图示数量按“台(套)”为单位进行计算。

③分片设备的质量是指本体、内部固定件、开孔件、加强板、裙座(支座)的金属质量；分段设备是指本体、配件、内部构件、吊耳、绝缘、内衬以及随设备一次吊装的管线、梯子、平台、栏杆、扶手和吊装加固件的全部质量。

英方规定中没有与之相符合的内容，在 Y52 隔振装置台座、Y53 控制装置—机械式中对设备作了规定，其中也包含了静置设备，相关内容详见表 3.3.3。

表 3.3.3　英方管道系统通用设备/输气管道通用设备/隔振装置台座/控制装置——机械式/英方工业炉安装/英方金属油罐制作安装/英方工艺金属结构制作安装/英方撬块安装

提供资料					计算规则	定义规则	范围规则	辅助资料
P1 以下资料或应按第 A 部分之基本设施费用/总则条款而提供于位置图内，或应提供于与工程量清单相对应的附图上： (a)工程范围及其位置，包括机房内的工作内容					M1 与本章节有关的工程内容按附录 B 内规则 R20 - U70 计算，并作相应分类 M2 机房内的工作单独计算	D1 面层及表面处理不包括按 Y50 及 M60 规则计算的保温绝热层及装饰性面层	C1 视作已包括提供一切必要的连接件 C2 视作已包括提供格式、模式与模具等	S1 特殊的行规及规范 S2 材料类型与材质 S3 材料规格、厚度或材质 S4 材料必须符合的测试标准 S5 现场操作的面层或表面处理 S6 非现场操作的面层或表面处理，应说明是在工厂组装或安装之前或之后进行 S7 设备尺寸和重量限制
分类表								
1. 设备	1. 注明类型、尺寸、模式、功能效率、容量、负荷以及安装方法	1. 另需参考技术要求	nr	1. 与设备同时提供的附件，详细说明 2. 综合控制或指示器，详细说明 3. 遥控器或指示器，以及连接件，详细说明 4. 与设备同时提供的支承，抗振动装置，绝缘设备。细节及安装方法说明 5. 初始费用，详细说明 6. 注明安装环境			C3 视作已包括与设备同时提供的用于标识的铭牌、磁碟与标签	

续表

分类表					计算规则	定义规则	范围规则	辅助资料
2. 不与设备同时提供的设备附件	1. 注明类型、尺寸与安装方法	1. 注明设备类型	nr	1. 综合控制或指示器,详细说明 2. 遥控器或指示器,以及之间的衔接,详细说明			C4 视作已包括设备连接件	
3. 窗台散热片 4. 墙裙散热片	1. 构件(nr)	1. 注明输出热值、类型、尺寸与连接方法	m				C5 视作已包括边沿密封条	
	2. 外罩	2. 注明类型、尺寸与连接方法	m					
5. 窗台与墙裙散热片外罩所需的额外项目	1. 角形截面铁件 2. 配合板 3. 进出口盖 4. 端盖	1. 注明类型、尺寸与连接方法	nr					
6. 不与设备同时提供的支承件	1. 注明类型、尺寸与连接方法		nr	1. 注明安装的环境				
7. 独立垂直钢烟囱	1. 高度、内直径与连接方法说明			1. 底板(nr) 2. 底板的样板(nr) 3. 内衬(nr) 4. 外覆层(nr) 5. 地脚螺栓(nr) 6. 缆索(nr) 7. 梯子(nr) 8. 防护栏杆(nr) 9. 油工安全系钩(nr) 10. 除灰门(nr) 11. 通风帽 12. 烟道终端	M3 在Y10章节,烟道作为管道系统进行计算			
8. 不与设备同时提供的抗振配件	1. 类型、尺寸与安装方法		nr	1. 注明安装的环境				
9. 抗振或隔声材料	1. 设备基础	1. 注明性质与厚度	m^2	1. 由其他施工单位提供				
10. 设施的拆开、堆放、再安装(为了其他工种方便)	1. 注明设备类型与拆开目的		项					

2. 中英方对工业炉安装的工程量计算规则是如何规定的?

答:化工、石油化工工业炉大致可分为化工火焰加热炉,炼油加热炉,化工、石油化工废热锅炉和其他化工炉四大类。

中方规定工业炉主要有燃烧炉、灼烧炉、裂解炉、转换炉、化肥装置加热炉、芳烃装置加热炉、炼油厂加热炉、废热锅炉。

裂解炉指利用石油或其他有机化合物通过催化裂解,从而得到新的有机物产品。裂解炉的生产原料一般指分子量较大的有机物或有机聚合物,加入适当的催化剂加热使之发生化学反应,生成所需要的裂解产品。它对温度的限制非常严格,因为不同的温度就有不同的裂解产物生成。

转化炉是合成氨装置的关键设备,有一段蒸汽转化炉和二段转化炉,其中以一段转化炉最为关键,结构庞大复杂,制造、安装、施工技术需要严格,投资约占整个合成氨厂总投资的5%左右。

一段转化炉:主要用于以天然气、油田气、炼厂气经转化生产合成氨的原料气或生产氢气。其结构特征为立式箱型管式转化反炉、钢架结构炉体、炉墙砌筑耐火材料和隔热材料、炉管为立式、炉管内装有触媒、炉子侧壁安装板式无焰燃烧喷嘴;对流室与辐射室有的水平方向并列,有的设在顶部,预热原料或产生蒸汽,一般对流室炉管均为卧式管束;目前我国生产30万t/a合成氨装置多为此类结构,是大型化工装置中的典型炉类设备之一。

二段转化炉:是合成氨厂的关键设备。在长期运行中要经受1200℃的高温及3.43MPa的压力及强气流的冲刷,并且直接与H_2、N_2、CO、CO_2、CH_4接触。要求衬里材料为低硅、高铝耐高温材料,即低硅刚玉混凝土。

化工、石油化工工业用废热锅炉为适应温度压力较高,温差应力较大以及介质物性的不同等要求,结构形式多样,但按其结构特点可分为二大类,即管壳式废热锅炉和烟道式废热锅炉。

中方规定工业炉安装工程量清单项目设置及工程量计算规则,应按表3.3.4的规定执行。

表3.3.4 中方工业炉安装

<table>
<tr><th>项目名称</th><th>项目特征</th><th>计量单位</th><th>工程量计算规则</th><th>工作内容</th></tr>
<tr><td>燃烧炉、灼烧炉</td><td>1. 名称
2. 能力
3. 质量
4. 混凝土强度等级</td><td rowspan="4">台</td><td rowspan="4">按设计图示数量计算</td><td>1. 燃烧炉、灼烧炉安装
2. 二次灌浆</td></tr>
<tr><td>裂解炉制作、安装</td><td rowspan="3">1. 名称
2. 能力
3. 质量
4. 结构
5. 附件种类、规格及数量、材质
6. 压力试验设计要求</td><td>1. 裂解炉制作、安装
2. 附件安装
3. 压力试验</td></tr>
<tr><td>转化炉制作、安装</td><td>1. 转换炉制作、安装
2. 附件安装
3. 压力试验</td></tr>
<tr><td>化肥装置加热炉制作、安装</td><td>1. 化肥装置加热炉制作、安装
2. 附件安装
3. 压力试验</td></tr>
</table>

续表

项目名称	项目特征	计量单位	工程量计算规则	工作内容
芳烃装置加热炉制作、安装	1. 名称 2. 结构 3. 能力 4. 质量 5. 附件种类、规格及数量、材质 6. 压力试验设计要求	台	按设计图示数量计算	1. 芳烃装置加热炉制作、安装 2. 附件安装 3. 压力试验
炼油厂加热炉制作、安装				1. 炼油厂加热炉制作、安装 2. 附件安装 3. 压力试验
废热锅炉安装	1. 名称 2. 结构 3. 质量 4. 燃烧床形式 5. 压力试验设计要求 6. 灌浆配合比			1. 废热锅炉安装 2. 二次灌浆 3. 压力试验

①工业炉的工程量清单设置以台为计量单位,每台炉尤其是大型工业炉综合了很多的工程内容,所以工程内容列项必须考虑整台炉的完整性,不可漏项。且所组合的工程内容必须标明相应的技术要求及明确的工程量。

②炉管焊接工艺评定、炉管水压试验的临时管线以及工业炉化学清洗等费用应根据实际情况,考虑在综合单价之中。

注:工程量计算应根据工业炉的生产能力,重量和结构形式等特征分别编码列项,以设计图示数量以“台”为单位进行计算。

英方规定详见表3.3.3。

3. 中英方关于金属油罐制作安装的工程量计算规则如何规定?

答:金属油罐预制安装一般采用桅杆倒装方法和充气顶升方法两种。浮顶油罐则一般采用逐圈充水,利用浮船上浮和配合移动小车进行安装施工。

金属油罐主要有拱顶罐、浮顶罐、大型金属油罐、低温双壁金属罐、加热器。

拱顶罐:这种油罐的拱顶为球面积,拱顶本身就是承重结构,它支承于罐体上,罐内设有桁架或立柱。拱顶由圆弧扇形板搭接拼装而成,圆弧面的曲率半径一般等于油罐内径1~1.2倍。顶板厚度为4~6mm。对于直径大于15m的拱顶油罐,为了增强顶板的强度,需在顶板内侧的环向和径向处焊以扁钢加强筋,间距为1~1.3m。径向筋可以是一条长筋和一组伞形短筋相间排列,环向加强筋由若干条短筋组成。拱顶油罐的拱顶与罐壁的连接有包边角钢形式和匀调角形式两种。包边形角钢形式是将角钢制成八字,角钢的一面与罐顶焊接,另一面与拱顶板焊接。由于包边角钢连接形式的拱顶制作安装施工方便,采用比较广泛。匀调角拱顶连接形式是用钢板煨成其曲率半径为0.1倍油罐半径的圆弧板,分别与罐壁及顶板焊接。这种结构可使罐顶与罐壁之间不致形成尖锐的交角,而是一个匀调角,这样大大降低了罐顶与罐壁连接处的边缘压力,因而承受压力较高,在拱顶部分的2/3高度内可以贮油,可提高油罐有效容积的利用率。

2000m^3拱顶油罐顶板加强筋示意图如图3.3.4所示。

(1)单盘式浮顶罐在浮顶周围建造环形浮船,用隔板将浮船分隔成若干个不渗漏的舱室,在环形浮船范围内的面积以单层钢板覆盖。如图3.3.5所示。

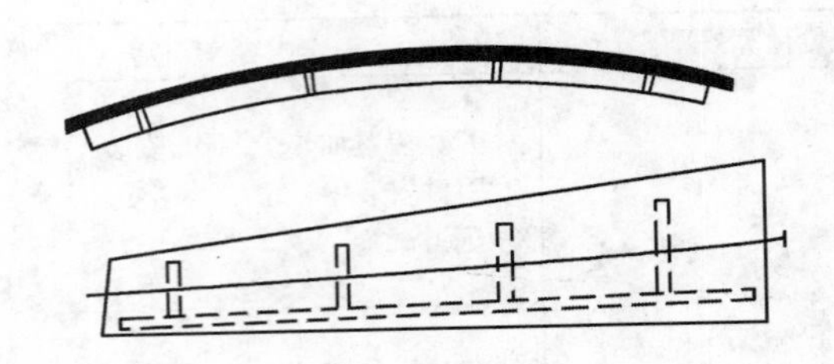

图 3.3.4 2000m³ 拱顶油罐顶板加强筋示意

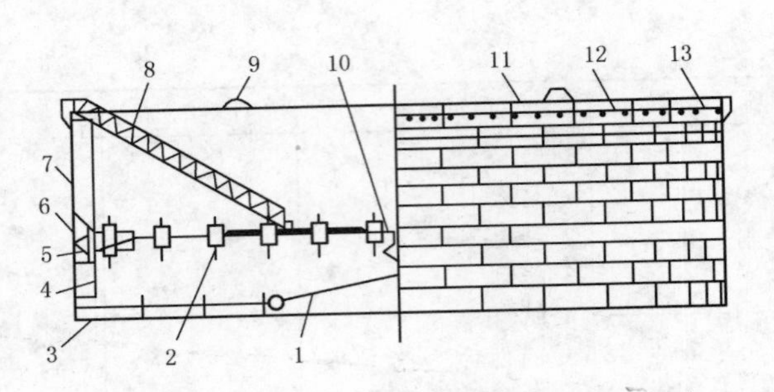

图 3.3.5 单盘式浮顶罐

1—中央排水管;2—浮顶立柱;3—罐底板;4—量液管;5—浮船;6—密封装置;7—罐壁;8—转动浮梯;9—泡沫消防挡板;10—单盘板;11—包边角钢;12—加强圈;13—抗风圈

(2)双盘式浮顶罐的上下分别以钢板全面覆盖,两层钢板之间由边缘环板、径向与环向间隔板隔成若干个不渗漏的舱室,如图 3.3.6 所示,双盘式浮顶从强度来看是安全的,并且上下顶板之间的空气层有隔热作用。我国浮顶油罐系列中,容量在 1000 ~ 5000m² 的浮顶油罐采用双盘式浮顶。双盘式材料消耗量大、造价高,不如单盘式浮顶经济。

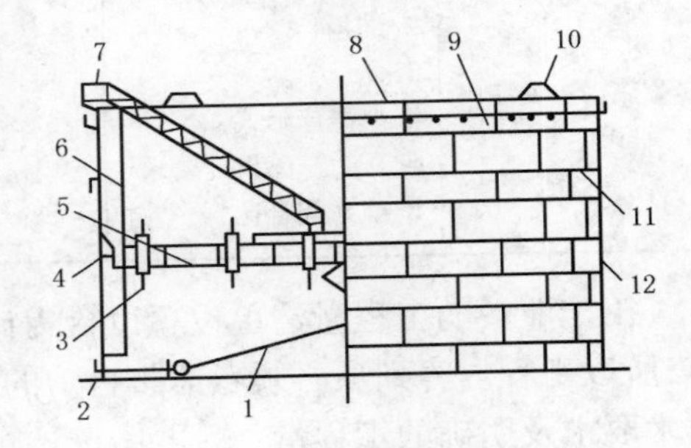

图 3.3.6 双盘式浮顶罐

1—中央排水管;2—罐底板;3—浮顶立柱;4—密封装置;5—双盘顶;6—量液管;7—转动浮梯;8—包边角钢;9—抗风圈;10—泡沫消防挡板;11—加强圈;12—罐壁

一般情况下,浮顶罐用于原油、汽油、溶剂油、重整原料油以及需要控制蒸发损失及大气污染、控制放出不良气体、有着火危险的产品的储存。

(3)内浮顶储罐:是带罐顶的浮顶罐,也是拱顶罐和浮顶罐相结合的新型储罐。内浮顶储罐的顶部是拱顶与浮顶的结合,外部为拱顶,内部为浮顶。如图 3.3.7 所示。

内浮顶储罐具有独特优点:一是与浮顶罐比较,因为有固定顶,能有效地防止风、沙、雨、雪或灰尘的侵入,绝对保证储液的质量。同时,内浮盘漂浮在液面上,使液体无蒸汽空间,减少蒸发损失 85% ~96%;减少空气污染,减少着火爆炸危险,易于保证储液质量,特别适合于储存高级汽油和喷气燃料及有毒的石油化工产品;由于液面上没有气体空间,故减少罐壁罐顶的腐蚀,从而延长储罐的使用寿命;二是在密封相同情况下,与浮顶相比可以进一步降低蒸发损耗。

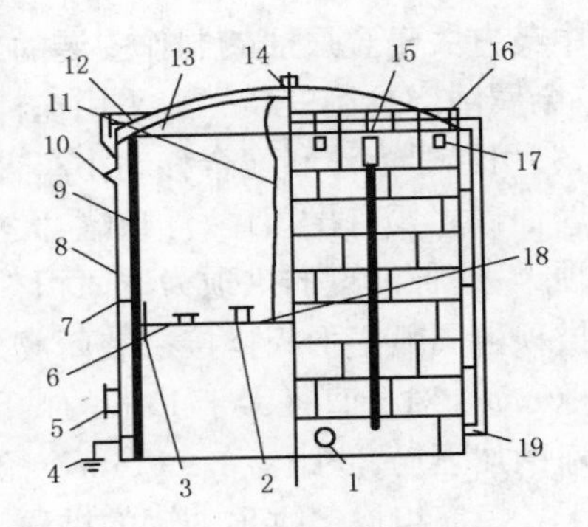

图 3.3.7 内浮顶储罐

1—罐壁人孔;2—自动通气阀;3—浮盘立柱;4—接地线;5—带芯人孔;6—浮盘人孔;7—密封装置;8—罐壁;9—量油管;10—高液位警报器;11—静电导线;12—手工量油口;13—固定罐顶;14—罐顶通气孔;15—消防口;16—罐顶人孔;17—罐壁通气孔;18—内浮盘;19—液面计

内浮顶储罐的缺点:与拱顶罐相比,钢板耗量比较多,施工要求高;与浮顶罐相比,维修不便(密封结构),储罐不易大型化,目前一般不超过 10000m³。

大型金属油罐有很多种,最典型的有球罐。球罐:球形贮罐为不同容量的压力贮存容器,在各工业部门中作为液化石油气、液化天然气、液氧、液氮、液氢、液氨及其他中间介质的贮存容器,也作为压缩空气、压缩气体(氧气、氮气、城市煤气)的贮罐。由于球形容器多数作为受压容器,故又称球罐。

球罐一般都是在制造厂分片压制成形，运到现场进行拼装和焊接。因此，对球壳板的曲率、径向和纬向的弧长、坡口加工以及各项几何尺寸等的要求十分严格。

油罐附件：罐体上安装的一些供特殊用途的附属配件，即油罐附件，以适应各种油品的贮存、发放、计量和维修等的要求，确保金属油罐的正常工作。

中方规定：金属油罐制作安装。工程量清单项目设置及工程量计算规则，应按表3.3.5的规定执行。

表3.3.5　中方金属油罐制作安装

<table>
<tr><th>项目名称</th><th>项目特征</th><th>计量单位</th><th>工程量计算规则</th><th>工作内容</th></tr>
<tr><td>拱顶罐
制作、安装</td><td>1. 名称
2. 构造形式
3. 材质
4. 容量
5. 质量
6. 本体梯子、平台、栏杆类型、质量
7. 安装位置
8. 型钢圈材质
9. 临时加固件材质
10. 附件种类、规格及数量、材质
11. 压力试验设计要求</td><td rowspan="3">台</td><td rowspan="3">按设计图示数量计算</td><td>1. 罐本体制作、安装
2. 型钢圈煨制
3. 充水试验
4. 卷板平直
5. 拱顶罐临时加固件制作、安装与拆除
6. 本体梯子、平台、栏杆制作安装
7. 附件制作、安装</td></tr>
<tr><td>浮顶罐
制作、安装</td><td rowspan="2">1. 名称
2. 构造形式
3. 材质
4. 容积
5. 质量
6. 本体梯子、平台、栏杆类型、质量
7. 安装位置
8. 型钢圈材质
9. 附件种类、规格及数量、材质
10. 压力试验设计要求</td><td>1. 罐本体制作、安装
2. 型钢圈煨制
3. 内浮顶罐充水试验
4. 浮顶罐升降试验
5. 卷板平直
6. 浮顶罐组装加固
7. 附件制作、安装
8. 本体梯子、平台、栏杆制作安装</td></tr>
<tr><td>低温双壁
金属罐
制作安装</td><td>1. 罐本体制作、安装
2. 型钢圈煨制
3. 内罐充水试验
4. 内罐升降试验
5. 外罐气密试验
6. 卷板平直
7. 双壁罐组装加固
8. 附件制作、安装
9. 本体梯子、平台、栏杆制作安装</td></tr>
</table>

续表

项目名称	项目特征	计量单位	工程量计算规则	工作内容
大型金属油罐制作安装	1. 名称 2. 材质 3. 容积 4. 质量 5. 焊接方式 6. 焊缝热处理技术要求 7. 罐底中幅板连接形式 8. 板幅调整尺寸 9. 浮船及支柱构造形式 10. 抗风圈与加强圈类型 11. 附件种类、规格及数量、材质 12. 本体盘梯、平台类型、质量 13. 压力试验设计要求	座	1. 按设计图示数量计算	1. 底板、壁板预制安装 2. 底板、壁板板幅调整 3. 浮船船舱预制安装 4. 浮船支柱预制安装 5. 抗风圈、加强圈预制安装 6. 附件制作安装 7. 大型油罐充水试验 8. 本体浮船升降试验 9. 焊缝预热，壁板焊缝热处理 10. 盘梯、平台制作安装 11. 钢板卷材平卷平直
加热器制作、安装	1. 名称 2. 加热器构造形式 3. 蒸汽盘管管径 4. 排管的长度 5. 连接管主管长度 6. 支座构造形式 7. 压力试验设计要求	m	盘管式加热器按设计图示尺寸以长度计算；排管式加热器按配管长度范围计算	1. 制作、安装 2. 支座制作、安装 3. 连接管制作、安装 4. 压力试验

注：

①工程量清单应根据油罐的材质、容积和罐体构造形式等特征分别以设计图示数量以“台(座)”为单位进行计量加热器制作以“m”为单位计量。

②金属油罐的工程量清单设置以“台”为计量单位，每台罐综合了很多的工程内容，所以工程内容列项必须考虑整台罐的完整性，列项要完全，不可漏项。且所组合的工程内容必须标明相应的技术要求及明确的工程量。

③焊接工艺评定、水压试验的临时管线等费用应根据实际情况，考虑在综合单价之中。

英方规定详见表3.3.3。

4. 中英方关于工艺金属结构制作安装的工程量计算规则是如何规定的？

答：中方规定：

工艺金属结构制作安装工程量清单项目设置及工程量计算规则，应按表3.3.6的规定执行。

表 3.3.6 中方工艺金属结构制作安装

项目名称	项目特征	计量单位	工程量计算规则	工作内容
联合平台制作安装	1. 名称 2. 每组质量 3. 平台板材质	t	按设计图示尺寸以质量计算	制作、安装
平台制作安装	1. 名称 2. 构造形式 3. 每组质量 4. 平台板材质			
梯子、栏杆、扶手制作安装	1. 名称 2. 构造形式 3. 踏步材质			
桁架、管廊、设备框架、单梁结构制作安装	1. 名称 2. 构造形式 3. 桁架每组质量 4. 管廊高度 5. 设备框架跨度 6. 灌浆配合比			1. 制作、安装 2. 钢板组合型钢制作 3. 二次灌浆
设备支架制作安装	1. 名称 2. 材质 3. 支架每组质量			制作、安装
漏斗、料仓制作安装	1. 名称 2. 材质 3. 漏斗形状 4. 每组质量 5. 灌浆配合比			1. 制作、安装 2. 型钢圈煨制 3. 二次灌浆
烟囱、烟道制作安装	1. 名称 2. 材质 3. 烟囱直径 4. 烟道构造形式 5. 灌浆配合比		按设计图示尺寸展开面积以质量计算	1. 制作、安装 2. 型钢圈煨制 3. 二次灌浆 4. 地锚埋设
火炬及排气筒制作安装	1. 名称 2. 构造形式 3. 材质 4. 质量 5. 筒体直径 6. 高度 7. 灌浆配合比	座	按设计图示数量计算	1. 筒体制作组对 2. 塔架制作组装 3. 火炬、塔架、筒体吊装 4. 火炬头安装 5. 二次灌浆

同时注意:

①工艺金属结构制作、安装包括了安装工程的钢平台;梯子、栏杆、扶手;桁架、管廊、设备框架、单梁结构;设备支架;漏斗、料仓;烟囱、烟道;火炬、排气筒的制作、安装等内容。

②适用于安装工程中工艺金属结构、烟囱烟道、火炬、排气筒、漏斗、料仓等金属结构安装工程的工程量清单设置。

③工程量清单计量应根据重量、材料、跨度等特征分别以图示数量以"t"为单位计量。

④本节内容不包括钢结构的无损探伤、防火、结构的预热与后热。如果上述内容发生需单独列项或综合在主项内。烟囱缆风绳地锚埋设需单独列项。

英方规定详见表3.3.3。

5. 中英方关于铝制、铸铁、非金属设备安装和撬块安装的工程量计算规则是如何规定的?

答:中方规定:

铝制、铸铁、非金属设备安装工程量清单项目设置及工程量计算规则,应按表3.3.7的规定执行。

表3.3.7　中方铝制、铸铁、非金属设备安装

项目名称	项目特征	计量单位	工程量计算规则	工作内容
容器安装	1. 名称 2. 材质 3. 质量 4. 灌浆配合比 5. 清洗、钝化及脱脂设计要求	台	按设计图示数量计算	1. 整体安装 2. 清洗、钝化及脱脂 3. 二次灌浆
塔器安装	1. 名称 2. 材质 3. 质量 4. 规格、型号 5. 塔器清洗、钝化及脱脂设计要求 6. 灌浆配合比			1. 塔器整体安装 2. 塔器分段组装 3. 塔器清洗、钝化及脱脂 4. 二次灌浆
热交换器安装	1. 名称 2. 构造型式 3. 质量 4. 材质 5. 灌浆配合比			1. 整体安装 2. 二次灌浆

同时注意:

①铝制、铸铁、非金属设备安装:

a）工程量清单计量应根据设备的材质、构造和重量等特征分别以设计图示数量进行以“台”为单位计量。

b）非金属设备有多种材质，所以综合工程内容的选用要针对设备特点按设计技术要求组合列项。

②撬块安装：

a）工程量清单计量应根据撬块功能、重量范围和面积范围等特征分别以设计图示数量以“套”为单位进行计量。

b）撬块内电气系统、仪表系统的工程量清单列项时，因其已完成安装，只能就系统试验列项。

撬块安装工程量清单项目设置及工程量计算规则，应按表3.3.8的规定执行。

表3.3.8　中方撬块安装

项目名称	项目特征	计量单位	工程量计算规则	工作内容
撬块安装	1.名称 2.功能 3.质量 4.面积 5.灌浆配合比	套	按设计图示数量计算	1.撬块整体安装 2.撬上部件与撬外部件的连接 3.二次灌浆

英方规定详见表3.3.3。

四、电气设备安装工程

1.中方是如何计算变压器安装工程量的？英方是怎样与之相对应的？

答：中方规定此处变压器安装适用于油浸电力变压器、干式变压器、自耦式变压器、带负荷调压变压器、电炉变压器、整流变压器、电抗器及消弧线圈安装的工程量清单项目的编制和计量。

工程量清单项目的工程量计算，均指形成实体部分的计量，而且只规定了该部分的计算单位和计算规则。关于需在综合单价中考虑的“工程内容”中的项目，因为它不体现在清单项目表上，其计算单位和计算规则不作具体规定。在计价时，其数量应与该清单项目的实体量相匹配，可参照《消耗定额》及其计算规则计算在综合单价中。其工程量清单设置及工程量计算规则见表3.4.1。

表 3.4.1 中方变压器安装

项目名称	项目特征	计量单位	工程量计算规则	工作内容
油浸电力变压器	1. 名称 2. 型号 3. 容量(kV·A) 4. 电压(kV) 5. 油过滤要求 6. 干燥要求 7. 基础型钢形式、规格 8. 网门、保护门材质、规格 9. 温控箱型号、规格	台	按设计图示数量计算	1. 本体安装 2. 基础型钢制作、安装 3. 油过滤 4. 干燥 5. 接地 6. 网门及保护门制作、安装 7. 刷(喷)油漆
干式变压器				1. 本体安装 2. 基础型钢制作、安装 3. 温控箱安装 4. 接地 5. 网门、保护门制作、安装 6. 补刷(喷)油漆
整流变压器	1. 名称 2. 型号 3. 容量(kV·A) 4. 电压(kV) 5. 油过滤要求 6. 干燥要求 7. 基础型钢形式、规格 8. 网门、保护门材质、规格			1. 本体安装 2. 基础型钢制作、安装 3. 油过滤 4. 干燥 5. 网门及铁构件制作、安装 6. 补刷(喷)油漆
自耦式变压器				
有载调压变压器				
电炉变压器	1. 名称 2. 型号 3. 容量(kV·A) 4. 电压(kV) 5. 基础型钢形式、规格 6. 网门、保护门材质、规格			1. 本体安装 2. 基础型钢制作、安装 3. 网门、保护门制作、安装 4. 补刷(喷)油漆
消弧线圈	1. 名称 2. 型号 3. 容量(kV·A) 4. 电压(kV) 5. 油过滤要求 6. 干燥要求 7. 基础型钢形式、规格			1. 本体安装 2. 基础型钢制作、安装 3. 油过滤 4. 干燥 5. 补刷(喷)油漆

而英方没有对变压器安装工程量计算作出明确规定，只在控制装置—机械式中有所体现，详见表 3.4.2。

表 3.4.2　英方控制装置——机械式

提供资料					计算规则	定义规则	范围规则	辅助资料
P1 以下资料或应按第 A 部分之基本设施费用/总则条款而提供于位置图内,或应提供于与工程量清单相对应的附图上: (a)工程范围及其位置,包括机房内的工作内容					M1 与本章节有关的工程内容按附录 B 内规则 R20–U70 计算,并作相应分类 M2 机房内的工作单独计算	D1 面层及表面处理不包括按Y50及 M60 规则计算的保温绝热层及装饰性面层	C1 视作已包括提供一切必要的连接件 C2 视作已包括提供格式、模式与模具等	S1 特殊的行规及规范 S2 材料类型与材质 S3 材料规格、厚度或材质 S4 材料必须符合的测试标准 S5 现场操作的面层或表面处理 S6 非现场操作的面层或表面处理,应说明是在工厂组装或安装之前或之后进行 S7 设备尺寸和重量限制
分类表								
1. 设备	1. 注明类型、尺寸、模式、功能效率、容量、负荷以及安装方法	1. 另需参考技术要求	nr	1. 与设备同时提供的附件,详细说明 2. 综合控制或指示器,详细说明 3. 遥控器或指示器,以及连接件,详细说明 4. 与设备同时提供的支承,抗振动装置,绝缘设备。细节及安装方法说明 5. 初始费用,详细说明 6. 注明安装环境			C3 视作已包括与设备同时提供的用于标识的铭牌、磁碟与标签	

续表

分类表					计算规则	定义规则	范围规则	辅助资料
2. 不与设备同时提供的设备附件	1. 注明类型、尺寸与安装方法	1. 注明设备类型	nr	1. 综合控制或指示器,详细说明 2. 遥控器或指示器,以及之间的衔接,详细说明			C4 视作已包括设备连接件	
3. 窗台散热片 4. 墙裙散热片	1. 构件(nr)	1. 注明输出热值、类型、尺寸与连接方法	m				C5 视作已包括边沿密封条	
	2. 外罩	2. 注明类型、尺寸与连接方法	m					
5. 窗台与墙裙散热片外罩所需的额外项目	1. 角形截面铁件 2. 配合板 3. 进出口盖 4. 端盖	1. 注明类型、尺寸与连接方法	nr					
6. 不与设备同时提供的支承件	1. 注明类型、尺寸与连接方法		nr	1. 注明安装的环境				
7. 独立垂直钢烟囱	1. 高度、内直径与连接方法说明			1. 底板(nr) 2. 底板的样板(nr) 3. 内衬(nr) 4. 外覆层(nr) 5. 地脚螺栓(nr) 6. 缆索(nr) 7. 梯子(nr) 8. 防护栏杆(nr) 9. 油工安全系钩(nr) 10. 除灰门(nr) 11. 通风帽 12. 烟道终端	M3 在Y10章节,烟道作为管道系统进行计算			
8. 不与设备同时提供的抗振配件	1. 类型、尺寸与安装方法		nr	1. 注明安装的环境				
9. 抗振或隔声材料	1. 设备基础	1. 注明性质与厚度	m^2	1. 由其他施工单位提供				
10. 设施的拆开、堆放、再安装(为了其他工种方便)	1. 注明设备类型与拆开目的		项					

2. 中方关于配电装置安装的工程量计算规则是如何规定的，英方又是怎样规定的？

答：中方规定配电装置计算时大部分以“台”为计量单位，少部分以“组”、“个”为计量单位。计算规则均按设计图示数量计算，详见表3.4.3。

表3.4.3　中方配电装置安装

项目名称	项目特征	计量单位	工程量计算规则	工作内容
油断路器	1. 名称 2. 型号 3. 容量(A) 4. 电压等级(kV) 5. 安装条件 6. 操作机构名称及型号 7. 基础型钢规格 8. 接线材质、规格 9. 安装部位 10. 油过滤要求	台	按设计图示数量计算	1. 本体安装、调试 2. 基础型钢制作、安装 3. 油过滤 4. 补刷(喷)油漆 5. 接地
真空断路器	1. 名称 2. 型号 3. 容量(A) 4. 电压等级(kV) 5. 安装条件 6. 操作机构名称及型号 7. 基础型钢规格 8. 接线材质、规格 9. 安装部位 10. 油过滤要求	台	按设计图示数量计算	1. 本体安装 2. 基础型钢制作、安装 3. 补刷(喷)油漆 4. 接地
SF_6 断路器	1. 名称 2. 型号 3. 容量(A) 4. 电压等级(kV) 5. 安装条件 6. 操作机构名称及型号 7. 基础型钢规格 8. 接线材质、规格 9. 安装部位 10. 油过滤要求	台	按设计图示数量计算	1. 本体安装 2. 基础型钢制作、安装 3. 补刷(喷)油漆 4. 接地
空气断路器	1. 名称 2. 型号 3. 容量 4. 电压等级(kV) 5. 安装条件 6. 操作机构名称及型号 7. 接线材质、规格 8. 安装部位(A)	台	按设计图示数量计算	1. 本体安装 2. 基础型钢制作、安装 3. 补刷(喷)油漆 4. 接地
真空接触器	1. 名称 2. 型号 3. 容量 4. 电压等级(kV) 5. 安装条件 6. 操作机构名称及型号 7. 接线材质、规格 8. 安装部位(A)	台	按设计图示数量计算	1. 本体安装、调试 2. 补刷(喷)油漆 3. 接地
隔离开关	1. 名称 2. 型号 3. 容量 4. 电压等级(kV) 5. 安装条件 6. 操作机构名称及型号 7. 接线材质、规格 8. 安装部位(A)	组	按设计图示数量计算	1. 本体安装、调试 2. 补刷(喷)油漆 3. 接地
负荷开关	1. 名称 2. 型号 3. 容量 4. 电压等级(kV) 5. 安装条件 6. 操作机构名称及型号 7. 接线材质、规格 8. 安装部位(A)	组	按设计图示数量计算	1. 本体安装、调试 2. 补刷(喷)油漆 3. 接地
互感器	1. 名称 2. 型号 3. 规格 4. 类型 5. 油过滤要求	台	按设计图示数量计算	1. 本体安装、调试 2. 干燥 3. 油过滤 4. 接地
高压熔断器	1. 名称 2. 型号 3. 规格 4. 安装部位	组	按设计图示数量计算	1. 本体安装、调试 2. 接地
避雷器	1. 名称 2. 型号 3. 规格 4. 电压等级 5. 安装部位	组	按设计图示数量计算	1. 本体安装 2. 接地
干式电抗器	1. 名称 2. 型号 3. 规格 4. 质量 5. 安装部位 6. 干燥要求	组	按设计图示数量计算	1. 本体安装 2. 干燥
油浸电抗器	1. 名称 2. 型号 3. 规格 4. 容量(kV·A) 5. 油过滤要求 6. 干燥要求	台	按设计图示数量计算	1. 本体安装 2. 油过滤 3. 干燥
移相及串联电容器	1. 名称 2. 型号 3. 规格 4. 质量 5. 安装部位	个	按设计图示数量计算	1. 本体安装 2. 接地
集合式并联电容器	1. 名称 2. 型号 3. 规格 4. 质量 5. 安装部位	个	按设计图示数量计算	1. 本体安装 2. 接地
并联补偿电容器组架	1. 名称 2. 型号 3. 规格 4. 结构形式	台	按设计图示数量计算	1. 本体安装 2. 接地
交流滤波装置组架	1. 名称 2. 型号 3. 规格	台	按设计图示数量计算	1. 本体安装 2. 接地

续表

项目名称	项目特征	计量单位	工程量计算规则	工作内容
高压成套配电柜	1. 名称 2. 型号 3. 规格 4. 母线配置方式 5. 种类 6. 基础型钢形式、规格	台	按设计图示数量计算	1. 本体安装 2. 基础型钢制作、安装 3. 补刷(喷)油漆 4. 接地
组合型成套箱式变电站	1. 名称 2. 型号 3. 容量(kV·A) 4. 电压(kV) 5. 组合形式 6. 基础规格、浇筑材质			1. 本体安装 2. 基础浇筑 3. 进箱母线安装 4. 补刷(喷)油漆 5. 接地

英方规定详见表3.4.4。

表3.4.4 英方配电装置安装/英方电气调整

提供资料	计算规则	定义规则	范围规则	辅助资料
P1 以下资料或应按第A部分之基本设施费用/总则条款而提供于位置图内,或应提供于与工程量清单相对应的附图上: (a)工程范围及其位置	M1 与本章节有关的工程内容按附录B内规则V10-W62计算,并作相应分类	D1 面层及表面处理不包括按M60规则计算的装饰性面层	C1 视作已包括接头所需的全部配件 C2 视作已包括模式、造型和样板等	S1 特殊的行规及规范 S2 材料类型与材质 S3 材料规格、厚度或材质 S4 材料必须符合的测试标准 S5 现场操作的面层或表面处理 S6 非现场操作的面层或表面处理,应说明是在工厂组装或安装之前或之后进行 S7 设备尺寸和重量限制

续表

分类表					计算规则	定义规则	范围规则	辅助资料
1. 开关柜 2. 配电柜 3. 接触器和启动器 4. 电机驱动器	1. 注明类型、尺寸、定额容量和固定方法	1. 另需参考技术要求	nr	1. 熔断器 2. 随设备提供的支架,提供详细资料和固定方法 3. 注明安装的环境			C3 视作已包括随设备提供的标识板、磁盘和铭牌	
5. 支撑未随开关柜配柜接触器和启动器以及电机驱动器一起提供	1. 注明类型、尺寸和固定方法		nr	1. 注明安装的环境				

母线安装。工程量清单设置及工程量计算规则见表3.4.5。

表3.4.5　中方母线安装

项目名称	项目特征	计量单位	工程量计算规则	工作内容
软母线 组合软母线	1. 名称 2. 材质 3. 型号 4. 规格 5. 绝缘子类型、规格	m	按设计图示尺寸以单相长度计算(含预留长度)	1. 母线安装 2. 绝缘子耐压试验 3. 跳线安装 4. 绝缘子安装
带形母线	1. 名称 2. 型号 3. 规格 4. 材质 5. 绝缘子类型、规格 6. 穿墙套管材质、规格 7. 穿通板材质、规格 8. 母线桥材质、规格 9. 引下线材质、规格 10. 伸缩节、过渡板材质、规格 11. 分相漆品种			1. 母线安装 2. 穿通板制作、安装 3. 支持绝缘子、穿墙套管的耐压试验、安装 4. 引下线安装 5. 伸缩节安装 6. 过渡板安装 7. 刷分相漆
槽形母线	1. 名称 2. 型号 3. 规格 4. 材质 5. 连接设备名称、规格 6. 分相漆品种			1. 母线制作、安装 2. 与发电机、变压器连接 3. 与断路器、隔离开关连接 4. 刷分相漆

续表

项目名称	项目特征	计量单位	工程量计算规则	工作内容
共箱母线	1. 名称 2. 型号 3. 规格 4. 材质 5. 连接设备名称、规格 6. 分相漆品种	m	按设计图示尺寸以中心线长度计算	1. 母线安装 2. 补刷(喷)油漆
低压封闭式插接母线槽	1. 名称 2. 型号 3. 规格 4. 容量(A) 5. 线制 6. 安装部位			
始端箱、分线箱	1. 名称 2. 型号 3. 规格 4. 容量(A)	台	按设计图示数量计算	1. 本体安装 2. 补刷(喷)油漆
重型母线	1. 名称 2. 型号 3. 规格 4. 容量(A) 5. 材质 6. 绝缘子类型、规格 7. 伸缩器及导板规格	t	按设计图示尺寸以质量计算	1. 母线制作、安装 2. 伸缩器及导板制作、安装 3. 支持绝缘子安装 4. 补刷(喷)油漆

3. 中方关于母线安装的工程量计算如何规定？英方又是如何规定的？

答:中方规定母线安装工程量计算时:

①除重型母线和始端箱、分线箱外的各项计量单位均为“m”,重型母线的计量单位为“t”,始端箱、分线箱的计量单位为“台”。计算规则均为按设计图示尺寸以单相长度(含预留长度)或中心线长度计算,而重型母线按设计图示尺寸以重量计算,始端箱、分线箱按设计图示数量计算。

②有关预留长度,在做清单项目综合单价时,按设计要求或施工及验收规范的规定长度一并考虑。

③清单的工程量为实体的净值,其损耗量由报价人根据自身情况而定。中介在做标底时,可参考定额的消耗量,无论是报价还是做标底,在参考定额时,要注意主要材料及辅材的消耗量在定额中的有关规定,如母线安装定额中就没有包括主辅材的消耗量。

而英方规定计算母线槽时不扣除紧固件和支线槽的长度。并且需注意:①注明类型、尺寸、盖板、连接方法、母线额定能力和类型、间距和支架固定方法。②注明安装的环境。③母线槽所需要的附加项目视作已包括母线槽对于紧固件、分线装置、馈线装置和防火隔离装置的切割和连接。

4. 中英方关于控制设备及低压电器安装、蓄电池安装的工程量计算是如何规定的?

答:中方规定:

控制设备及低压电器安装:

①除集装箱式配电室的计量单位按“吨”外,大部分以“台”计量,个别以“套”、“个”计量。计算规则均按设计图示数量计算。

②清单项目描述时,对各种铁构件如需镀锌、镀锡、喷塑等,需予以描述,以便计价。

③凡导线进出屏、柜、箱、低压电器的,该清单项目描述是否要焊、(压)接线端子。而电缆进出屏、柜、箱、低压电器的,可不描述焊、(压)接线端子,因为已综合在电缆敷设的清单项目中。

④凡需做(屏、柜)配线的清单项目必须予以描述。

⑤盘、柜、屏、箱等进出线的预留量(按设计要求或施工及验收规范规定的长度)均不作为实物量,但必须在综合单价中体现。

蓄电池安装:

①各项计量单位均为“个”。免维护铅酸蓄电池的表现形式为“组件”,因此也可称多少个组件。计算规则按设计图示数量计算。

②如果设计要求蓄电池抽头连接用电缆保护管时,应在清单项目中予以描述,以便计价。

③蓄电池电解液如需承包方提供,亦应描述。

④蓄电池充放电费用综合在安装单价中,按“组”充放电,但需摊到每一个蓄电池的安装综合单价中报价。

控制设备及低压电器安装、蓄电池安装的工程量清单设置及工程量计算规则详见表 3.4.6、表 3.4.7。

表 3.4.6　中方控制设备及低压电器安装

<table>
<tr><th>项目名称</th><th>项目特征</th><th>计量单位</th><th>工程量计算规则</th><th>工作内容</th></tr>
<tr><td>控制屏</td><td rowspan="4">1. 名称
2. 型号
3. 规格
4. 种类
5. 基础型钢形式、规格
6. 接线端子材质、规格
7. 端子板外部接线材质、规格
8. 小母线材质、规格
9. 屏边规格</td><td rowspan="4">台</td><td rowspan="4">按设计图示数量计算</td><td rowspan="3">1. 本体安装
2. 基础型钢制作、安装
3. 端子板安装
4. 焊、压接线端子
5. 盘柜配线、端子接线
6. 小母线安装
7. 屏边安装
8. 补刷(喷)油漆
9. 接地</td></tr>
<tr><td>继电、信号屏</td></tr>
<tr><td>模拟屏</td></tr>
<tr><td>低压开关柜(屏)</td><td>1. 本体安装
2. 基础型钢制作、安装
3. 端子板安装
4. 焊、压接线端子
5. 盘柜配线、端子接线
6. 屏边安装
7. 补刷(喷)油漆
8. 接地</td></tr>
</table>

续表

项目名称	项目特征	计量单位	工程量计算规则	工作内容
弱电控制返回屏	1.名称 2.型号 3.规格 4.种类 5.基础型钢形式、规格 6.接线端子材质、规格 7.端子板外部接线材质、规格 8.小母线材质、规格 9.屏边规格	台	按设计图示数量计算	1.本体安装 2.基础型钢制作、安装 3.端子板安装 4.焊、压接线端子 5.盘柜配线、端子接线 6.小母线安装 7.屏边安装 8.补刷(喷)油漆 9.接地
箱式配电室	1.名称 2.型号 3.规格 4.质量 5.基础规格、浇筑材质 6.基础型钢形式、规格	套		1.本体安装 2.基础型钢制作、安装 3.基础浇筑 4.补刷(喷)油漆 5.接地
硅整流柜	1.名称 2.型号 3.规格 4.容量(A) 5.基础型钢形式、规格	台		1.本体安装 2.基础型钢制作、安装 3.补刷(喷)油漆 4.接地
可控硅柜	1.名称 2.型号 3.规格 4.容量(kW) 5.基础型钢形式、规格			
低压电容器柜	1.名称 2.型号 3.规格 4.基础型钢形式、规格 5.接线端子材质、规格 6.端子板外部接线材质、规格 7.小母线材质、规格 8.屏边规格			1.本体安装 2.基础型钢制作、安装 3.端子板安装 4.焊、压接线端子 5.盘柜配线、端子接线 6.小母线安装 7.屏边安装 8.补刷(喷)油漆 9.接地
自动调节励磁屏				
励磁灭磁屏				
蓄电池屏(柜)				
直流馈电屏				
事故照明切换屏				
控制台	1.名称 2.型号 3.规格 4.基础型钢形式、规格 5.接线端子材质、规格 6.端子板外部接线材质、规格 7.小母线材质、规格			1.本体安装 2.基础型钢制作、安装 3.端子板安装 4.焊、压接线端子 5.盘柜配线、端子接线 6.小母线安装 7.补刷(喷)油漆 8.接地

续表

项目名称	项目特征	计量单位	工程量计算规则	工作内容
控制箱	1. 名称 2. 型号 3. 规格 4. 基础形式、材质、规格 5. 接线端子材质、规格 6. 端子板外部接线材质、规格 7. 安装方式	台	按设计图示数量计算	1. 本体安装 2. 基础型钢制作、安装 3. 焊、压接线端子 4. 补刷(喷)油漆 5. 接地
配电箱				
插座箱	1. 名称 2. 型号 3. 规格 4. 安装方式			1. 本体安装 2. 接地
控制开关	1. 名称 2. 型号 3. 规格 4. 接线端子材质、规格 5. 额定电流(A)	个		1. 本体安装 2. 焊、压接线端子 3. 接线
低压熔断器	1. 名称 2. 型号 3. 规格 4. 接线端子材质、规格			
限位开关				
控制器		台		
接触器				
磁力启动器				
Y－△自耦减压启动器				
电磁铁(电磁制动器)				
快速自动开关				
电阻器		箱		
油浸频敏变阻器		台		
分流器	1. 名称 2. 型号 3. 规格 4. 容量(A) 5. 接线端子材质、规格	个		
小电器	1. 名称 2. 型号 3. 规格 4. 接线端子材质、规格	个(套、台)		

续表

项目名称	项目特征	计量单位	工程量计算规则	工作内容
端子箱	1. 名称 2. 型号 3. 规格 4. 安装部位	台	按设计图示数量计算	1. 本体安装 2. 接线
风扇	1. 名称 2. 型号 3. 规格 4. 安装方式			1. 本体安装 2. 调速开关安装
照明开关	1. 名称 2. 材质 3. 规格 4. 安装方式	个		1. 本体安装 2. 接线
插座				
其他电器	1. 名称 2. 规格 3. 安装方式	个(套、台)		1. 安装 2. 接线

表 3.4.7　中方蓄电池安装

项目名称	项目特征	计量单位	工程量计算规则	工作内容
蓄电池	1. 名称 2. 型号 3. 容量(A·h) 4. 防震支架形式、材质 5. 充放电要求	个(组件)	按设计图示数量计算	1. 本体安装 2. 防震支架安装 3. 充放电
太阳能电池	1. 名称 2. 型号 3. 规格 4. 容量 5. 安装方式	组		1. 安装 2. 电池方阵铁架安装 3. 联调

英方规定详见表 3.4.8。

表 3.4.8　高压开关柜/低压开关柜和配电柜/电流接触器和启动器/驱动电机

提供资料	计算规则	定义规则	范围规则	辅助资料
P1 以下资料或应按第 A 部分之基本设施费用/总则条款而提供于位置图内,或应提供于与工程量清单相对应的附图上: (a)工程范围及其位置	M1 与本章节有关的工程内容按附录 B 内规则 V10－W62 计算,并作相应分类	D1 面层及表面处理不包括 M60 规则计算的装饰性面层	C1 视作已包括接头所需的全部配件 C2 视作已包括模式、造型和样板等	S1 特殊的行规及规范 S2 材料类型与材质 S3 材料规格、厚度或材质 S4 材料必须符合的测试标准 S5 现场操作的面层或表面处理 S6 非现场操作的面层或表面处理,应说明是在工厂组装或安装之前或之后进行 S7 设备尺寸和重量限制

续表

提供资料					计算规则	定义规则	范围规则	辅助资料
1. 开关柜 2. 配电柜 3. 接触器和启动器 4. 电机驱动器	1. 注明类型、尺寸、额定容量和固定方法	1. 另需参考技术要求	nr	1. 熔断器 2. 随设备提供的支架，提供详细资料和固定方法 3. 注明安装的环境			C3 视作已包括随设备提供的标识板、磁盘和铭牌	
5. 支撑，未随开关柜、配柜、接触器和启动器以及电机驱动器一起提供	1 注明类型、尺寸和固定方法		nr	1. 注明安装的环境				

5. 中英方关于电机检查接线及调试的工程量计算规则是如何规定的？

答：中方规定详见表3.4.9。

表3.4.9　中方电机检查接线及调试

项目名称	项目特征	计量单位	工程量计算规则	工作内容
发电机	1. 名称 2. 型号 3. 容量(kW) 4. 接线端子材质、规格 5. 干燥要求	台	按设计图示数量计算	1. 检查接线 2. 接地 3. 干燥 4. 调试
调相机				
普通小型直流电动机				
可控硅调速直流电动机	1. 名称 2. 型号 3. 容量(kW) 4. 类型 5. 接线端子材质、规格 6. 干燥要求			
普通交流同步电动机	1. 名称 2. 型号 3. 容量(kW) 4. 启动方式 5. 电压等级(kV) 6. 接线端子材质、规格 7. 干燥要求			

续表

<table>
<tr><th>项目名称</th><th>项目特征</th><th>计量单位</th><th>工程量计算规则</th><th>工作内容</th></tr>
<tr><td>低压交流异步电动机</td><td>1. 名称
2. 型号
3. 容量（kW）
4. 控制保护方式
5. 接线端子材质、规格
6. 干燥要求</td><td rowspan="4">台</td><td rowspan="7">按设计图示数量计算</td><td rowspan="6">1. 检查接线
2. 接地
3. 干燥
4. 调试</td></tr>
<tr><td>高压交流异步电动机</td><td>1. 名称
2. 型号
3. 容量（kW）
4. 保护类别
5. 接线端子材质、规格
6. 干燥要求</td></tr>
<tr><td>交流变频调速电动机</td><td>1. 名称
2. 型号
3. 容量（kW）
4. 类别
5. 接线端子材质、规格
6. 干燥要求</td></tr>
<tr><td>微型电机、电加热器</td><td>1. 名称
2. 型号
3. 规格
4. 接线端子材质、规格
5. 干燥要求</td></tr>
<tr><td>电动机组</td><td>1. 名称
2. 型号
3. 电动机台数
4. 联锁台数
5. 接线端子材质、规格
6. 干燥要求</td><td rowspan="2">组</td></tr>
<tr><td>备用励磁机组</td><td>1. 名称
2. 型号
3. 接线端子材质、规格
4. 干燥要求</td></tr>
<tr><td>励磁电阻器</td><td>1. 名称
2. 型号
3. 规格
4. 接线端子材质、规格
5. 干燥要求</td><td>台</td><td>1. 本体安装
2. 检查接线
3. 干燥</td></tr>
</table>

同时注意：按规范要求，从管口到电机接线盒间要有软管保护，项目应描述软管的材质和长度，报价时考虑在综合单价中。

英方规定详见表3.4.10。

表3.4.10　英方电机检查接线及调试

提供资料					计算规则	定义规则	范围规则
P1 以下资料或应按第A部分之基本设施费用/总则条款而提供于位置图内					M1 与本章节有关的工程内容按附录B内规则V10－W62计算，并作相应分类		
分类表							
1. 附加焊接	1. 因测试外接金属件而需要的焊接		暂定款		M2 作为另一选择，可在工程分部A50中加入一个暂定款项目		
2. 标明结构中孔、眼和凹槽的位置	1. 注明设备安装	1. 注明类型、质量或数量	项	1. 施工过程中预留，详细说明			
3. 散装部件	1. 钥匙 2. 工具 3. 备件	1. 注明类型、尺寸和安装方法	nr	1. 接收人的姓名			
4. 设备或控制装置中未提供的标识	1. 标识牌 2. 磁碟 3. 标签 4. 磁带及条码 5. 箭头、符号、字母和号码 6. 图表			1. 雕刻、铭牌，详细说明 2. 安装图表，详细说明			
5. 测试	1. 注明设备	1. 注明测试分阶段(nr)进行并说明目的 2. 完整的设备安装操作人员指导	项	1. 所需的照管服务 2. 所需的仪器、仪表			C1 视作已包括提供电力和其他供应 C2 视作已包括提供测试签定书

续表

分类表					计算规则	定义规则	范围规则
6. 依业主要求的临时设备操作	1. 注明设备和操作目的	1. 说明运行周期	项	1. 所需的照管服务 2. 业主在准许运行之前的要求 3. 业主的特殊保险的要求	M3 电力和其他供应已包括在 A54 条款的暂定款内		
7. 图纸准备	1. 注明所需资料和文件份数	1. 底片、正片与缩微胶片，细节说明	项	1. 装订成套，细节说明 2. 注明收件人姓名		D1 图纸内容需包括：土建施工图纸、制造商图纸、安装图纸与记录，或其他“合适”的图纸	
8. 操作和维护手册			项				

6. 中英方关于滑触线装置安装、电缆安装的工程量计算规格如何规定？

答：中方规定见表 3.4.11、表 3.4.12。

滑触线装置安装工程量清单项目设置及工程量计算规则，应按表 3.4.11 的规定执行。

表 3.4.11　中方滑触线装置安装

项目名称	项目特征	计量单位	工程量计算规则	工作内容
滑触线	1. 名称 2. 型号 3. 规格 4. 材质 5. 支架形式、材质 6. 移动软电缆材质、规格、安装部位 7. 拉紧装置类型 8. 伸缩接头材质、规格	m	按设计图示尺寸以单相长度计算（含预留长度）	1. 滑触线安装 2. 滑触线支架制作、安装 3. 拉紧装置及挂式支持器制作、安装 4. 移动软电缆安装 5. 伸缩接头制作、安装

电缆安装工程量清单项目设置及工程量计算规则，应按表 3.4.12 的规定执行。

表 3.4.12　中方电缆安装

项目名称	项目特征	计量单位	工程量计算规则	工作内容
电力电缆	1. 名称 2. 型号 3. 规格 4. 材质 5. 敷设方式、部位 6. 电压等级 7. 地形	m	按设计图示尺寸以长度计算（含预留长度及附加长度）	1. 电缆敷设 2. 揭（盖）盖板
控制电缆				

续表

项目名称	项目特征	计量单位	工程量计算规则	工作内容
电缆保护管	1. 名称 2. 材质 3. 规格 4. 敷设方式	m	按设计图示尺寸以长度计算	保护管敷设
电缆槽盒	1. 名称 2. 材质 3. 规格 4. 型号			槽盒安装
铺砂、盖保护板(砖)	1. 种类 2. 规格			1. 铺砂 2. 盖板(砖)
电力电缆头	1. 名称 2. 型号 3. 规格 4. 材质、类型 5. 安装部位 6. 电压等级(kV)	个	按设计图示数量计算	1. 电力电缆头制作 2. 电力电缆头安装 3. 接地
控制电缆头	1. 名称 2. 型号 3. 规格 4. 材质、类型 5. 安装方式			
防火堵洞	1. 名称 2. 材质 3. 方式 4. 部位	处		安装
防火隔板		m^2	按设计图示尺寸以面积计算	
防火涂料		kg	按设计图示尺寸以质量计算	
电缆分支箱	1. 名称 2. 型号 3. 规格 4. 基础形式、材质、规格	台	按设计图示数量计算	1. 本体安装 2. 基础制作、安装

同时注意：

滑触线装置安装：

①各清单项目应综合考虑的工程内容要描述清楚：(a)滑触线安装；(b)滑触线支架制作、安装；(c)拉紧装置及挂式支持器制作、安装；(d)移动软电缆安装；(e)伸缩接头制作、安装；(f)除锈、刷油。

②清单项目应描述支架的基础铁件及螺栓是否由承包商浇筑。

③沿轨道敷设软电缆清单项目，要说明是否包括轨道安装和滑轮制作的内容，以便报价。

④滑触线安装的预留长度不作为实物量计量，按设计要求或规范规定长度，在综合单价中考虑。

电缆敷设:电缆敷设中所有预留量,应按设计要求或规范规定的长度,考虑在综合单价中,而不作为实物量。

英方规定按表 3.4.13 执行。

表 3.4.13 英方电缆敷设/英方管道及线槽、电缆桥架

提供资料					计算规则	定义规则	范围规则	辅助资料
P1 以下资料或应按第 A 部分之基本设施费用/总则条款而提供于位置图内,或应提供于与工程量清单相对应的附图上: (a)工程范围及其位置					M1 与本章节有关的工程内容按附录 B 内规则 V10 – W62 计算,并作相应分类	D1 面层及表面处理不包括按 M60 规则计算的装饰性面层	C1 视作已包括提供一切必需的连接件 C2 视作已包括提供格式、模式与模具等	S1 特殊的行规及规范 S2 材料类型与材质 S3 材料规格、厚度或材质。 S4 材料必须符合的测试标准 S5 现场操作的面层或表面处理 S6 非现场操作的面层或表面处理,应说明是在工厂组装或安装之前或之后进行
分类表								
1. 电缆管	1. 直管 2. 弯管,注明半径	1. 注明类型外形尺寸及固定方法	m	1. 注明施工环境 2. 靠近表面 3. 在凹槽中 4. 在地板抹面层中 5. 在现浇混凝土内	M2 计算电缆管时不扣除配件及支管长度 M3 独立的接地线根据条款 Y61 或 Y80 分别计算		C3 电缆管视作已包括: (a)弯曲、切割、螺钉固定、连接和所有导管管件,不包括 2.*.1.* (b)管夹、支架和钉子 (c)电缆管入口开孔 (d)拽拉钢丝、拽拉电缆等 (e)接地配件	
	3. 柔性接头 4. 伸缩接头	1. 注明类型、尺寸、连接器总长及固定方法	nr	1. 接地导管				
2. 电缆管所需要的附加项目	1. 特殊电缆箱 2. 可改装的电缆箱 3. 地板洞口电缆箱 4. 特制电缆箱 5. 长方形接线箱 6. 伸缩缝	1. 注明类型、尺寸、盖板及安装方法	nr	1. 注明安装的环境			C4 视作已包括电缆管与电缆箱之连接和连接时的电缆管切割	

续表

分类表					计算规则	定义规则	范围规则	辅助资料
3.电缆管与电缆槽的连接 4.电缆管与设备和控制系统的连接	1.组件 2.特殊电缆箱	1.注明类型式、尺寸及连接方法	nr					
5.电缆槽	1.直槽 2.弯槽，注明半径	1.注明类型、尺寸、连接方法、间距、支架及固定方法	m	1.注明安装的环境 2.销接支架 3.组件(nr)，注明尺寸	M4 计算电缆槽时不扣除配件及支管长度 M5 独立的接地线根据条款 Y61 或 Y80 分别计算		C5 电缆槽视作已包括接地配件	
6.电缆槽所需要的附加项目	1.固定件	1.注明类型式	nr	1.衬套材料，注明类型和尺寸			C6 视作已包括电缆槽的切割和与配件的连接	
7.电缆槽与设备和控制系统的连接	1.孔的形成	1.注明开口的尺寸	nr					
	2.带法兰 3.带法兰和形成孔	2.注明开口尺寸、法兰的型式和尺寸	nr					
8.电缆盘、爬梯和电缆架	1.直型 2 弯曲型，注明半径	1.注明类型、宽度、连接方法、支架间距及固定方法	m	1.注明安装的环境	M6 计算电缆盘、爬梯和电缆架时不扣除固定件和电缆支线长度		C7 电缆盘视作已包括接地配件	
9.电缆盘支座	1.注明型式和尺寸		nr		M7 独立的接地线根据条款 Y61 或 Y80 分别计算			
10.电缆盘、爬梯和电缆架所需要的附加项目	1.固定件		nr				C8 视作已包括电缆盘的切割和与固定件的连接	
11.电缆槽支架 12.电缆盘、爬梯和电缆架的支座	1.不同于电缆槽或电缆盘、爬梯和电缆架的支架	1.注明电缆槽或电缆盘、爬梯和电缆架的尺寸、支架的型式和尺寸、电缆槽或电缆盘、爬梯和电缆架的固定方法	nr	1.注明安装的环境				

7. 中英方关于防雷及接地装置、10kV 以下架空配电线路的工程量是如何计算的?

答:中方规定详见表 3.4.14 ~ 表 3.4.15。

防雷及接地装置。工程量清单项目设置及工程量计算规则,应按表 3.4.14 的规定执行。

表 3.4.14 中方防雷及接地装置

项目名称	项目特征	计量单位	工程量计算规则	工作内容
接地极	1. 名称 2. 材质 3. 规格 4. 土质 5. 基础接地形式	根(块)	按设计图示数量计算	1. 接地极(板、桩)制作、安装 2. 基础接地网安装 3. 补刷(喷)油漆
接地母线	1. 名称 2. 材质 3. 规格 4. 安装部位 5. 安装形式	m	按设计图示尺寸以长度计算(含附加长度)	1. 接地母线制作、安装 2. 补刷(喷)油漆
避雷引下线	1. 名称 2. 材质 3. 规格 4. 安装部位 5. 安装形式 6. 断接卡子、箱材质、规格			1. 避雷引下线制作、安装 2. 断接卡子、箱制作、安装 3. 利用主钢筋焊接 4. 补刷(喷)油漆
均压环	1. 名称 2. 材质 3. 规格 4. 安装形式			1. 均压环敷设 2. 钢铝窗接地 3. 柱主筋与圈梁焊接 4. 利用圈梁钢筋焊接 5. 补刷(喷)油漆
避雷网	1. 名称 2. 材质 3. 规格 4. 安装形式 5. 混凝土块标号			1. 避雷网制作、安装 2. 跨接 3. 混凝土块制作 4. 补刷(喷)油漆
避雷针	1. 名称 2. 材质 3. 规格 4. 安装形式、高度	根	按设计图示数量计算	1. 避雷针制作、安装 2. 跨接 3. 补刷(喷)油漆
半导体少长针消雷装置	1. 型号 2. 高度	套		本体安装
等电位端子箱、测试板	1. 名称 2. 材质 3. 规格	台(块)		
绝缘垫		m^2	按设计图示尺寸以展开面积计算	1. 制作 2. 安装
浪涌保护器	1. 名称 2. 规格 3. 安装形式 4. 防雷等级	个	按设计图示数量计算	1. 本体安装 2. 接线 3. 接地
降阻剂	1. 名称 2. 类型	kg	按设计图示以质量计算	1. 挖土 2. 施放降阻剂 3. 回填土 4. 运输

10kV 以下架空配电线路工程量清单项目设置及工程量计算规则，应按表 3.4.15 的规定执行。

表 3.4.15　中方 10kV 以下架空配电线路

项目名称	项目特征	计量单位	工程量计算规则	工作内容
电杆组立	1. 名称 2. 材质 3. 规格 4. 类型 5. 地形 6. 土质 7. 底盘、拉盘、卡盘规格 8. 拉线材质、规格、类型 9. 现浇基础类型、钢筋类型、规格，基础垫层要求 10. 电杆防腐要求	根（基）	按设计图示数量计算	1. 施工定位 2. 电杆组立 3. 土（石）方挖填 4. 底盘、拉盘、卡盘安装 5. 电杆防腐 6. 拉线制作、安装 7. 现浇基础、基础垫层 8. 工地运输
横担组装	1. 名称 2. 材质 3. 规格 4. 类型 5. 电压等级（kV） 6. 瓷瓶型号、规格 7. 金具品种规格	组		1. 横担安装 2. 瓷瓶、金具组装
导线架设	1. 名称 2. 型号 3. 规格 4. 地形 5. 跨越类型	km	按设计图示尺寸以单线长度计算（含预留长度）	1. 导线架设 2. 导线跨越及进户线架设 3. 工地运输
杆上设备	1. 名称 2. 型号 3. 规格 4. 电压等级（kV） 5. 支撑架种类、规格 6. 接线端子材质、规格 7. 接地要求	台（组）	按设计图示数量计算	1. 支撑架安装 2. 本体安装 3. 焊压接线端子、接线 4. 补刷（喷）油漆 5. 接地

同时注意：

防雷及接地装置：

①利用桩基础作接地板时，应描述桩台下桩的根数，每桩几根柱筋需焊接。其工程量可计入柱引下线的工程量中一并计算。

②利用柱筋作引下线的，一定要描述是几根柱筋焊接作为引下线。

③"项"的单价，要包括特征和"工程内容"中所有的各项费用之和。

10kV 以下架空配电线路：

①电杆组立的计量单位是"根"，按图示数量计算。

②导线架设的计量单位为"km"，按设计图示尺寸以单根长度计算。

③架空线路的各种预留长度，按设计要求或施工及验收规范规定的长度计算在综合单价中。

英方规定详见表 3.4.16。

表 3.4.16　英方高压、低压电缆和电线/母线槽/接地和连接元件

提供资料	计算规则	定义规则	范围规则	辅助资料
P1 以下资料或应按第 A 部分之基本设施费用/总则条款而提供于位置图内，或应提供于与工程量清单相对应的附图上： (a)工程范围及其位置 P2　提供以下关于最终线路图的资料： (a)标有所有装置和附件数量和位置的配电图 (b)表示各点设计方案的位置图	M1 与本章节有关的工程内容按附录 B 内规则 V10－W62 计算，并作相应分类	D1 面层及表面处理不包括按 M60 规则计算的装饰性面层	C1 视作已包括接头所需的全部配件 C2 视作已包括模式、造型和样板等	S1 特殊的行规及规范 S2 材料类型与材质 S3 材料规格、厚度或材质 S4 材料必须符合的测试标准 S5 现场操作的面层或表面处理 S6 非现场操作的面层或表面处理，应说明是在工厂组装或安装之前或之后进行 S7 电缆相位色标或其他分辨标志的细节说明

续表

分类表					计算规则	定义规则	范围规则	辅助资料
1. 电缆	1. 注明类型、尺寸、芯数、电缆包皮和铠装	1. 穿入管沟管道、穿入电缆槽或电缆敷设 2. 穿入电缆槽并敷设集中成组回路 3. 表面固定处理 4. 管线的绕线施工 5. 电缆沟内敷线 6. 空中走线的绝缘子固定 7. 从悬链进行电缆悬挂	m	1. 注明类型、间距和支架固定方法 2. 注明安装的环境	M2 电缆管或电缆槽中的电缆以及与电缆盘固定的电缆以电缆管、电缆槽和电缆盘的净长度计算其他电缆则以固定点间长度计，不考虑下垂度 M3 对于按净长度计算的电缆，应考虑以下余量： (a)0.30m，考虑其进入固定件、照明器或其他附件的电缆 (b)0.60m，考虑其进入设备或控制系统的电缆	D2 电路组电缆指的是集成组的电缆	C3 电缆视作已包括： (a)墙、地板和天花板内的接线板 (b)电缆套管 (c)连接尾端	
2. 柔性电缆接头	1. 注明类型、尺寸、芯数、铠装、包皮、容量，长度≤1.00m 2. 其后，按每增1.00m分级	1. 注明每一端头处接头的详细资料	nr					
3. 电缆接头	1. 注明电缆的类型和尺寸		nr	1. 接线箱，注明类型 2. 密封箱，注明类型				
4. 分叉接头				1. 屏蔽，注明类型				
5. 电缆终点密封装置	1. 注明电缆的类型和尺寸，密封装置类型	1. 接线箱，注明类型尺寸和固定方法	nr	1. 电缆接线箱，注明类型和尺寸				
6. 不同于电缆的电缆支架	1. 注明电缆尺寸、支架类型和尺寸以及固定方法	1. 表面固定 2. 与空中线路导线固定 3. 从悬链电缆悬挂	nr	1. 注明安装的环境				

续表

分类表					计算规则	定义规则	范围规则	辅助资料
7. 母线槽	1. 直槽 2. 弯槽。注明半径	1. 注明类型、尺寸、盖板、连接方法、母线额定能力和类型、间距和支架固定方法	m	1. 注明安装的环境	M4 计算母线槽时不扣除紧固件和支线槽的长度			
8. 母线槽所需要的附加项目	1. 配件装置	1. 注明类型	nr				C4 视作已包括母线槽对于紧固件、分线装置、馈线装置和防火隔离装置的切割和连接	
9. 分线装置 10. 馈线装置 11. 防火隔离装置	1. 注明类型、尺寸及固定方法	1. 注明额定能力	nr	1. 注明安装的环境				
12. 不同于母线槽的母线槽支架	1. 注明母线槽尺寸、支架类型和尺寸及固定方法		nr					
13. 绝缘胶带	1. 注明胶带类型和尺寸、固定间距和型式		m		M5 13 – 18. *.0.*只与 Y80 条款配套计算			
14. 连接器 15. 接线箱	1. 注明胶带类型和尺寸		nr				C5 视作已包括与连接器、接线箱、电缆夹、电极和空气终结点相关的胶带切分和连接	
16. 测试夹	1. 注明类型、尺寸及连接方法							
17. 电极	1. 注明类型和尺寸			1. 压入地下				
18. 空气终端点	1. 注明类型、尺寸和固定方法			1. 注明安装的环境				

续表

分类表					计算规则	定义规则	范围规则	辅助资料
19. 终端线路中的电缆和电缆管	1. 注明电缆安装、电缆尺寸和类型、及终端线路的描述 2. 注明电缆和电缆管安装、电缆和电缆管尺寸、类型及终端线路的描述	1. 插座、开关插座等 2. 浸入式加热器和烹调器接口等 3. 照明接口 4. 单路开关 5. 双路开关 6. 中间开关	nr	1. 接地用电缆和保护性导体 2. 特殊接线箱 3. 表面式 4. 隐藏式 5. 注明安装的环境和固定方法	M6 从配电盘接出的，不构成家庭线路或类似的简单线路安装的最终线路及类似做法需分别列项，并根据 Y60 和 Y63 以及 Y61、Y62 和 Y80：1 – 18. *. *. *规定详细计算 M7 从配电盘接出的构成家庭线路或类似的简单线路安装的最终线路及类似做法可按点计数进行计算 M8 每一个照明接口都作为一个点计算，不论灯的数目是多少 M9 只有构成最终线路一部分的接地用电缆和保护性导体才在说明中加以描述 M10 描述中提及的特殊接线箱是特殊需要的接线箱，它与 C5 中所述的接线箱不同		C6 按点计算的终端线路视作已包括： (a)电缆管配件，包括需用于各种不同类型安装的导管连接箱 (b)固定、弯曲、切分、用螺钉固定和连接 (c)线路确定	S8 电压和电流

8. 中英方关于电气调整试验的工程量是如何计算的?

答:中方规定详见表 3.4.17。

电气调整试验工程量清单项目设置及工程量计算规则,应按表 3.4.17 的规定执行。

表 3.4.17　中方电气调整试验

<table>
<tr><th>项目名称</th><th>项目特征</th><th>计量单位</th><th>工程量计算规则</th><th>工作内容</th></tr>
<tr><td>电力变压器系统</td><td>1. 名称
2. 型号
3. 容量(kV·A)</td><td rowspan="2">系统</td><td rowspan="2">按设计图示系统计算</td><td rowspan="2">系统调试</td></tr>
<tr><td>送配电装置系统</td><td>1. 名称
2. 型号
3. 电压等级(kV)
4. 类型</td></tr>
<tr><td>特殊保护装置</td><td rowspan="4">1. 名称
2. 类型</td><td>台(套)</td><td rowspan="3">按设计图示数量计算</td><td rowspan="8">调试</td></tr>
<tr><td>自动投入装置</td><td>系统(台、套)</td></tr>
<tr><td>中央信号装置</td><td>系统(台)</td></tr>
<tr><td>事故照明切换装置</td><td rowspan="2">系统</td><td rowspan="2">按设计图示系统计算</td></tr>
<tr><td>不间断电源</td><td>1. 名称
2. 类型
3. 容量</td></tr>
<tr><td>母线</td><td rowspan="3">1. 名称
2. 电压等级(kV)</td><td>段</td><td rowspan="3">按设计图示数量计算</td></tr>
<tr><td>避雷器</td><td rowspan="2">组</td></tr>
<tr><td>电容器</td></tr>
<tr><td>接地装置</td><td rowspan="2">1. 名称
2. 类别</td><td>1. 系统
2. 组</td><td>1. 以系统计量,按设计图示系统计算
2. 以组计量,按设计图示数量计算</td><td>接地电阻测试</td></tr>
<tr><td>电抗器、消弧线圈</td><td>台</td><td rowspan="2">按设计图示数量计算</td><td rowspan="3">调试</td></tr>
<tr><td>电除尘器</td><td>1. 名称
2. 型号
3. 规格</td><td>组</td></tr>
<tr><td>硅整流设备、可控硅整流装置</td><td>1. 名称
2. 类别
3. 电压(V)
4. 电流(A)</td><td>系统</td><td>按设计图示系统计算</td></tr>
<tr><td>电缆试验</td><td>1. 名称
2. 电压等级(kV)</td><td>次(根、点)</td><td>按设计图示数量计算</td><td>试验</td></tr>
</table>

英方规定详见表 3.4.4。

9. 中英方关于配管、配线的工程量计算规则如何规定?

答:中方规定按表3.4.18执行。

同时应注意:

①以"m"为计量单位,按设计图示尺寸以长度计算,不扣除管路中间的接线箱(盒)、灯位盒、开关盒所占长度。

②金属软管敷设不单设清单项目,在相关设备安装或电机检查接线清单项目的综合单价中考虑。

③在配线工程中,所有的预留量(指与设备连接)均应依据设计要求或施工及验收规范规定的长度考虑在综合单价中,而不作为实物量计算。

④根据配管工艺的需要和计量的连续性,规范的接线箱(盒)、拉线盒、灯位盒综合在配管工程中,关于接线盒、拉线盒的设置按施工及验收规范的规定执行。

⑤在配管清单项目计量时,设计无要求时则上述规定可以作为计量接线箱(盒)、拉线盒的依据。

配管、配线工程量清单项目设置及工程量计算规则,应按表3.4.18的规定执行。

表3.4.18 中方配管、配线

项目名称	项目特征	计量单位	工程量计算规则	工作内容
配管	1. 名称 2. 材质 3. 规格 4. 配置形式 5. 接地要求 6. 钢索材质、规格	m	按设计图示尺寸以长度计算	1. 电线管路敷设 2. 钢索架设(拉紧装置安装) 3. 预留沟槽 4. 接地
线槽	1. 名称 2. 材质 3. 规格			1. 本体安装 2. 补刷(喷)油漆
桥架	1. 名称 2. 型号 3. 规格 4. 材质 5. 类型 6. 接地方式			1. 本体安装 2. 接地

续表

项目名称	项目特征	计量单位	工程量计算规则	工作内容
配线	1. 名称 2. 配线形式 3. 型号 4. 规格 5. 材质 6. 配线部位 7. 配线线制 8. 钢索材质、规格	m	按设计图示尺寸以单线长度计算(含预留长度)	1. 配线 2. 钢索架设(拉紧装置安装) 3. 支持体(夹板、绝缘子、槽板等)安装
接线箱	1. 名称 2. 材质 3. 规格 4. 安装形式	个	按设计图示数量计算	本体安装
接线盒				

英方规定详见表 3.4.13。

10. 中英方关于照明器具安装的工程量是如何规定的?

答:中方规定详见表 3.4.19。

照明器具安装工程量清单项目设置及工程量计算规则,应按表 3.4.19 的规定执行。

表 3.4.19　照明器具安装

项目名称	项目特征	计量单位	工程量计算规则	工作内容
普通灯具	1. 名称 2. 型号 3. 规格 4. 类型	套	按设计图示数量计算	本体安装
工厂灯	1. 名称 2. 型号 3. 规格 4. 安装形式			
高度标志(障碍)灯	1. 名称 2. 型号 3. 规格 4. 安装部位 5. 安装高度			

续表

<table>
<tr><th>项目名称</th><th>项目特征</th><th>计量单位</th><th>工程量计算规则</th><th>工作内容</th></tr>
<tr><td>装饰灯</td><td rowspan="2">1. 名称
2. 型号
3. 规格
4. 安装形式</td><td rowspan="8">套</td><td rowspan="8">按设计图示数量计算</td><td rowspan="3">本体安装</td></tr>
<tr><td>荧光灯</td></tr>
<tr><td>医疗专用灯</td><td>1. 名称
2. 型号
3. 规格</td></tr>
<tr><td>一般路灯</td><td>1. 名称
2. 型号
3. 规格
4. 灯杆材质、规格
5. 灯架形式及臂长
6. 附件配置要求
7. 灯杆形式(单、双)
8. 基础形式、砂浆配合比
9. 杆座材质、规格
10. 接线端子材质、规格
11. 编号
12. 接地要求</td><td>1. 基础制作、安装
2. 立灯杆
3. 杆座安装
4. 灯架及灯具附件安装
5. 焊压接线端子
6. 补刷(喷)油漆
7. 灯杆编号
8. 接地</td></tr>
<tr><td>中杆灯</td><td>1. 名称
2. 灯杆的材质及高度
3. 灯架的型号、规格
4. 附件配置
5. 光源数量
6. 基础形式、浇筑材质
7. 杆座材质、规格
8. 接线端子材质、规格
9. 铁构件规格
10. 编号
11. 灌浆配合比
12. 接地要求</td><td>1. 基础浇筑
2. 立灯杆
3. 杆座安装
4. 灯架及灯具附件安装
5. 焊、压接线端子
6. 铁构件制作、安装
7. 补刷(喷)油漆
8. 灯杆编号
9. 接地</td></tr>
<tr><td>高杆灯</td><td>1. 名称
2. 灯杆高度
3. 灯架型式(成套或组装、固定或升降)
4. 附件配置
5. 光源数量
6. 基础形式、浇筑材质
7. 杆座材质、规格
8. 接线端子材质、规格
9. 铁构件规格
10. 编号
11. 灌浆配合比</td><td>1. 基础浇筑
2. 立杆
3. 杆座安装
4. 灯架及灯具附件安装
5. 焊、压接线端子
6. 铁构件制作、安装
7. 补刷(喷)油漆
8. 灯杆编号
9. 升降机构接线调试
10. 接地</td></tr>
<tr><td>桥栏杆灯</td><td rowspan="2">1. 名称
2. 型号
3. 规格
4. 安装形式</td><td rowspan="2">1. 灯具安装
2. 补刷(喷)油漆</td></tr>
<tr><td>地道涵洞灯</td></tr>
</table>

英方规定详见表3.4.20。

表3.4.20　英方照明及灯具、电气系统附件

提供资料					计算规则	定义规则	范围规则	辅助资料
P1 以下资料或应按第A部分之基本设施费用/总则条款而提供于位置图内,或应提供于与工程量清单相对应的附图上: (a)工程范围及其位置					M1 与本章节有关的工程内容按附录B内规则V10－W62计算,并作相应分类	D1 面层及表面处理不包括按M60规则计算的装饰性面层	C1 视作已包括接头所需的全部配件 C2 视作已包括模式、造型和样板等	S1 特殊的行规及规范 S2 材料类型与材质 S3 材料规格、厚度或材质 S4 材料必须符合的测试标准 S5 现场操作的面层或表面处理 S6 非现场操作的面层或表面处理,应说明是在工厂组装或安装之前或之后进行
分类表								
1. 特殊规格项目	1. 注明类型并进行描述		nr	1. 接线箱,详细说明 2. 电缆管连接箱,详细说明 3. pattresses,详细说明 4. 天棚灯线孔盖,详细说明 5. 连接箱,详细说明 6. 柔性绳缆,详细说明		D2 特殊规格项目指的是与相关工程类型不同的装置或附件		
2. 照明器材	1. 注明类型、尺寸和固定方法 2. 悬挂件、类型、尺寸和固定方法说明	1. 另需参考技术要求 1. 下垂量≤1.00m 2. 下垂量>1.00m,注明下垂距离	nr	7. 启动器、电抗器和电容器,详细说明 8. 遮光板、扩散器和反射器,详细说明 9. 灯座,详细说明 10. 导管或悬链,详细说明 11. 悬挂系统,详细说明 12. 柱式照明,详细说明 13. 注明安装的环境		D2 特殊规格项目指的是与相关工程类型不同的装置或附件		

续表

提供资料					计算规则	定义规则	范围规则	辅助资料
3. 灯具	1. 注明类型、尺寸和额定能力		nr		M2 照明器材说明中将提供可供选择的不同灯具		C3 灯具视作已包括其在照明器材中的安装	
4. 由业主提供的照明器材和灯具	1. 注明类型、尺寸和固定方法			1. 注明附加的元件和室内电线，详细说明 2. 注明安装的环境			C4 视作已包括送达货物、储存和搬运	
5. 附件	1. 注明类型、接线箱和固定方法	1. 注明额定参数	nr	1. 需与插座一起提供的插头 2. 注明安装的环境	M3 根据不同规格将附件分别计数		C5 插头视作已包括熔断器	
6. 为方便其他工种而进行的断开、甩头和重新安装	1. 注明设备类型和断开的目的		项					

五、建筑智能化工程

1. 中英方关于建筑设备自动化系统工程的工程量计算规则是如何规定的?

答:中方规定:

建筑设备自动化系统工程工程量清单项目设置及工程量计算规则,应按表 3.5.1 的规定执行。

表 3.5.1　中方建筑设备自动化系统工程

<table>
<tr><th>项目名称</th><th>项目特征</th><th>计量单位</th><th>工程量计算规则</th><th>工作内容</th></tr>
<tr><td>中央管理系统</td><td>1.名称
2.类别
3.功能
4.控制点数量</td><td>系统(套)</td><td rowspan="10">按设计图示数量计算</td><td>1.本体安装
2.系统软件安装
3.单体调整
4.系统联调
5.接地</td></tr>
<tr><td>通讯网络控制设备</td><td>1.名称
2.类别
3.规格</td><td rowspan="4">台(套)</td><td rowspan="2">1.本体安装
2.软件安装
3.单体调试
4.联调联试
5.接地</td></tr>
<tr><td>控制器</td><td>1.名称
2.类别
3.功能
4.控制点数量</td></tr>
<tr><td>控制箱</td><td>1.名称
2.类别
3.功能
4.控制器、控制模块规格、体积
5.控制器、控制模块数量</td><td>1.本体安装、标识
2.控制器、控制模块组装
3.单体调试
4.联调联试
5.接地</td></tr>
<tr><td>第三方设备通讯接口</td><td>1.名称
2.类别
3.接口点数</td><td>1.本体安装、连接
2.接口软件安装调试
3.单体调试
4.联调联试</td></tr>
<tr><td>传感器</td><td rowspan="3">1.名称
2.类别
3.功能
4.规格</td><td>支(台)</td><td>1.本体安装和连接
2.通电检查
3.单体调整测试
4.系统联调</td></tr>
<tr><td>电动调节阀执行机构</td><td rowspan="2">个</td><td rowspan="2">1.本体安装和连线
2.单体测试</td></tr>
<tr><td>电动、电磁阀门</td></tr>
<tr><td>建筑设备自控化系统调试</td><td>1.名称
2.类别
3.功能
4.控制点数量</td><td>台(户)</td><td>整体调试</td></tr>
<tr><td>建筑设备自控化系统试运行</td><td>名称</td><td>系统</td><td>试运行</td></tr>
</table>

同时注意：

①中央管理计算机系统：智能建筑中，被控设备的量大且分散，必然采用分散的计算机 DDC 就地实施监控的方案；同时又要注意实现系统的优化与现代化管理，故势必需要装备中央管理计算机。而由这台中央管理计算机所实现的功能形成的一个系统，称之为中央管理系统。

②控制通信网络：智能化住宅小区的安全防范子系统，管理与监控子系统通过计算机网络平台

进行集成。在安全防范子系统、管理与监控子系统中有许多设备需要进行自动控制,如周界防越报警、家居安全防范报警、门禁控制、公共照明设备控制、供配电系统状态监控、给排水泵工作状态监控和住户多表计量,等等。在这些系统中,设备之间的通信和系统对它们的控制,均是以某种总线方式或某几种总线相结合的方式来实现的。这种用计算机(通常采用微型计算机)通过一种或多种总线方式,实现与现场各种设备的通信,并通过总线实现对现场设备进行必要控制的计算机网络系统称为底层控制通信网络系统,简称底层网络。

③家庭(家居)控制器是实现家庭(家居)智能化的核心装置,因此市场上出现了各种各样的装置,并冠以各种各样的名称,如家庭配线箱、家庭控制器、家庭智能控制器、住宅智能化终端、家庭控制中心、eHome、家庭智能信息终端、智能象庭终端、家庭智能化系统、数码家庭,等等,让人捉摸不清。

事实上,家庭(家居)控制器是指能通过家庭(家居)总线技术将家庭中各种与信息设备相关的通信设备、家用电器及家庭保安装置,连接到一个家庭(家居)智能化系统上,进行集中或异地的监视、控制和家庭事务性管理,并保持这些家庭设施与住宅环境的和谐。

家庭控制器的特点是自带CPU,有不同的层次和采用不同的技术和实现方案。如图3.5.1所示的家庭控制器是采用LonWorks技术开发实现的,通过功能模块化设计提高了可靠性,RAM内配置高能电池保证节点掉电后数据的保存。具有三表远传、防火、防盗、煤气泄漏报警、紧急求助等多种控制功能。

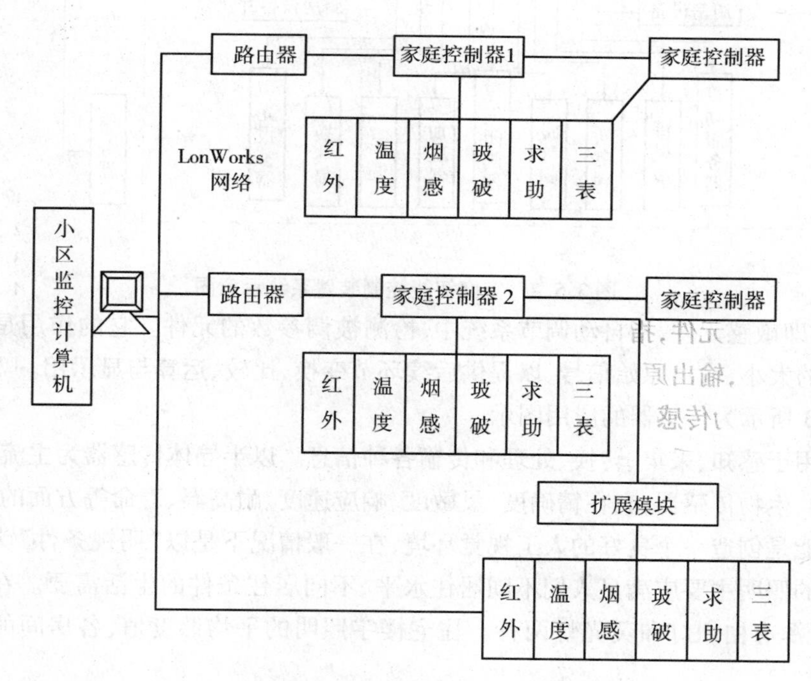

图3.5.1　家庭控制器与小区的联系示意图

基于LonWorks的家庭智能控制装置。该款家庭智能控制装置是采用LonWorks技术开发的,其组成如图3.5.2所示。家庭智能控制装置作为LonWorks总线的一个节点,由服务器来管理,形成Lon总线集成系统。该装置可实现对住宅温度、湿度的监控,对住户水、电、气表运传计费,对住户的安全防范，对厨房及卫生间设备监控等功能。该装置还可和家用计算机通信。

④第三方设备通讯接口：就是指电梯、冷水机组、柴油发电机组、智能配电设备、门禁系统这几种设备的接口。

第三方设备通信接口包括：电梯接口、冷水机组接口、智能配电设备接口、柴油发电机组接口、门禁系统接口。

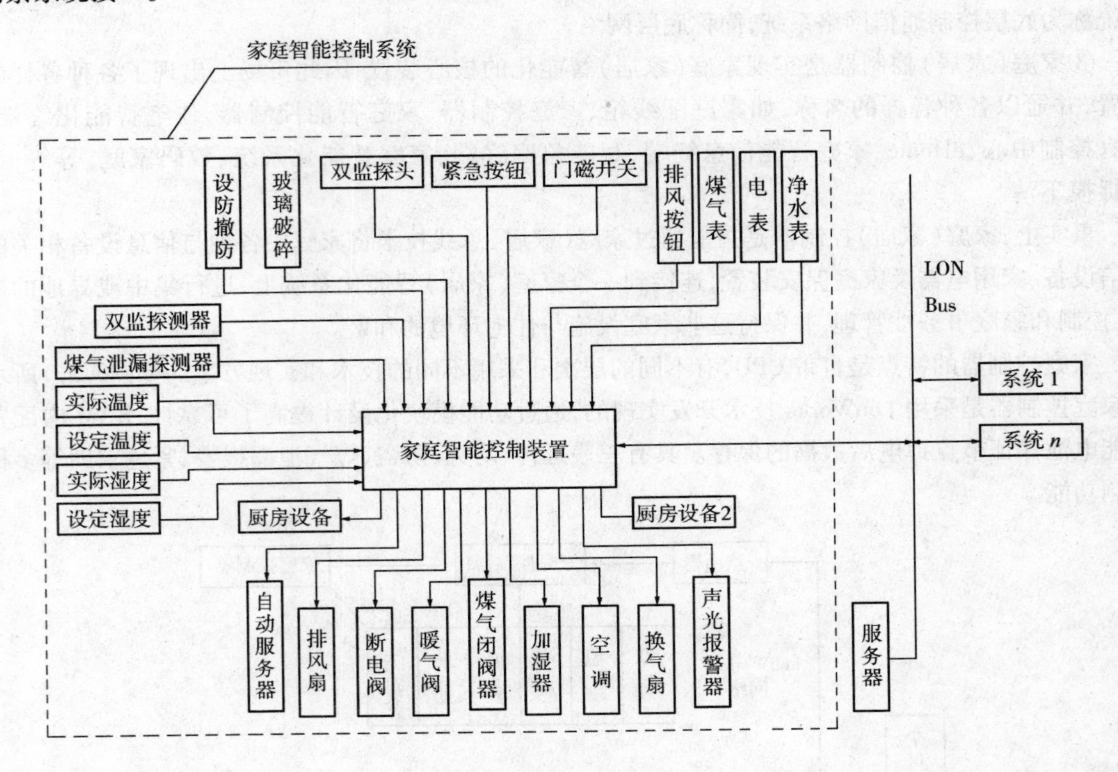

图3.5.2　家庭智能控制装置系统示意图

⑤传感器：即敏感元件，指自动调节系统中，检测被调参数的元件。它的作用是从调节对象感受到被调参数的大小，输出原始信号，以提供后续环节变换、比较、运算与显示用。

如图3.5.3所示为传感器的应用图示。

⑥传感器用于感知、采集、转换、处理和传输各种信息。以半导体传感器为主流，包括光纤传感器、陶瓷传感器、生物传感器，它在精确度、灵敏度、响应速度、耐高温、寿命等方面的技术指标较高。照明的基本功能是创造一个良好的人工视觉环境，在一般情况下是以"明视条件"为主的功能性照明。住宅楼宇的照明主要应满足人们不同居住水平、不同居住条件的生活需要。在住宅或公寓照明中，常用的光源有白炽灯和荧光灯两种。住宅楼宇照明的平均照度值，各房间的照度不能要求一致。

本节工程量计算以设计图示数量按相应的计量单位计算。

工程量清单设置，按设计图标示的工程量的名称以及各类技术参数，参照对应的清单项目设置。

本节所涉及的调试包括本体调试和系统调试。本体调试综合在主项内，系统调试单独列项，系统试运行单独到项，验证测试单独列项。

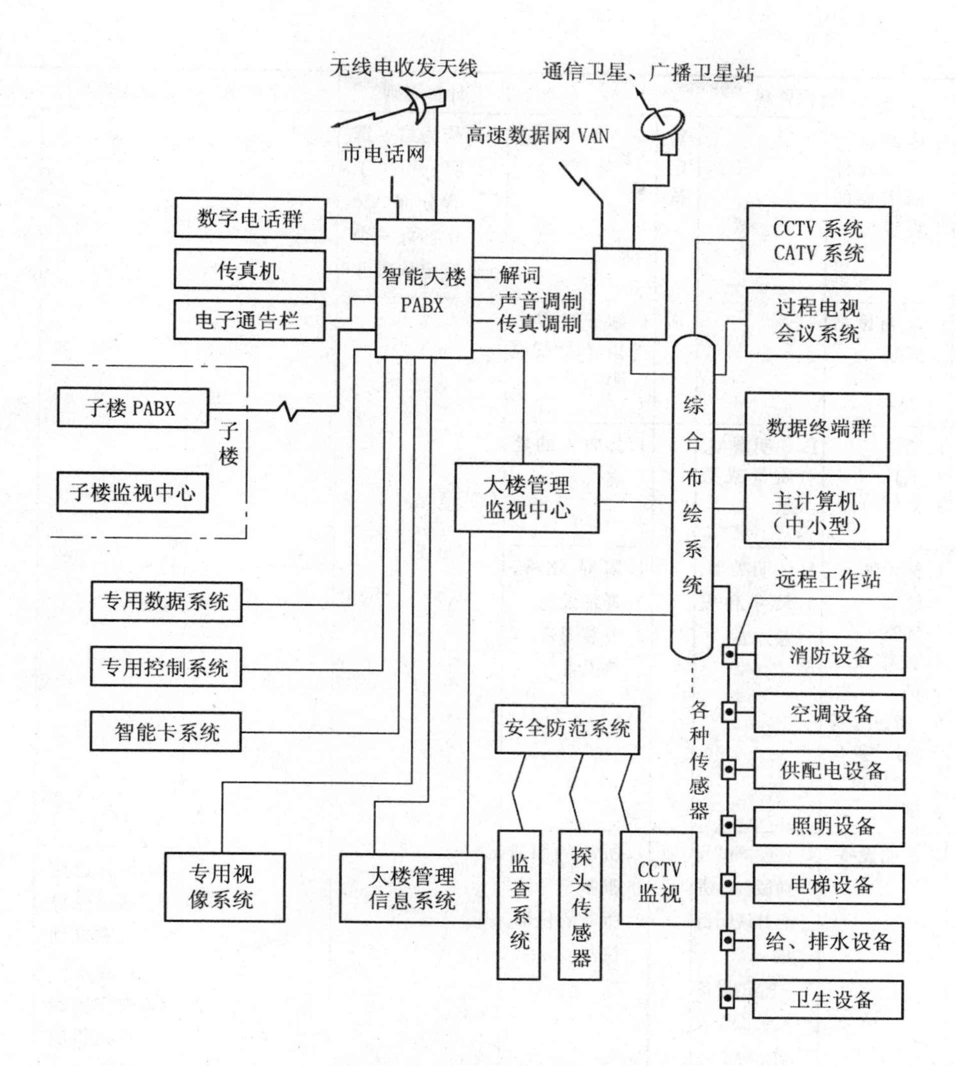

图 3.5.3　传感器的应用图示

英方相关规定见表 3.5.2。

表 3.5.2　英方电气系统测试及调试/标识系统——电气/各类一般电器杂项

提供资料	计算规则	定义规则	范围规则	辅助资料
P1 以下资料或应按第 A 部分之基本设施费用/总则条款而提供于位置图内	M1 与本章节有关的工程内容按附录 B 内规则 V10－W62 计算，并作相应分类			

续表

提供资料					计算规则	定义规则	范围规则	辅助资料
1. 附加焊接	1. 因测试外接金属件而需要的焊接		暂定款		M2 作为另一选择，可在工程分部 A50 中加入一个暂定款项目			
2. 标明结构中孔、眼和凹槽的位置	1. 注明设备安装		项	1. 施工过程中预留，详细说明				
3. 散装部件	1. 钥匙 2. 工具 3. 备件	1. 注明类型、质量或数量	nr	1. 接收人的姓名				
4. 设备或控制装置中未提供的标识	1. 标识牌 2. 磁碟 3. 标签 4. 磁带及条码 5. 箭头、符号、字母和号码 6. 图表	1. 注明类型、尺寸和安装方法		1. 雕刻、铭牌，详细说明 2. 安装图表，详细说明				
5. 测试	1. 注明设备	1. 注明测试分阶段(nr)进行并说明目的 2. 完整的设备安装操作人员指导	项	1. 所需的照管服务 2. 所需的仪器，仪表			C1 视作已包括提供电力和其他供应 C2 视作已包括提供测试签定书	
6. 依业主要求的临时设备操作	1. 注明设备和操作目的	1. 说明运行周期	项	1. 所需的照管服务 2. 业主在准许运行之前的要求 3. 业主的特殊保险的要求	M3 电力和其他供应已包括在 A54 条款的暂定款内			
7. 图纸准备	1. 注明所需资料和文件份数	1. 底片、正片与缩微胶片，细节说明	项	1. 装订成套，细节说明 2. 注明收件人姓名		D1 图纸内容需包括：土建施工图纸、制造商图纸、安装图纸与记录，或其他“合适”的图纸		
8. 操作和维护手册			项					

六、自动化控制仪表安装工程

1. 中英方关于过程检测仪表的工程量计算规则如何计算？

答：中方规定：

过程检测仪表工程量清单项目设置及工程量计算规则，应按表 3.6.1 的规定执行。

表 3.6.1　中方过程检测仪表

项目名称	项目特征	计量单位	工程量计算规则	工作内容
温度仪表	1. 名称 2. 型号 3. 规格 4. 类型 5. 套管材质、规格 6. 挠性管材质、规格 7. 支架形式、材质 8. 调试要求	支		1. 本体安装 2. 套管安装 3. 挠性管安装 4. 取源部件配合安装 5. 单体校验调整 6. 支架制作、安装
压力仪表	1. 名称 2. 型号 3. 规格 4. 压力表弯材质、规格 5. 挠性管材质、规格 6. 支架形式、材质 7. 调试要求 8. 脱脂要求		按设计图示数量计算	1. 本体安装 2. 压力表弯制作、安装 3. 挠性管安装 4. 取源部件配合安装 5. 单体校验调整 6. 脱脂 7. 支架制作、安装
流量仪表	1. 名称 2. 型号 3. 规格 4. 节流装置类型、规格 5. 辅助容器类型、规格 6. 挠性管材质、规格 7. 调试要求 8. 脱脂要求 9. 防雨罩、保护（温）箱形式、材质 10. 支架形式、材质	台		1. 配合安装 2. 节流装置配合安装 3. 辅助容器制作、安装 4. 挠性管安装 5. 取源部件配合安装 6. 单体调试 7. 脱脂 8. 支架制作、安装 9. 保护（温）箱安装（包括开孔） 10. 防雨罩制作、安装
物位检测仪表	1. 名称 2. 型号 3. 规格 4. 辅助容器类型、规格 5. 挠性管材质、规格 6. 调试要求 7. 脱脂要求 8. 支架形式、材质	台	按设计图示数量计算	1. 本体安装 2. 辅助容器制作、安装 3. 挠性管安装 4. 吹气装置安装 5. 取源部件配合安装 6. 单体调试 7. 脱脂 8. 支架制作、安装

续表

项目名称	项目特征	计量单位	工程量计算规则	工作内容
变送单元仪表	1. 名称 2. 型号 3 规格 4. 功能 5. 节流装置类型、规格 6. 辅助容器类型、规格 7. 挠性管材质、规格 8. 调试要求 9. 脱脂要求 10. 保护(温)箱形式、材质 11 支架形式、材质	台	按设计图示数量计算	1. 本体安装 2. 节流装置配合安装 3. 辅助容器制作、安装 4. 挠性管安装 5. 仪表支柱制作、安装 6. 保护(温)箱安装(包括开孔) 7. 取源部件配合安装 8. 单体调试 9. 脱脂(包括拆装) 10. 支架制作、安装

同时注意:

①过程检测仪表:这类装置有温度仪表、压力仪表、变送单元仪表、压力仪表、流量仪表、物位检测仪表等。

②温度:是表征物体冷热程度的物理量。温度只能通过物体随温度变化的某些特性来间接测量,而用来量度物体温度数值的标尺叫温标。它规定了温度的读数起点(零点)和测量温度的基本单位。

③压力计:它的结构一般是管形的,当被测的压力或真空度作用在一根管子或容器中的工作液体上时,工作液体被压入另一根管子或从另一根管子中吸出,直到两根管子中的液柱的高度差所形成的液体压力与被测压力或吸力平衡为止。液体式压力计一般用于测量非腐蚀性干燥气体较小的压力、真空度或压力差。单管U形液体式压力计一般用于检测、研究和调整工作。多管液体式压力计则在工业中也有使用的。在安装管道和气压管缆时,有时要利用单管和多管液体式压力计。最简单的单管U形压力计可以用来测量中性气体或空气的压力、真空度或压力差。如果管中充填的是水银,则压力用mm汞柱表示;如果管中充填的是水,则压力用mm水柱表示。当被测压力发生变化时,由于U形压力计两根管子中的工作液体波动,很难按刻度判读。所以在工业生产的条件下,常常需要采用单管杯形压力计。杯形压力计的作用原理和U形压力计相同,只是用直径较大的容器替换了其中一个弯管,这样可以使刻度尺的长度增加,相应地提高读数精度。管子的倾斜角愈大,对应于同一压力的刻度愈长。在采用杯形压力计时,应当考虑附加测量误差,杯径愈大,则附加误差愈小。

④流量:是单位时间内流经某一截面的流体数量。流量可用体积流量和质量流量来表示,其单位有m^3/h、L/h和kg/h。在实际工业生产过程中,有时不仅需要指示和记录某瞬时流体的流量值,还需要累计某段时间间隔内流体的总量,即各瞬时流量的累加和。总量的单位有吨(t)或立方米(m^3)。

⑤物位:是液位、料位和相界面位置的总称。

液位:是指液体表面的位置,即液体在容器(开口容器或密闭容器)中的高度。

料位:是固体物料在各种容器中的高度。

界面:是指液—液、液—固、固—固等的分界面。界面所测量的是在同一容器中互不相容的物质。

⑥变送单元:生产工艺过程中控制使用DDⅠ-Ⅲ系列变送单元较多,DDⅠ-Ⅲ系列变送单元的功能是将一次仪表测量的温度、压力、差压等信号转换为4~20mA统一信号,因压力、差压、液位采用了力平衡的工作原理,统称之为力平衡变送器。

本节包括温度仪表、压力仪表、流量仪表、物位仪表、变送单元仪表五方面内容。

适用于控制系统原始数据检测以及使用常规仪表的数据显示与调节等控制仪表工程的工程量清单设置。

工程量计量一般是根据施工图给出的工程量以支、台、块计量。

在工程量清单项目设置时，首先确定图纸给出的工程量在上述范围之内，按分部分项工程特征设置项目名称，参照对应内容设置项目编码，以其所综合的工程内容进行计价。

本节内容覆盖面较大，有些清单项目特征字面相同，但其内容不尽相同，须按各清单项目的特点详细列项予以说明。

英方没有对其作出明确规定，只是对机械系统测试及调试系统作出了规定，详见表 3.6.2。

表 3.6.2　英方机械系统测试及调试系统/英方机械系统及调试系统、机械系统——机械式各类一般机械杂项/英方集中监视与控制仪表/英方机械系统测试及调试系统/英方工业计算机安装与调试

提供资料					计算规则	定义规则	范围规则	辅助资料
P1 以下资料或应按第 A 部分之基本设施费用/总则条款而提供于位置图内：					M1 与本章节有关的工程内容按附录 B 内规则 R14－U10 计算，并作相应分类			
分类表								
1. 标出孔洞、榫眼与暗槽于结构中的位置	1. 安装说明		项	1. 在施工过程中成型				
2. 散装附件	1. 钥匙 2. 工具 3. 备件 4. 部件/化学品	1. 注明类型、材质或数量	nr	1. 注明接收人姓名				
3. 未与设备同时提供的标识	1. 图版 2. 磁碟 3. 标签 4. 磁带或条码 5. 箭头、象征、字母与数字 6. 图表	1. 注明类型、尺寸与安装方法	nr	1. 提供刻线划字方面的细节信息 2. 图表的装裱，细节说明				
4. 测试	1. 安装说明	1. 预备性操作，细节说明 2. 列出阶段性测试（nr），说明目的 3. 保险公司的测试，细节说明 4. 完整操作的人员培训	项	1. 所需的照管服务 2. 所需的仪器、仪表			C1 视作已包括电力与其他供应 C2 视作已包括提供检测鉴定书	

续表

提供资料					计算规则	定义规则	范围规则	辅助资料
5. 依业主要求的试运转	1. 注明安装和操作目的	1. 说明运行周期	项	1. 所需的照管服务 2. 业主在准许运行之前的要求 3. 业主的特殊保险的要求	M2 水、燃气、电与其他供应已包括在 A54 条款的暂定款内			
6. 图纸准备	1. 注明所需之信息、复印件份数	1. 底片、正片与缩微胶片，细节说明	项	1. 装订成套，细节说明 2. 注明收件人姓名		D1 图纸内容需包括：土建施工图纸、制造商图纸、安装图纸与记录，或其他“合适”的图纸		
7. 运行与维护手册			项					

2. 中英方关于显示及调节控制仪表、执行仪表和仪表回路模拟实验的工程量计算规则是如何计算的？

答：中方规定：

显示及调节控制仪表、执行仪表和仪表回路模拟实验工程量清单项目设置及工程量计算规则，应按表3.6.3的规定执行。

表3.6.3　中方显示及调节控制仪表、执行仪表和仪表回路模拟实验

项目名称	项目特征	计量单位	工程量计算规则	工作内容
显示仪表	1. 名称 2. 型号 3. 规格 4. 功能 5. 安装部位 6. 配线材质、规格 7. 支架形式、材质 8. 调试要求	台	按设计图示数量计算	1. 本体安装 2. 盘柜配线 3. 单体调试 4. 表盘开孔 5. 支架制作、安装
调节仪表	1. 名称 2. 型号 3. 规格 4. 功能 5. 配线材质、规格 6. 调试要求	台	按设计图示数量计算	1. 本体安装 2. 盘柜配线 3. 表盘开孔 4. 单体调试

续表

项目名称	项目特征	计量单位	工程量计算规则	工作内容
基地式调节仪表	1. 名称 2. 型号 3. 规格 4. 功能 5. 安装位置 6. 挠性管材质、规格 7. 保护(温)箱形式、材质 8. 支架形式、材质 9. 调试要求	台	按设计图示数量计算	1. 本体安装 2. 挠性管安装 3. 仪表支柱制作、安装 4. 保护(温)箱安装(包括开孔) 5. 表盘开孔 6. 单体调试 7. 支架制作、安装
辅助单元仪表	1. 名称 2. 型号 3. 规格 4. 功能 5. 配线材质、规格 6. 调试要求			1. 本体安装 2. 盘柜配线 3. 表盘开孔 4. 单体调试
盘装仪表	1. 名称 2. 型号 3. 规格 4. 功能 5. 配线材质、规格 6. 支架形式、材质 7. 调试要求			1. 本体安装 2. 盘柜配线 3. 表盘开孔 4. 单体调试 5. 支架制作、安装
执行机构	1. 名称 2. 型号 3. 功能 4. 规格 5. 挠性管材质、规格 6. 调试要求 7. 支架形式、材质			1. 本体安装 2. 挠性管安装 3. 单体调试 4. 支架制作、安装
调节阀				1. 配合安装 2. 阀门检查接线 3. 挠性管安装 4. 单体调试
自力式调节阀	1. 名称 2. 型号 3. 功能 4. 规格 5. 支架形式、材质			1. 本体安装 2. 取源部件配合安装 3. 单体调试 4. 支架制作、安装
执行仪表附件	1. 名称 2. 型号 3. 调试要求		按设计图示数量计算	1. 本体安装 2. 单体调试
检测回路模拟试验	1. 名称 2. 型号 3. 规格 4. 点数量	套		调试
调节回路模拟试验	1. 名称 2. 型号 3. 规格 4. 回路复杂程度			
报警联锁回路模拟试验	1. 名称 2. 型号 3. 规格 4. 点数量			
工业计算机系统回路模拟试验	1. 名称 2. 型号 3. 规格	点		

同时注意：

(1)显示及调节控制仪表和执行仪表：仪表装置接受检测仪表的测量信号，实现对生产过程的自动控制。模拟式过程控制装置主要功能组件是模拟功能组件。这类控制装置有电动、气动基地式仪表，单元组合式仪表和组装式电子综合控制装置。

(2)显示单元：是将测量的温度、压力差压和液位等参量显示出来。最常见的显示单元有电动记录仪、电动色带指示仪、指示报警仪、单笔记录仪、多笔记录仪、打点式记录仪等。

(3)调节单元：DDⅠ-Ⅲ系列调节单元仪表功能齐全，具有PID调节指示、记录、设定值、整定、报警、限幅、手动无扰切换、输出保持及闭环跟踪等功能，常用的有基型调节器和特殊调节器。

(4)辅助单元：DDⅠ-Ⅲ系列辅助单元仪表，主要在自动检测，调节系统中起辅助功能作用大部分辅助单元仪表安装都是架装。

(5)调节阀：一种可用于调节变化的阀门组件。

(6)盘装仪表有：

控制显示操作器：主要用来控制各种被测量数(如温度、压力、差压、流量、物位等)并随时显示出来，在自动控制应用较广，它根据控制量数的不同有不同种型式。

手操器：是DDZ－Ⅲ型辅助单元的一个品种，在自动控制中，它与执行机械等仪表串接在一起，用手动对其进行操作从而实现自动控制的目的。

趋势记录仪：是居于显示单元的一个品种，在对各参量(温度、压力、差压、流量、物位等)检测时，用来记录各参量的变化的趋势，如温度升高或降低，流量增大或减少等，并随时将记录的信息显示出来。

三笔/四笔记录仪：用于温度(热电偶、热电阻输入)流量、压力、液位等各种工业量的记录，此外，还用作公害、气象等广大领域的记录测量仪器，应用十分广泛。

单、双针记录仪：DXZ系列单、双针记录仪是DDZ－Ⅲ系列电动单元组合仪表中的一个品种。它用于记录各种工艺参数，如温度、压力、流量、物位等。

单、双针指示仪：DXZ系列单、双针指示仪是DDZ－Ⅲ系列电动单元组合仪表的一个品种。它在自控系统中用于测量监视各种工艺参数。

(7)基地式调节仪表

1)电动调节器

它的作用是把测量值和给定值进行比较，根据一定的调节规律产生输出信号，推动执行器，对生产过程进行自动调节。根据调节规律的不同，电动调节器有很多种类，最常见的有简易式调节器、PID调节器、时间比例调节器、配比调节器及程序控制调节器等。其中简单的两位式调节器输出只有继续的两种状态，调节过程只能是一种不断的振荡过程，要使调节过程平稳下来，必须使用输出大小能连续变化的调节器，并通过引入微分、积分等调节规律来提高调节质量。虽然在一定程度上，两位式调节器也可借助于各种内反馈，能获得近于连续调节器的比例、微分、积分等调节规律，但目前除一些要求不高的场合及比较适宜使用两位式执行器的电动调节系统外，大部分使用输出能连续变化的连续调节器。而PID调节器就是最常见的一种连续调节器，它同时采用了比例、微分、积分三种调节规律，它综合了比例、微分、积分三种规律的优点，克服其各自的缺点来准确地实现自动调节规律。将比例、积分、微分三种调节规律结合在一起，既可达到快速敏捷，又可达到平稳准确，只要三项作用的强度配合适当，便可得到满意的调节效果。

2)指示记录式气动调节器

指示记录式气动调节器种类很多，最常见的有气动压力指示调节仪和气动温度调节仪等。

①气动压力指示调节仪：YWL、YLL型气动压力指示调节仪适用于石油、化工、冶炼、电站、纺织、食品等工业流程控制系统中，直接测量多种气体、流体、蒸汽的压力，在现场加以指示的同时，可按一定调节规律进行自动控制。仪表结构紧凑，使用方便、稳定可靠，价格低廉。YWL、YLL型气动压力指示调节仪由测量元件，指示机构，调节器，功率放大器四部分组成。当测量元件感受压力时，经过检测单元部件转换成位移，该位移经四连杆机构传送给测量指针，进行现场指示。给定值用给定旋钮设定，由给定指针在度盘上指示，同时又由连杆机构传给偏差检测机沟。偏差检测机构将测量值与给定值进行比较，并将它们之间的差值转换成偏差位移，传给喷嘴——挡板机构，使喷嘴背压发生变化。该喷嘴背压的变化经放大器放大，一路作为调节器的输出，一路反馈给比例波纹管消除喷嘴与挡板之间的相对位置变化，从而实现比例调节作用，还有一路经由积分阀和电容组成的滞后环节，反馈给积分波纹管，实现积分调节作用。

②气动温度指示调节仪：WTL型气动温度指示调节仪适用于石油、化工、冶炼、电站、纺织、食品等工业流程控制系统中，直接测量多种气体、液体的温度，在现场加以指示的同时，可按一定的调节规律进行自动控制。仪表结构紧凑，使用方便，稳定可靠，价格低廉。WTL型气动温度指示调节仪由检测、指示、变送、调节、功率放大部分组成。当温仓感受到被测温度变化时，经过检测单元部件转换成位移，该位移经四连杆机构传送给测量指针，进行现场指示。给定值用给定旋钮设定，且由给定指针在度盘上指示，同时又由连杆机构传给偏差检测机构。偏差检测机构将测量值与给定值进行比较。并将它们之间的差值转换成偏差位移，传给喷嘴一挡板机构，使喷嘴背压发生变化。该喷嘴背压的变化经放大器放大，一路作为调节器的输出，一路反馈给比例波纹管，消除喷嘴与挡板之间的相对位置变化，从而实现比例调节作用。还有一路由积分阀和电容组成的滞后环节，反馈给积分波纹管，实现积分调节作用。

(8)执行机构

1)电信号气动长行程执行机构：2K2型电信号气动长行程执行机构可与Ⅲ型仪表配套使用，也可与组装仪表，7A仪表配用，它以电源为动力，接受统一的标准信号DC4～20mA，将此转变成与输入信号相对应的出轴直线位移，可用于发电厂、钢铁厂、化工、轻工业等工业部门的调节系统中。仪表具有连续调节、手动摇控、就地手操作三种控制方式。使用2K2型电信号气动长行程执行机构的自动调节系统，配用DFD－1000型电动操作器，可实现调节系统手动⇆自动无扰动切换。其特点为：①位置发送器具有恒流输出特性，输出电流为DC4～20mA；②能承受较频繁起停；③电动执行机构系统稳定性较好。

2)气动长行程执行机构：具有结构简单、工作可靠、价格便宜、维护方便、防火防爆等优点，在自动控制中获得较为普遍的应用。它常与调节阀串接在一起组成气动执行器从而来实现自动控制。

3)气动活塞式执行机构：气动O形切断球阀是旋转式的调节阀即气动活塞式执行机构，具有优良的密封性和安全可靠性。广泛应用于化工、石油、电厂、造纸等工业过程控制或输送管线控制，除适应控制气体、液体和蒸汽介质之外，还适用于控制污水和含有纤维的介质。流通能力大，结构简单，维修方便。气动O形切断球阀由气动活塞执行机构和O形球阀两部分组成，并配置四通电磁阀、行程开关等气动元件。当工作气压进入活塞执行机构气缸一侧内，推动活塞运动，带动曲轴连杆机构使轴和球芯作90°旋转，使球阀由关(或开)位置变动到开(或关)位置，达到对管内介质进行控制的目的。

4)气动薄膜执行机构:是自动调节系数中最常用的执行器之一。它具有结构简单、动作可靠、维修方便以及不会发生火灾爆炸等优点,因此被广泛应用于化工、石油、电力、冶金等生产的自动调节和远程控制。它的作用原理为:由调节器来的信号压力,输入气功薄膜执行机构的气室,使推杆位移,通过连接杆带动阀芯,产生相应的行程,阀芯位置的变化使阀的流通截面面积变化,以调节介质的流量。其特点:阀内有两个阀座,具有流通能力大、不平衡力小、作用方式更换方便等优点,因而得到广泛的应用。

5)电动直行程执行机构:2K2 型电动直行程执行机构可与Ⅲ型仪表配套使用,也可与组装仪表,TA 仪表配用,它以电源为动力,接受统一的标准信号 DC4~20mA,将此转变成与输入信号相对应的直线位移,可用于发电厂、钢铁厂、化工、轻工等工业部门的调节系统中。仪表具有连续调节、手动摇控、就地手操作三种控制方式。具有以下几个特点:①位置发送器具有恒流输出特性,输出电流为 DC4~20mA;②能承受较频繁启、停;③电动执行机构系统稳定性较好。

6)电动角行程执行机构:DKJ 型电动执行机构是以单相交流电源为动力,接受统一的标准信号,将此信号转变成与其相对应的转角位移,通过调节机构完成自动调节任务,广泛应用于电力、冶金、石油、化工、轻工业等生产过程自动调节控制系统中。

7)智能执行机构:智能执行机构采用了微电脑技术,它是执行器的推动部分,按照调节器输送信号大小产生推力或位移,它按照使用的能源种类可分为气动、电动、液动三种。

(9)自力式压力调节阀:DDZ-Ⅲ型仪表调节单元的一个品种,它主要用在压力检测回路中,当压力达到某一规定值时,阀门自行打开,同理当压力达到另一限值时,阀门自动关闭,这样实现自动控制。

(10)自力式温度调节阀:它与自力式压力调节阀、自力式流量调节阀同属于一个系列,也是 DDZ-Ⅲ型仪表调节单元的一种品种,所不同的是,它主要用在温度检测调节回路中,它的结构也比较复杂,而且价格昂贵。

(11)自力式流量调节阀:它和自力式压力调节阀同属于一个系列,也是 DDZ-Ⅲ型仪表调节单元的一个品种,所不同的是,它主要用在流量检测、调节回路中,当流量达到某一规定值时,阀门自动打开,反之当流量达到另一规定值时,阀门自动关闭,根据这个原理在回路中起到自动控制调节的作用。

(12)模拟安装:在仪表安装以前,需要对仪表的功能、精度、灵敏度等特性逐一进行检测,在实验室或更为合理的地点,按照给定尺寸对仪表进行安装来检查其特性,这种安装被称之为模拟安装。

(13)简单回路:简单回路调节系统,一般指在一个调节对象上用一个调节器来保持一个参数恒定,而调节器只接收一个测量信号,其输出也只控制一个执行机构。在一般连续生产过程中,单回路调节系统可以满足大多数工业生产的要求,因此它的用量很大。只有在单回路调节系统不能满足生产的更高要求的情况下,才用复杂的回路。

(14)复杂回路:复杂回路是相对于简单回路而言的。一个复杂回路一般由两个或两个以上简单回路串联、并联或混联构成的。

(15)手操回路:在控制调节回路中,用手动进行操作控制的回路被称之为手操回路。

设计或工艺条件还有其他要求的亦必须列入。设计或工艺条件对上述内容没有要求的不可列入。如没有辅助容器的不列辅助容器,没有保温箱的不列保温箱,不需脱脂的不列脱脂。即工程内容的综合视设计或工艺条件而定。

英方规定详见表3.6.2。

3. 中英方关于安全监测及报警装置的工程量计算规则是如何规定的?

答:中方将安全监测及报警装置分为安全监测装置、远动装置、顺序控制装置、信号报警装置、信号报警装置柜、箱、数据采集及巡回检测报警装置等部分分别装置。

其中:①安全监测装置:一组用于安全监控检测的自动化设置。

②远动装置:在工业生产过程中,需要对远离控制中心的工况参数和状态进行监视和控制时,利用的遥控、遥测、遥信、遥调装置简称为远动装置。远动装置是建立在通信技术、自动控制技术、显示技术和计算机技术基础上的一种自动化设备。

③顺序控制:根据预先规定的程序或条件,对控制过程各阶段顺序地进行自动控制称顺序控制。

④顺序控制装置:是建立在通信技术、自动控制技术、显示技术基础上的一种自动化装置。

⑤信号报警装置:在自动化控制中主要用在安全监控方面,它主要由巡回检测报警仪等仪表组成。巡回报警仪适用于电力、化工、石油、冶金及其他生产过程中,对传感器为热电阻的参数进行巡回检测,越限报警,参数显示,制表及上位机通信,本仪器具有小型化。易操作,性能可靠,外形尺寸与电厂同类型仪表相配等优点。

信号报警装置有八个闪光报警回路,每个回路带有一个闪光信号灯(其中02B每个回路带有两个闪光信号灯,一个是集中在报警器上,另一个由端子引出,可任意安装在现场或模拟盘上),每个回路可以监视一个接点状态,每个报警回路的信号引入接点,可以是常开式,也可以是常闭式,但每四个报警器回路只可用一个信号接点。报警器每四个闪光报警回路合用一块印刷线路板,称之为报警单元板,整机有两块报警单元板。灯光电源、振荡、音响放大合用一块印刷线路板,称之为公用板。它是与报警回路上的印刷线路板插座组合而成为整体的。

⑥数据采集:是利用脉冲序列 $P(t)$,从连续的时间信号 $x(t)$ 中抽取一系列的离散样值,使之成为采样间隔,$1/\triangle t = f_s$ 称之为采样频率。信号经过上述变换以后,即成为时间上离散、幅值上量化的数字信号。数字信号经过分析处理后,有时还需转换为连续信号,以便于观测和记录。这时采用D/A转换器,把数字信号转换成模拟信号。D/A转换过程包括译码与波形复原,译码是把数字信号恢复为有限幅值的过程,波形复原则是把离散幅值恢复为连续波形的过程,一般由保持电路实现。例如,零阶保持和一阶多角保持等。零阶保持则是在两个采值之间,令输出保持前一个采样值的值;一阶多角保持则是在两个采样之间,令输出为两个采样值的线性插值。由于经过保持变换构成的信号存在着不连续点,所以还必须用模拟低通滤波器消除这些不连续点。

数据采集是通过数据采集器来实现的。利用数据采集器不但可以将现场机组运行的数据采集下来,而且还可以进行在线分析,也可与PC机联接进行离线分析,使用十分方便。不仅可以采集振动信号,也可采集温度、压力、流量等其他工艺信号,有助于对机组状态进行分析。目前,数据采集器已由单一的数据采集、存储功能向现场分析、诊断及平衡实施等功能发展。特别是采用可装卸式程序技术使便携式数据采集器在不改变结构的情况下,成为各种专用现场分析仪或其他类型数据采集器,如瞬态分析仪,动平衡仪等。所谓可装卸式程序技术,就是将数据采集器分为ROM和RAM两部分,在ROM中放入数据采集器的基本操作系统,以支持采集器完成常规的数据采集、巡检、存储工作。当需采集器作各种专用分析仪时,将不同操作系统装入RAM或可擦除更新的EPROM中,使之成为各种专用分析仪或静态数据采集器。数据采集器一般由模拟多路开关、测量放大器、采样保持电路、模数转换器组成，经接口电路与微机联机。它通过 RS－232 串行接口可与计算机联机，整件实现器件 CMOS 化，大大降低整机功耗，显示器采用点阵液晶显示，其数据存储区达 1Mbit，程序存储区为 64kbit，可大量存储现场运行数据。

⑦巡回报警装置：广泛应用在自动监控技术之中。它主要由巡回检测仪和巡回检测报警仪组成。巡回检测仪是一种测量温度的专用巡检仪。可测量热电阻、热电偶，能对实验室尤其是工业系统中大量温度数据进行采集，自动进行巡回测量、数字显示、监视报警。巡回检测报警仪适用于电力、化工、石油、冶金及其他生产过程中，对传感器为热电阻的参数进行巡回检测、越限报警、参数显示、制表及上位机通信。本仪器具有小型化，易操作，性能可靠，外形尺寸与电厂、同类仪表相配等优点。

适用于易燃易爆场所的安全监测，场所关键部位场面监控，以及各类数据的采集与报警等控制仪表工的工程量清单设置。

工程量清单计量一般是以施工图给出的数量按台、套计量。

安全监测及报警装置工程量清单项目设置及工程量计算规则，应按表 3.6.4 的规定执行。

表 3.6.4　中方安全监测及报警装置

项目名称	项目特征	计量单位	工程量计算规则	工作内容
安装监测装置	1. 名称 2. 型号 3. 规格 4. 功能 5. 挠性管材质、规格 6. 调试要求 7. 支架形式、材质	台(套)	按设计图示数量计算	1. 本体安装 2. 挠性管安装 3. 系统调试 4. 支架制作、安装 5. 补刷(喷)油漆
远动装置	1. 名称 2. 型号 3. 规格 4. 功能 5. 点数量 6. 调试要求	套		1. 本体安装 2. 系统调试 3. 补刷(喷)油漆
顺序控制装置				
信号报警装置	1. 名称 2. 型号 3. 规格 4. 点数或回路数 5. 调试要求			
信号报警装置柜、箱	1. 名称 2. 型号 3. 规格 4. 功能 5. 基础型钢规格、形式 6. 支架形式、材质	台(个)		1. 本体安装 2. 柜箱组件、元件安装 3. 基础型钢制作、安装 4. 支架制作、安装 5. 补刷(喷)油漆
数据采集及巡回检测报警装置	1. 名称 2. 型号 3. 规格 4. 功能 5. 点数量	套		1. 本体安装 2. 系统试验 3. 补刷(喷)油漆

英方规定详见表 3.6.2。

4. 中英方规定工业计算机安装与调试的工程量计算规则是如何规定的？

答:中方规定:工业计算机安装与调试工程量清单项目设置及工程量计算规则,应按表3.6.5的规定执行。

表3.6.5　中方工业计算机安装与调试

项目名称	项目特征	计量单位	工程量计算规则	工作内容
工业计算机柜、台设备	1. 名称 2. 型号 3. 规格 4. 功能 5. 基础形式 6. 支架形式	台	按设计图示数量计算	1. 本体安装 2. 基础制作、安装 3. 支架制作、安装 4. 补刷(喷)油漆
工业计算机外部设备	1. 名称 2. 型号 3. 规格			1. 本体安装 2. 调试 3. 补刷(喷)油漆
组件(卡件)	1. 名称 2. 型号	个		1. 本体安装 2. 调试
过程控制管理计算机	1. 名称 2. 型号 3. 规格 4. 规模	套		调试
生产、经营管理计算机				
网络系统及设备联调	1. 名称 2. 型号 3. 规格			
工业计算机系统调试	1. 名称 2. 点数	点		
与其他系统数据传递调试	名称	个		
现场总线调试	1. 名称 2. 型号 3. 规格 4. 功能	套		
专用线缆	1. 名称 2. 型号 3. 规格 4. 芯数 5. 敷设方式 6. 辅助元件型号、规格 7. 测试段数	1. m 2. 根	1. 以米计量,按设计图示尺寸以长度计算(含预留长度及附加长度) 2. 按设计图示尺寸以根计算	1. 线缆敷设 2. 线缆辅助元件安装及测试
线缆头	1. 名称 2. 型号 3. 规格 4. 芯数	个	按设计图示数量计算	线缆头制作、安装

同时注意：

(1)工业计算机：在工业生产过程自动化系统中，用于生产过程集中监控管理的计算机称为工业计算机。根据国际ISO标准对全厂自动化系统(CIMS)的分级划分，工业电子计算机系统可分为设备控制级计算机、过程控制级计算机、生产控制工序管理级计算机、分厂管理计算机及经营管理计算机。设备控制级计算机属于基础自动化系统控制核心，直接与工艺检测驱动级连接，从检测仪表采集模拟量、数字量或开关量信息，并向驱动、执行机构及电气传动装置发送控制信息。设备控制级计算机对信息的实时性要求很高，一般在1~50ms。基础自动化级包括集散系统(DCS)、可编程控制系统(PLC)、数字直接控制系统(DDC)、设定点控制系统(SPC)等计算机系统。

机柜：在工业生产计算机设备中、用于安放中央处理器(CPU)、过程输入输出装置、中继器、通信设备等仪表，并安装有固定线路设备、电气元件的柜式设备称为机柜。

计算机系统：在工业生产中的计算机系统是用于生产过程集中监控管理的计算机及其辅助设备、通信线路。

硬件：在工业计算机设备中，硬件包括主机、辅助存储器、外部设备、外围设备、数据通信系统以及计算机稳定性设备和输入输出装置等。主机包括中央处理器CPU、主存储器、插件板、线路板及其附属的元器件、电气线路等。辅助存储器包括磁盘驱动器、磁带装置等。外部设备包括人—机联系设备如打字机、CRT显示器、操作控制台等。外围设备指输入输出接口外围设备，由工业对象相互作用的装置组成，包括输入输出装置、数据通信装置、无线电装置、读取装置等。

软件：在工业电子计算机系统中，软件是指计算机过程控制系统的程序系统，可分为系统软件和应用软件两大类。系统软件通常包括执行软件和开发软件两大类。应用软件包括信息处理科学计算软件、过程控制软件、公共服务软件等。

台柜：在工业用计算机系统设备中，将放置在计算机主控室、终端室、计算机维护室等为计算机系统服务的主机柜、过程输入输出柜、中继端子柜、通信柜以及计算机操作显示盘、专用箱等均以“台”为单位，称为台柜。

(2)外部设备：在工业计算机的结构设备组成中，将人—机联系设备如打字机、CRT、操作控制台、拷贝机等称为外部设备。打字机是为了与中央处理机作信息交换用。它由打字部、纸带读出部、纸带穿孔部及键盘四部分组成。CRT显示装置是用画面与键盘来作显示或设定的装置。操作控制台有基本型、扩展型、双重化型三种，它能承担系统运转的人—机接口机能和系统生成的工程技术机能及通信机能。拷贝机的作用是将屏幕上的信息加以复写。

工业计算机外部设备包括：

通信模板：是沟通PC与PC、PC与其他设备之间的数据通信设计的外围模板，分为智能型和非智能型，通信方式多采用485/232方式，或兼有两种方式，通信口从4通道到16通道。通信模板采用串行通信方式进行通信，波特率为75~56000bit/s。

其他功能模板：计数/定时器模板，固态电子盘模板，步进电机控制模板。

打印机：属于计算机系统的输出设备，用于将计算机内的信息传输并打印出来。打印机的种类分点阵打印机、喷墨打印机、激光打印机。打印颜色分单色和彩色两种类型。

彩色硬拷贝机：在工业计算机系统的外部设备中，把显示在CRT屏幕上的信息，用彩色加以复写的装置称为彩色硬拷贝机。

打印机拷贝机选择器:在工业计算机系统的外部设备中,根据需要对系统信息的输出实行直接打印或拷贝打印实施选择的设备称为打印机拷贝机选择器。

CRT 式编程器:在工业计算机系统的操作设备中,具有显示设备的数字、数据、画面、图像显式功能的,用于生产过程中各智能仪表的程序命令输写装置称为 CRT 式编程器。

组态器:在工业生产计算机系统中,用于在系统或装置中预先装入程序组件,选择需要的组件,并指定它们到适当的逻辑位置(即控制回路,显示点等等)以及把它们连接起来的文件编译器称为组态器。系统组态时首先定义系统的硬件配置,即构成系统各操作站、控制站的名称和型号等,然后定义带量,如系统工程单位等,接着即可对各站进行组态。系统组态的信息以源文件的形式存储在工程技术站的硬盘上,源文件可以通过自身文件功能打印输出,经过组态器编译后,生成可执行格式化的文件,通过装载实用功能经等值化处理后下装到控制站和操作站,最后经由各对象站的调试和系统的联调完成组态。

终端器:在计算机的系统设备中,终端器属于计算机的外部设备,它是具有发送和接收数据能力以及一定的数据处理能力的设备。

(3)过程控制管理计算机:过程控制级计算机属过程自动化系统,一般是不直接参予工艺生产信息的采集,而大量的信息主要是从设备控制级定时进行更新的实际数据,以作为数学模型进行最优控制,自适应修正以及控制策略、负荷再分配、前置处理与上位机通信、故障报警、诊断处理等。该系统计算机的通信速率一般在 50 ~ 200ms 之间。

(4)生产管理计算机:在工业计算机系统中,将用于工业生产过程控制管理、生产经营管理等起调配、监视作用的计算机称为管理计算机。生产管理计算机包括生产控制管理计算机,生产经营管理计算机等。生产控制管理计算机包括工序生产控制管理计算机、分厂管理计算机,这类计算机属管理自动化系统。主要功能是接受生产管理的控制命令,向操作者显示生产任务、生产计划、收集存储、记录生产过程数据、物料跟踪监视、事故记录与生产记录报告、质量监督分析,并向生产管理机反馈信息等。生产经营管理计算机包括总厂管理计算机,与生产控制管理计算机一样属管理自动化系统。其主要功能是对产品的经营、销售、订货、接收产品产量、质量调整、调度生产计划、财务管理、设备管理、总厂管理等。

(5)网络系统及设备联调:在计算机系统中,网络设备包括网卡、缆线、服务器、工作站、中继器、集线器、网桥、路由器、网关、调制解调器与 RS-232C 接口等。网卡是一个 I/O 接口,是计算机与网络之间的数据收发装置。每块网卡都有一个能与其他网卡相互区别的标识字,称为网卡地址。计算机网络常用的传输介质有双绞线、同轴电缆和光缆。其中双绞线分屏蔽双绞线与非屏蔽双绞线。同轴电缆分为基带 50Ω 同轴电缆和 75Ω 宽带同轴电缆。光缆分为单模光缆和多模光缆两种。服务器是网络的信息与管理中心,它能为网络用户提供各种服务。服务器一般分为专用服务器和非专用服务器。工作站是网络的必要设备,用户通过工作站与网络系统之间进行对话。中继器的作用就是信号放大和整形,使其传播得更远,防止信号在网络上传播会随着网线的增长而出现衰减和失真现象。集线器很像一个多端口中继器,它的每个端口都具有发送和接收数据的功能。网桥是实现两个使用相同低层协议的网络互连设备。网桥工作在数据链路层。路由器的作用是实现网络层和传输层的数据交换。路由器工作在网络层。网关是实现两个使用不同低层协议的网络(简称异种网)互连的设备。网关工作在网络层以上,又称网间连接器、信关。调制解调器的作用是完成数字信号与模拟信号之间的转换。通常,通信一方的调制解调器将计算机的数字信号转换成模拟信号送往传输介质,再由通信另一方的调制解调器将接收到的模拟信号转换成数字信号送往计算机。

应用功能:在计算机系统设备中,应用功能是计算机在实际使用过程中主机 CPU 的处理功能、存储器的存储管理功能、页面保护、继电保护功能及打印功能,以及传动功能、转换功能、寻址功能等硬件功能和软件的操作系统功能、数据管理系统功能、语言编译系统功能、服务诊断处理功能、辅助功能等。

网络:计算机网络就是以能够相互共享资源(硬件和数据)的方式联结起来,并且各自具备独立功能的计算机系统的集合。也可以说是分散的计算机、终端设备等通过通信线路互相连接在一起,实现相互通信的系统。网络根据交换功能可分为:电路交换、报文交换、分组交换、混合交换。根据网络的拓扑结构可分为:集中式网络、分布式网络、分散式网络。集中式网络中所有的信息流必须经过中央处理设备,即交换结点。链路都从交换结点向外辐射。分布式网络是格状网,网中任何一个结点都至少和其他两个结点直接相连。分散式网络是集中式网络的扩展,是星形网和格状网的混合物。根据网络的作用范围可分为:局域网、广域网、城域网、校园网及企业网。根据网络的使用范围可分为公用网、专用网。

信息传输网络:以共享资源为目的,通过数据通信线路将多台计算机互相连接而成的用于数据、图像、图形信息传输的网络称为信息传输网络。

双绞线:在电气设备的电线电缆设备中,用彼此绝缘的通电导线绞织在一起的线路称为双绞线。

同轴电缆:是用介质使内、外导体绝缘且保持轴心重合的电缆,一般由内导体、绝缘体、外导体、护套四个部分组成。内导体通常是一根实芯导体,一般对不需供电的用户网需采用铜包钢线,而对于需要供电的分配网或主干线,则采用铜包铝线。绝缘体的种类主要有聚乙烯、聚氯乙烯等。绝缘的形式可分为实芯绝缘、半空气绝缘和空气绝缘三种。外导体有两重作用,它既作为传输回路的一根导体,又具有屏蔽作用,通常有三种结构:金属管状结构、铝箔纵包搭接、铜网和铝箔纵包组合。同轴电缆的种类有:实芯同轴电缆、耦芯同轴电缆、物理高发泡同轴电缆、竹节电缆等。

英方的相关规定见表 3.6.2。

5. 中英方关于仪表管路敷设的工程量计算规则是如何规定的?

答:管路:由管道装置、仪表、阀门等组成的用于工业设备、输送介质的运输通道称为管路。它是导管、管缆、管接头、阀门等的总和。

仪表管路:为了满足仪表设备对管路输送介质的压力、温度、流量等测量要求,安装有仪表设备的管路段或为仪表设备测量而安装的管路。

中方规定:

仪表管路敷设。工程量清单项目设置及工程量计算规则,应按表 3.6.6 的规定执行。

表3.6.6　中方仪表管路敷设

项目名称	项目特征	计量单位	工程量计算规则	工作内容
钢管	1. 名称 2. 规格 3. 连接方式 4. 材质 5. 伴热要求 6. 脱脂要求 7. 支架形式、材质	m	按设计图示管路中心线以长度计算	1. 管路敷设 2. 伴热管伴热或电伴热 3. 管道脱脂 4. 支架制作、安装
高压管				
不锈钢管	1. 名称 2. 规格 3. 连接方式 4. 伴热要求 5. 脱脂要求 6. 支架形式、材质 7. 焊口酸洗钝化要求			1. 管路敷设 2. 伴热管伴热或电伴热 3. 管道脱脂 4. 支架制作、安装 5. 焊口酸洗钝化
有色金属管及非金属管	1. 名称 2. 规格 3. 连接方式 4. 材质 5. 伴热要求 6. 脱脂要求 7. 支架形式、材质			1. 管路敷设 2. 伴热管伴热或电伴热 3. 管道脱脂 4. 支架制作、安装
管缆	1. 名称 2. 规格 3. 材质 4. 芯数 5. 支架形式、材质		按设计图示尺寸以长度计算	1. 管路敷设 2. 支架制作、安装

同时注意：

①钢管：是工业管道中使用范围最广，用量最大的管材。

②高压管：在化学工业和石油化学工业中某些化学反应常常需要在高压下进行。由于高压化工介质具有压力高、温度高、耐腐蚀性强、渗透力高、脉动大的特点，因此，根据高强耐压、高强耐腐蚀等特殊要求，用耐高压无缝钢或不锈钢制成的钢管称为高压管。

③不锈钢管：不锈钢又称为不锈耐酸钢、白钢。严格区分的不锈钢是指大气中能抵抗腐蚀而不生锈的钢，耐酸钢是在酸碱等化学侵蚀介质中能抵抗腐蚀的钢。习惯上将由不锈耐酸钢为材料锻造成的钢管称为不锈钢管。不锈钢管主要用于输送强腐蚀性介质和防止污染的介质（如医药介质、食品介质等）以及高温和低温介质管道上。在管道工程中，常用下列不锈钢管：1Cr13（1 铬

13)、1Cr18Ni9Ti、Cr25Ti、Cr18Ni12Mo2Ti 和 Cr18Ni13Mo2Ti 等。1Cr13 不锈钢管可用于输送清洁度较高而又要求防止污染的介质和腐蚀性不高的有机酸、碱等。1Cr18Ni9Ti 不锈钢管广泛用于硝酸、硝铵、合成氨、合成纤维、制碱、甲醇、医药、轻工业等工业生产中。Cr25Ti 不锈钢管适用于硝酸厂、硝铵厂、维尼纶厂以及腐蚀性不强而又要求防污染的设备和管道。Cr18Ni12Mo2Ti 和 Cr18Ni13Mo2Ti 不锈钢管主要用于输送耐蚀要求比 1Cr18Ni9Ti 更高的尿素、维尼纶、医药等工业生产中的强腐蚀性介质。

④有色金属管:在工艺管道中常用的铜管、铝管、铝合金管和铅管等称有色金属管。有色金属管分为无缝和用板材卷焊的两大类。铜管分紫铜管和黄铜管两种。制造紫铜管所用的材料牌号有 T_2、T_3、T_4 和 TVP 等,含铜量较高,要占 99.7% 以上;黄铜管所用的材料牌号有 H_{62}、H_{68} 等,都是锌和铜的合金,如 H_{62} 黄铜管,其材料成分铜为 60.5% ~63.5%,锌为 39.6%,其他杂质 <0.5%。常用无缝铜管的规格范围为外径 12 ~250mm,壁厚 1.5 ~5mm;铜板卷焊管的规格范围为外径 155 ~505mm,供货方式有单根的和成盘的两种。铝管是化学工业常用的管道,按其制造材质分工业纯铝 L_2、L_6 和防锈铝合金管 LF_2、LF_6。常用铝管的规格范围,无缝铝管的外径为 18 ~120mm,,壁厚 1.5 ~5mm;铝板卷焊铝管的外径为 159 ~1020mm,壁厚 6 ~8mm,铝管输送的介质操作温度在 200℃以下,当温度高于 160℃时,不宜在压力下使用。铅管分为纯铅管和合金铅管两种,纯铅管也称软铅管,这种管材常用 Pb2、Pb3 等纯铅制造;合金铅管也称硬铅管,是铅和锑的合金制成。铅管的规格通常是内径乘以壁厚来表示,常用规格范围为 15 ~200mm,直径为 100mm 的铅管,需用铅板卷制。铅管在化工、医药等工业使用的较多,适用于输送硫酸、二氧化硫、氢氟酸等。铅管的最高使用温度为 200℃,当温度高于 140℃时,不宜在压力下使用。铅管的机械强度不高,但重量很重。除以上几种有色金属管材外,还有钛、铝镁、铝锰等合金管材。

⑤非金属管:由硬聚氯乙烯塑料、橡胶、玻璃、混凝土、陶瓷等非金属材料制成的管道称为非金属管。硬聚氯乙烯塑料管分为轻型管和重型管两种,其规格范围为 8 ~200mm。硬聚氯乙烯塑料管耐腐蚀性强,重量轻、绝热、绝缘性能好,易于加工安装。可输送多种酸、碱、盐及有机溶剂。使用温度范围为 -14 ~40℃,最高温度不超过 60℃。使用的压力范围,轻型管在 0.6MPa 以下,重型管在 1.0MPa 以下。这种管材使用寿命比较短。工业用橡胶管,根据输送的介质不同,划分为很多种,常用于输送温度压力都比较低的介质,如压缩空气、水、低压蒸汽和氮气等。一般用于临时性或经常移动的管道,如原料或成品的装车、装桶、设备管道清洗吹扫所用的管道,常用的有夹布胶管规格为 413 ~152mm,全胶管规格为 43 ~76mm。工业用玻璃管,多用于化工、医药生产装置,它具有很好的耐腐蚀性能,除氢氟酸、氟硅酸、热磷酸和强碱以外,能输送多种无机酸、有机酸和有机溶剂等介质。其特点是化学稳定性高,透明、光滑、耐磨。玻璃管的使用温度一般在 120℃以下,使用压力在 2.0MPa 以下,直管的规格范围为 Dg25 ~ Dg100。混凝土管有预应力钢筋混凝土管和自应力钢筋混凝土管,这两种管材主要用于输送水。管口连接是承插接口,用圆形截面橡胶圈密封。预应力钢筋混凝土管,规格范围为内径 400 ~1400mm,适用压力范围为 0.4 ~1.2MPa。自应力钢筋混凝土管,其规格范围为内径 100 ~600mm,适用于压力范围为 0.4 ~1.0MPa。钢筋混凝土管可代替铸铁管和钢管,输送低压给水、气等。另外还有混凝土排水管,包括素混凝土管和轻、重型钢筋混凝土管。陶瓷管有普通陶瓷管和耐酸陶瓷管两种,一般都是用承插口连接。普通陶瓷管的规格范围为内径 100 ~300mm。耐酸陶瓷管的规格范围内径为 25 ~800mm。陶瓷管主要用于输送生产给排水管道。除以上几种非金属管材,还有石棉水泥管、玻璃钢管和石墨管等。

⑥通气试验:用空气或氮气作为介质,对管道施加气压,用于检查管道的气密性的试验称为通气试验。

⑦管缆:将输送介质的管束并排或成螺旋状扭绞并封闭在公共包皮内的管路输送装置称为管缆。在控制管路中广泛使用气压管缆。气压管缆具有制造长度大(超过150m)、对腐蚀性介质和振动的稳定性高、价格便宜的优点。气压管缆用于固定安装的管路,工作温度范围为-40~60℃,标称压力在6kgf/cm^{2}以下,输送介质为空气和对芯管材料稳定的其他物质。

⑧缆头:在工艺管道设备中,在管缆的首端和末端用于与其他管路和设备连接的部件,称为缆头。

⑨卡套:在工艺管道的管路连接中,设有卡口的套管连接部件称为卡套。

⑩通气试验:用空气或氮气作为介质,对管路施加气压,通过压力降的测量来检查管道气密性的试验称为通气试验。

本节管道敷设仅指仪表压力管路敷设,包括导压管、气源管、信号管、伴热管(或伴热电缆)四种不同功能的管线。

适用于仪表工程中碳钢管、不锈钢管、铜管、高压管、聚乙烯管、管缆及伴热管线的敷设等控制仪表工程的工程量清单设置。

工程量清单计量一般是以施工图按延长米不扣除管件、阀门所占长度以米计量。

管道敷设种类很多,施工规范的要求各不相同,工程量清单设置时应按管道种类设置相应的工作内容。

英方没有对仪表管路敷设的工程量计算规则作出规定,只对机电及电气工程计算规则中的管线工程,管线附件作出了规定。

英方规定详见表3.6.7。

表3.6.7 英方管线工程及管线附件

提供资料	计算规则	定义规则	范围规则	辅助资料
P1 以下资料或应按第A部分之基本设施费用/总则条款而提供于位置图内,或应提供于与工程量清单相对应的附图上: (a)工程范围及其位置,包括机房的工作内容	M1 与本章节有关的工程内容按附录B内规则R20-U70计算,并作相应分类 M2 机房内的工作单独计算	D1 面层及表面处理不包括按Y50及M60规则计算的保温绝热层及装饰性面层	C1 视作已包括提供一切必要的连接件 C2 视作已包括提供格式、模式与模具等	S1 特殊的行规及规范 S2 材料类型与材质。 S3 材料规格、厚度或材质 S4 材料必须符合的测试标准 S5 现场操作的面层或表面处理 S6 非现场操作的面层或表面处理,应说明是在工厂组装或安装之前或之后进行

续表

分类表					计算规则	定义规则	范围规则	辅助资料
1. 管件	1. 直型 2. 弯曲型,注明半径 3. 柔性软管 4. 可延长型	1. 注明连接件的类型、标称尺寸及连接方法,安装支撑、间距及方法亦需说明	m	1. 说明支承环境及安装方法 2. 导入管沟 3. 导入沟槽 4. 导入暗槽 5. 埋在楼面抹灰层内 6. 在现场浇筑的混凝土内	M3 计算管道时不扣除配件及与管长度 M4 柔性及可延长型管道需计算其展开后的长度		C3 管道视作已包括配套的连接件 C4 管道视作已包括仅用于吊装工作的连接件	
	5. 供水管与回水管	2. 注明主管的类型、长度及标称尺寸,注明支管的数量、类型、长度及每条的直径,安装方法及终端连接方法支撑的类型、数量及固定方法亦需说明	nr					
2. 管道所需要的额外项目	1. 弯管		nr			D2 特殊连接件是指,与常规管道不同的连接,或与管道的连接,或与现有管道设备或排气管道端部之连接件		
	2. 特殊连接件	1. 说明连接类型与方法		1. 不同于管道的连接件,需注明标称尺寸				
	3. 配件,管道直径≤65mm	2. 单头 3. 双头 4. 三头 5. 其他类型,细节说明		1. 装有检查门 2. 在采用不同于管道的配件时,需说明连接方法	M5 有大小头的不同管径或材料的连接件,该连接件按大头管径计算		C5 管道视作已包括切割及与管件相接的连接件、膨胀圈与膨胀补充器	
	4. 配件,管道直径>65mm	6. 注明类型						

续表

分类表					计算规则	定义规则	范围规则	辅助资料
3. 膨胀圈	1. 注明类型、标称尺寸、连接方法、类型、数量及支承方法	1. 限定尺度及可调节的膨胀量	nr	1. 说明环境 2. 导入管沟 3. 导入沟槽				
4. 膨胀补充器		1. 注明可调节的膨胀量	nr					
5. 螺旋套节 6. 阀门 7. 丝套	1. 注明类型，尺寸与安装方法	1. 注明标称尺寸与管件类型	nr				C6 螺旋套节，阀门与轴套视作已包括管件穿孔	
8. 管道辅助工作	1. 注明类型、标称尺寸、连接方法、类型、数量及支承方法	1. 注明管件类型	nr	1. 注明综合控制或指示器 2. 注明遥控或指示器，以及两者之间的衔接 3. 注明安装的环境 4. 导入管沟 5 导入沟槽			C7 管道视作已包括切割及与辅件相接的连接件	
9. 不同于管线做法的管道支撑		1. 注明管道的标称尺寸，支承的类型与尺寸，以及管道安装与支承方法	nr	1. 绝缘处理，细节说明 2. 补偿弹簧，可调节的荷载与位移量 3. 注明安装的环境	M6 对工厂制造服务及多功能服务，在 P30 章节进行计算			
10. 管线锚碇与导管装置		1. 注明管道的标称尺寸，类型、尺寸与组成，以及管道安装与管线锚碇及导管装置	nr					
11. 墙壁，地板与天花板内的套管	1. 长度≤300 mm 2. 其后，按每增 300mm 分级	1. 注明管件的类型与标称尺寸	nr	1. 说明安装方法与包装类型 2. 交由其他承建商进行安装				
12. 墙壁、地板与天花板的垫板		1. 注明类型、尺寸与安装方法	nr					

6. 中英方关于工厂通讯、供电的工程量计算规则是如何规定的?

答:工厂供电就是指工厂所需电能的供应和分配问题。电能是现代工业生产的主要能源和动力。

中方规定:

工业通讯设备安装与调试参考通信设备及线路工程相关项目规定。

供电系统安装参考电气设备安装工程相关项目规定。

注:

①系统电缆:是指集散系统或计算机系统设备间的配线。系统电缆一般是用于设备制造厂的特殊设备,随设备成套供货。除分布式集散控制系统中的部分电缆外,其长度都不太长,且大多数是带插头敷设。但有时其中部分要求不太高的电缆常采用普通电缆,并由材料口供货。此时,其插头须在电缆敷设完毕后接线。一般情况下,设备制造商不提供系统电缆的型号规格,是以特殊标记区别。集散系统或计算机系统设备,由于对其工作环境要求较高,一般都是安装在防静电的活动地板上。活动地板与普通地板之间,有400mm厚左右的夹层,其系统电缆是在该夹层中敷设。敷设时,须揭开活动地板,敷设完毕后,再恢复活动地板。为确保计算机电缆的工作性能,增强干扰的抵抗能力,应在夹层中设置金属带盖封闭式电缆槽,不同电压等级的系统电缆,分别敷设在不同的电缆槽中。系统电缆敷设,除不得扭绞外,由于绝大多数是带插头敷设,因此,机柜进线处的开孔,应保证其插头进出方便。

②双绞屏蔽电缆:为减少电缆在传输信号时的电磁干扰,增强接收设备在接收电信号时的清晰度及敏感度,保证通信设备工作时的正常,通常采用双绞屏蔽电缆。屏蔽电缆通常由线芯、聚乙烯绝缘层,铜丝编织层、聚氯乙烯护套等组成。双绞屏蔽电缆中其电缆应单根穿金属保护管敷设,保护管需要单端接地。屏蔽电缆头通常包括端子、号箍、电线、缠绕绝缘层、套管(压接或焊接)、屏蔽层以及电缆铭牌和端子。在其安装过程中,两个有号箍的端子在端子台左侧相邻位置,另一端子布置在端子台右侧,此端子所连电线用套管压结或焊接,另两个相邻端子使用屏蔽层覆盖住所连电线,这三个端子在电缆头缠绕绝缘层。应当注意,屏蔽电缆头制作时,要求将同一线路电缆的一端(并且只能一端)屏蔽层作抗干扰接地,接至抗干扰接地系统。

③工厂通信设备:为了高效、迅速、准确地传递工业生产过程中各种通信信息,目前已广泛使用先进的有线及无线通信设备,如:无线寻呼、移动电话、无线遥控、微波卫星通信等设备。普遍使用的工厂通信设备有:对讲电话、载波电话、感应电话等。对讲电话由对讲机、话筒、扬声器等组成。载波电话由固定局和移动局组成。固定局又由手持话筒、载波机、耦合器及扬声器等组成。移动局由手持式话筒、载波机、脚踏开关、扬声器、电源装置及耦合器等组成。感应电话由地面站(对讲站、对讲中心站、地面站、地面站用感应头)、天线(感应环形天线、调谐装置)和吊车站(对讲点、吊车站、扬声器)构成。

④不间断电源:电源是构成电路的重要部件,不论它是以电能形式输入或以电信号形式激励,其共同点是能向电路提供电压和电流。电源可分为电压源和电流源。它们分别又可分为理想型和实际型。不间断供电电源是指一种对负载能长期不间断供电的系统,简称为NPS、UPS是(交流)不间断供电电源(UninterruptablePowerSystem)的缩写。它分为动态和静态两种。动态UPS由旋转电机组成,而由电子元器件构成的UPS则是静态的,一般所说的UPS多指静态而言。UPS主要用于敏感电子设备和不允许停电的场合,如计算机系统、生产线的过程控制,远距离通信,医疗设备,银行系统以及飞机场等设施。

英方规定详见表3.6.8。

表 3.6.8　英方高压、低压电缆和电线/母线槽/接地和连接元件

提供资料					计算规则	定义规则	范围规则	辅助资料
P1 以下资料或应按第 A 部分之基本设施费用/总则条款而提供于位置图内，或应提供于与工程量清单相对应的附图上： (a) 工程范围及其位置 P2　提供以下关于最终线路图的资料 (a)标有所有装置和附件数量和位置的配电图 (b)表示各点设计方案的位置图					M1 与本章节有关的工程内容按附录 B 内规则 V10 – W62 计算，并作相应分类	D1 面层及表面处理不包括按 M60 规则计算的装饰性面层	C1 视作已包括接头所需的全部配件 C2 视作已包括模式、造型和样板等	S1 特殊的行规及规范 S2 材料类型与材质。 S3 材料规格、厚度或材质 S4 材料必须符合的测试标准 S5 现场操作的面层或表面处理 S6 非现场操作的面层或表面处理，应说明是在工厂组装或安装之前或之后进行 S7 电缆相位色标或其他分辨标志的细节说明
分类表								
1. 电缆	1. 注明类型、尺寸、芯数、电缆包皮和铠装	1. 穿入管沟管道、穿入电缆槽或电缆敷设 2. 穿入电缆槽并敷设集中成组回路 3. 表面固定处理 4. 管线的绕线施工 5. 电缆沟内敷线 6. 空中走线的绝缘子固定 7. 从悬链进行电缆悬挂	m	1. 注明类型、间距和支架固定方法 2. 注明安装的环境	M2 电缆管或电缆槽中的电缆以及与电缆盘固定的电缆以电缆管、电缆槽和电缆盘的净长度计算。其他电缆则以固定点间长度计，不考虑下垂度 M3 对于按净长度计算的电缆，应考虑以下余量： (a) 0.30m，考虑其进入固定件，照明器或其他附件的电缆 (b) 0.60m，考虑其进入设备或控制系统的电缆	D2 电路组电缆指的是集成组的电缆	C3 电缆视作已包括： (a)墙、地板和天花板内的接线板 (b)电缆套管 (c)连接尾端	

续表

提供资料					计算规则	定义规则	范围规则	辅助资料
2. 柔性电缆接头	1. 注明类型、尺寸、芯数、铠装、包皮、容量，长度≤1.00m 2. 其后，按每增1.0m分级	1. 注明每一端头处接头的详细资料	nr					
3. 电缆接头	1. 注明电缆的类型和尺寸		nr	1. 接线箱，注明类型 2. 密封箱，注明类型				
4. 分叉接头				1. 屏蔽、注明类型				
5. 电缆终点密封装置	1. 注明电缆的类型和尺寸，密封装置类型	1. 接线箱，注明类型尺寸和固定方法	nr	1. 电缆接线箱，注明类型和尺寸				
6. 不同于电缆的电缆支架	1. 注明电缆尺寸、支架类型和尺寸以及固定方法	1. 表面固定 2. 与空中线路导线固定 3. 从悬链电缆悬挂	nr	1. 注明安装的环境				
7. 母线槽	1. 直槽 2. 弯槽，注明半径	1. 注明类型、尺寸、盖板、连接方法、母线额定能力和类型、间距和支架固定方法	m	1. 注明安装的环境	M4 计算母线槽时不扣除紧固件和支线槽的长度			
8. 母线槽所需要的附加项目	1. 配件装置	1. 注明类型	nr				C4 视作已包括母线槽对于紧固件、分线装置、馈线装置和防火隔离装置的切割和连接	
9. 分线装置 10. 馈线装置 11. 防火隔离装置	1. 注明类型、尺寸及固定方法	1. 注明额定能力	nr	1. 注明安装的环境				
12. 不同于母线槽的母线槽支架	1. 注明母线槽尺寸、支架类型和尺寸及固定方法		nr					
13. 绝缘胶带	1. 注明胶带类型和尺寸、固定间距和型式		m		M5 13－18＊0 ＊只与Y80条款配套计算			

续表

分类表					计算规则	定义规则	范围规则	辅助资料
14. 连接器 15. 接线箱	1. 注明胶带类型和尺寸		nr				C5 视作已包括与连接器、接线箱、电缆夹、电极和空气终结点相关的胶带切分和连接	
16. 测试夹	1. 注明类型、尺寸及连接方法							
17. 电极	1. 注明类型和尺寸			1. 压入地下				
18. 空气终端点	1. 注明类型、尺寸和固定方法			1. 注明安装的环境				
19. 终端线路中的电缆和电缆管	1. 注明电缆安装、电缆尺寸和类型、及终端线路的描述 2. 注明电缆和电缆管安装、电缆和电缆管尺寸、类型及终端线路的描述	1. 插座、开关插座等 2. 浸入式加热器和烹调器接口等 3. 照明接口 4. 单路开关 5. 双路开关 6. 中间开关	nr	1. 接地用电缆和保护性导体 2. 特殊接线箱 3. 表面式 4. 隐藏蔽式 5. 注明安装的环境和固定方法	M6 从配电盘接出的，不构成家庭线路或类似的简单线路安装的最终线路及类似做法需分别列项，并根据 Y60 和 Y63 以及 Y61、Y62 和 Y80:1－18*·*8 规定详细计算 M7 从配电盘接出的构成家庭线路或类似的简单线路安装的最终线路及类似做法可按点计数进行计算 M8 每一个照明接口都作为一个点计算，不论灯的数目是多少 M9 只有构成最终线路一部分的接地用电缆和保护性导体才在说明中加以描述 M10 描述中提及的特殊接线箱是特殊需要的接线箱，它与 C5 中所述的接线箱不同		C6 按点计算的终端线路视作已包括： (a) 电缆管配件，包括需用于各种不同类型安装的导管连接箱 (b) 固定、弯曲、切分、用螺钉固定和连接 (c) 线路确定	S8 电压和电流

7. 中英方关于仪表盘、箱、柜及附件安装及仪表附件安装的工程量计算规则是如何相对应的?

答:中方规定:

仪表盘、箱、柜及附件安装工程量清单项目设置及工程量计算规则,应按表3.6.9的规定执行。

表3.6.9 仪表盘、箱、柜及附件安装

项目名称	项目特征	计量单位	工程量计算规则	工作内容
盘、箱、柜	1. 名称 2. 型号 3. 规格 4. 基础型钢形式、规格 5. 支架形式、材质 6. 接线方式	台	按设计图示数量计算	1. 本体安装 2. 基础型钢制作、安装 3. 支架制作、安装 4. 盘柜配线 5. 端子板校、接线 6. 补刷(喷)油漆
盘柜附件、元件	1. 名称 2. 型号 3. 规格	个(节)		1. 本体制作、安装 2. 校接线 3. 试验

同时注意:

①盘:装在规格化安装构件上的仪表设备、附件、安装件、电气线路和管路的安装架,可与安装在控制对象上的仪表及外部电路和管路连接的设备称为盘。

箱:装在规格化安装构件上的仪表设备、附件、电气线路的安装架,且尺寸小于柜、四面封闭的电气设备称为箱。常见的电气设备中有电源箱、配电箱等。

柜:装有面板、壁板、门和盖板的可分解式骨架称为柜。在电气设备中的柜除包含以上特点外,还必须有可装配仪表设备、附件、安装件、电气线路和管路,并可与安装在控制对象上的仪表及外部电路和管路连接。

②盘柜附件、元件:一次附件、测量管路辅助装置、辅助容器、仪表专用支架、配件、仪表接头、法兰、阀门等称为盘柜附件、元件。

盘上元件:安装在控制盘、仪表盘等上的电气传动装置的控制与检测机构、遥控机构、检测和信号装置、开关、按钮、缆槽、缆线等统称为盘上元件。

盘、柜照明罩:在盘、柜设备中,为使照明器具有满足用户对光曲线、保护角、效率等的要求,而安装在照明器具上的灯罩称为盘柜照明罩。照明罩按光线传播方式可分为透光罩与反射罩两种。反光罩有多棱晶面反光罩、铝合金多棱晶面反光罩、铝反光罩等。透光罩有钢化玻璃透光面罩、螺口透明玻璃罩等。

盘内汇线槽:在仪表盘中,为了使线路清晰明确,避免线路混淆、杂乱,将线路用卡子固定后集中敷设的缆线槽道称为汇线槽。

盘内汇线排:为使盘、柜等电气设备中线路的清晰明确,避免线路混淆、杂乱、将线路按连接的对象不同用卡套固定在一起,这些固定在一起的线路称为盘内汇线排。

冷端温度补偿器:利用两根不同的导线纤焊在一起时,两端温度不同产生热电动势的特点,对温度保持恒定的一端进行调节的装置称为冷端温度补偿器。

端子板:安装有接线柱,用于固定传输光电信号、电流的端子,并将电流、信号等传递给下一级处理单元的电气元件称为端子板。

稳压稳频供电源:输出电流的电压、频率稳定不变,用于向电气设备输送电能的设备称为稳压稳频供电源。

减振器:安装有弹簧、橡胶垫圈、垫板等减振装置,用于机械、仪表工作时减小或免受振动影响的设备称为减振器。

多点切换开关:设置有多个触点闸口,可分别对多个线路设备进行控制的开关称为多点切换开关。

线路电阻:用于分担线路上的电压或电流而安装的降压或分流的半导体元件称为线路电阻。

仪表盘:装在规格化安装构件上的仪表设备、附件、安装件、电气线路和管路的安装架,可与安装在控制对象上的仪表及外部电路和管路连接的设备称为仪表盘。

本节包括仪表盘、箱、柜安装,盘柜附件、元件制作安装两部分内容。

适用于各种仪表盘、箱、柜安装,仪表盘柜校、接线,配线,盘上元件安装,盘上附件制作安装等控制仪表工程的工程量清单设置。

工程量清单计量,盘、箱、柜根据设计图示数量按台计量;盘上元件、附件根据设计图示数量按个计量。

工程量清单设置,按设计图标示的类型、规格对应相对的清单项目直接列项。

本节涉及内容为常规仪表盘、箱、柜及其附件与元件。

仪表附件安装工程量清单项目设置及工程量计算规则,应按表 3.6.10 的规定执行。

表 3.6.10　仪表附件安装

项目名称	项目特征	计量单位	工程量计算规则	工作内容
仪表阀门	1. 名称 2. 型号 3. 规格 4. 材质 5. 连接方式 6. 研磨要求 7. 脱脂要求	个	按设计图示数量计算	1. 本体安装 2. 研磨 3. 脱脂
仪表附件	1. 名称 2. 型号 3. 规格 4. 材质			本体制作、安装

同时注意:

①阀门:是控制介质运动的一种管路附件。它是石油、化工、电力、轻工、冶金和国防等工业设备的配套产品,又是水暖、热力、煤气、通风和空调等工程中不可缺少的配件。阀门的组成有阀体、阀座、阀瓣、阀杆、手轮、阀盖、填料、压盖和密封圈等。阀门按结构特征可分为截门形、闸门形、旋塞和球形、旋启形、蝶形、滑动形、隔膜形。按用途可分为通用阀门与专用阀门。其中通用阀门又有开闭用、止回用、调节用、分配用、安全用、疏水隔汽用等。专用阀门有计量阀、放空气阀、排污阀等。按操作方法可分为手动阀、电动阀、液动和汽动的阀门。按耐压强度可分为低压阀、中压阀、高压阀及超高压阀。按介质工作温度可分为常温阀门、中温阀门、高温阀门、耐热阀门、低温阀门、深冷阀门、起冷温阀门。按与管道连接方式可分为法兰连接阀门、螺纹连接阀门、焊接连接阀门、对夹连接阀门、夹箍连接阀门、卡套连接阀门等。广泛采用的是法兰连接阀门。按阀体材料可分为铸铁阀门、钢制阀门、铜制阀门、非金属阀门、衬里阀门等。

②仪表附件:是指代表阀门、仪表吊架、仪表立柱、穿墙密封架、冲孔板/槽、混凝土,容器附件,

取源部件，压力表弯和节流装置均压环。

本节包括仪表阀门安装、仪表附件安装。

适用于仪表工程中阀门安装，没有主项可综合的仪表工程支架制作安装，具有相对独立性的仪表附件的制作等控制仪表工程的工程量清单设置。

仪表阀门的工程量清单计量，可根据设计图标示的技术数据按个计量。支吊架安装可根据设计图要求的种类按米或按个计量。仪表附件按个计量。

工程量清单设置，以仪表阀门为主项可综合阀门研磨、脱脂等工程内容。

本节包括内容不多，其中仪表阀门可直接按主项设置清单。仪表附件能综合到其他主项的列入其他主项。在本节中设置的清单项目，是具有相对独立性的工程内容，如槽盒专用的大型吊架、门型架、压缩空气净化分配装置。类似这些工程内容不能综合在主项之内，需单独列项。

英方规定与中方不同：

中方中的仪表盘、箱、柜及附件安装与英方中的高、低压开关柜和配电柜相对应，见表3.6.11，中方中的仪表附件安装与英方中的机械系统测试及调试系统相对应，详见表3.6.2。

表3.6.11 英方高低压开关柜和配电柜

提供资料					计算规则	定义规则	范围规则	辅助资料
P1 以下资料或应按第A部分之基本设施费用/总则条款而提供于位置图内，或应提供于与工程量清单相对应的附图上： (a)工程范围及其位置					M1 与本章节有关的工程内容按附录B内规则V10－S62计算，并作相应分类	D1 面层及表面处理不包括按M60规则计算的装饰性面层	C1 视作已包括接头所需的全部配件 C2 视作已包括模式、造型和样板等	S1 特殊的行规及规范 S2 材料类型与材质 S3 材料规格、厚度或材质 S4 材料必须符合的测试标准 S5 现场操作的面层或表面处理 S6 非现场操作的面层或表面处理，应说明是在工厂组装或安装之前或之后进行 S7 设备尺寸和重量限制
分类表								
1. 开关柜 2. 配电柜 3. 接触器和启动器 4. 电机驱动器	1. 注明类型、尺寸、额定容量和固定方法	1. 另需参考技术要求	nr	1. 熔断器 2. 随设备提供的支架，提供详细资料和固定方法 3. 注明安装的环境			C_3 视作已包括随设备提供的标识板、磁盘和铭牌	
5. 支撑，未随开关柜、配柜、接触器和启动器以及电机驱动器一起提供	1. 注明类型、尺寸和固定方法		nr	1. 注明安装的环境				

七、通风空调工程

1. 中英方关于通风及空调设备及部件制作安装工程的工程量计算规则是如何规定的?

答:中方规定:

通风及空调设备及部件制作安装。工程量清单项目设置及工程量计算规则,应按表 3.7.1 的规定执行。

表 3.7.1　中方通风及空调设备及部件制作安装

<table>
<tr><th>项目名称</th><th>项目特征</th><th>计量单位</th><th>工程量计算规则</th><th>工作内容</th></tr>
<tr><td>空气加热器(冷却器)</td><td rowspan="2">1. 名称
2. 型号
3. 规格
4. 质量
5. 安装形式
6. 支架形式、材质</td><td rowspan="2">台</td><td rowspan="9">按设计图示数量计算</td><td rowspan="2">1. 本体安装、调试
2. 设备支架制作、安装
3. 补刷(喷)油漆</td></tr>
<tr><td>除尘设备</td></tr>
<tr><td>空调器</td><td>1. 名称
2. 型号
3. 规格
4. 安装形式
5. 质量
6. 隔振垫(器)、支架形式、材质</td><td>台(组)</td><td>1. 本体安装或组装、调试
2. 设备支架制作、安装
3. 补刷(喷)油漆</td></tr>
<tr><td>风机盘管</td><td>1. 名称
2. 型号
3. 规格
4. 安装形式
5. 减振器、支架形式、材质
6. 试压要求</td><td rowspan="2">台</td><td>1. 本体安装、调试
2. 支架制作、安装
3. 试压
4. 补刷(喷)油漆</td></tr>
<tr><td>表冷器</td><td>1. 名称
2. 型号
3. 规格</td><td>1. 本体安装
2. 型钢制作、安装
3. 过滤器安装
4. 挡水板安装
5. 调试及运转
6. 补刷(喷)油漆</td></tr>
<tr><td>密闭门</td><td rowspan="4">1. 名称
2. 型号
3. 规格
4. 形式
5. 支架形式、材质</td><td rowspan="4">个</td><td rowspan="4">1. 本体制作
2. 本体安装
3. 支架制作、安装</td></tr>
<tr><td>挡水板</td></tr>
<tr><td>滤水器、溢水盘</td></tr>
<tr><td>金属壳体</td></tr>
<tr><td>过滤器</td><td>1. 名称
2. 型号
3. 规格
4. 类型
5. 框架形式、材质</td><td>1. 台
2. m^2</td><td>1. 以台计量,按设计图示数量计算
2. 以面积计量,按设计图示尺寸以过滤面积计算</td><td>1. 本体安装
2. 框架制作、安装
3. 补刷(喷)油漆</td></tr>
<tr><td>净化工作台</td><td>1. 名称
2. 型号
3. 规格
4. 类型</td><td>台</td><td>按设计图示数量计算</td><td>1. 本体安装
2. 补刷(喷)油漆</td></tr>
</table>

续表

项目名称	项目特征	计量单位	工程量计算规则	工作内容
风淋室	1. 名称 2. 型号 3. 规格 4. 类型 5. 质量	台	按设计图示数量计算	1. 本体安装 2. 补刷(喷)油漆
洁净室				
除湿机	1. 名称 2. 型号 3. 规格 4. 类型			本体安装
人防过滤吸收器	1. 名称 2. 规格 3. 形式 4. 材质 5. 支架形式、材质			1. 过滤吸收器安装 2. 支架制作、安装

同时注意：

(1)部件制作：通风系统中的通风机、空调机、空调器、除尘器、加热器、过滤器、消声器等设备与风管、部件等组成一个完整的通风系统，因此在制作风管的同时，应制作好有关的部件，例如风管法兰盘等。

在通风系统中，部件风管法兰盘用于风管之间与配件的延长连接，同时法兰盘还可增加风管的强度。通风管道常用的法兰盘是用角钢或扁钢制作的圆形法兰和矩形法兰。矩形风管的法兰呈矩形，它是由四根角钢或四根扁钢按矩形焊接而成。圆形风管的法兰呈圆形，它是由扁钢或角钢经法兰盘弯曲机弯制后，经焊接而成。

(2)空气加热器：它是由金属制成的，分为光管式和肋管式两大类。

项目特征：

在通风空调工程中，常见的空气加热器可分为光管式和肋管式两大类。

1)光管式空气加热器的构造和特点：其构造如图3.7.1所示，它是由联箱(较粗的管子)和焊接在联箱间的钢管组成，一般在现场按标准图加工制作。

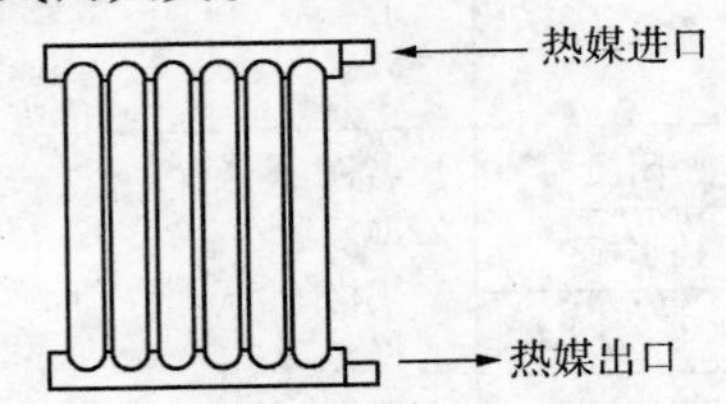

图3.7.1　光管焊制的空气加热器

这种加热器的特点是加热面积小，金属消耗多，但表面光滑，易于清灰，不易堵塞，空气阻力小，易于加工，适用于灰尘较大的场合。

2)肋管式空气加热器的构造和特点：肋片管式空气加热器根据外肋片加工的方法不同而分为套片式、绕片式、镶片式和轧片式，其结构材料有钢管钢片、钢管铝片和铜管铜片等。

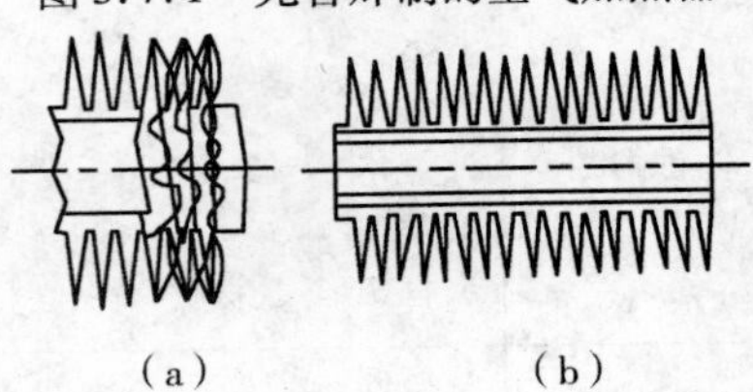

图3.7.2　空气加热器的肋管构造

(a)皱折绕片式；(b)光滑绕片式

图3.7.2(a)所示为皱折绕片式，它是将狭带状薄金属片用轧皱机沿纵向在狭带的一边轧成皱折，然后在绕片机上按螺旋状绕在管壁上而形成的。图中(b)为光滑绕片式，它

是用光滑的薄金属片，绕在管壁上而形成的。

（3）通风机：一种将机械能转变为气体的势能和动能，用于输送空气及其混合物的动力机械。

项目特征：

通风机类型：通风机根据使用对象不同，又可分为一般离心式通风机、排尘离心式通风机、防腐离心式通风机、锅炉离心式通风机、塑料离心式通风机、排毒塑料通风机及轴流式通风机等，各种风机的符号和规格可参考有关的手册。

（4）除尘器：用于捕集、分离悬浮于空气或气体中粉尘粒子的设备，也称吸尘器。

除尘：捕集、分离含尘气流中的粉尘等固体粒子技术。

除尘系统：一般情况下指由局部排风罩、风管、通风机和除尘器等组成，用以捕集、输送和净化含尘空气的机械排风系统。

除尘器的种类很多，一般可分为：重力除尘装置、惯性除尘装置、离心除尘装置、洗涤除尘装置、过滤除尘装置、声波除尘装置及电除尘装置等。根据这些装置原理制造出的除尘器很多，如水膜除尘器、旋风除尘器、袋式除尘器等。

XLP 型旋风除尘器如图 3.7.3、CLS 型水膜除尘器如图 3.7.4 所示，$\phi150$ 小型旋风 16 管除尘器如图 3.7.5 所示，管电式电除尘器如图 3.7.6 所示。

（5）空调器：在空调机中，凡是本身不带制冷机的空调器，称为非独立空调器（或称非独立式空调器、空调机组），如装配式空调器、风机盘空调器、诱导式空调器、新风机组及净化空调组等。

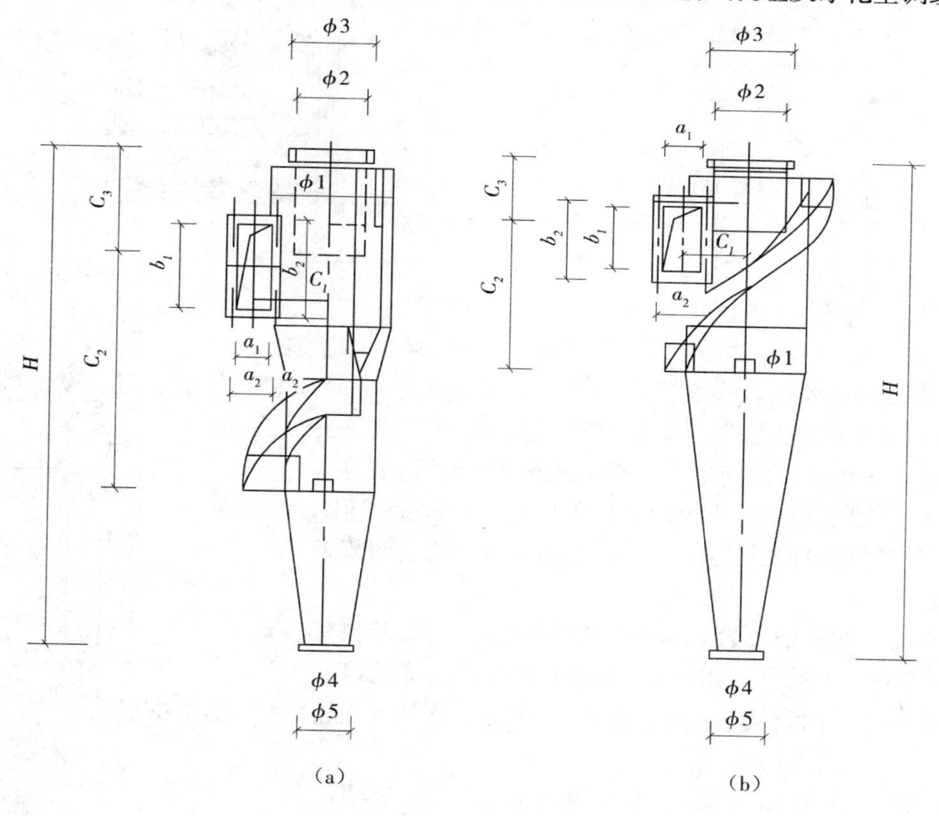

图 3.7.3　XLP 型旋风除尘器

（a）XLP/A 型；（b）XLP/B 型

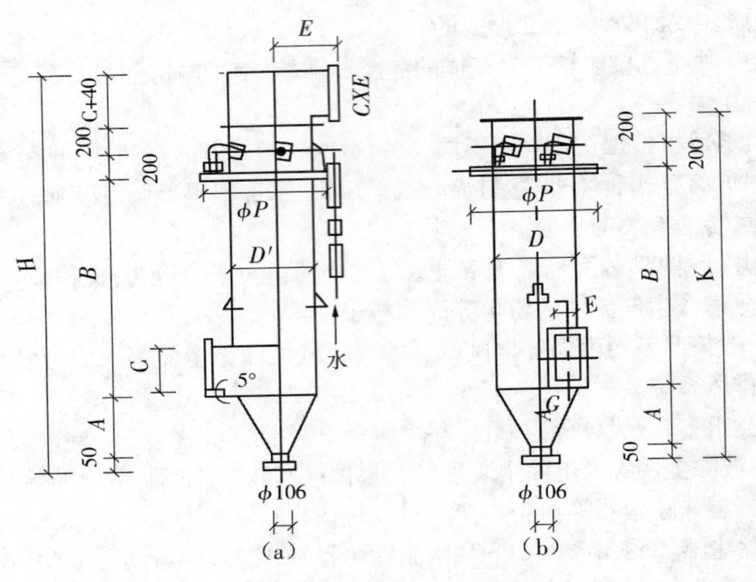

图 3.7.4　GLS 型水膜除尘器

(a)X 型;(b)Y 型

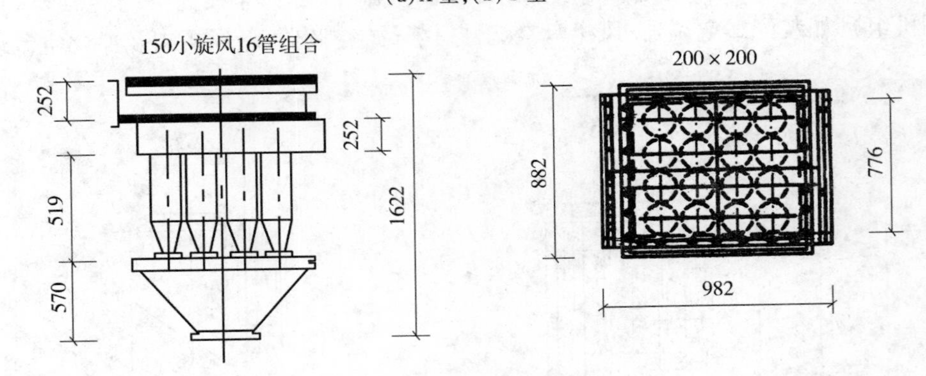

图 3.7.5　ϕ150 小型旋风 16 管除尘器

(6)风机盘管:风机盘管系统是另一种半集中式空调系统,它在每个房间内设置风机盘管机组,作为系统的“末端装置”。风机盘管机组由小型风机和换热盘管组成。风机采用前向多翼离心风机或贯流风机,室内冷负荷主要由机组内盘承担,机组内冷却盘管通常考虑析湿运动情况,所以需要设置排凝结水管路。机组的风量可通过调节风机转数来改变。

风机盘管机组一般分为立式和卧式两种,前者常安装在窗下,后者则布置在天棚下。如图3.7.7所示为风机盘管机组的构造图。风机将室内空气不断吸入机组,再经盘管冷却或加热后经送风口,按一定方向吹出。

(7)密闭门:用来关闭空调室入孔的门叫密闭门。密闭门有木制和钢制两种,其中木制的严密性较差,多用于通风系统的空气处理小室;钢制的用螺栓锁紧,严密性较好,多用于空气调节室。

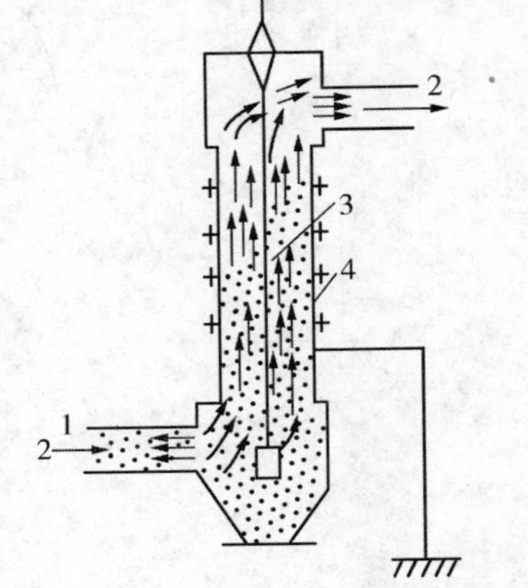

图 3.7.6　管电式电除尘器

1—含尘气体入口;2—净化气体出口;3—电晕极;4—集尘极

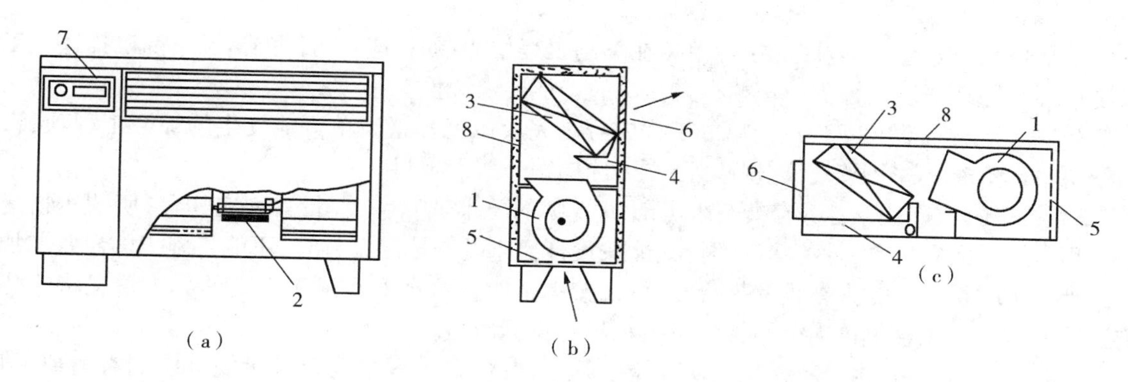

图 3.7.7 风机盘管构造图

(a)风机盘管构造图(机组箱体);(b)立式明装;(c)卧式暗装

1—风机;2—电机;3—盘管;4—凝水盘;5—过滤器;6—出风口;7—控制器;8—吸声材料

(8)挡水板:阻挡喷水室或冷盘管处理的空气中所带水滴的装置。

挡水板分类与构成:防止水雾被空气带走的折板。它分为前挡水板和后挡水板,如图 3.7.8 所示。挡水板是由多个直立的折板叠合而成。板材一般用 0.75 ~ 1.00mm 厚镀锌钢板。挡水板折角越小,折数越多,两板间的间距越小,分离水滴的效果越好。

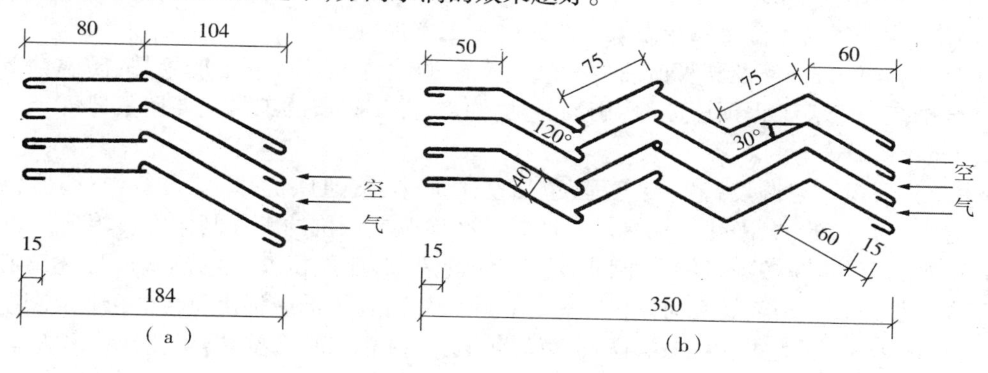

图 3.7.8 挡水板的构造

(a)前挡水板;(b)后挡水板

(9)过滤器:是把含尘量不大的空气经净化后送入室内。过滤器因空气含尘量低,使空气经过滤料层就能获得净化。从目前我国各种过滤器的作用原理来看,大致可分为三种类型:浸油金属网格过滤器、干式纤维过滤器和静电过滤器。

(10)滤水器:当使用循环水时,为了防止杂质堵塞喷嘴孔口,在循环水管入口处装有圆筒形滤水器,内有滤网,滤网一般用黄铜丝网或尼龙丝网做成,其网眼的大小可以根据喷嘴孔径而定。

(11)溢水盘:在夏季空气的冷却干燥过程中,由于空气中水蒸汽的凝结,以及喷水系统中不断加入冷冻水,底池水位将不断上升,为了保持一定的水位,必须设溢水盘。

(12)风淋室:又叫空气吹淋室、空气淋浴室,是强制吹除工作人员及其衣服上附着尘粒的设备。

(13)洁净室:对空气中的悬浮粒状物质按规定标准进行控制,同时对温度、温度压力等环境条件也进行相应的密封空间。

空气洁净度:洁净空气环境中空气含尘量多少的程度。

(14)本表需要说明的问题。

1)关于项目特征。项目特征是工程量清单计价的关键依据之一,由于项目的特征不同,其计价的结果也相应发生差异，因此招标单位在编制工程量清单时，应在可能的情况下明确描述该工程量清单项目的特征。投标人应按招标人提出的特征要求计价。

2）关于工程内容。工程量清单的工程内容是完成该工程量清单可能发生的综合工程项目，工程量清单计价时，按图纸、规程、规范等要求，选择编列所需项目。

3）关于工程量计算，必须依据工程量计算规则的要求编制，工程量只列实物量，所谓实物量即是工程完工后的实体量，如绝热工程量只能按设计要求的绝热厚度计算，不能将施工的误差增加量计入绝热工程量。投标人在投标报价时，可以按本企业技术水平和施工方案的具体情况将绝热的施工误差量计入综合单价内。增加的量越小越有竞标能力。

①有的工程项目，由于特殊情况不属于工程实体，但在工程量清单计量规则中列有清单项目，也可以编制工程量清单，如通风工程检测、试调等项目就属此种情况。

②风管法兰、风管加固框、托吊架等的刷油工程量可按风管刷油量乘适当系数计价。

③风管部件油漆工程量按重量计算，可按部件本身重量乘适当系数计价。

（15）以下费用可根据需要情况，由投标人选择计入综合单价。

1）高层建筑施工增加费；

2）在有害身体健康环境中施工增加费；

3）工程施工超高增加费；

4）沟内、地下室内无自然采光需人工照明的施工增加费。

（16）本附录项目如涉及到管道油漆、除锈、支架的除锈、油漆，管道的绝热、防腐蚀等内容时，可参照《全国统一安装工程预算定额》刷油、防腐蚀、绝热工程册的工料机耗用量计价。

（17）概况。

1）本节为通风及空调设备安装工程，包括空气加热器、通风机、除尘设备、空调器（各式空调机、风机盘管等）、过滤器、净化工作台、风淋室、洁净室及空调机的配件制作安装等项目。

2）通风空调设备应按项目特征不同编制工程量清单，如风机安装的形式应描述离心式、轴流式、屋顶式、卫生间通风器，规格为风机叶轮直径4#、5#等；除尘器应标出每台的重量；空调器的安装位置应描述吊顶式、落地式、墙上式、窗式、分段组装式，并标出每台空调器的重量；风机盘管的安装应标出吊顶式、落地式；过滤器的安装应描述初效过滤器、中效过滤器、高效过滤器。

英方规定见表3.7.2。

表3.7.2　英方管道系统通用设备/输气管道通用设备/隔振装置台座/控制装置——机械式

提供资料	计算规则	定义规则	范围规则	辅助资料
P1 以下资料或应按第A部分之基本设施费用/总则条款而提供于位置图内，或应提供于与工程量清单相对应的附图上： （a）工程范围及其位置，包括机房内的工作内容	M1 与本章节有关的工程内容按附录B内规则R20－U70计算，并作相应分类 M2 机房内的工作单独计算	D1 面层及表面处理不包括按Y50及M60规则计算的保温绝热层及装饰性面层	C1 视作已包括提供一切必要的连接件 C2 视作已包括提供格式、模式与模具等	S1 特殊的行规及规范 S2 材料类型与材质 S3 材料规格、厚度或材质 S4 材料必须符合的测试标准 S5 现场操作的面层或表面处理 S6 非现场操作的面层或表面处理，应说明是在工厂组装或安装之前或之后进行 S7 设备尺寸和重量限制

续表

分类表					计算规则	定义规则	范围规则	辅助资料
1. 设备	1. 注明类型、尺寸、模式、功能效率、容量、负荷以及安装方法	1. 另需参考技术要求	nr	1. 与设备同时提供的附件，详细说明 2. 综合控制或指示器，详细说明 3. 遥控器或指示器，以及连接件，详细说明 4. 与设备同时提供的支承，抗振动装置，绝缘设备。细节及安装方法说明 5. 初始费用，详细说明 6. 注明安装环境			C3 视作已包括与设备同时提供的用于标识的铭牌、磁碟与标签	
2. 不与设备同时提供的设备附件	1. 注明类型、尺寸与安装方法	1. 注明设备类型	nr	1. 综合控制或指示器，详细说明 2. 遥控器或指示器，以及之间的衔接，详细说明			C4 视作已包括设备连接件	
3. 窗台散热片 4. 墙裙散热片	1. 构件(nr)	1. 注明输出热值、类型、尺寸与连接方法。	m				C5 视作已包括边沿密封条	
	2. 外罩	2. 注明类型、尺寸与连接方法	m					
5. 窗台与墙裙散热片外罩所需的额外项目	1. 角形截面铁件 2. 配合板 3. 进出口盖 4. 端盖	1. 注明类型、尺寸与连接方法	nr					

续表

分类表					计算规则	定义规则	范围规则	辅助资料
6. 不与设备同时提供的支承件	1. 注明类型、尺寸与连接方法		nr	1. 注明安装的环境				
7. 独立垂直钢烟囱	1. 高度、内直径与连接方法说明			1. 底板(nr) 2. 底板的样式(nr) 3. 内衬(nr) 4. 外覆层(nr) 5. 地脚螺栓(nr) 6. 缆索(nr) 7. 梯子(nr) 8. 防护栏杆(nr) 9. 油工安全系构(nr) 10. 除灰门(nr) 11. 通风帽 12. 烟道终端	M3 在Y10章节,烟道作为管道系统进行计算			
8. 不与设备同时提供的抗振配件	1. 类型、尺寸与安装方法		nr	1. 注明安装的环境				
9. 抗振或隔声材料	1. 设备基础	1. 注明性质与厚度	m^2	1. 由其他施工单位设计				
10. 设施的拆开、堆放、再安装(为了其他工种方便)	1. 注明设备类型与拆开目的		项					

八、工业管道工程

1. 中英方关于低压管道、中压管道、高压管道的工程量计算规则是如何规定的?

答:公称压力是指管子、管件等制品在基准温度下的耐压温度。

低压管道:是指公称压力不超过25kgf/cm^2 的管道。常见的水暖管道和动力管道一般都属于低压管道。

中压管道:是指公称压力为40~60kgf/cm^2 的管道。

高压管道:是指管道的公称压力为100~1000kgf/cm^2 的管道。

中方关于低压管道、中压管道、高压管道的工程量计算规则详见表3.8.1~表3.8.3。

低压管道工程量清单项目设置及工程量计算规则,应按表3.8.1的规定执行。

表3.8.1 中方低压管道

项目名称	项目特征	计量单位	工程量计算规则	工作内容
低压碳钢管	1. 材质 2. 规格 3. 连接形式、焊接方法 4. 压力试验、吹扫与清洗设计要求 5. 脱脂设计要求	m	按设计图示管道中心线以长度计算	1. 安装 2. 压力试验 3. 吹扫、清洗 4. 脱脂
低压碳钢伴热管	1. 材质 2. 规格 3. 连接形式 4. 安装位置 5. 压力试验、吹扫与清洗设计要求			1. 安装 2. 压力试验 3. 吹扫、清洗
衬里钢管预制安装	1. 材质 2. 规格 3. 安装方式(预制安装或成品管道) 4. 连接形式 5. 压力试验、吹扫与清洗设计要求			1. 管道、管件及法兰安装 2. 管道、管件拆除 3. 压力试验 4. 吹扫、清洗
低压不锈钢伴热管	1. 材质 2. 规格 3. 连接形式 4. 安装位置 5. 压力试验、吹扫与清洗设计要求			1. 安装 2. 压力试验 3. 吹扫、清洗
低压碳钢板卷管	1. 材质 2. 规格 3. 焊接方法 4. 压力试验、吹扫与清洗设计要求 5. 脱脂设计要求			1. 安装 2. 压力试验 3. 吹扫、清洗 4. 脱脂

续表

项目名称	项目特征	计量单位	工程量计算规则	工作内容
低压不锈钢管	1. 材质 2. 规格 3. 焊接方法 4. 充氩保护方式、部位 5. 压力试验、吹扫与清洗设计要求 6. 脱脂设计要求	m	按设计图示管道中心线以长度计算	1. 安装 2. 焊口充氩保护 3. 压力试验 4. 吹扫、清洗 5. 脱脂
低压不锈钢板卷管				
低压合金钢管	1. 材质 2. 规格 3. 焊接方法 4. 压力试验、吹扫与清洗设计要求 5. 脱脂设计要求			1. 安装 2. 压力试验 3. 吹扫、清洗 4. 脱脂
低压钛及钛合金管	1. 材质 2. 规格 3. 焊接方法 4. 充氩保护方式、部位 5. 压力试验、吹扫与清洗设计要求 6. 脱脂设计要求			1. 安装 2. 焊口充氩保护 3. 压力试验 4. 吹扫、清洗 5. 脱脂
低压镍及镍合金管				
低压锆及锆合金管				
低压铝及铝合金管				
低压铝及铝合金板卷管				
低压铜及铜合金管	1. 材质 2. 规格 3. 焊接方法 4. 压力试验、吹扫与清洗设计要求 5. 脱脂设计要求			1. 安装 2. 压力试验 3. 吹扫、清洗 4. 脱脂
低压铜及铜合金板卷管				
低压塑料管	1. 材质 2. 规格 3. 连接形式 4. 压力试验、吹扫设计要求 5. 脱脂设计要求			1. 安装 2. 压力试验 3. 吹扫 4. 脱脂
金属骨架复合管				
低压玻璃钢管				
低压铸铁管	1. 材质 2. 规格 3. 连接形式 4. 接口材料 5. 压力试验、吹扫设计要求 6. 脱脂设计要求			
低压预应力混凝土管				

中压管道工程量清单项目设置及工程量计算规则，应按表3.8.2的规定执行。

高压管道工程量清单项目设置及工程量计算规则，应按表3.8.3的规定执行。

同时注意：

①工程内容所列的项目绝大部分属于计价的项目，招标人在编制标底或投标人在投标报价时应按图纸、规范、规程或施工组织设计的要求，选择编列所需项目。工程内容中所列项目在分部分项工程量清单综合单价分析表中列项分析。

表3.8.2　中方中压管道

<table>
<tr><th>项目名称</th><th>项目特征</th><th>计量单位</th><th>工程量计算规则</th><th>工作内容</th></tr>
<tr><td>中压碳钢管</td><td rowspan="2">1. 材质
2. 规格
3. 连接形式、焊接方法
4. 压力试验、吹扫与清洗设计要求
5. 脱脂设计要求</td><td rowspan="9">m</td><td rowspan="9">按设计图示管道中心线以长度计算</td><td rowspan="2">1. 安装
2. 压力试验
3. 吹扫、清洗
4. 脱脂</td></tr>
<tr><td>中压螺旋卷管</td></tr>
<tr><td>中压不锈钢管</td><td rowspan="2">1. 材质
2. 规格
3. 焊接方法
4. 充氩保护方式、部位
5. 压力试验、吹扫与清洗设计要求
6. 脱脂设计要求</td><td rowspan="2">1. 安装
2. 焊口充氩保护
3. 压力试验
4. 吹扫、清洗
5. 脱脂</td></tr>
<tr><td>中压合金钢管</td></tr>
<tr><td>中压铜及铜合金管</td><td>1. 材质
2. 规格
3. 焊接方法
4. 压力试验、吹扫与清洗设计要求
5. 脱脂设计要求</td><td>1. 安装
2. 压力试验
3. 吹扫、清洗
4. 脱脂</td></tr>
<tr><td>中压钛及钛合金管</td><td rowspan="3">1. 材质
2. 规格
3. 焊接方法
4. 充氩保护方式、部位
5. 压力试验、吹扫与清洗设计要求
6. 脱脂设计要求</td><td rowspan="3">1. 安装
2. 焊口充氩保护
3. 压力试验
4. 吹扫、清洗
5. 脱脂</td></tr>
<tr><td>中压锆及锆合金管</td></tr>
<tr><td>中压镍及镍合金管</td></tr>
</table>

表3.8.3　中方高压管道

<table>
<tr><th>项目名称</th><th>项目特征</th><th>计量单位</th><th>工程量计算规则</th><th>工作内容</th></tr>
<tr><td>高压碳钢管</td><td rowspan="3">1. 材质
2. 规格
3. 连接形式、焊接方法
4. 充氩保护方式、部位
5. 压力试验、吹扫与清洗设计要求
6. 脱脂设计要求</td><td rowspan="3">m</td><td rowspan="3">按设计图示管道中心线以长度计算</td><td rowspan="3">1. 安装
2. 焊口充氩保护
3. 压力试验
4. 吹扫、清洗
5. 脱脂</td></tr>
<tr><td>高压合金钢管</td></tr>
<tr><td>高压不锈钢管</td></tr>
</table>

(1)管道在计算压力试验吹扫、清洗、脱脂、防腐蚀、绝热、保护层等工程量时，应将管件所占长度的工程量一并计入管道长度中。

(2)《全国统一安装工程预算定额》的伴热管项目包括管道煨弯工作内容，如招标采用上述定额计价时，不应再计算煨弯工作内容。

(3)用法兰连接的管道(管材本身带有法兰的除外，如法兰铸铁管)应按管道安装与法兰安装分别列项。

英方没有对低、中、高压管道的工程量计算作出明确规定，只对设备进行了说明，设备中包括低、中、高压管道，详见表3.8.4。

表3.8.4 英方管道系统通用设备、输气管道通用设备、隔振装置台座、控制装置——机械式

<table>
<tr><th colspan="5">提供资料</th><th>计算规则</th><th>定义规则</th><th>范围规则</th><th>辅助资料</th></tr>
<tr><td colspan="5">P1 以下资料或应按第A部分之基本设施费用/总则条款而提供于位置图内，或应提供于与工程量清单相对应的附图上：
(a)工程范围及其位置，包括机房内的工作内容</td><td rowspan="2">M1 与本章节有关的工程内容按附录B内规则R20－U70计算，并作相应分类
M2 机房内的工作单独计算</td><td rowspan="2">D1 面层及表面处理不包括按Y50及M60规则计算的保温绝热层及装饰性面层</td><td rowspan="2">C1 视作已包括提供一切必要的连接件
C2 视作已包括提供格式、模式与模具等</td><td rowspan="2">S1 特殊的行规及规范
S2 材料类型与材质
S3 材料规格、厚度或材质
S4 材料必须符合的测试标准
S5 现场操作的面层或表面处理
S6 非现场操作的面层或表面处理，应说明是在工厂组装或安装之前或之后进行
S7 设备尺寸和重量限制</td></tr>
<tr><td colspan="5">分类表</td></tr>
<tr><td>1.设备</td><td>1.注明类型、尺寸、模式、功能效率、容量、负荷以及安装方法</td><td>1.另需参考技术要求</td><td>nr</td><td>1.与设备同时提供的附件，详细说明
2.综合控制或指示器，详细说明
3.遥控器或指示器，以及连接件，详细说明
4.与设备同时提供的支承，抗振动装置，绝缘设备。细节及安装方法说明
5.初始费用，详细说明
6.注明安装环境</td><td></td><td></td><td>C3 视作已包括与设备同时提供的用于标识的铭牌、磁碟与标签</td><td></td></tr>
</table>

续表

分类表					计算规则	定义规则	范围规则	辅助资料
2. 不与设备同时提供的设备附件	1. 注明类型、尺寸与安装方法	1. 注明设备类型	nr	1. 综合控制或指示器，详细说明 2. 遥控器或指示器，以及之间的衔接，详细说明			C4 视作已包括设备连接件	
3. 窗台散热片 4. 墙裙散热片	1. 构件(nr)	1. 注明输出热值、类型、尺寸与连接方法	m				C5 视作已包括边沿密封条	
	2. 外罩	2. 注明类型、尺寸与连接方法	m					
5. 窗台与墙裙散热片外罩所需的额外项目	1. 角形截面铁件 2. 配合板 3. 进出口盖 4. 端盖	1. 注明类型、尺寸与连接方法	nr					
6. 不与设备同时提供的支承件	1. 注明类型、尺寸与连接方法		nr	1. 注明安装的环境				
7. 独立垂直钢烟囱	1. 高度、内直径与连接方法说明			1. 底板(nr) 2. 底板的样板(nr) 3. 内衬(nr) 4. 外覆层(nr) 5. 地脚螺栓(nr) 6. 缆索(nr) 7. 梯子(nr) 8. 防护栏杆(nr) 9. 油工安全系钩(nr) 10. 除灰门(nr) 11. 通风帽 12. 烟道终端	M3 在 Y10 章节，烟道作为管道系统进行计算			
8. 不与设备同时提供的抗振配件	1. 类型、尺寸与安装方法		nr	1. 注明安装的环境				
9. 抗振或隔声材料	1. 设备基础	1. 注明性质与厚度	m^2	1. 由其他施工单位设计				
10. 设施的拆开、堆放、再安装(为了其他工种方便)	1. 注明设备类型与拆开目的		项					

2. 中英方关于低压管件、中压管件、高压管件的工程量计算规则是如何规定的?

答:中方规定按表3.8.5~表3.8.7执行。

低压管件工程量清单项目设置及工程量计算规则,应按表3.8.5的规定执行。

表3.8.5 中方低压管件

<table>
<tr><th>项目名称</th><th>项目特征</th><th>计量单位</th><th>工程量计算规则</th><th>工作内容</th></tr>
<tr><td>低压碳钢管件</td><td rowspan="2">1. 材质
2. 规格
3. 连接方式
4. 补强圈材质、规格</td><td rowspan="18">个</td><td rowspan="18">按设计图示数量计算</td><td rowspan="2">1. 安装
2. 三通补强圈制作、安装</td></tr>
<tr><td>低压碳钢板卷管件</td></tr>
<tr><td>低压不锈钢管件</td><td rowspan="3">1. 材质
2. 规格
3. 焊接方法
4. 补强圈材质、规格
5. 充氩保护方式、部位</td><td rowspan="3">1. 安装
2. 管件焊口充氩保护
3. 三通补强圈制作、安装</td></tr>
<tr><td>低压不锈钢板卷管件</td></tr>
<tr><td>低压合金钢管件</td></tr>
<tr><td>低压加热外套碳钢管件(两半)</td><td rowspan="2">1. 材质
2. 规格
3. 连接形式</td><td rowspan="2">安装</td></tr>
<tr><td>低压加热外套不锈钢管件(两半)</td></tr>
<tr><td>低压铝及铝合金管件</td><td rowspan="2">1. 材质
2. 规格
3. 焊接方法
4. 补强圈材质、规格</td><td rowspan="2">1. 安装
2. 三通补强圈制作、安装</td></tr>
<tr><td>低压铝及铝合金板卷管件</td></tr>
<tr><td>低压铜及铜合金管件</td><td>1. 材质
2. 规格
3. 焊接方法</td><td>安装</td></tr>
<tr><td>低压钛及钛合金管件</td><td rowspan="3">1. 材质
2. 规格
3. 焊接方法
4. 充氩保护方式、部位</td><td rowspan="3">1. 安装
2. 管件焊口充氩保护</td></tr>
<tr><td>低压锆及锆合金管件</td></tr>
<tr><td>低压镍及镍合金管件</td></tr>
<tr><td>低压塑料管件</td><td rowspan="5">1. 材质
2. 规格
3. 连接形式
4. 接口材料</td><td rowspan="5">安装</td></tr>
<tr><td>金属骨架复合管件</td></tr>
<tr><td>低压玻璃钢管件</td></tr>
<tr><td>低压铸铁管件</td></tr>
<tr><td>低压预应力混凝土转换件</td></tr>
</table>

中压管件工程量清单项目设置及工程量计算规则,应按表3.8.6的规定执行。

表3.8.6 中方中压管件

项目名称	项目特征	计量单位	工程量计算规则	工作内容
中压碳钢管件	1.材质 2.规格 3.焊接方法 4.补强圈材质、规格	个	按设计图示数量计算	1.安装 2.三通补强圈制作、安装
中压螺旋卷管件				
中压不锈钢管件	1.材质 2.规格 3.焊接方法 4.充氩保护方式、部位			1.安装 2.管件焊口充氩保护
中压合金钢管件	1.材质 2.规格 3.焊接方法 4.充氩保护方式 5.补强圈材质、规格			1.安装 2.三通补强圈制作、安装
中压铜及铜合金管件	1.材质 2.规格 3.焊接方法			安装
中压钛及钛合金管件	1.材质 2.规格 3.焊接方法 4.充氩保护方式、部位			1.安装 2.管件焊口充氩保护
中压锆及锆合金管件				
中压镍及镍合金管件				

高压管件工程量清单项目设置及工程量计算规则,应按表3.8.7的规定执行。

表3.8.7 中方高压管件

项目名称	项目特征	计量单位	工程量计算规则	工作内容
高压碳钢管件	1.材质 2.规格 3.连接形式、焊接方法 4.充氩保护方式、部位	个	按设计图示数量计算	1. 安装 2. 管件焊口充氩保护
高压不锈钢管件				
高压合金钢管件				

同时注意:

①各工程量清单所列工程内容是完成该工程量清单项目时可能发生的工程内容,如实际完成工程项目与本附录所列工程内容不同时,可以进行补充。

②工程内容中所列项目绝大部分属于计价的项目,编制工程量清单时应按图纸、规范、规程或施工组织设计的要求,选择编制所需项目,如焊口预热及后热、焊口热处理、三通补强圈制作安装、焊口充氩保护、焊口硬度测试等。工程内容中所列项目,应在分部分项工程量清单综合单价分析表中列项分析。

③管件安装需要做的压力试验、吹扫、清洗、脱脂、防锈、防腐蚀、绝热、保护层等工程内容已在

管道安装中列入，管件安装不再计算。

④管件用法兰连接时，按法兰安装列项，管件安装不再列项。

英方规定没有对低压管件、中压管件、高压管件的工程量作明确规定，只是对管件作了总的说明，其工程标准计量规则详见表3.8.8。

表3.8.8 英方空气输送管道/空气输送管道附件

提供资料					计算规则	定义规则	范围规则	辅助资料
P1 以下资料或应按第A部分之基本设施费用/总则条款而提供于位置图内，或应提供于与工程量清单相对应的附图上： (a)工程范围及其位置，包括机房内的工作内容					M1 与本章节有关的工程内容按附录B内规则R20－U70计算，并作相应分类 M2 机房内的工作单独计算	D1 面层及表面处理不包括按Y50及M60规则计算的保温绝热层及装饰性面层	C1 视作已包括提供一切必要的连接件 C2 视作已包括提供格式、模式与模具等	S1 特殊的行规及规范 S2 材料类型与材质 S3 材料规格、厚度或材质 S4 材料必须符合的测试标准 S5 现场操作的面层或表面处理 S6 非现场操作的面层或表面处理，应说明是在工厂组装或安装之前或之后进行
分类表								
1. 管道	1. 直型 2. 弯曲型，注明半径 3. 矩形截面宽边弯曲型，注明半径 4. 矩形截面窄边弯曲型，注明半径 5. 可延长型	1. 注明连接件的类型、形状、尺寸及连接方法，安装支撑间距及方法亦需注明	m	1. 注明支承环境及安装方法	M3 计算管道时不扣除配件及支管长度		C3 管道视作已包括： (a)管道长度内的连接件 (b)加劲构件	
2. 管道所需的额外项目	1. 带内衬的管道	1. 注明管道内衬材料类型与厚度及管道内部净尺寸	m		M4 内衬可于管道方面中加入注明			
	2. 特殊连接件	1. 注明类型、尺寸、管道尺寸以及连接方法	nr	1. 不同于管道的连接件，需注明标称尺寸	M5 当出现配件较多的情况时(例如在机房内)，配件可单独作为全成本项目以数量计算	D2 特殊连接件是指与常规管道不同的连接，或与不同管径或材料的管道的连接	C4 检修孔、排气孔及试验孔视作已包括孔口加固 C5 视作已包括管道与配件之间的切割与连接	
	3. 配件 4. 检修孔及盖板或门洞 5. 排气口 6. 试验孔与盖板	1. 注明类型	nr	1. 采用不同于管道的配件时，需注明连接方法				

续表

分类表					计算规则	定义规则	范围规则	辅助资料
3. 未与配件一起提供的弯头与多路接头	1. 注明类型	1. 注明管道内部尺寸	nr					
4. 辅件	1. 注明连接的方法、类型及标称尺寸,支承的方法、类型及数量	1. 注明管道类型	nr	1. 说明环境 2. 导入管沟 3. 导入沟槽			C6 视作已包括切割管道以便与配件连接	
5. 现有管道的断开	1. 注明管道的类型、尺寸与位置	1. 注明断开的目的	项	1. 获取必要的断开许可证 2. 隔离现有管道 3. 准备停止现有设备以开始新运行 4. 关闭期限的限制				
6. 不同于管线做法的管道支撑		1. 注明管道的形状及尺寸、支撑的类型及尺寸、管道安装及支承方法	nr	1. 绝缘处理,细节说明 2. 补偿弹簧可调节的荷载与位移置 3. 注明安装的环境	M6 对工厂制造服务及多功能服务,在 P30 章节进行计算			
7. 墙壁、地板与天花板内的套管	1. 长度≤300 mm 2. 其后,按每增 300mm 分级	1. 注明管道的类型与尺寸	nr	1. 安装方法与包装类型 2. 交由其他承建商安装				

3. 中英方关于低压阀门、高压阀门、中压阀门的工程量计算规则是如何规定的?

答:低压阀门:指公称压力 Pg≤16kgf/cm^2,阀体多用灰铸铁制造。某一温度下,制品所允许承受的压力,作为耐压强的判别标准,这个温度称为基准温度,制品在基准温度下的耐压强度称为“公称压力”,用符号 Pg 表示。

低、中、高压阀门计算规则详见表 3.8.9 ~ 表 3.8.11。

低压阀门。工程量清单项目设置及工程量计算规则,应按表 3.8.9 的规定执行。

表 3.8.9　中方低压阀门

项目名称	项目特征	计量单位	工程量计算规则	工作内容
低压螺纹阀门	1. 名称 2. 材质 3. 型号、规格 4. 连接形式 5. 焊接方法	个	按设计图示数量计算	1. 安装 2. 操纵装置安装 3. 壳体压力试验、解体检查及研磨 4. 调试
低压焊接阀门				
低压法兰阀门				
低压齿轮、液压传动、电动阀门				1. 安装 2. 壳体压力试验、解体检查及研磨 3. 调试
低压安全阀门				
低压调节阀门	1. 名称 2. 材质 3. 型号、规格 4. 连接形式			1. 安装 2. 临时短管装拆 3. 壳体压力试验、解体检查及研磨 4. 调试

中压阀门工程量清单项目设置及工程量计算规则，应按表 3.8.10 的规定执行

表 3.8.10　中方中压阀门

项目名称	项目特征	计量单位	工程量计算规则	工作内容
中压螺纹阀门	1. 名称 2. 材质 3. 型号、规格 4. 连接形式 5. 焊接方法	个	按设计图示数量计算	1. 安装 2. 操纵装置安装 3. 壳体压力试验、解体检查及研磨 4. 调试
中压焊接阀门				
中压法兰阀门				
中压齿轮、液压传动、电动阀门				1. 安装 2. 壳体压力试验、解体检查及研磨 3. 调试
中压安全阀门				
中压调节阀门	1. 名称 2. 材质 3. 型号、规格 4. 连接形式			1. 安装 2. 临时短管装拆 3. 壳体压力试验、解体检查及研磨 4. 调试

高压阀门工程量清单项目设置及工程量计算规则，应按表 3.8.11 的规定执行。

表 3.8.11　中方高压阀门

项目名称	项目特征	计量单位	工程量计算规则	工作内容
高压螺纹阀门	1. 名称 2. 材质 3. 型号、规格 4. 连接形式 5. 法兰垫片材质	个	按设计图示数量计算	1. 安装 2. 壳体压力试验、解体检查及研磨
高压法兰阀门				
高压焊接阀门	1. 名称 2. 材质 3. 型号、规格 4. 焊接方法 5. 充氩保护方式、部位			1. 安装 2. 焊口充氩保护 3. 壳体压力试验、解体检查及研磨

同时注意：

①本附录各工程量清单所列工程内容是完成该工程量清单项目时可能发生的工程内容，如实际完成工程项目与本附录工程内容不同时，可以进行调整。

②工程内容所列项目绝大部分属于计价的项目，编制工程量清单时应按图纸、规范、规程的要求，选择编制所需项目。工程内容中所列项目，应在分部分项工程量清单综合单价分析表中列项分析。

③工程内容中的压力试验和阀门解体检查及研磨项目，均已包括在《全国统一安装工程预算定额》第六册的各阀门的安装工料机耗用量定额中，如招标人编制标底，其工料机耗用量是按《全国统一安装工程预算定额》的工料消耗计价时，则上述工程内容不应再另行计价。投标人投标报价时，如采用企业定额，而企业定额又不包括上述工程内容的工料机消耗量时，则上述工程内容可另行计价。

④阀门与法兰连接时，其连接用螺栓应计入阀门安装材料费中，法兰安装不再计算螺栓。

英方规定详见表 3.8.12。

表 3.8.12　英方机械系统测试及调试系统/标识系统——机械式/各类一般机械杂项/英方高压法兰

提供资料					计算规则	定义规则	范围规则
P1 以下资料或应按第 A 部分之基本设施费用/总则条款而提供于位置图内：					M1 与本章节有关的工程内容按附录 B 内规则 R14 – U10 计算，并作相应分类		
分类表							
1. 标出孔洞、榫眼与暗槽于结构中的位置	1. 安装说明		项	1. 在施工过程中成型			
2. 散装附件	1. 钥匙 2. 工具 3. 备件 4. 部件/化学品	1. 注明类型、材质或数量	nr	1. 注明接收人姓名			
3. 未与设备同时提供的标识	1. 图版 2. 磁碟 3. 标签 4. 磁带或条码 5. 箭头、象征、字母与数字 6. 图表	1. 注明类型、尺寸与安装方法	nr	1. 提供刻线划字方面的细节信息 2. 图表的装裱，细节说明			
4. 测试	1. 安装说明	1. 预备性操作，细节说明 2. 列出阶段性测试（nr），说明目的 3. 保险公司的测试，细节说明 4. 完整操作的人员培训	项	1. 所需的照管服务 2. 所需的仪器、仪表			C1 视作已包括电力与其他供应 C2 视作已包括提供检测鉴定书

续表

分类表					计算规则	定义规则	范围规则
5. 依业主要求的试运转	1. 注明安装和操作目的	1. 说明运行周期	项	1. 所需的照管服务 2. 业主在准许运行之前的要求 3. 业主的特殊保险的要求	M2 水、燃气、电与其他供应已包括在A54条款的暂定款内		
6. 图纸准备	1. 注明所需之信息、复印件份数	1. 底片、正片与缩微胶片，细节说明	项	1. 装订成套，细节说明 2. 注明收件人姓名		D1 图纸内容需包括：土建施工图纸、制造商图纸、安装图纸与记录，或其他“合适”的图纸	
7. 运行与维护手册			项				

4. 中英方关于低压法兰、中压法兰、高压法兰的工程量计算规则是如何规定的？

答：法兰按压力可分为低压法兰、中压法兰和高压法兰。法兰是一种标准化的可拆卸连接形式，广泛用于燃气管道工艺设备、机泵、燃气压缩机、调压器及阀门等的连接。

法兰工程量计算规则详见表3.8.13～表3.8.15。

注：①法兰安装的压力划分范围如下：

低压：$0 < P \leq 1.6MPa$　　中压：$1.6MPa < P \leq 10MPa$

高压：a. 一般管道：$10MPa < P \leq 42MPa$　b. 蒸汽管道：$P > 9MPa$，工作温度≥500℃

②本附录各工程量清单所列工程内容是完成该工程量清单项目时可能发生的工程内容，如实际完成工程项目与该工程内容不同时，可以进行调整。

③工程内容所列项目绝大部分属于计价的项目，编制工程量清单时应按图纸、规范、规程的要求，选择列项，如焊口预热及后热、焊口热处理、焊口充氩保护、焊口硬度测试等。工程内容中所列项目，应在分部分项工程量清单综合单价分析表中列项分析。

④翻边活动法兰短管如为成品供应时，不列工程内容中的翻边活动法兰短管制作项目。

⑤盲板（法兰盖）安装只计算本身材料费，不计算安装费。

⑥法兰与阀门连接时，连接用的螺栓应计入阀门安装材料费中，除法兰与法兰连接外，法兰安装不再计算螺栓的材料费。

低压法兰。工程量清单项目设置及工程量计算规则，应按表3.8.13的规定执行。

表 3.8.13　中方低压法兰

项目名称	项目特征	计量单位	工程量计算规则	工作内容
低压碳钢螺纹法兰	1. 材质 2. 结构形式 3. 型号、规格	副(片)	按设计图示数量计算	1. 安装 2. 翻边活动法兰短管制作
低压碳钢焊接法兰	1. 材质 2. 结构形式 3. 型号、规格 4. 连接形式 5. 焊接方法			
低压铜及铜合金法兰				
低压不锈钢法兰	1. 材质 2. 结构形式 3. 型号、规格 4. 连接形式 5. 焊接方法 6. 充氩保护方式、部位			1. 安装 2. 翻边活动法兰短管制作 3. 焊口充氩保护
低压合金钢法兰				
低压铝及铝合金法兰				
低压钛及钛合金法兰				
低压锆及锆合金法兰				
低压镍及镍合金法兰				
钢骨架复合塑料法兰	1. 材质 2. 规格 3. 连接形式 4. 法兰垫片材质			安装

中压法兰工程量清单项目设置及工程量计算规则，应按表 3.8.14 的规定执行。

表 3.8.14　中方中压法兰

项目名称	项目特征	计量单位	工程量计算规则	工作内容
中压碳钢螺纹法兰	1. 材质 2. 结构形式 3. 型号、规格	副(片)	按设计图示数量计算	1. 安装 2. 翻边活动法兰短管制作
中压碳钢焊接法兰	1. 材质 2. 结构形式 3. 型号、规格 4. 连接形式 5. 焊接方法			
中压铜及铜合金法兰				
中压不锈钢法兰	1. 材质 2. 结构形式 3. 型号、规格 4. 连接形式 5. 焊接方法 6. 充氩保护方式、部位			1. 安装 2. 焊口充氩保护 3. 翻边活动法兰短管制作
中压合金钢法兰				
中压钛及钛合金法兰				
中压锆及锆合金法兰				
中压镍及镍合金法兰				

高压法兰工程量清单项目设置及工程量计算规则，应按表 3.8.15 的规定执行。

表 3.8.15　中方高压法兰

<table>
<tr><th>项目名称</th><th>项目特征</th><th>计量单位</th><th>工程量计算规则</th><th>工作内容</th></tr>
<tr><td>高压碳钢
螺纹法兰</td><td>1. 材质
2. 结构形式
3. 型号、规格
4. 法兰垫片材质</td><td rowspan="4">副（片）</td><td rowspan="4">按设计图示数量计算</td><td>安装</td></tr>
<tr><td>高压碳钢
焊接法兰</td><td rowspan="3">1. 材质
2. 结构形式
3. 型号、规格
4. 焊接方法
5. 充氩保护方式、部位
6. 法兰垫片材质</td><td rowspan="3">1. 安装
2. 焊口充氩保护</td></tr>
<tr><td>高压不锈钢
焊接法兰</td></tr>
<tr><td>高压合金钢
焊接法兰</td></tr>
</table>

同时注意：1. 单片法兰、焊接盲板和封头按法兰安装计算，但法兰盲板不计安装工程量。

2. 不锈钢、有色金属材质的焊环活动法兰按翻边活动法兰安装计算。

英方规定详见表 3.8.12。

5. 中英方关于板卷管制作、管件制作、管架件制作的工程量计算规则是如何规定的？

答：板卷管件就是指连接板卷管、改变板卷管的走向、封闭板卷管的端头、切断板卷管内的介质、改变管道的内径等作用的元器件。按照板卷管件的不同材质分为钢制板卷管件、铜制板卷管、铸铁制板卷管件等各种类。

管件是金属管道的一个组成部分，它包括弯头、三通、异径管、封头等。

管架：是用以支承和固定管道。支架的结构形式，按不同的设计要求分很多种，常用的有滑动支架、固定支架和吊架等，在生产装置外部，有些管道支架是属于大型管架，有的是钢筋混凝土结构，有的是大型钢结构。

中方规定板卷管制作、管件制作、管架件制作的工程量计算见表 3.8.16 ~ 表 3.8.18。

板卷管制作工程量清单项目设置及工程量计算规则，应按表 3.8.16 的规定执行。

表 3.8.16　中方板卷管制作

<table>
<tr><th>项目名称</th><th>项目特征</th><th>计量单位</th><th>工程量计算规则</th><th>工作内容</th></tr>
<tr><td>碳钢板
直管制作</td><td>1. 材质
2. 规格
3. 焊接方法</td><td rowspan="3">t</td><td rowspan="3">按设计图示质量计算</td><td>1. 制作
2. 卷筒式板材开卷及平直</td></tr>
<tr><td>不锈钢板
直管制作</td><td rowspan="2">1. 材质
2. 规格
3. 焊接方法
4. 充氩保护方式、部位</td><td rowspan="2">1. 制作
2. 焊口充氩保护</td></tr>
<tr><td>铝及铝合金板
直管制作</td></tr>
</table>

管件制作工程量清单项目设置及工程量计算规则，应按表3.8.17的规定执行。

表3.8.17　中方管件制作

<table>
<tr><th>项目名称</th><th>项目特征</th><th>计量单位</th><th>工程量计算规则</th><th>工作内容</th></tr>
<tr><td>碳钢板
管件制作</td><td>1. 材质
2. 规格
3. 焊接方法</td><td rowspan="2">t</td><td rowspan="2">按设计图示质量计算</td><td>1. 制作
2. 卷筒式板材开卷及平直</td></tr>
<tr><td>不锈钢板
管件制作</td><td>1. 材质
2. 规格
3. 焊接方法
4. 充氩保护方式、部位</td><td>1. 制作
2. 焊口充氩保护</td></tr>
<tr><td>铝及铝合金板
管件制作</td><td rowspan="3">1. 材质
2. 规格
3. 焊接方法</td><td rowspan="4">个</td><td rowspan="4">按设计图示数量计算</td><td rowspan="3">制作</td></tr>
<tr><td>碳钢管
虾体弯制作</td></tr>
<tr><td>中压螺旋卷管
虾体弯制作</td></tr>
<tr><td>不锈钢管
虾体弯制作</td><td>1. 材质
2. 规格
3. 焊接方法
4. 充氩保护方式、部位</td><td>1. 制作
2. 焊口充氩保护</td></tr>
<tr><td>铝及铝合金管
虾体弯制作</td><td rowspan="2">1. 材质
2. 规格
3. 焊接方法</td><td rowspan="5">个</td><td rowspan="5">按设计图示数量计算</td><td rowspan="2">制作</td></tr>
<tr><td>铜及铜合金管
虾体弯制作</td></tr>
<tr><td>管道
机械煨弯</td><td rowspan="2">1. 压力
2. 材质
3. 型号、规格</td><td rowspan="3">煨弯</td></tr>
<tr><td>管道
中频煨弯</td></tr>
<tr><td>塑料管
煨弯</td><td>1. 材质
2. 型号、规格</td></tr>
</table>

管架件制作工程量清单项目设置及工程量计算规则，应按表3.8.18的规定执行。

表3.8.18　中方管架制作安装

项目名称	项目特征	计量单位	工程量计算规则	工作内容
管架制作安装	1. 单件支架质量 2. 材质 3. 管架形式 4. 支架衬垫材质 5. 减振器形式及做法	kg	按设计图示质量计算	1. 制作、安装 2. 弹簧管架物理性试验

英方规定详见表3.8.19。

表3.8.19　英方管线工程、管线附件

提供资料	计算规则	定义规则	范围规则	辅助资料
P1 以下资料或应按第A部分之基本设施费用/总则条款而提供于位置图内，或应提供于与工程量清单相对应的附图上： (a)工程范围及其位置，包括机房内的工作内容	M1 与本章节有关的工程内容按附录B内规则R20－U70计算，并作相应分类 M2 机房内的工作单独计算	D1 面层及表面处理不包括按Y50及M60规则计算的保温绝热层及装饰性面层	C1 视作已包括提供一切必要的连接件 C2 视作已包括提供格式、模式与模具等	S1 特殊的行规及规范 S2 材料类型与材质 S3 材料规格、厚度或材质 S4 材料必须符合的测试标准 S5 现场操作的面层或表面处理 S6 非现场操作的面层或表面处理，应说明是在工厂组装或安装之前或之后进行

续表

分类表					计算规则	定义规则	范围规则	辅助资料
1. 管件	1. 直型 2. 弯曲型,注明半径 3. 柔性软管 4. 可延长型	1. 注明连接件的类型、标称尺寸及连接方法,安装支撑、间距及方法亦需说明	m	1. 说明支承环境及安装方法 2. 导入管沟 3. 导入沟槽 4. 导入暗槽 5. 埋在楼面抹灰层内 6. 在现场浇筑的混凝土内	M3 计算管道时不扣除配件及与管长度 M4 柔性及可延长型管道需计算其展开后的长度		C3 管道视作已包括配套的连接件 C4 管道视作已包括仅用于吊装工作的连接件	
	5. 供水管与回水管	2. 注明主管的类型、长度及标称尺寸,注明支管的数量、类型、长度及每条的直径,安装方法、终端连接方法及支撑的类型、数量及固定方法亦需说明	nr					
2. 管道所需要的额外项目	1. 弯管		nr			D2 特殊连接件是指,与常规管道不同的连接,或与管道的连接,或与现有管道设备或排气管道端部之连接件		
	2. 特殊连接件	1. 说明连接类型与方法		1. 不同于管道的连接件,需注明标称尺寸				
	3. 配件,管道直径≤65mm	2. 单头 3. 双头 4. 三头 5. 其他类型,细节说明		1. 装有检查门 2. 在采用不同于管道的配件时,需说明连接方法	M5 有大小头的不同管径或材料的连接件,该连接件按大头管径计算		C5 管道视作已包括切割及与管件相接的连接件、膨胀圈与膨胀补充器	
	4. 配件,管道直径>65mm	6. 注明类型						
3. 膨胀圈	1. 注明类型、标称尺寸、连接方法、类型、数量及支承方法	1. 限定尺度及可调节的膨胀量	nr	1. 说明环境 2. 导入管沟 3. 导入沟槽				
4. 膨胀补充器		1. 注明可调节的膨胀量	nr					

续表

分类表					计算规则	定义规则	范围规则	辅助资料
5. 螺旋套节 6. 阀门 7. 丝套	1. 注明类型尺寸与安装方法	1. 注明标称尺寸与管件类型	nr			C6 螺旋套节，阀门与轴套视作已包括管件穿孔		
8. 管道辅助工作	1. 注明类型、标称尺寸、连接方法、类型、数量及支承方法	1. 注明管件类型	nr	1 注明综合控制或指示器 2. 注明遥控或指示器，以及两者之间的衔接 3. 注明安装的环境 4. 导入管沟 5. 导入沟槽		C7 管道视作已包括切割及与辅件相接的连接件		
9. 不同于管线做法的管道支撑		1. 注明管道的标称尺寸，支承的类型与尺寸，以及管道安装与支承方法	nr	1. 绝缘处理，细节说明 2. 补偿弹簧，可调节的荷载与位移量 3. 注明安装的环境	M6 对工厂制造服务及多功能服务，在P30章节进行计算			
10. 管线锚碇与导管装置		1. 注明管道的标称尺寸，类型，尺寸与组成，以及管道安装与管线锚碇及导管装置	nr					
11. 墙壁，地板与天花板内的套管	1. 长度≤300 mm 2. 其后，按每增300mm分级	1. 注明管件的类型与标称尺寸	nr	1. 说明安装方法与包括类型 2. 交由其他承建商进行安装				
12. 墙壁、地板与天花板的垫板		1. 注明类型、尺寸与安装方法	nr					

6. 中英方关于其他项目制作安装的工程量计算规则是如何规定的？

答：中方规定见表3.8.20。

其他项目制作安装工程量清单项目设置及工程量计算规则，应按表3.8.20的规定执行。

表 3.8.20　中方其他项目制作安装

项目名称	项目特征	计量单位	工程量计算规则	工作内容
冷排管 制作安装	1. 排管形式 2. 组合长度	m	按设计图示以长度计算	1. 制作、安装 2. 钢带退火 3. 加氨 4. 冲、套翅片
分、集汽(水)缸 制作安装	1. 质量 2. 材质、规格 3. 安装方式	台	按设计图示数量计算	1. 制作 2. 安装
空气分气筒 制作安装	1. 材质 2. 规格	组		
空气调节 喷雾管安装				安装
钢制排水漏斗 制作安装	1. 形式、材质 2. 口径规格	个		1. 制作 2. 安装
水位计安装	1. 规格 2. 型号	组		安装
手摇泵安装		个		1. 安装 2. 调试
套管制作安装	1. 类型 2. 材质 3. 规格 4. 填料材质	台		1. 制作 2. 安装 3. 除锈、刷油

英方规定详见表 3.8.21。

表 3.8.21　英方管线工程、管线附件

提供资料	计算规则	定义规则	范围规则	辅助资料
P1 以下资料或应按第 A 部分之基本设施费用/总则条款而提供于位置图内，或应提供于与工程量清单相对应的附图上： (a)工程范围及其位置，包括机房内的工作内容	M1 与本章节有关的工程内容按附录 B 内规则 R20 - U70 计算，并作相应分类 M2 机房内的工作单独计算	D1 面层及表面处理不包括按 Y50 及 M60 规则计算的保温绝热层及装饰性面层	C1 视作已包括提供一切必要的连接件 C2 视作已包括提供格式、模式与模具等	S1 特殊的行规及规范 S2 材料类型与材质 S3 材料规格、厚度或材质 S4 材料必须符合的测试标准 S5 现场操作的面层或表面处理 S6 非现场操作的面层或表面处理，应说明是在工厂组装或安装之前或之后进行

续表

分类表					计算规则	定义规则	范围规则	辅助资料
1. 管件	1. 直型 2. 弯曲型,注明半径 3. 柔性软管 4. 可延长型	1. 注明连接件的类型、标称尺寸及连接方法,安装支撑、间距及方法亦需说明	m	1. 说明支承环境及安装方法 2. 导入管沟 3. 导入沟槽 4. 导入暗槽 5. 埋在楼面抹灰层内 6. 在现场浇筑的混凝土内	M3 计算管道时不扣除配件及与管长度 M4 柔性及可延长型管道需计算其展开后的长度		C3 管道视作已包括配套的连接件 C4 管道视作已包括仅用于吊装工作的连接件	
	5. 供水管与回水管	2. 注明主管的类型、长度及标称尺寸,注明支管的数量、类型、长度及每条的直径,安装方法、终端连接方法及支撑的类型、数量及固定方法亦需说明	nr					
2. 管道所需要的额外项目	1. 弯管					D2 特殊连接件是指,与常规管道不同的连接,或与管道的连接,或与现有管道设备或排气管道端部之连接件		
	2. 特殊连接件	1. 说明连接类型与方法	nr	1. 不同于管道的连接件,需注明标称尺寸				
	3. 配件,管道直径≤65mm	2. 单头 3. 双头 4. 三头 5. 其他类型,细节说明		1. 装有检查门 2. 在采用不同于管道的配件时,需说明连接方法	M5 有大小头的不同管径或材料的连接件,该连接件按大头管径计算		C5 管道视作已包括切割及与管件相接的连接件、膨胀圈与膨胀补充器	
	4. 配件,管道直径>65mm	6. 注明类型						
3. 膨胀圈	1. 注明类型、标称尺寸、连接方法、类型、数量及支承方	1. 限定尺度及可调节的膨胀量	nr	1. 说明环境 2. 导入管沟 3. 导入沟槽				
4. 膨胀补充器		1. 注明可调节的膨胀量	nr					

续表

分类表					计算规则	定义规则	范围规则	辅助资料
5. 螺旋套节 6. 阀门 7. 丝套	1. 注明类型,尺寸与安装方法	1. 注明标称尺寸与管件类型	nr				C6 螺旋套节,阀门与轴套视作已包括管件穿孔	
8. 管道辅助工作	1. 注明类型、标称尺寸、连接方法、类型、数量及支承方法	1. 注明管件类型	nr	1. 注明综合控制或指示器 2. 注明遥控或指示器,以及两者之间的衔接 3. 注明安装的环境 4. 导入管沟 5. 导入沟槽			C7 管道视作已包括切割及与辅件相接的连接件	
9. 不同于管线做法的管道支撑		1. 注明管道的标称尺寸,支承的类型与尺寸,以及管道安装与支承方法	nr	1. 绝缘处理,细节说明 2. 补偿弹簧,可调节的荷载与位移量 3. 注明安装的环境	M6 对工厂制造服务及多功能服务,在 P30 章节进行计算			
10. 管线锚碇与导管装置		1. 注明管道的标称尺寸,类型,尺寸与组成,以及管道安装与管线锚碇及导管装置	nr					
11. 墙壁,地板与天花板内的套管	1. 长度≤300mm 2. 其后,按每增 300mm 分级	1. 注明管件的类型与标称尺寸	nr	1. 说明安装方法与包括类型 2. 交由其他承建商进行安装				
12. 墙壁、地板与天花板的垫板		1. 注明类型、尺寸与安装方法	nr					

同时注意:

工业管道安装应根据其不同压力等级,划分为:低压、中压、高压。低压 $0 < p \leqslant 1.6$MPa,中压 $1.6 < p \leqslant 10$MPa,高压 $p > 10$MPa。蒸汽管道 $p \geqslant 9$MPa,工作温度≥500℃时升为高压。

(1)管道安装

1)低压管道

①螺纹连接钢管安装的工程量计算,应按其不同材质(普通焊接钢管和镀锌钢管),区别管道的不同公称直径,分别以 10m 为单位计算。

②碳钢管和碳钢板卷管安装的工程量计算，应按其不同的施焊方法（氧乙炔焊、电弧焊、氩弧焊、氩电联焊），区别管道的不同公称直径，分别以10m为单位计算。

③不锈钢管和不锈钢板卷管安装的工程量计算，应按其不同的施焊方法（同前），区别管道的不同公称直径，分别以10m为单位计算。

④铬钼钢管安装的工程量计算，应按其不同的施焊方法（同前），区别管道的不同公称直径，分别以10m为单位计算。

⑤有缝低温钢管安装的工程量计算，应按其不同的施焊方法（同前），区别管道的不同公称直径，分别以10m为单位计算。

⑥钛管安装的工程量应按其不同公称直径，分别以10m为单位计算。

⑦铝管和铝板卷管及铝镁、铝锰合金管和铝镁、铝锰合金板卷管安装的工程量计算，应按其不同材质和不同的施焊方法（同前），区别管道的不同外径，分别以10m为单位计算。

⑧铜管和铜板卷管安装的工程量计算，应按其不同材质，区别管道的不同外径，分别以10m为单位计算。

⑨衬里钢管（预制安装）的工程量应按其不同公称直径，分别以10m为单位计算。

⑩塑料管安装的工程量应按其不同管外径，分别以10m为单位计算。

⑪玻璃钢管、玻璃管、石墨管、酚醛石棉塑料管、铅管、硅铁管、法兰铸铁管安装的工程量应按管道的不同公称直径，分别以10m为单位计算。

⑫搪瓷管安装的工程量应按其不同管外径，分别以10m为单位计算。

⑬生产排水承插铸铁管和埋地给水承插铸铁管安装的工程量计算，应按其接口的不同材料，区别管道的不同公称直径，分别以10m为单位计算。

⑭预应力混凝土管安装的工程量应按其不同公称直径，分别以10m为单位计算。

⑮承插陶土管安装的工程量应按其接口的不同材料，区别管道的不同公称直径，分别以10m为单位计算。

2）中压管道

①碳钢管、不锈钢管、铬钼钢管、钛管安装的工程量计算，应按其不同材质和不同的施焊方法（电弧焊、氩弧焊、氩电联焊），区别管道的不同公称直径，分别以10m为单位计算。

②铜管安装的工程量应按其不同材质和管外径，分别以10m为单位计算。

3）高压管道

碳钢管、不锈钢管、铬钼钢管安装的工程量计算，应按其不同材质和施焊方法的不同（电弧焊和氩电联焊），区别管道的不同公称直径，分别以10m为单位计算。

（2）管件安装

1）低压管件

铜管件（铜板卷管件）和塑料管件安装的工程量计算，应按其不同材质和施焊方法的不同（氧乙炔焊和热压焊），区别管件的不同外径，分别以10个为单位计算。

螺纹连接钢管件安装的工程应按其不同公称直径，分别以10个为单位计算。

除上述管件外的其余管件安装的工程量计算，应按其不同材质和施焊方法的不同（电弧焊、氩弧焊、氧乙炔焊、氩电联焊），区别管件的不同公称直径，分别以10个为单位计算。

2）中压管件

铜管件安装的工程量应按其不同管件外径，分别以10个为单位计算。

除上述管件外的其余管件安装的工程量计算，应按其不同材质和施焊方法的不同（电弧焊、氩

弧焊、氩电联焊),区别管件的不同公称直径,分别以10个为单位计算。

3)高压管件

高压管件安装的工程量计算,应按其不同材质和施焊方法的不同(电弧焊和氩电联焊),区别管件的不同公称直径,分别以10个为单位计算。

(3)阀门安装

1)低压阀门

低压阀门安装的工程量应按其不同连接方式(螺纹和法兰)和阀门的不同种类、名称、型号,区别其公称直径的不同,分别以个为单位计算。

2)中压阀门

中压阀门安装的工程量,应按阀门的不同种类、名称和型号,区别其公称直径的不同,分别以个为单位计算。

3)高压阀门

高压阀门和高压碳钢焊接阀门安装的工程量计算,应按阀门的不同种类、名称和型号,区别其公称直径的不同,分别以个为单位计算。

(4)法兰安装

1)低压法兰

碳钢、铸铁法兰(螺纹连接)安装的工程量计算,应按其不同材质,区别法兰的不同公称直径,分别以副为单位计算。

低中压平焊法兰安装的工程量计算,应按其不同材质和法兰的不同公称直径,分别以副为单位计算。

低压翻边活动法兰安装的工程量计算,应按其不同材质和施焊方法的不同(电弧焊和氩弧焊),区别法兰的不同公称直径,分别以副为单位计算。

2)中压法兰

中压对焊法兰和翻边活动法兰安装的工程量计算,应按其不同材质和施焊方法的不同(电弧焊和氩电联焊),区别法兰的不同公称直径,分别以副为单位计算。

3)高压法兰

高压碳钢法兰(螺纹连接)安装的工程量应按其不同公称直径,分别以副为单位计算。

高压对焊法兰安装的工程量应按其不同材质和施焊方法的不同(电弧焊和氩电联焊),区别法兰的不同公称直径,分别以副为单位计算。

高压碳钢法兰盖安装的工程量应按其不同公称直径,分别以个为单位计算。

法兰保护罩制作安装的工程量计算,应按其不同材质,区别低中压和高压、不同的公称直径,分别以个为单位计算。

(5)板卷管及管件制作

1)直管制作

直管制作的工程量应按其不同材质,区别直管的不同外径和壁厚,分别以t为单位计算。

2)弯头制作

板材弯头制作的工程量应按其不同材质,区别弯头的不同外径和壁厚,分别以t为单位计算。

管材虾壳弯制作的工程量应按其不同材质,区别虾壳弯的不同公称直径或管外径,分别以个为单位计算。

煨制弯制作的工程量应按其不同材质,区别弯头的不同公称直径,分别以个为单位计算。

3)三通制作

板材三通制作的工程量应按其不同材质,区别三通的不同外径和壁厚,分别以 t 为单位计算。

管材三通制作的工程量应按其不同材质和区别三通的不同公称直径或管外径,分别以个为单位计算。

4)异径管制作

板材异径管制作的工程量应按其不同材质,区别异径管的不同外径和壁厚,分别以 t 为单位计算。

管材异径管制作的工程量应按其不同材质,区别异径管的不同公称直径或管外径,分别以个为单位计算。

5)波形补偿器(伸缩器)制作(见采暖工程)

波形补偿器制作的工程量应按其不同材质,区别补偿器的不同外径和壁厚,分别以个为单位计算。

(6)管架、金属构件制作与安装及其他

1)管道支架制作与安装

管道支架制作与安装工程量计算,应按其不同形式(一般管架、木垫式管架、弹簧式管架),分别以 t 为单位计算。

2)冷排管制作与安装

冷排管制作与安装的工程量计算,应按排管的不同名称和根数的不同,区别其不同长度,分别以 m 为单位计算。

3)钢带退火、加氨

钢带退火和加氨的工程量均以 t 为单位计算。

4)蒸汽分汽缸制作与安装(见采暖工程)

蒸汽分汽缸制作的工程量计算,应按其不同材质,区别分汽缸每个的不同重量,分别以 kg 为单位计算。

蒸汽分汽缸安装的工程量应按每个分汽缸的不同重量,分别以个为单位计算。

5)集气罐制作与安装(见采暖工程)

集气罐制作与安装的工程量应按其不同公称直径,分别以个为单位计算

6)空气分气筒制作与安装及空气调节器喷雾管安装

空气分气筒制作与安装的工程量应按其不同规格,分别以个为单位计算。

空气调节器喷雾管安装的工程量应按其不同型号,分别以组为单位计算。

7)钢制排水漏斗制作与安装

钢制排水漏斗制作与安装的工程量应按其不同公称直径,分别以个为单位计算。

8)套管制作与安装

柔性套管和刚性套管制作与安装的工程量应按其不同公称直径,分别以个为单位计算。

9)其他

自动消防信号门安装的工程量应按其不同公称直径,分别以组为单位计算。

水位计安装的工程量应区别管式和板式,分别以组为单位计算。

手摇泵安装的工程量应按其不同公称直径,分别以个为单位计算。

阀门操纵装置安装的工程量以 kg 为单位计算。

焊口管内局部充氨保护(管道安装)的工程量应按其不同公称直径,分别以 10m 为单位计算

焊口管内局部充氨保护(管件连接)的工程量应按其不同公称直径,分别以件为单位计算。

(7)管道清洗、脱脂、试压、吹(冲)洗。

1)管道清洗

管道清洗的工程量应区别其不同清洗剂和公称直径的不同,分别以 100m 为单位计算。

2)管道脱脂

管道脱脂的工程量应按其不同公称直径,分别以 100m 为单位计算。

3)管道试压、吹洗(冲洗)

管道水压试验的工程量应按低中压管和高压管,区别管道的不同公称直径,分别以 100m 为单位计算。

调节阀临时短管制作与装拆的工程量应按其不同公称直径,分别以个为单位计算。

管道压缩空气试压的工程量应按其不同公称直径,分别以 100m 为单位计算。

管道真空和气密性试验的工程量应按其不同公称直径,分别以 100m 为单位计算。

管道的蒸汽吹洗、压缩空气吹洗、水冲洗的工程量应按其不同公称直径,分别以 100m 为单位计算。

(8)管口焊缝热处理与伴热管安装

管口焊缝热处理的工程量计算,应按其不同材质和压力等级的不同,区别热处理的不同加热方法(电阻丝加热和电感应加热),分别以每个口为单位计算。

管道伴热管安装的工程量应按其不同用途(用于设备连接管道和用于外管廊管道),区别伴热管的不同公称直径,分别以 100m 为单位计算。

九、消防工程

1. 中英方关于气体灭火系统的工程量计算规则是如何规定的?

答:气体灭火系统主要包括二氧化碳灭火系统、卤代烷 1211 灭火系统、卤代烷 1301 灭火系统。

二氧化碳灭火系统:按系统应用场合,二氧化碳灭火系统通常可分为全都充满二氧化碳灭火系统、局部二氧化碳灭火系统及移动式二氧化碳灭火系统。所谓全充满系统也称全淹没系统,是由固定在某一地点的二氧化碳钢瓶、容器阀、管道、喷嘴、控制系统及辅助装置等组成。局部二氧化碳灭火系统也是由设置固定的二氧化碳喷嘴、管路及固定的二氧化碳源组成,可直接、集中地向被保护对象或局部危险区域喷射二氧化碳灭火,其使用方式与手提式灭火器类似。移动式二氧化碳灭火系统是由二氧化碳钢瓶、集合管、钦管卷轴、软管以及喷筒等组成。二氧化碳灭火系统的主要设备有二氧化碳钢瓶、容器阀、管路、选择阀、喷嘴、气动起动器。二氧化碳钢瓶是由无缝钢管制成的高压容器,其上装有容器。目前我国采用的都是工作压力为 15MPa、容量为 40L,水试验压力为22.5 MPa 的设备。容器阀尽管种类较多,但从结构上看,基本上由三部分构成,即充装阀部分(截止阀或止回阀)、释义阀部分(截止阀或闸刀阀)和安全膜片。管路是二氧化碳的运送路径,是连接钢瓶喷头的通道。管路中的总管(多为无缝钢管)、连接管(挠性管)及操纵管(挠性管)等构成二氧化碳输送管网。选择阀主要用于一个二氧化碳源供给两个以上保护区域的装置上,其作用是选择释放二氧化碳方向,以实现选定方向的快速灭火。

卤代烷 1211 灭火系统:卤代烷 1211 即指三氟一氯一溴甲烷 CF_3ClBr。1211 在灭火系统中以液态贮存,这有利于使用,但从喷嘴喷出后会成气态,属于气体灭火,容易实现全淹没方式灭火。1211 在液化后成无色透明,气化后略带芳香味。1211 在灭火装置或灭火系统中,仅靠自身的蒸汽压力作喷射动力是不足以保证系统快速进行喷射，而且其蒸汽压力随温度的下降而急剧下降。因此在实际使用中需要用其他的加压气体(动力气体)对1211作增压输出。目前工程中有临时加压和预先加压两种加压方式，预先加压方式要用氮气。1211绝缘性能好，一般情况下，绝缘电阻约为2500kΩ，气体击穿电压15.3～36.6kV，具备扑灭电器火灾的优良性能。高纯度的1211有很好的化学稳定性，但在一定条件下，其化学稳定性会受到破坏，这主要表现在它对金属材料的腐蚀性和对非金属材料的溶胀作用。

卤代烷1301灭火系统：以卤代烷1301灭火剂(三氟一溴甲烷)作为灭火介质，由于其灭火毒性小、使用期长、喷射性能好、灭火性能好、用量省、易气化、空气淹没性好、洁净、不导电，腐蚀性小、稳定性好，是应用最广泛的一种气体灭火系统。但由于其对大气臭氧层有较大的破坏作用，目前已开始停止生产、使用。

中方规定：

气体灭火系统，工程量清单项目设置及工程量计算规则，应按表3.9.1的规定执行。

表3.9.1　中方气体灭火系统

<table>
<tr><th>项目名称</th><th>项目特征</th><th>计量单位</th><th>工程量计算规则</th><th>工作内容</th></tr>
<tr><td>无缝钢管</td><td>1.介质
2.材质、压力等级
3.规格
4.焊接方法
5.钢管镀锌设计要求
6.压力试验及吹扫设计要求
7.管道标识设计要求</td><td>m</td><td>按设计图示管道中心线以长度计算</td><td>1.管道安装
2.管件安装
3.钢管镀锌
4.压力试验
5.吹扫
6.管道标识</td></tr>
<tr><td>不锈钢管</td><td>1.材质、压力等级
2.规格
3.焊接方法
4.充氩保护方式、部位
5.压力试验及吹扫设计要求
6.管道标识设计要求</td><td rowspan="2">个</td><td rowspan="2">按设计图示数量计算</td><td>1.管道安装
2.焊口充氩保护
3.压力试验
4.吹扫
5.管道标识</td></tr>
<tr><td>不锈钢管管件</td><td>1.材质、压力等级
2.规格
3.焊接方法
4.充氩保护方式、部位</td><td>1.管件安装
2.管件焊口充氩保护</td></tr>
<tr><td>气体驱动装置管道</td><td>1.材质、压力等级
2.规格
3.焊接方法
4.压力试验及吹扫设计要求
5.管道标识设计要求</td><td>m</td><td>按设计图示管道中心线以长度计算</td><td>1.管道安装
2.压力试验
3.吹扫
4.管道标识</td></tr>
<tr><td>选择阀</td><td rowspan="2">1.材质
2.型号、规格
3.连接形式</td><td rowspan="2">个</td><td rowspan="5">按设计图示数量计算</td><td>1.安装
2.压力试验</td></tr>
<tr><td>气体喷头</td><td>喷头安装</td></tr>
<tr><td>贮存装置</td><td>1.介质、类型
2.型号、规格
3.气体增压设计要求</td><td rowspan="3">套</td><td>1.贮存装置安装
2.系统组件安装
3.气体增压</td></tr>
<tr><td>称重检漏装置</td><td>1.型号
2.规格</td><td rowspan="2">1.安装
2.调试</td></tr>
<tr><td>无管网气体灭火装置</td><td>1.类型
2.型号、规格
3.安装部位
4.调试要求</td></tr>
</table>

同时注意：

①无缝钢管是以管身上无缝而得名，它具有品质均匀、强度较高的优点，因而应用较广。

②不锈钢是泛指钢中添加了一些特殊的合金元素，如 Cr，Ni，Mo，Mn 等的合金钢。由于它们在大气中始终保持金属光泽，因此称为不锈钢。

不锈钢的耐腐蚀是有条件的，“不锈”是相对于某些具体的介质和特定的条件而言的。比如 18～8 型的 1Cr18Ni9Ti 不锈钢管，在浓度为 60%～93%、温度为 60℃的硝酸中相当稳定，但却不能经受盐酸的腐蚀。所以在选用不锈钢管材时，应具体分析腐蚀源的性质，选用合适的不锈钢钢种。

③铜管是铜及铜合金管道的总称。它具有优良的导电性、导热性、延展性，它的熔点低，但氧化铜的熔点则较高，而且耐腐蚀性能较好。

铜是属于面心晶格体非冷脆性材料，在低温下仍能保持其在常温下的机械性能。因此，在管道工作时能产生低温的系统中常用铜管，如气体灭火系统汇集管之前的管道均用铜管。

④气动驱动装置之贮存容器内的压缩气体是启动容器阀和选择阀的动力源，其压力达不到设计要求的压力时，将可能影响系统的启动，在检查时应予重视。如果该贮存器内的气体压力低于设计值，则应更换或重新安装。

⑤选择阀：即释放阀（区域分配阀）。释放阀安装在集流管的出口处，用在组合分配系统中，用以控制灭火剂的流动方向，该阀的管径与对应防护区输送灭火剂主管道的管径相同，其启动方式有自动和手动两种。自动一般采用电磁阀和气动活塞阀，手动采用手动快开阀。

⑥气体喷头是气体灭火系统中用于控制灭火剂流速和均匀分布灭火剂的重要部件，是灭火剂的释放口。

1211 灭火系统的喷头为开式，喷头的类型通常以喷射性能来分类，工程中常用三种类型，如图 3.9.1 所示。图 3.9.2 为图 3.9.1 射流型喷头在贮存容器压力为 4.2MPa 时的流量曲线。

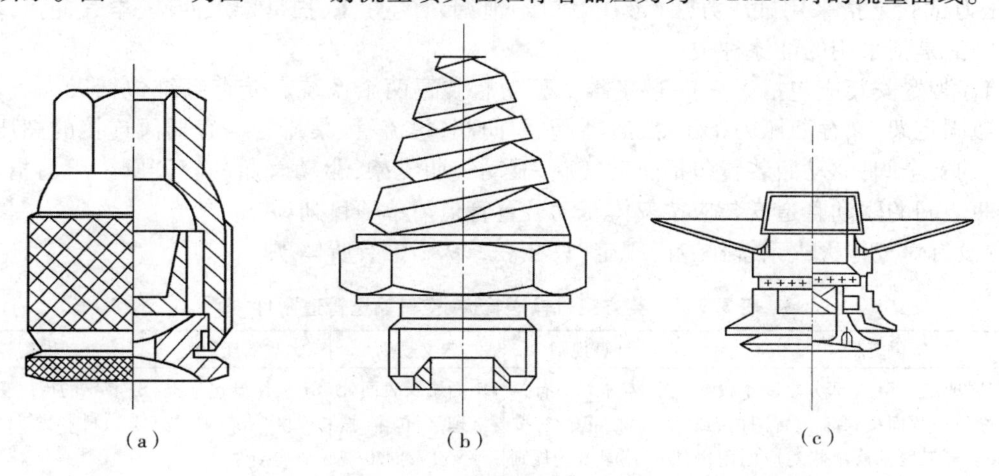

图 3.9.1　喷头结构示意图

(a)射流型喷头；(b)离心雾化型喷头；(c)开花型喷头

⑦二氧化碳称重检漏装置：每个贮瓶上应设置耐久的固定标牌，标明每个贮瓶的编号，皮重、充装灭火剂后的重量、贮存压力及充装日期等。至少每半年要对容器的重量和压力进行校正，以测定灭水剂的泄漏量，凡检查出贮瓶净重损失在 5% 以上或充装压力损失在 10% 以上的，必须补充或更换。二氧化碳称重装置是检查气体泄漏的装置。

⑧概况：

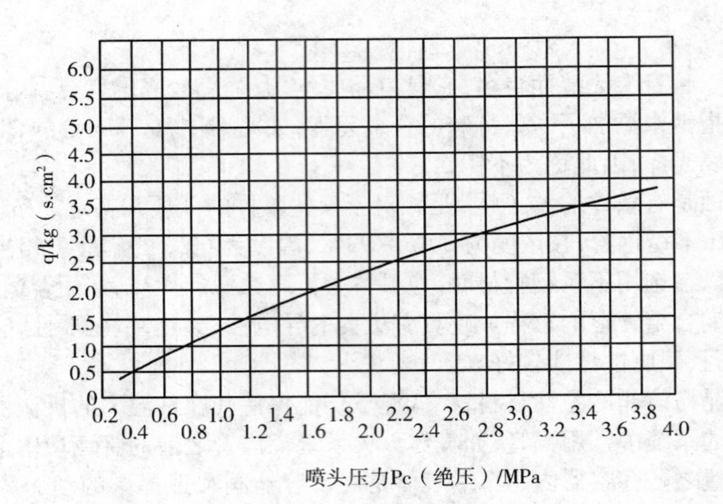

图 3.9.2　喷头流量曲线

a)气体灭火系统是指卤代烷(1211、1301)灭火系统和二氧化碳灭火系统。包括的项目有管道安装、系统组件安装(喷头、选择阀、储存装置)、二氧化碳称重检验装置安装,并按材质、规格、连接方式、除锈要求、油漆种类、压力试验和吹扫等不同特征,设置清单项目。编制工程量清单时,必须明确描述各种特征,以便计价。

b)特征要求描述的材质:无缝钢管(冷拔、热轧、钢号要求)、不锈钢管(1Cr18N$_i$9、1Cr18N$_i$9Ti、Cr18NiBMoTi),钢管为纯铜管(T1、T2、T3)、黄铜管(H59 ~ H96),规格为公称直径或外径(外径应按外径乘管厚表示),连接方式是指螺纹连接和焊接,除锈标准是指采用的除锈方式(手工、化学、喷砂),压力试验是指采用试压方法(液压、气压、泄漏、真空),吹扫是指水冲洗、空气冲扭,蒸汽吹扫、防腐刷油是指采用的油漆种类。

⑨储存装置安装应包括灭火剂储存器及驱动瓶装置两个系统。储存系统包括灭火气体储存瓶、储存瓶固定架、储存瓶压力指示器、容器阀、单向阀、集流管、集流管与容器阀连接的高压软管,集流管上的安全阀;驱动瓶装置包括驱动气瓶、驱动气瓶支架,驱动气瓶的容器阀。压力指示器等安装,气瓶之间的驱动管道安装应按气体驱动装置管道清单项目列项。

英方没有对气体灭火系统作专门规定,只在表 3.9.2 中有所体现。

表 3.9.2　英方空气输送管道、空气输送管道附件

提供资料	计算规则	定义规则	范围规则	辅助资料
P1 以下资料或应按第 A 部分之基本设施费用/总则条款而提供于位置图内,或应提供于与工程量清单相对应的附图上: (a) 工程范围及其位置,包括机房内的工作内容	M1 与本章节有关的工程内容按附录 B 内规则 R20 - U70 计算,并作相应分类 M2 机房内的工作单独计算	D1 面层及表面处理不包括按 Y50 及 M60 规则计算的保温绝热层及装饰性面层	C1 视作已包括提供一切必要的连接件 C2 视作已包括提供格式、模式与膜具等	S1 特殊的行规及规范 S2 材料类型与材质 S3 材料规格、厚度或材质 S4 材料必须符合的测试标准 S5 现场操作的面层或表面处理 S6 非现场操作的面层或表面处理,应说明是在工厂组装或安装之前或之后进行

续表

分类表					计算规则	定义规则	范围规则	辅助资料
1. 管道	1. 直径 2. 弯曲型，注明半径 3. 矩形截面宽边弯曲型，注明半径 4. 矩形截面窄边弯曲型，注明半径 5. 可延长型	1. 注明连接件的类型、形状、尺寸及连接方法，安装支撑间距及方法亦需注明	m	1. 注明支承环境及安装方法	M3 计算管道时不扣除配件及支管长度		C3 管道视作已包括： (a) 管道长度内的连接件 (b) 加劲构件	
2. 管道所需的额外项目	1. 带内衬的管道	1. 注明管道内衬材料类型与厚度及管道内部净尺寸	m		M4 内衬可于管道方面中加入注明			
	2. 特殊连接件	1. 注明类型、尺寸、管道尺寸以及连接方法	nr	1. 不同于管道的连接件，需注明标注尺寸	M5 当出现配件较多的情况时（例如在机房内），配件可单独作为全成本项目以数量计算	D2 特殊连接件是指与常规管道不同的连接，或与不同管径或材料的管道的连接	C4 检修孔、排气孔及试验孔视作已包括孔口加固 C5 视作已包括管道与配件之间的切割与连接	
	3. 配件 4. 检修孔及盖板或门洞 5. 排气口 6. 试验孔与盖板	1. 注明类型	nr	1. 采用不同于管道的配件时，需注明连接方法				
3. 未与配件一起提供的弯头与多路接头	1. 注明类型	1. 注明管道内部尺寸	nr					
4. 辅件	1. 注明连接的方法，类型及标称尺寸，支承的方法、类型及数量	1. 注明管道类型	nr	1. 说明环境 2. 导入管沟 3. 导入沟槽			C6 视作已包括切割管道以便与配件连接	
5. 现有管道的断开	1. 注明管道的类型、尺寸与位置	1. 注明断开的目的	项	1. 获取必要的断开许可证 2. 隔离现有管道 3. 准备停止现有设备以开始新运行 4. 关闭期限的限制				

续表

分类表					计算规则	定义规则	范围规则	辅助资料
6.不同于管线做法的管道支撑		1.注明管道的形状及尺寸、支撑的类型及尺寸、管道安装及支承方法	nr	1.绝缘处理,细节说明 2.补偿弹簧可调节的荷载与位移置 3.注明安装的环境	M6 对工厂制造服务及多功能服务,在P30章节进行计算			
7.墙壁、地板与天花板内的套管	1.长度≤300mm 2.其后,按每增300mm分级	1.注明管道的类型和尺寸	nr	1.安装方法与包装类型 2.交由其他承建商安装				

2.中英方关于消防系统调试的工程量计算规则是如何规定的?

答:中方规定:

消除系统调试工程量清单项目设置及工程量计算规则,应按表3.9.3的规定执行。

表3.9.3　中方消防系统调试

项目名称	项目特征	计量单位	工程量计算规则	工作内容
自动报警系统调试	1.点数 2.线制	系统	按系统计算	系统调试
水灭火控制装置调试	系统形式	点	按控制装置的点数计算	调试
防火控制装置调试	1.名称 2.类型	个(部)	按设计图示数量计算	
气体灭火系统装置调试	1.试验容器规格 2.气体试喷	点	按调试、检验和验收所消耗的试验容器总数计算	1.模拟喷气试验 2.备用灭火器贮存容器切换操作试验 3.气体试喷

同时注意:

①自动报警系统:包括火灾探测器、手动报警按扭、控制器等设备。由于溶入先进的电子技术、微机技术及自动控制技术,其结构和功能已达到较高水平,火灾自动报警系统设计,一般应根据建筑工程的性质和规模,结合保护对象,火灾报警区域的划分和防火管理机构的组织形式等因素,确定不同的火灾自动报警系统。

火灾自动报警系统调试:为了确保系统的正常运行,提高其可靠性,不仅要合理设计,还需要正确合理的安装,操作使用和经常维护。而设计合理与否,安装是否合理正确,就需要对整个系统进行检测、调试。调试开通工作应在建筑内部装修和系统结束,并得到竣工报告单后才能进行。

②水灭火系统:包括消火栓给水系统、自动喷水灭火系统、水幕系统、水喷雾灭火系统、蒸汽灭火系统。

二氧化碳灭火系统的组成:二氧化碳灭火系统是由灭火剂储存容器(钢瓶)、启动瓶装置、管网、阀门、喷头和控制设备等组成。二氧化碳灭火系统原理如图 3.9.3 所示。

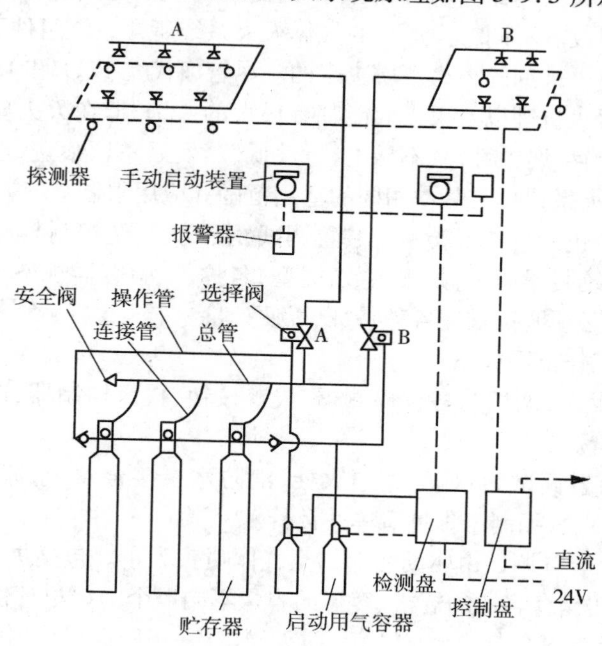

图 3.9.3 二氧化碳灭火系统原理图

③防火控制系统有电动防火门、防火卷帘门、正压送风阀、防火阀等。

电动防火门:防火门、窗是建筑防火分隔措施之一,通用在防火墙上、楼梯间出入口或管井开口部位,要求能防烟、火。防火门、窗对防止烟、火的扩散和蔓延、减少火灾损失起重要作用。

防火卷帘门:建筑物内的敞开电梯厅以及一些公共建筑因面积过大,超过了防火区最大允许面积规定(如百货楼的营业厅、展览楼的展览厅等),考虑到使用上的需要,可采用较为灵活的防火处理办法,规定如设置防火门或防火墙有困难时,可设防火卷帘。此种卷帘平时收拢,发生火灾时卷帘降下,将火势控制在较小的范围内。

防火卷帘是一种防火分隔物,一般由钢板或铝合金板等金属材料制成,用扣环或绞接的方法将金属板连成可以卷绕的链状平面,卷绕在门窗上口的卷轴箱中,形同卷起的竹帘,起火时把它放下来,挡住门窗口以阻止火势的蔓延。

正压送风阀:建筑物内部发生火灾时,为了将烟雾排出房间,减少烟雾对人的伤害,利用送风机等机械鼓风产生正压将烟雾通过排烟阀排出,而烟雾不能通过送风阀返回。

防火阀:适用于安装在有防火要求的通风空调系统、排烟系统的管道上。当建筑物发生火灾时,防火阀在温度熔断器、电讯号或手动作用下动作迅速关闭,切断火势和烟气沿管道蔓延的通道。

④气体灭火系统调试:它主要是对所有装置进行非破坏性的动作试验,检查系统的功能是否达到设计要求,综合考察系统的安装质量和产品的可靠性,排除因施工和系统部件的质量问题给系统安全问题留下的隐患。

气体灭火系统按其对防护对象的保护形式可分为全淹没系统和局部应用系统两种形式;按其装配形式又可以分为管网灭火系统和无管网灭火装置;在管网灭火系统中又可以分为组合分配灭火系统和单元独立灭火系统。另外二氧化碳灭火系统根据储存压力分为低压二氧化碳灭火系统(储压系统为2.07MPa)和高压二氧化碳灭火系统(储压系统为5.17MPa)。

气体灭火系统一般由灭火剂储存瓶组、液体单向阀、集流管、选择阀、压力讯号器、管网和喷嘴以及阀驱动装置等组件组成。不同结构形式的气体灭火系统所含系统组件不完全相同。气体灭火系统的适用范围是由气体灭火剂的灭火性质决定的。尽管卤代烷1211和1301灭火剂与二氧化碳的化学组成、物理性质、灭火机理以及灭火效能都有很大的差别，但在灭火应用中却具有很多相同之处：化学稳定性好、耐储存、腐蚀性小、不导电、毒性低、蒸发后不留痕迹、适用于扑救多种类型火灾。因此，这三种气体灭火系统具有基本相同的适用范围和应用限制。

⑤消防系统调试内容包括自动报警系统装置调试、水灭火系统控制装置调试、防火控制系统装置调试、气体灭火控制系统装置调试，并按点数、类型、名称、试验容器规格等不同特征设置清单项目。编制工程量清单时，必须明确描述各种特征，以便计价。

⑥各消防系统调试工作范围如下：

a 自动报警系统控制装置调试为各种探测器、报警按钮、报警控制器、以系统为单位按不同点数编制工程量清单并计价。

b 水灭火系统控制装置调试为水喷头、消火栓、消防水泵接合器、水流指示器、末端试水装置等，以系统为单位按不同点数编制工程量清单并计价。

c 气体灭火控制系统装置调试由驱动瓶起始至气体喷头为止。包括进行模拟喷气试验和储存容器的切换试验。调试按储存容器的规格、容器的容量不同以个为单位计价。

d 防火控制系统装置调试包括电动防火门、防火卷帘门、正压送风门、排压阀、防火阀等装置的调试，并按其特征以处为单位编制工程量清单项目。

英方没有对消防系统调试作出明确规定，只是在机械系统测试及调试系统中有所说明，与中方不同，详见表3.9.4。

表3.9.4 英方机械系统测试及调试系统、标识系统——机械式、各类一般机械杂项

提供资料					计算规则	定义规则	范围规则	辅助资料
P1 以下资料或应按第A部分之基本设施费用/总则条款而提供于位置图内：					M1 与本章节有关的工程内容按附录B内规则R14－U10计算，并作相应分类			
分类表								
1. 标出孔洞、榫眼与暗槽于结构中的位置	1. 安装说明		项	1. 在施工过程中成型				
2. 散装附件	1. 钥匙 2. 工具 3. 备件 4. 部件/化学品	1. 注明类型、材质或数量	nr	1. 注明接收人姓名				

续表

分类表					计算规则	定义规则	范围规则	辅助资料
3. 未与设备同时提供的标识	1. 图版 2. 磁碟 3. 标签 4. 磁带或条码 5. 箭头、象征、字母与数字 6. 图表	1 注明类型、尺寸与安装方法	nr	1. 提供刻线划字方面的细节信息 2. 图表的装裱，细节说明				
4. 测试	1. 安装说明	1. 预备性操作，细节说明 2. 列出阶段性测试(nr)，说明目的 3. 保险公司的测试，细节说明 4. 完整操作的人员培训	项	1. 所需的照管服务 2. 所需的仪器、仪表			C1 视作已包括电力与其他供应 C2 视作已包括提供检测鉴定书	
5. 依业主要求的试运转	1. 注明安装和操作目的	1. 说明运行周期	项	1. 所需的照管服务 2. 业主在准许运行之前的要求 3. 业主的特殊保险的要求	M2 水、燃气、电与其他供应已包括在 A54 条款的暂定款内			
6. 图纸准备	1. 注明所需之信息、复印件份数	1. 底片、正片与缩微胶片，细节说明	项	1. 装订成套，细节说明 2. 注明收件人姓名		D1 图纸内容需包括：土建施工图纸、制造商图纸、安装图纸与记录，或其他“合适”的图纸		
7. 运行与维护手册			项					

十、给排水、采暖、燃气工程

1. 中英方关于给排水、采暖燃气管道，支架及其他的工程量计算规则是如何规定的？

答：中方规定将给排水、采暖燃气管分为镀锌钢管、钢管、不锈钢管、铸铁管、塑料管、复合管、直埋式预制保温管、承插陶瓷缸瓦管、承插水泥管、室外管道碰头等进行规定。

其中：

1)承插铸铁给水管:给水管铸铁管材质可分为灰铸铁管和球墨铸铁管。在灰铸铁管中,灰口铸铁中的碳全部(或大部分)不是与铁呈化合物状态,而是呈游离状态的片状石墨,所以灰铸铁管质脆;球墨铸铁管中,碳大部分呈球状石墨存在于铸铁中,使之具有优良的机械性能,故又称为可延性铸铁管。

2)用普通铁水浇铸的圆管:称普通铸铁管,用于压力流体输送的称承压铸铁管;用于无压输送液体的称排水铸铁管。铸铁管的管径采用公称通径“DN”标准。

3)复合管:将两种或两种以上不同性质的材料叠合在一起制成的管子。由不同性质材料的合理组合,可以充分发挥各类材料的各自的优点,避免单一材料的缺点,以提高管材的综合性能,构成理想的新型管。按照复合方式区分有衬敷管和涂敷管。

4)钢骨架塑料复合管:以优质低碳钢丝网为增强相,高密度聚乙烯、聚丙烯为基体,通过对钢丝点焊成网与塑料挤出填注同量进行,在生产线上连续拉膜成型的双面防腐压力管道。

5)不锈钢管分三类:按添加的金属元素不同分为:铬不锈钢、铬镍不锈钢和铬锰氮系列不锈钢;按耐腐蚀性能分为:耐大气腐蚀、耐酸碱腐蚀和耐高温不锈钢等;按不锈钢的金相组织分为:马氏体、锈素体、奥氏体、沉淀硬化型钢。

6)铜管:有较好的机械强度和耐腐蚀性,良好的延展性、导电性、导热性、壁厚较薄,重量轻、低温性能好,易连接、可输送热水,但软水易引起铜绿。

7)陶土管:具有良好的耐腐蚀性能,多用作排除弱酸性生产污水的管道。一般为水泥砂浆承插式接口,水温不高时,也可采用沥青玛瑞脂接口。这种管材机械强度较低,损耗率大,宜设在荷载不大及振动不大的地方。

给排水、采暖、燃气管道工程量清单项目设置及工程量计算规则,应按表3.10.1的规定执行。

表3.10.1　中方给排水、采暖燃气、管道

<table>
<tr><th>项目名称</th><th>项目特征</th><th>计量单位</th><th>工程量计算规则</th><th>工作内容</th></tr>
<tr><td>镀锌钢管</td><td rowspan="4">1. 安装部位
2. 介质
3. 规格、压力等级
4. 连接形式
5. 压力试验及吹、洗设计要求
6. 警示带形式</td><td rowspan="5">m</td><td rowspan="5">按设计图示管道中心线以长度计算</td><td rowspan="4">1. 管道安装
2. 管件制作、安装
3. 压力试验
4. 吹扫、冲洗
5. 警示带铺设</td></tr>
<tr><td>钢管</td></tr>
<tr><td>不锈钢管</td></tr>
<tr><td>铜管</td></tr>
<tr><td>铸铁管</td><td>1. 安装部位
2. 介质
3. 材质、规格
4. 连接形式
5. 接口材料
6. 压力试验及吹、洗设计要求
7. 警示带形式</td><td>1. 管道安装
2. 管件安装
3. 压力试验
4. 吹扫、冲洗
5. 警示带铺设</td></tr>
</table>

续表

项目名称	项目特征	计量单位	工程量计算规则	工作内容
塑料管	1. 安装部位 2. 介质 3. 材质、规格 4. 连接形式 5. 防火圈设计要求 6. 压力试验及吹、洗设计要求 7. 警示带形式	m	按设计图示管道中心线以长度计算	1. 管道安装 2. 管件安装 3. 塑料卡固定 4. 阻火圈安装 5. 压力试验 6. 吹扫、冲洗 7. 警示带铺设
复合管	1. 安装部位 2. 介质 3. 材质、规格 4. 连接形式 5. 压力试验及吹、洗设计要求 6. 警示带形式			1. 管道安装 2. 管件安装 3. 塑料卡固定 4. 压力试验 5. 吹扫、冲洗 6. 警示带铺设
直埋式预制保温管	1. 埋设深度 2. 介质 3. 管道材质、规格 4. 连接形式 5. 接口保温材料 6. 压力试验及吹、洗设计要求 7. 警示带形式			1. 管道安装 2. 管件安装 3. 接口保温 4. 压力试验 5. 吹扫、冲洗 6. 警示带铺设
承插陶瓷缸瓦管 承插水泥管	1. 埋设深度 2. 规格 3. 接口方式及材料 4. 压力试验及吹、洗设计要求 5. 警示带形式			1. 管道安装 2. 管件安装 3. 压力试验 4. 吹扫、冲洗 5. 警示带铺设
室外管道碰头	1. 介质 2. 碰头形式 3. 材质、规格 4. 连接形式 5. 防腐、绝热设计要求	处	按设计图示以处计算	1. 挖填工作坑或暖气沟拆除及修复 2. 碰头 3. 接口处防腐 4. 接口处绝热及保护层

支架及其他工程量清单项目设置及工程量计算规则，应按表 3.10.2 的规定执行。

表 3.10.2　中方支架及其他

项目名称	项目特征	计量单位	工程量计算规则	工作内容
管道支架	1. 材质 2. 管架形式	1. kg 2. 套	1. 以千克计量，按设计图示质量计算 2. 以套计量，按设计图示数量计算	1. 制作 2. 安装
设备支架	1. 材质 2. 形式			
套管	1. 名称、类型 2. 材质 3. 规格 4. 填料材质	个	按设计图示数量计算	1. 制作 2. 安装 3. 除锈、刷油

同时注意:(1)单件支架质量100kg以上的管道支吊架执行设备支吊架制作安装。

(2)成品支架安装执行相应管道支架或设备支架项目,不再计取制作费,支架本身价值含在综合单价中。

(3)套管制作安装,适用于穿基础、墙、楼板等部位的防水套管、填料套管、无填料套管及防火套管等,应分别列项。

同时注意:(一)概况

1.管道支架是管道的支承结构,它承受管道自重、内部介质和外部保温以及保护层等重量,使其保持正确位置的依托,同时又是吸收管道振动、平衡内部介质压力和约束管道热变形的支撑,是管道系统的重要组成部分。除直接埋地的管道外,支架的安装应是第一道工序。

支架安装方式有栽埋法、焊接法、膨胀螺栓法和射钉法、抱柱法等,如图3.10.1~图3.10.3所示。

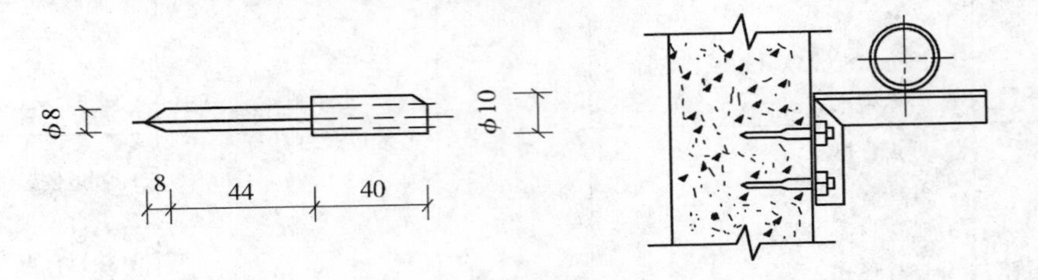

图3.10.1 射钉法安装支架

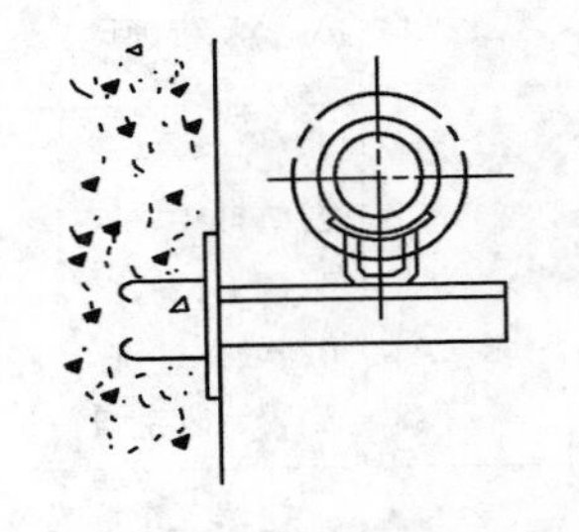

图3.10.2 预埋焊接法安装支架

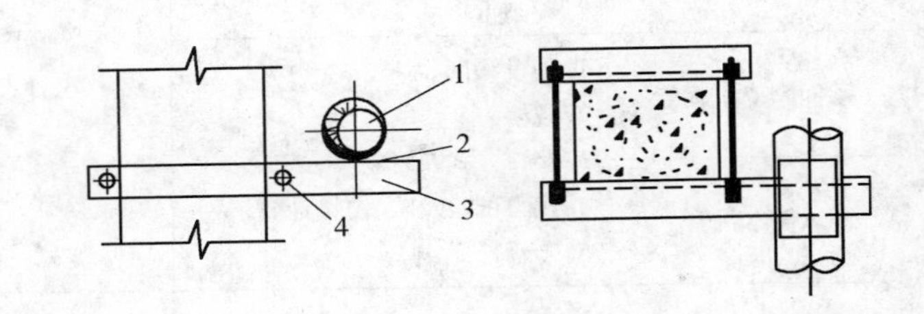

图3.10.3 抱柱法安装托架

1—管道;2—弧形板管座;3—支架横梁;4—双头螺栓

2.表中给排水、采暖、燃气工程系指生活用给排水工程、采暖工程、生活用燃气工程安装及其管道、附件、配件安装和小型容器制作等。

3.表中共14个项目,其中包括暖、卫、燃气的管道安装,管道附件安装,管支架制作安装,暖、卫、燃气器具安装,采暖工程系统调整等项目。

4.表中适用于采用工程量清单计价的新建、扩建的生活用给排水、采暖、燃气工程。

5.本附录与其他相关工程的界限划分:

(1)室内外界限的划分

1)给水管道以建筑外墙皮1.5m处为分界点,入口处设有阀门的以阀门为分界点。

2)排水管道以排水管出户后第一个检查井为分界点,检查井与检查井之间的连接管道为室外排水管道。

3)采暖管道以建筑外墙皮1.5m处为分界点,入口处设有阀门的以阀门为分界点。

4)燃气管道由地下引入室内的以室内第一个阀门为分界点,由地上引入的以墙外三通为界。

(2)市政管道的界限划分：

1)给水管道以计量表为界，无计量表的以与市政管道碰头点为界。

2)排水管道以室外排水管道最后一个检查井为界，无检查井的以与市政管道碰头点为界。

3)由市政管网统一供热的按各供热点的供热站为分界线，由室外管网至供热站外墙皮1.5m处的主管道为市政工程，由供热站往外送热的管道以外墙皮1.5m处分界，分界点以外为采暖工程。

(3)与锅炉房内的管道界限划分。锅炉房内的生活用给排水、采暖工程，属本附录工程内容。锅炉房内锅炉配管、软化水管、锅炉供排水、供气、水泵之间的连接管等属工业管道范围。由锅炉房外墙皮以外的给排水、采暖管道属本附录工程范围。

6. 本表需要说明的问题。

(1)关于项目特征。项目特征是工程量清单计价的关键依据之一，由于项目的特征不同，其计价的结果也相应发生差异，因此招标人在编制工程量清单时，应在可能的情况下明确描述该工程量清单项目的特征。投标人按招标人提出的特征要求计价。

(2)关于工程量清单计算规则。

1)工程量清单的工程量必须依据工程量计算规则的要求编制，工程量只列实物量，所谓实物量即是工程完工后的实体量，如土石方工程，其挖填土石方工程量只能按设计沟断面尺寸乘沟长度计算，不能将放坡的土石方量计入工程量内。绝热工程量只能按设计要求的绝热厚度计算，不能将施工的误差增加量计入绝热工程量。投标人在投标报价时，可以按自己的企业技术水平和施工方案的具体情况，将土石方挖填的放坡量和绝热的施工误差量计入综合单价内。增加的量越小越有竞标能力。

2)有的工程项目，由于特殊情况不属于工程实体，但在工程量清单计量规则中列有清单项目也可以编制工程量清单，如本附录的采暖系统调整项目就属此种情况。

(3)关于工程内容。工程量清单的工程内容是完成该工程量清单可能发生的综合工程项目，工程量清单计价时，按图纸、规程规范等要求选择编列所需项目。

7. 以下费用可根据需要情况由投标人选择计入综合单价。

(1)高层建筑施工增加费；

(2)安装与生产同时进行增加费；

(3)在有害身体健康环境中施工增加费；

(4)安装物安装高度超高施工增加费；

(5)设置在管道间、管廊内管道施工增加费；

(6)现场浇筑的主体结构配合施工增加费。

8. 关于措施项目清单。措施项目清单为工程量清单的组成部分，措施项目可按《通用安装工程工程量计算规范》附录N措施项目所列项目，根据工程需要情况选择列项。在本附录工程中可能发生的措施项目有：临时设施、文明施工、安全施工、二次搬运、已完工程及设备保护费、脚手架搭拆费。措施项目清单应单独编制，并应按措施项目清单编制要求计价。

9. 编制本表清单项目如涉及到管沟及管沟的土石方、垫层、基础、砌筑抹灰、地沟盖板、土石方回填、土石方运输等工程内容时，按《房屋建筑与装饰工程工程量计算规范》的相关项目编制工程量清单。路面开挖及修复、管道支墩、井砌筑等工程内容，按《市政工程工程量计算规范》有关项目编制工程量清单。

10. 本表项目如涉及到管道油漆、除锈，支架的除锈、油漆、管道的绝热、防腐等工程量清单项目，可参照《全国统一安装工程预算定额》刷油、防腐蚀、绝热工程册的工料机耗用量计价。

（二）工程量清单项目设置

1. 表3.10.1 给排水、采暖、燃气管道

（1）概况。给排水、采暖、燃气管道安装，是按安装部位、输送介质管径、管道材质、连接形式、接口材料及除锈标准、刷油、防腐、绝热保护层等不同特征设置的清单项目。编制工程量清单时，应明确描述各项特征，以便计价。

（2）应明确描述以下各项特征：

1）安装部位应按室内、室外不同部位编制清单项目。

2）输送介质指给水管道、排水管道、采暖管道、雨水管道、燃气管道。

3）材质应按焊接钢管（镀锌、不镀锌）、无缝钢管、铸铁管（一般铸铁、球墨铸铁），铜管（T1、T2、T3、H59—96）、不锈钢管（1Cr18Ni9、1Cr18Ni9Ti）、非金属管（PVC、UPVC、PPC、PPR、PE、铝塑复合、水泥、陶土、缸瓦管）等不同特征分别编制清单项目。

4）连接方式应按接口形式不同，如螺纹连接、焊接（电弧焊、氧乙炔焊）、承插、卡接、热熔、粘接等不同特征分别列项。

5）接口材料指承插连接管道的接口材料，如铅、膨胀水泥、石棉水泥等。

6）除锈标准为管材除锈的要求，如手工除锈、机械除锈、化学除锈、喷砂除锈等不同特征必须明确描述，以便计价。

7）套管形式指铁皮套管、防水套管、一般钢套管等。

8）防腐、绝热及保护层的要求指管道的防腐蚀、遍数、绝热材料、绝热厚度、保护层材料等不同特征必须明确描述，以便计价。

（3）需要说明的问题。招标人或投标人如采用建设行政主管部门颁布的有关规定为工料计价依据时，应注意以下事项：

1）《全国统一安装工程预算定额》第八册给排水、采暖管道安装定额中，$\phi32$ 以下的螺纹连接钢管安装均包括了管卡及托钩的制作安装，该管道如需安装支架时，应做相应调整。

2）《全国统一安装工程预算定额》第八册凡用法兰连接的阀门、暖、卫、燃气器具均已包括法兰、螺栓的安装，法兰安装不再单独编制清单项目。

3）室内铸铁排水管、铸铁雨水管、承插塑料排水管、螺纹连接的燃气管，定额均已包括管道支架的制作安装内容，不能再单独编制支架制作安装清单项目。

4）《全国统一安装工程预算定额》第八册的所有管道安装定额除给水承插铸铁管和燃气铸铁管外，均包括管件的制作安装（焊接连接的为制作管件，螺纹连接和承插连接的为成品管件）工作内容，给水承插铸铁管和燃气承插铸铁管已包括管件安装，管件本身的材料价按图纸需用量另计。除不锈钢管、铜管应列管件安装项目外，其他所有管件安装均不编制工程量清单。

5）管道若安装钢过墙（楼板）套管时，按钢套管长度参照室外钢管焊接管道安装定额计价。

6）本节所列不锈钢管，铜管及其管件安装，可参照《全国统一安装工程预算定额》第六册的相应项目计价。

2. 表3.10.2 支架及其他

概况。本附录为管道支架制作安装项目，暖、卫、燃气器具、设备的支架可使用本项目编制工程量清单。

英方规定见表3.10.3。

表3.10.3　英方雨水管道工程/排水明沟/地面排水阴沟

提供资料					计算规则	定义规则	范围规则	辅助资料
P1 以下资料或应按第A部分之基本设施费用/总则条款而提供于位置图内，或应提供于与工程量清单相对应的附图上： (a) 工程范围及其位置						D1 面层及表面处理不包括按Y50及M60规则计算的保温绝热层及装饰性面层	C1 视作已包括提供一切必要的连接件 C2 视作已包括提供格式、模式与模具等	S1 特殊的行规及规范 S2 材料类型与材质 S3 材料规格、厚度或材质 S4 材料必须符合的测试标准 S5 现场操作的面层或表面处理 S6 非现场操作的面层或表面处理，应说明是在工厂组装或安装之前或之后进行
分类表								
1. 管道	1. 直型 2. 弯曲型，注明半径 3. 柔性软管 4. 可延长型	1. 注明连接件的类型、标称尺寸及连接方法，安装支撑、间距及方法亦需说明	m	1. 说明支承环境及安装方法 2. 导入管沟 3. 导入暗槽 4. 埋在楼面抹灰层内 5. 在现场浇筑的混凝土内	M1 计算管道时不扣除配件及支管长度 M2 柔性及可延长型管道需计算其展开后的长度		C3 管道视作已包括配套的连接件 C4 管道视作已包括仅用于吊装工作的连接件 C5 管道工作视作已包括所有劳务，弯管工作除外	
2. 管道所需要的额外项目	1. 弯管		nr					
	2. 特殊连接件	1. 注明类型与连接方法		1. 不同于管道的连接件，需注明标称尺寸		D2 特殊连接件是指，与常规管道不同的连接，或与管道的连接，或与现有管道设备或排气管道端部之连接件		
	3. 配件，管道直径≤65mm	1. 单头 2. 双头 3. 三头 4. 其他类型，细节说明	nr	1. 装有检查门 2. 采用不同于管道的配件时，需说明连接方法	M3 有大小头的不同管径或材料的连接件，该连接件按大头管径计算		C6 管道视作已包括切割及与管件相接的连接件	
	4. 配件，管道直径>65mm	注明类型						

续表

分类表					计算规则	定义规则	范围规则	辅助资料
3. 螺旋套节 4. 阀门 5. 丝套	1. 说明连接的类型，尺寸与方法	1. 注明标称尺寸与管件类型	nr				C7 螺旋套节，阀门与丝套视作已包括管道穿孔	
6. 管道辅助工作	1. 檐槽 2. 引出口 3. 雨水入口 4. 出口与雨水入口的格栅 5. 泛水板 6. 防风挡板 7. 漏斗 8. 存水弯 9. 储水罐	1. 说明类型，标称尺寸，管道类型，数量及支承方法	nr	1. 说明安装的环境与方法 2. 在管沟内的情况	M4 关于格栅应列举可选择的部件范围		C8 管道视作已包括切割及与辅件相接的连接件	
7. 不同于管线做法的管道支撑		1. 管道的标称尺寸，支承的类型与尺寸，说明管道安装与支承方法	nr	1. 绝缘处理，细节说明 2. 说明安装的环境与方法	M5 对工厂制造服务及多种功能服务，在P30章节进行计算			
8. 墙壁、地板与天花板内的套管	1. 长度≤300mm 2. 其后，按每增300mm分级	1. 注明管件的类型与标称尺寸	nr	1. 说明安装方法与包装类型 2. 交由其他承建商进行安装				
9. 墙壁、地板与天花板的垫板		1. 注明类型、尺寸和安装方法	nr					
10. 排水槽	1. 直型 2. 弯曲型，注明半径	1. 计算管道时不扣除配件及支管长度	m	1. 说明安装环境与方法	M6 计算排水槽时不扣除配件及支管的长度		C9 排水槽视作已包括全长范围内的连接件	

续表

分类表					计算规则	定义规则	范围规则	辅助资料
11. 排水槽的额外项目	1. 特殊连接件	1. 注明连接类型与方法	nr	1. 不同于排水槽的连接件，需说明标称尺寸		D3 特殊连接件是指，与常规排水槽不同的连接，或与排水槽的连接，或与现有排水槽的设备连接之连接件		
	2. 配件	1. 注明类型		1. 采用不同于管道的配件时，需说明连接方法	M7 有大小头的不同管径或材料的连接件，该连接件按大头管径计算		C10 排水槽视作已包括切割及与之相接的连接件	
12. 注明结构件中的钻孔、榫眼及暗槽的位置	1. 说明安装方法		项	1. 在施工过程中成型，细节说明				
13. 标识	1. 板材 2. 圆板 3. 标签 4. 条码标签 5. 箭头，标识，字母与数字 6. 图表	1. 注明连接类型、尺寸与方法	nr	1. 刻字刻画方面的细节 2. 图标的固定，细节说明				
14. 测试	安装说明	1. 预备性操作，细节说明 2. 列出阶段性测试（nr），说明目的 3. 保险公司的测试，细节说明 4. 完整操作的人员培训	项	1. 所需的照管服务 2. 所需的仪器、仪表			C11 视作已包括提供水及其他供应 C12 视作已包括提供测试鉴定书	

续表

分类表					计算规则	定义规则	范围规则	辅助资料
15. 按业主要求的试运转	1. 注明安装和操作目的	1. 说明运行周期	项	1. 所需的照管服务 2. 业主在准许运行之前的要求 3. 业主的特殊保险的要求	M8 对于水、燃气、电力及其他方面的供应均包含在 A54 条款的总价之内			
16. 图纸准备	1. 注明所要求之信息及复印数量	1. 底片、正片与缩微胶片，细节说明		1. 装订成套，细节说明 2. 注明收件人姓名		D4 图纸内容需包括：土建施工图纸、制造商图纸、安装图纸与记录，或其他“合适”的图纸		
17. 运行与维护手册								

2. 中英方关于卫生器具制作安装的工程量计算规则是如何确定的?

答:中方规定:

卫生器具制作安装工程量清单项目设置及工程量计算规则,应按表 3.10.4 的规定执行。

表 3.10.4　中方卫生器具制作安装

项目名称	项目特征	计量单位	工程量计算规则	工作内容
浴缸	1. 材质 2. 规格、类型 3. 组装形式 4. 附件名称、数量	组	按设计图示数量计算	1. 器具安装 2. 附件安装
净身盆				
洗脸盆				
洗涤盆				
化验盆				
大便器				
小便器				
其他成品卫生器具				
烘手器	1. 材质 2. 型号、规格	个		安装

续表

<table>
<tr><th>项目名称</th><th>项目特征</th><th>计量单位</th><th>工程量计算规则</th><th>工作内容</th></tr>
<tr><td>淋浴器</td><td rowspan="3">1. 材质、规格
2. 组装形式
3. 附件名称、数量</td><td rowspan="4">套</td><td rowspan="5">按设计图示数量计算</td><td rowspan="3">1. 器具安装
2. 附件安装</td></tr>
<tr><td>淋浴间</td></tr>
<tr><td>桑拿浴房</td></tr>
<tr><td>大、小便槽自动冲洗水箱</td><td>1. 材质、类型
2. 规格
3. 水箱配件
4. 支架形式及做法
5. 器具及支架除锈、刷油设计要求</td><td>1. 制作
2. 安装
3. 支架制作、安装
4. 除锈、刷油</td></tr>
<tr><td>给、排水附(配)件</td><td>1. 材质
2. 型号、规格
3. 安装方式</td><td>个(组)</td><td>安装</td></tr>
<tr><td>小便槽冲洗管</td><td>1. 材质
2. 规格</td><td>m</td><td>按设计图示长度计算</td><td rowspan="3">1. 制作
2. 安装</td></tr>
<tr><td>蒸汽－水加热器</td><td rowspan="3">1. 类型
2. 型号、规格
3. 安装方式</td><td rowspan="4">套</td><td rowspan="4">按设计图示数量计算</td></tr>
<tr><td>冷热水混合器</td></tr>
<tr><td>饮水器</td><td rowspan="2">安装</td></tr>
<tr><td>隔油器</td><td>1. 类型
2. 型号、规格
3. 安装部位</td></tr>
</table>

供暖器具工程量清单项目设置及工程量计算规则，应按表 3.10.5 的规定执行。

表 3.10.5　中方供暖器具

<table>
<tr><th>项目名称</th><th>项目特征</th><th>计量单位</th><th>工程量计算规则</th><th>工作内容</th></tr>
<tr><td>铸铁散热器</td><td>1. 型号、规格
2. 安装方式
3. 托架形式
4. 器具、托架除锈、刷油设计要求</td><td>片(组)</td><td rowspan="3">按设计图示数量计算</td><td>1. 组对、安装
2. 水压试验
3. 托架制作、安装
4. 除锈、刷油</td></tr>
<tr><td>钢制散热器</td><td>1. 结构形式
2. 型号、规格
3. 安装方式
4. 托架刷油设计要求</td><td rowspan="2">组(片)</td><td rowspan="2">1. 安装
2. 托架安装
3. 托架刷油</td></tr>
<tr><td>其他成品散热器</td><td>1. 材质、类型
2. 型号、规格
3. 托架刷油设计要求</td></tr>
<tr><td>光排管散热器</td><td>1. 材质、类型
2. 型号、规格
3. 托架形式及做法
4. 器具、托架除锈、刷油设计要求</td><td>m</td><td>按设计图示排管长度计算</td><td>1. 制作、安装
2. 水压试验
3. 除锈、刷油</td></tr>
</table>

续表

项目名称	项目特征	计量单位	工程量计算规则	工作内容
暖风机	1. 质量 2. 型号、规格 3. 安装方式	台	按设计图示数量计算	安装
地板辐射采暖	1. 保温层材质、厚度 2. 钢丝网设计要求 3. 管道材质、规格 4. 压力试验及吹扫设计要求	1. m^2 2. m	1. 以平方米计量，按设计图示采暖房间净面积计算 2. 以米计量，按设计图示管道长度计算	1. 保温层及钢丝网铺设 2. 管道排布、绑扎、固定 3. 与分集水器连接 4. 水压试验、冲洗 5. 配合地面浇注
热媒集配装置	1. 材质 2. 规格 3. 附件名称、规格、数量	台	按设计图示数量计算	1 制作 2. 安装 3. 附件安装
集气罐	1. 材质 2. 规格	个		1. 制作 2. 安装

燃气器具及其他工程量清单项目设置及工程量计算规则，应按表3.10.6的规定执行。

表3.10.6　中方燃气器具及其他

项目名称	项目特征	计量单位	工程量计算规则	工作内容
燃气开水炉	1. 型号、容量 2. 安装方式 3. 附件型号、规格	台	按设计图示数量计算	1. 安装 2. 附件安装
燃气采暖炉				
燃气沸水器、消毒器	1. 类型 2. 型号、容量 3. 安装方式 4. 附件型号、规格			
燃气热水器				
燃气表	1. 类型 2. 型号、规格 3. 连接方式 4. 托架设计要求	块(台)		1. 安装 2. 托架制作、安装
燃气灶具	1. 用途 2. 类型 3. 型号、规格 4. 安装方式 5. 附件型号、规格	台		1 安装 2. 附件安装
气嘴	1. 单嘴、双嘴 2. 材质 3. 型号、规格 4. 连接形式	个		安装
调压器	1. 类型 2. 型号、规格 3. 安装方式	台		

续表

项目名称	项目特征	计量单位	工程量计算规则	工作内容
燃气抽水缸	1. 材质 2. 规格 3. 连接形式	个	按设计图示数量计算	安装
燃气管道调长器	1. 规格 2. 压力等级 3. 连接形式			
调压箱、调压装置	1. 类型 2. 型号、规格 3. 安装部位	台		
引入口砌筑	1. 砌筑形式、材质 2. 保温、保护材料设计要求	处		1. 保温(保护)台砌筑 2. 填充保温(保护)材料

同时注意:

(1)浴盆:定期清洁身体,消除疲劳,进行身体保健的主要卫生洁具。

浴盆的类型:裙板式浴盆、扶手式浴盆、防滑式浴盆、坐浴式浴盆及普遍式浴盆等。

几种浴盆如图 3.10.4 ~ 图 3.10.6 所示。

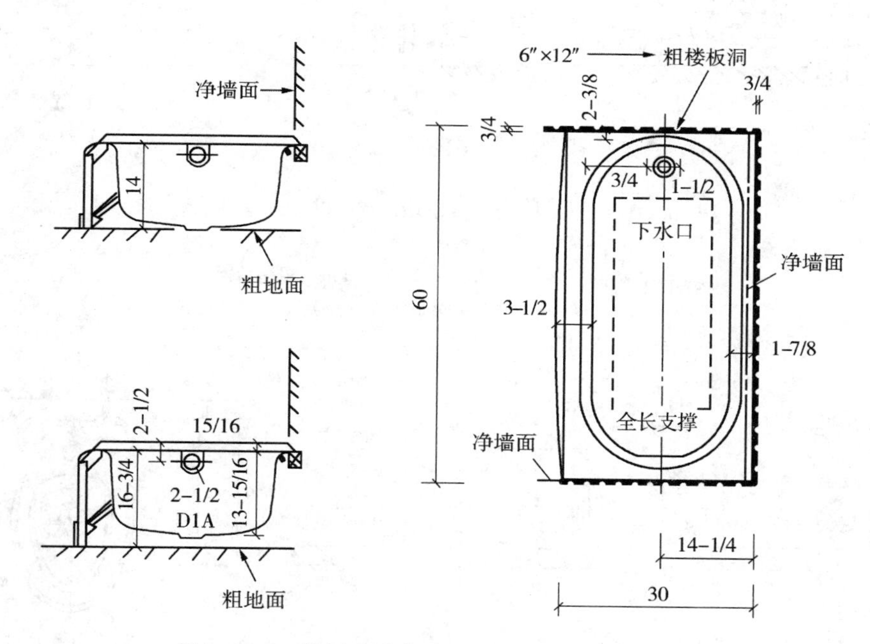

图 3.10.4　带裙边浴盆(上图为左型、反向为右型)

(2)净身盆:亦称下身盆,供便溺后洗下身用,更适合妇女或痔疮患者使用,一般与大便器配套安装,属大便器的附属设备。标准较高的旅馆卫生间、疗养院和医院放射科中心肠胃诊疗室均应配置净身盆。

净身盆的形式:根据其外形分立式及墙挂式两种。按出水方式不同,可分为放水式和喷水式。

净身盆结构及尺寸如图 3.10.7、图 3.10.8 所示。

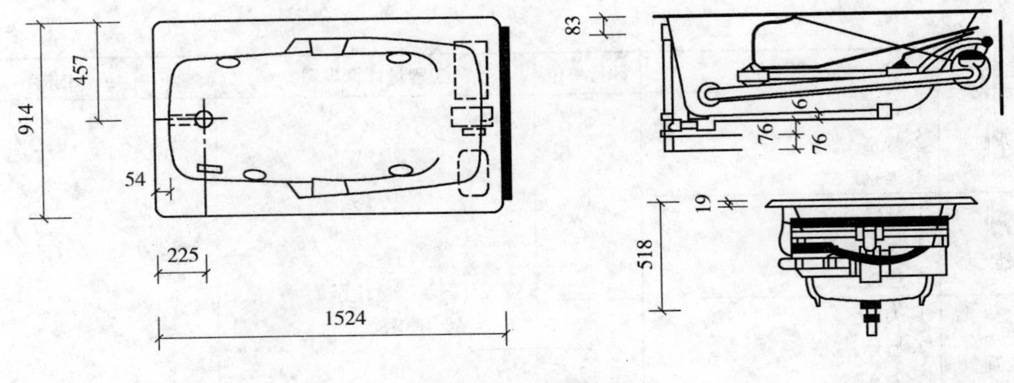

图 3.10.5　冲浪浴盆

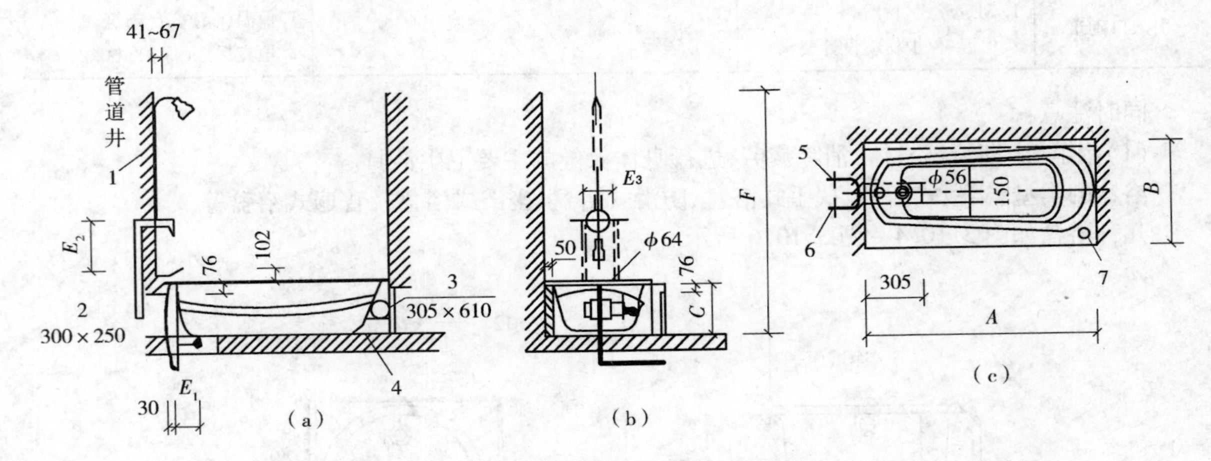

图 3.10.6　有裙边浴盆(四)

(a)立面;(b)侧面

1—完成墙面;2—检查孔;3—泵维修口;4—粗糙地面;

5—冷水管;6—热水管;7—开关

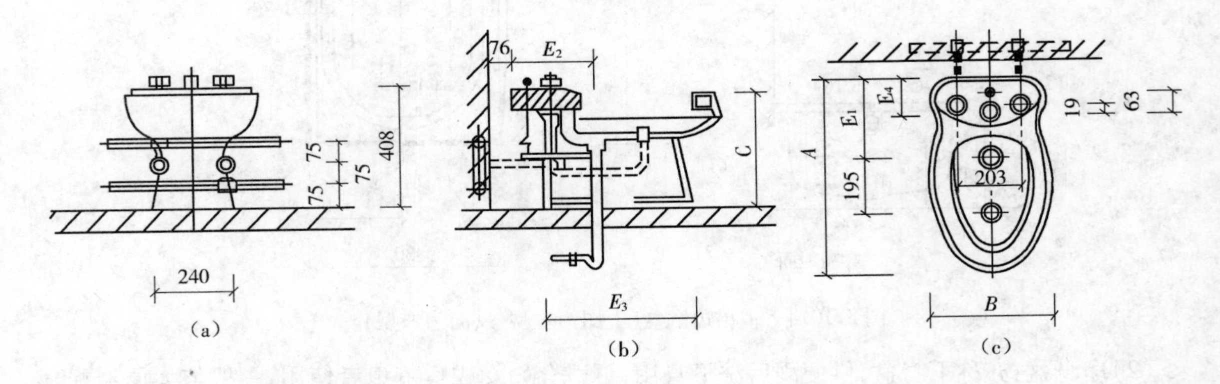

图 3.10.7　净身盆(一)

(a)立面;(b)侧面;(c)平面

(3)按摩浴盆中有裙边浴盆如图 3.10.6 所示。

(4)烘手机:在洗手后用于干燥手部的卫生器具。它主要是将附在手外部的水烘干,起到清洁、简便的作用。

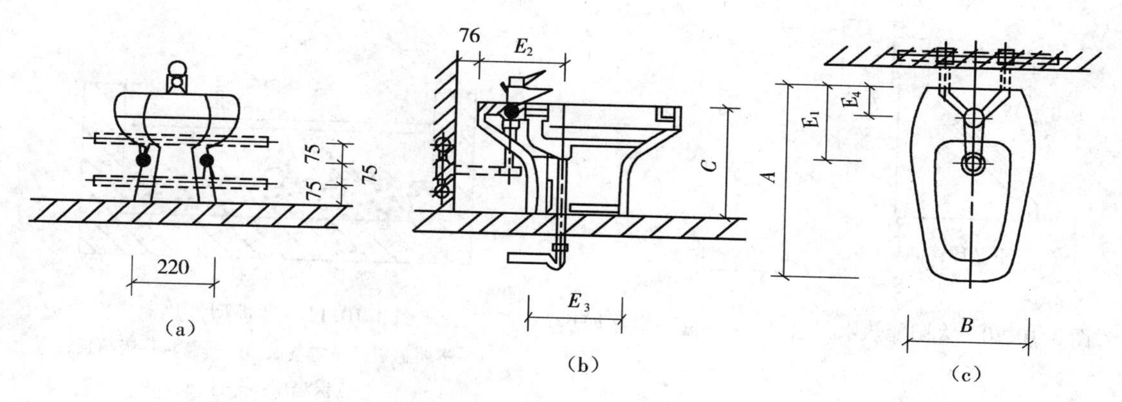

图 3.10.8　净身盆(二)

(a)立面;(b)侧面;(c)平面

(5)地漏:主要设置在厕所、浴室、盥洗室、卫生间及其他需要从地面排水的房间内,用以排除地面积水。

地漏的构造如图 3.10.9 所示。

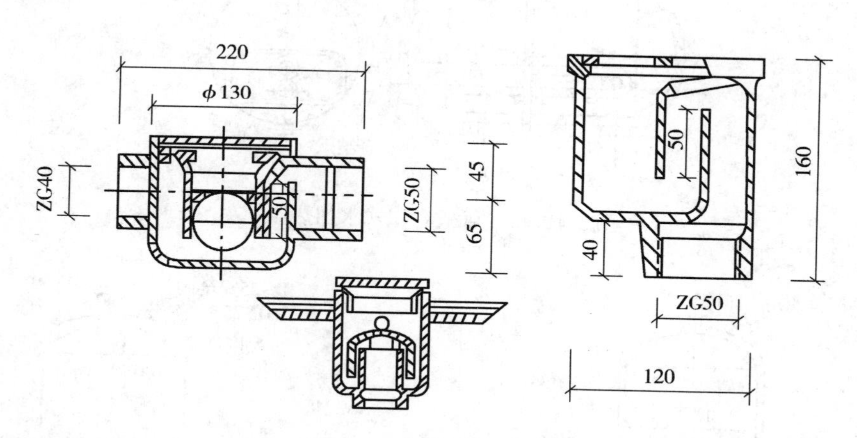

图 3.10.9　地漏的构造

(6)电热水器:某些建筑物内只需要局部的少量的热水供应,可采用电热水器。

太阳能热水器:是一种把太阳光的辐射能转为热能来加热冷水的装置。它的构造简单,加工制造容易,成本低,便于推广应用。可以提供 40~60℃的低温热水,适于住宅、浴室饮食店、理发馆等小型热水供应处。

图 3.10.10 为常用的平板型太阳能热水器。它由集热器、贮热水箱、循环管、冷热水道等组成。冷水可由补给水箱供给,热水是靠自然循环流动的贮热水箱供给,贮热水箱必须高于集热器。

平板型集热器是太阳能热水器的关键性设备,其作用是收集太阳能并把它转化为热能,如图 3.10.11 所示。

(7)电开水炉:与电热水器的加热水原理相同,适合于一些不能全年供热源的单位使用,供水量不大,可根据使用人数选择炉体型号。

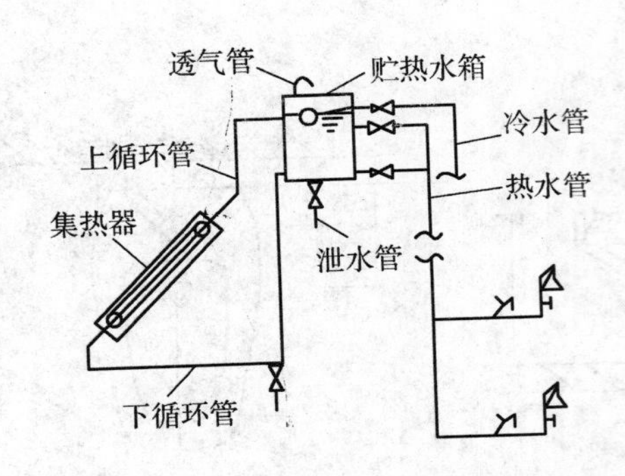

图 3.10.10　太阳能热水器组成(自然循环直接加热)

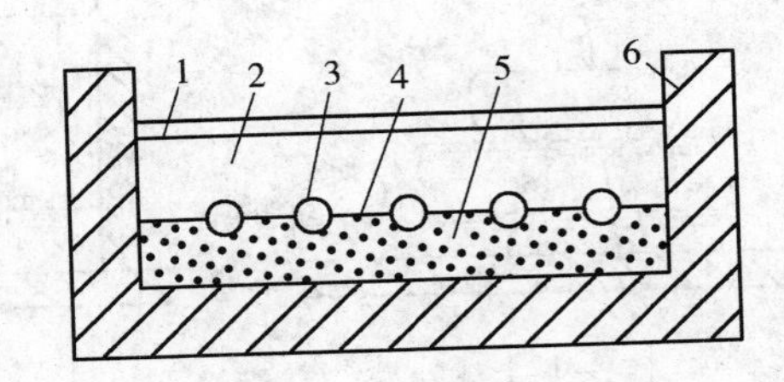

图 3.10.11　平板型集热器

1—透明盖板;2—空气层;3—排管;4—吸热板;
5—保温层;6—外壳

(8)容积式热交换器:是用钢板制造的密封钢筒,内置加热盘管,为加热和贮存合一的设备,是一种既能把冷水加热,又能贮存一定量热水的换热设备。

容积式热交换器有卧式(图 3.10.12)与立式(图 3.10.13)两种。

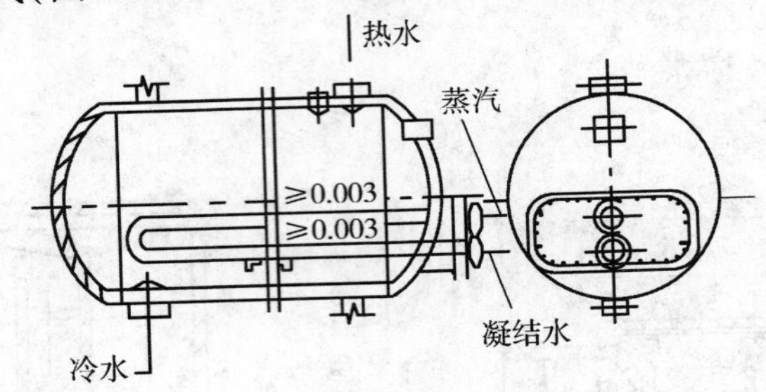

图 3.10.12　卧式容积式水加热器

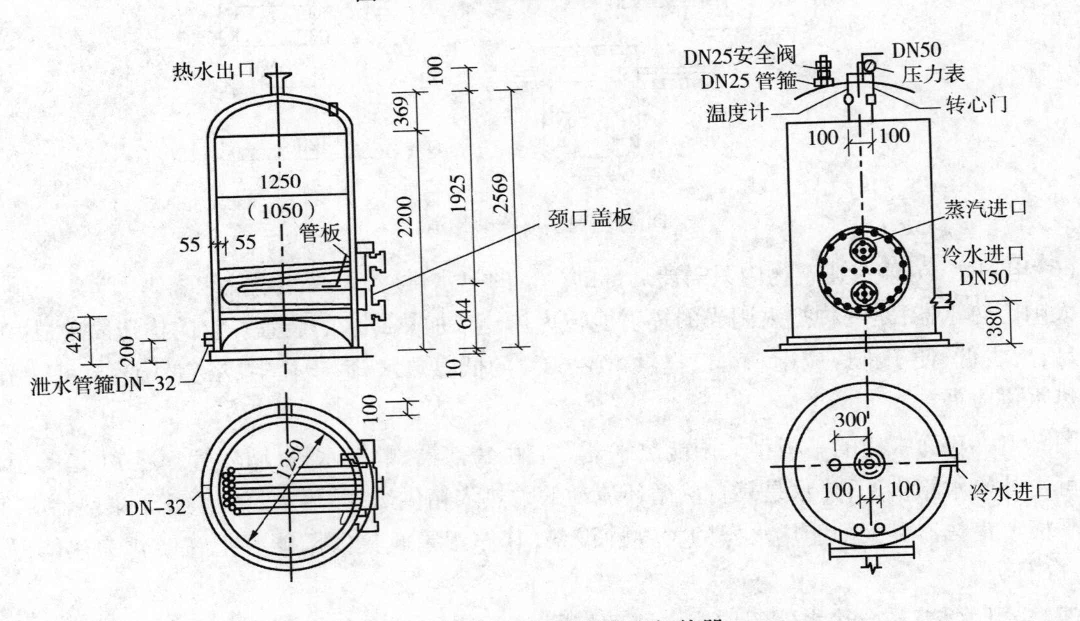

图 3.10.13　立式容积式水加热器

(9)冷热水混合器:又叫混合式水加热器,是冷、热流体直接接触互相混合而进行换热的。

(10)蒸汽—水式加热器：也称快速水加热器，是用蒸汽来加热水。主要有固定管板式管壳加热器（图3.10.14）、套管式汽—水加热器（图3.10.15）。

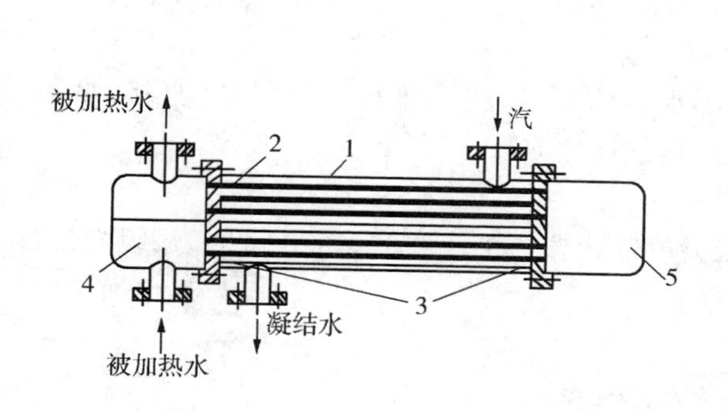

图3.10.14 固定管板式管壳加热器

1—外壳；2—管束；3—固定管板；4—前水室；5—后水室

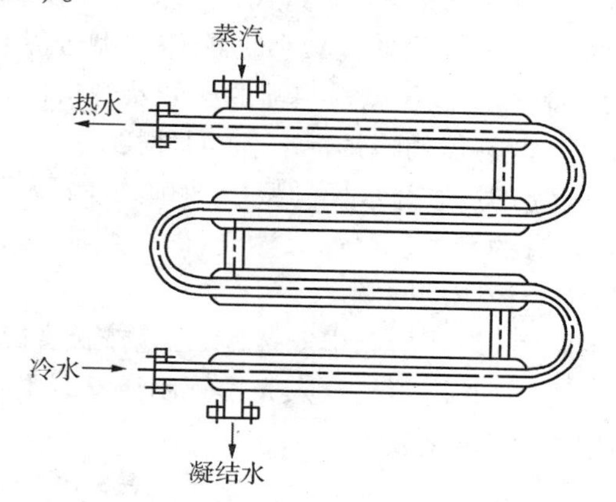

图3.10.15 套管式汽—水加热器

(11)空气幕：是一种局部送风装置，它利用条缝形送风口喷出一定温度和速度的幕状气流，用来封住门洞，减少或隔绝外界气流的侵入，从而保证室内或某一工作区的温度环境。

空气幕的种类：空气幕按照空气分布器的安装位置可分为侧送式、上送式和下送式。

空气幕的作用是：

1）防止室外冷、热气流侵入，多用于运输工具、材料出入的工业厂房或商店、剧场等公共建筑需要经常开启的大门。在冬季由于大门开启将有大量的冷风侵入室内而使空气温度骤然下降。为防止冷气流的侵入，可设空气幕。炎热的夏季为防止室外热气流对室内的影响，可设置喷射冷风的空气幕。

2）防止余热和有害气体的扩散，为了防止余热和有害气体向室外或其他车间扩散蔓延，也可设置空气幕进行阻隔。

(12)燃气采暖炉：一种方便的供暖设备，它通过燃气管、水管、排气管等连接向用户供暖。用户可随时根据自己的需要选择供暖时间、温度。

空气幕设置的原则：

1）不论是否属于严寒地区，也不论大门开启时间的长短，当工艺或使用要求不允许降低室内温度时。

2）位于严寒地区（当室外计算温度低于或等于－20℃时）的公共建筑和生产厂房，当大门开启频繁不可能设置门斗或前室，且每班开启时间超过40min时。

3）位于严寒地区的公共建筑和生产厂房，确属经济合理时。

(13)卫生、供暖、燃气器具安装见表3.10.4～表3.10.6

1）概况。卫生、供暖、燃气器具安装工程。卫生器具包括浴盆、净身盆、洗脸盆、洗涤盆、化验盆、淋浴器、烘干器、大便器、小便器、排水栓、扫除口、地漏，各种热水器、消毒器、饮水器等；供暖器具包括各种类型散热器、光排管、暖风机、空气幕等；燃气器具包括燃气开水器、燃气采暖炉、燃气热水器、燃气灶具、气嘴等项目。按材质及组装形式、型号、规格、开关种类、连接方式等不同特征编制清单项目。

2）下列各项特征必须在工程量清单中明确描述，以便计价。

①卫生器具中浴盆的材质（搪瓷、铸铁、玻璃钢、塑料）、规格（1400、1650、1800）、组装形式（冷水、

冷热水、冷热水带喷头），洗脸盆的型号（开关种类（肘式、脚踏式），淋浴器的组装形式（钢管组成、铜管成品），大便器规格型号（蹲式、坐式、低水箱、高水箱）、开关及冲洗形式（普通冲洗阀冲洗、手压冲洗、脚踏冲洗、自闭式冲洗），小便器规格、型号（挂斗式、立式），水箱的形状（圆形、方形）、重量。

②供暖器具的铸铁散热器的型号及规格（长翼、圆翼、M132、柱型），光排管散热器的型号（A、B型）、长度，散热器的除锈标准、油漆种类。

③燃气器具如开水炉的型号、采暖炉的型号、沸水器的型号、快速热水器的型号（直排、烟道、平衡）、灶具的型号（煤气、天然气，民用灶具、公用灶具，单眼、双眼、三眼）。

3）需要说明的问题。

光排管式散热器制作安装，工程量按长度以米为单位计算。在计算工程量长度时，每组光排管之间的连接管长度不能计入光排管制作安装工程量。

英方规定详见表3.10.7。

表3.10.7　英方家具/设备

提供资料					计算规则	定义规则	范围规则	辅助资料
P1 以下资料或应按第A部分之基本设施费用/总则条款而提供于位置图内，或应提供于与工程量清单相对应的附图上： (a) 工程范围及其位置					M1 本文件规定允许使用其他适当计算规则，但需注明该项目及所用之规则	D1 各项的固定装置、家具设备、设备和器具包括附录A中N10－13、N15、N20－23、Q50所列各项内容，但不包括招牌、雕刻和雕塑		
分类表								
1. 与管线系统无关的器具、家具和设备	1. 配件图索引 2. 尺寸图		nr					S1 与设备的采购、设计、施工、供应和/或加工及其在工程中的应用有关的资料 S2 场地/道路设施/设备的地基开挖和混凝土回填之详情
2. 招牌 3. 雕刻和雕塑	1. 尺寸说明							

续表

分类表					计算规则	定义规则	范围规则	辅助资料
4. 与管线系统有关的器具、设备和装置	1. 说明类型、规格和样式、容量、负荷以及安装方法	1. 交叉参考规范	nr	1. 详述与装置、设备和器具配套的辅件 2. 整体控制及其仪表说明 3. 详述遥控、仪表及其连接方式 4. 详述装置、设备和器具所附的支架、固定件和隔热绝缘材料 5. 详述初始费用 6. 说明安装方法和支座情况	M2 标记位置、辅件、标识、测试和调试、临时操作,并备有图纸,使用和维修手册(在 Y51、Y54 和 Y59 等节中说明)		C1 视作已包括一切必需的辅件	S3 操作的具体规范和规章 S4 材料类型和材质 S5 材料规格、厚度和材质 S6 材料和设备之必需测试 S7 现场完工表面或表面处理 S8 在现场外的完工表面或表面处理应说明是在工厂加工或组装之前或之后进行 S9 设备的最大尺寸和重量限制
5. 装置、设备或器具未包括的辅件	1. 说明接合的类型尺寸和方法	1. 说明装置、设备和器具的类型	nr	1. 说明整体控制或控制仪表 2. 详述遥控、仪表及其连接方式			C2 视作已包括装置、设备或器具的辅件	
6. 业主提供的固定装置、家具设备、装置和器具	1. 说明安装类型、规格和方法		nr	1. 详述所需附件 2. 说明支座情况			C3 视作已包括运输、储存和装卸条件	

十一、通信设备及线路工程

1. 中英方关于通信设备的工程量计算规则是如何规定的?

答:中方规定:

通信设备工程量清单项目设置及工程量计算规则,应按表3.11.1的规定执行。

表3.11.1　中方通信设备

<table>
<tr><th>项目名称</th><th>项目特征</th><th>计量单位</th><th>工程量计算规则</th><th>工作内容</th></tr>
<tr><td>开关电源设备</td><td>1. 种类
2. 规格
3. 型号
4. 容量</td><td>架(台)</td><td rowspan="9">按设计图示数量计算</td><td>1. 本体安装
2. 电源架安装
3. 系统调测</td></tr>
<tr><td>整流器</td><td rowspan="6">1. 规格
2. 型号
3. 容量</td><td rowspan="2">台</td><td rowspan="6">1. 安装
2. 测试</td></tr>
<tr><td>电子交流稳压器</td></tr>
<tr><td>市话组合电源</td><td>套</td></tr>
<tr><td>调压器</td><td>台</td></tr>
<tr><td>变换器</td><td>架(盘)</td></tr>
<tr><td>不间断电源设备</td><td>套</td></tr>
<tr><td>无人值守电源设备系统联测</td><td rowspan="2">测试内容</td><td>站</td><td>系统联测</td></tr>
<tr><td>控制段内无人站电源设备与主控联测</td><td>中继站系统</td><td>联测</td></tr>
</table>

续表

项目名称	项目特征	计量单位	工程量计算规则	工作内容
单芯电源线	1. 规格 2. 型号	m	按设计图示尺寸以中心线长度计算	1. 敷设 2. 测试
列内电源线		列	按设计图示数量计算	
电缆槽道、 走线架、 机架、框	1. 名称 2. 规格 3. 型号 4. 方式	1. m 2. 架、个	1. 以米计量，按设计图示尺寸以中心线长度计算 2. 以架、个计量，按设计图示数量计算	1. 制作 2. 安装
列柜	1. 名称 2. 规格 3. 型号	架	按设计图示数量计算	
电源分配架、箱	1. 规格 2. 型号 3. 方式			
可控硅铃 流发生器	1. 名称 2. 型号	台		1. 安装 2. 测试
房柱抗振加固	规格	处		加固件预制、安装
抗振机座		个		制作、安装
保安配线箱	1. 类型 2. 型号、规格 3. 容量	台		安装
配线架		架		1. 安装 2. 穿线板 3. 滑梯
保安排、试线排	1. 名称 2. 规格 3. 型号	块		1. 安装 2. 测试
测量台 业务台 辅助台		台		
列架、机台 事故、照明	1. 名称、类别 2. 规格 3. 型号	列(台)		1. 安装 2. 试通
机房信号设备		盘		
设备电缆、 软光纤	1. 名称、类别 2. 规格 3. 型号 4. 安装方式	1. m 2. 条	1. 以米计量，按设计图示尺寸以中心线长度计算 2. 以条计量，按设计图示数量计算	1. 放绑 2. 编扎、焊(绕、卡)接 3. 试通
配线架跳线	1. 名称、类别 2. 规格 3. 型号	条	按设计图示数量计算	1. 敷设 2. 焊(绕、卡)接 3. 试通

续表

项目名称	项目特征	计量单位	工程量计算规则	工作内容
列内、列间信号线	1. 名称、类别 2. 规格 3. 型号	条	按设计图示数量计算	1. 布放 2. 焊(绕、卡)接 3. 试通
电话交换设备		架		1. 机架、机盘、电路板安装 2. 测试
维护终端、打印机、话务台告警设备		台		1. 安装 2. 调测
程控车载集装箱	1. 规格 2. 型号	箱		安装
用户集线器(SLC)设备	1. 规格 2. 型号 3. 容量	线/架		1. 安装 2. 调测
市话用户线硬件测试	1. 测试类型 2. 测试内容	千线		测试
中继线 PCM 系统硬件测试		系统		
长途硬件测试		干路端		
市话用户线软件测试		千线		
中继线 PCM 系统软件测试		系统		
长途软件测试		干路端		
用户交换机	1. 规格 2. 型号 3. 容量	线		1. 安装 2. 调测
数字分配架/箱光分配架/箱	1. 名称 2. 规格、型号 3. 容量	架(箱)		安装
传输设备	1. 名称 2. 规格 3. 型号 4. 机架(柜)规格	套(端)		1. 机架(柜)安装 2. 本机安装 3. 测试
再生中继架		架		1. 安装 2. 调测
远供电源架		架(盘)		
网络管理系统设备		套(站)		

续表

项目名称	项目特征	计量单位	工程量计算规则	工作内容
本地维护终端设备	1.名称 2.规格 3.型号 4.机架(柜)规格	套(站)	按设计图示数量计算	1.安装 2.调测
子网管理系统试运行	1.测试类型 2.测试内容	站		试运行
本地维护终端试运行				
监控中心及子中心设备	1.名称 2.规格 3.型号	套		1.安装 2.调测
光端机主/备用自动转换设备				
数字公务设备				
数字公务系统运行试验	1.运行类别 2.测试内容	系统(站)		运行试验
监控系统运行试验(PDH)		站		
中继段、数字段光端调测	1.测试类别 2.测试内容	系统/段		光端调测
复用设备系统调测		系统/端		系统调测
光电调测中间站配合		站		中间站配合
复用器	1.名称 2.规格 3.型号	套/端		1.安装 2.测试
光电转换器	1.规格 2.型号	个		
光线路放大器		系统		
数字段中继站(光放站)光端对测	1.测试类别 2.测试内容	系统/站		光端对测
数字段端站(再生站)光端对测				
调测波分复用网管系统				调测

续表

项目名称	项目特征	计量单位	工程量计算规则	工作内容
数字交叉连接设备（DXC）	1. 名称 2. 规格 3. 型号	系统/站	按设计图示数量计算	1. 安装 2. 测试
基本子架（包括交叉控制等）		子架		
接口子架 接口盘		子架（盘）		
连通测试	1. 测试类别 2. 测试内容	端口		连通测试
数字数据网设备	1. 名称 2. 规格 3. 型号	架		安装
调测数字数据网设备	1. 测试类型 2. 测试内容	节点机		调测
系统打印机	1. 规格 2. 型号	套		
数字（网络）终端单元（DTU 或 NTU）	1. 名称 2. 规格 3. 型号	架		1. 安装 2. 调测
数字交叉连接设备（DACS）				
网管小型机 网管工作站		套		
分组交换设备				
调制解调器				
铁塔	1. 安装位置 2. 名称 3. 规格 4. 塔高	t	按设计图示尺寸以质量计算	架设
微波抛物面天线	1. 规格 2. 型号 3. 地点 4. 塔高	副	按设计图示数量计算	1. 安装 2. 调测

续表

项目名称	项目特征	计量单位	工程量计算规则	工作内容
馈线	1. 规格 2. 型号 3. 地点 4. 长度	条	按设计图示数量计算	1. 安装 2. 调测
分路系统	1. 规格 2. 型号	套		安装
微波设备	1. 名称 2. 规格 3. 型号	架		1. 安装 2. 测试
监控设备		套(部)		
辅助设备		盘(部)		
数字段内中继段调测	1. 测试部位 2. 测试类别 3. 测试内容	系统/段		调测
数字段主通道调测				
数字段内波道倒换	1. 测试类别 2. 测试内容	段		测试
两个上下话路站监控调测		系统/站		调测
配合终端测试				
全电路主通道调测	1. 测试部位 2. 测试类别 3. 测试内容	系统/全电路		
全电路主通道上下话路站调测		站/全电路		
全电路主控站集中监控性能调测	1. 测试类别 2. 测试内容	系统/站		
全电路次主控站集中监控性能调测		站		
稳定性能测试				

续表

项目名称	项目特征	计量单位	工程量计算规则	工作内容
一点多址 数字微波 通信设备	1. 名称 2. 规格	站	按设计图示数量计算	1. 安装 2. 调测
测试一点 对多点 信道机	1. 名称 2. 规格 3. 型号	套		单机测试
系统联测	1. 测试类别 2. 测试内容	站		联测
天馈线系统	1. 规格 2. 型号			1. 安装调试天线底座 2. 安装调试天线主、副反射面 3. 安装调试驱动及附属设备 4. 调测天馈线系统
高功放分系统 设备	1. 规格 2. 型号 3. 功率			
站地面 公用设备 分系统	1. 规格 2. 型号 3. 方向数	方向/站		1. 安装 2. 调测
电话分系统 设备	1. 名称 2. 规格 3. 型号 4. 路数	路/站		
电话分系统 工程勤务 ESC	1. 规格 2. 型号	站		
电视分系统 (TV/FM)		系统/站		
低噪声 放大器	1. 规格 2. 型号 3. 倒换比例	站		
监测控制 分系统 监控桌	1. 规格 2. 型号 3. 每桌盘数			
监测控制 分系统 微机控制	1. 规格 2. 型号			
地球站设备 站内环测	1. 测试类别 2. 测试内容			站内环测
地球站设备 系统调测				系统调测

续表

项目名称	项目特征	计量单位	工程量计算规则	工作内容
小口径卫星地球站(VSAT)中心站高功放(HPA)设备	1. 规格 2. 型号	系统/站	按设计图示数量计算	1. 安装 2. 调测
小口径卫星地球站(VSAT)中心站低噪声放大器(LPA)设备				
中心站(VSAT)公用设备(含监控设备)		套		
中心站(VSAT)公务设备				
控制中心站(VSAT)站内环测及全网系统对测	1. 测试类别 2. 测试内容	站		1. 站内环测 2. 全网系统对测
小口径卫星地球站(VSAT)端站设备	1. 规格 2. 型号			1. 安装 2. 调测

同时注意：

(1)通信设备：构成通信的设备，可分成终端设备、传输设备、交换设备三大类。以终端设备、交换设备为点，以传输设备为线，点线相连就构成了完整的通信网。

(2)蓄电池：储备电能的一种直流装置。蓄电池充电时将电能转变为化学能，使用时内部化学能转变为电能向外输送给用电设备。蓄电池充放电过程是一种完全可逆的化学反应。

蓄电池主要用于发、变电和自动化系统中，如操作回路、信号回路、自动装置及继电保护回路、事故照明、厂用通讯。它也用于各种汽车、拖拉机、内燃机车、船舶等的启动、点火和照明等。蓄电池最大优点是当电气设备发生故障时，在没有交流电源的情况下，也能保证部分重要设备可靠而连续的工作。但其也有缺点，如与交流电相比，蓄电池装置投资费用高且维修比较麻烦。

(3)太阳能电池是把太阳辐射的光能直接转换成电能的装置，是一种能量转换的半导体器件，它依靠半导体光伏效应，因此，太阳能电池又称为光伏电池。

太阳能电池由光电器件组成，其中最常用的是硅太阳能电池。太阳能电源直接输出的电压是不稳定的，电压数值也不一定符合电路要求。因此这个电压必须先经过调压器，再送到负载。

(4)发电机：将其他形式的能源转化为电能的装置叫发电机，按照能源来源形式可分为直流发电机和交流发电机。直流发电机主要作为直流电源，例如用作直流电动机、同步电机的励磁以及化工、冶炼、交通运输中的某些设备的直流电源。目前，由于可控硅整流设备的大量使用，直流发电机逐步被取代。但从电源的质量与可靠性来说，直流发电机仍有优点，所以直流发电机现仍在一定的范围内应用。直流电动机的启动、制动与调速性能都较优越。不同的生产机械对直流电动机的要求也不相同。例如轧钢机、龙门刨床等对启动、制动和调速方面有较高要求，而电车的牵引直流电动机则要求有较大的启动转矩。随着电子技术的发展与现代控制理论的应用，直流电动机的拖动系统更适应指标与精度的要求都很高的场合。在自动控制系统中，小容量的特殊直流电机的应用也是很广泛的。交流发电机是目前广泛应用的一种电机，各种照明电路、机电设备都是由这种电机提供电能的。

(5)柴油发电机组(简称机组)是以柴油机为动力，拖动工频交流同步发电机组成的发电设备。

(6)开关电源：广义地说，凡用半导体功率器件作为开关，将一种电源形态转变成另一形态的主电路都叫做开关变换器电路；转变时用自动控制闭环稳定输出并有保护环节则称开关电源。

(7)通信用交流配电屏：指供给各种通信用整流器、交流通信负荷、机房保证照明等用电的设备，该屏系列较多，主要生产厂有邮电部武汉通信电源厂、邮电部兴安通信设备厂和青岛整流器厂等。

(8)整流变压器：即将交流电转化成直流电的装置，目前发展迅速，其品种和数量不断增加，质量和水平不断提高。原有较落后的氧化铜、硒整流变压器和直流发电机组已逐步为新型的硅整流装置和可控硅整流装置所取代。

(9)交流稳压器：对通信设备供电的交流电压，在受电端子处的允许变化范围 -15% ~ +10%。当市电供电电压不能满足上述规定或通信设备有更高要求时，可通过配置交流稳压器来达到电压允许变化范围的要求。

(10)整流器：是将交流配电屏引入的交流电变换为直流电的装置，其输出端通过直流配电屏与蓄电池组和负载连接，向电信设备提供直流电源。对电信设备需要多种电压时，可以采用直流—直流变换器将基础电源的电压变换为所需的电压。

高频开关整流器：也称无工频变压器整流器，主要由三部分组成：主电路、控制电路和辅助电路。显然其主电路是其主要部分，它完成从交流输入到直流输出的全过程。控制电路是神经系统，它从输出端取样，与设计值进行比较，取出误差信号去控制主电路的相关部分，改变频率或脉宽，使输出达到稳定，同时根据反馈信号对整机进行监控和显示。辅助电源对有源网络提供所要求的各种电源。

(11)调压器：用于调节电压高低的电气设备。可以根据所需求的电压进行调整，达到目的，方便简洁。

变压器安装，按不同容量以“台”为计量单位。

(12)变换器：它是一种改变电压、电流的电气设备。工程量应区别其不同瓦数，分别以盘(架)为单位计算。

(13)不间断电源设备(UPS)：是计算机系统的常用设备，它简称为 UPS(Uninterruptabie Power-System)。UPS 的作用是当电网一旦中断时，UPS 迅速切换将畜电池的直流电逆变成交流电，即刻供给负载系统继续用电。UPS 可延续 15min 甚至更长的供电时间。用这一段时间，操作人员可以做一些应急处理，如保存文件等，也可以再启动其他形式的后备电源。在进行诸如重要的数据处理、在实时控制系统的使用时，必须采用 UPS，一般办公自动化设备均配有 UPS 电源，以防止突然断电的发生，目的是提高供电质量和防止数据的丢失。

UPS的构成与分类:UPS的基本结构包括蓄电池、逆变器、转换开关和充电器。蓄电池是UPS的储能部件,是作为逆变器工作时的工作电源。逆变器是UPS的能量转换部件,是UPS的核心装置,逆变器功能是用来将直流电源转换为交流电源,以供系统继续用电。转换开关是UPS的切换开关部件,用来切换逆变器的供电电源,当电网供电正常时,自动接通蓄电池供电电路。充电器是用于给蓄电池充电的部件。

UPS的主要作用是保证计算机在运行过程中,万一出现停电时,能够再持续工作一段时间,使其不会丢失数据信息。UPS与交流稳压电源同属于交流电源的范畴。但是交流稳压电源主要完成稳压的功能,并伴有滤波和抗干扰的作用,而不具备稳频和对负载的不间断供电的功能,而且滤波和抗干扰的作用一般也不及UPS。

UPS的主要特点是:

1)具有较高的电源稳定度。

2)具有较高的频率稳定度。

3)具有较小的非线性失真。

4)能抵抗电网中的各种干扰。

5)能够对负载实行不间断供电。

UPS电源的分类很多,一般有如下几种分类。

1)按输出功率容量可分为大容量UPS(50～500kVA);中容量UPS(5～50kVA);小容量UPS(小于5kVA)。

2)按供电方式可分后备式(离线式)和在线式两种供电方式。

3)按UPS供电时间可分为短时供电和长时供电。

(14)电源:是为生活、生产、医疗卫生和科研等提供电能的设备或装置。一类是运用发电机将其他类型的能源转化为电能,如火力发电机将热能转化为电能,水力发电机将水的机械能转化为电能,核发电机将原子的核能转化为电能等。另一类是各类蓄电池,它是利用电化学原理来实现产生电能的,如普通电池、电子电池等。电源是构成电路的重要部件,不论它是以电能形式输入或以电信号形式激励,其共同点是能向电路提供电压和电流,它可分为电压源和电流源。

无人值守电源设备:能够自动启动、自动切换并迅速加载的电源设备。

无人值守电源系统:为了提高电信局(站)电源维护工作效率,减少维护值班人员,降低维护费用,实行电信局(站)电源系统的无人值守是非常必要的,尤其在自动电话模块局、移动电话基站、有线接入网光网络单元(ONU)、长途干线微波和光缆中继站中,由于数量众多或局(站)所处环境恶劣,有人值守非常困难,更需要实施无人值守维护。

(15)主控制室:装设中央信号装置,与6～10kV主配电装置相毗连的是主控制室。

(16)电源线:将电源与其他设备连接起来的导线电源线。

(17)母线:是电路中的主干线,在供电用电过程中,一般把电源送来的电流汇集到母线上,然后再按需要从母线送到各分支电路上分配出去。

电源母线:电源所输出的电能由电源母线输送出去。

(18)接地装置:是接地体和接地线的总称。埋入地中并直接与大地接触作散流作用的金属导体,称为金属接地体。接地体有自然接地体和人工接地体之分,兼作接地用的直接与大地接触的各种金属构件、金属井管、钢筋混凝土建筑物的基础、金属管道和设备等,都称为自然接地体;直接打入地下专作接地用的经加工的各种型钢的钢管等,称为人工接地体。将电力设备、杆塔的接地螺栓与接地体或零线相连接用的,在正常情况下载流的金属导体,称为接地线。

接地装置的安装很重要,往往因为安装质量不符合要求而造成事故。因此,为保证质量,在接地装置安装前应熟悉设计图纸、施工及验收规范,同时,为使施工程序有条不紊,还应作出行之有效的施工组织措施,并做好充分的准备工作。

接地极,即接地体,是指埋于地中并直接与大地接触作散流用的金属导体。接地极的连接一般采用搭接焊,焊接处必须牢固无虚焊。有色金属接地极不能采用焊接时,可用螺栓连接。用于防雷接地的接地线通常有两种。一种是自然接地线,建筑物的金属构件及设计规定的混凝土结构内部的钢筋,但应保证全长有可靠的连接,以形成连续的导体,便可作为自然接地线。因此,除在结合处采用焊接外,凡用螺栓连接或铆钉连接的地方,都应焊接跨接线。配线钢管也可用作自然接地体,但应注意钢管壁厚不应小于1.5mm,以免锈蚀成为不连续的导体,同时应在管接头及接线盒处采用跨接线连接。跨接线应使用圆钢或扁钢,一般钢管直径在40mm以下时,用直径为6mm的圆钢,钢管直径在50mm以上时,用-25mm×4mm的扁钢。另一种是人工接地线。为保证接地线有一定的机械强度,一般选用圆钢或扁钢。

(19)接地电阻:是接地体的散流电阻与接地线电阻的总和。在设计和装设接地装置时,首先应充分利用自然接地体,以节约投资,节约钢材。但高层建筑六层以上的金属窗一般要求接地。

接地母线:是指将所有接地线汇在一起后的接地线,一般均采用扁钢或圆钢,并应敷设在易于检查的地方,且应有防止机械损伤及化学腐蚀的保护措施。从接地母线敷设到用电设备的接地支线的距离越短越好。当接地线与电缆或其他电线交叉时,其间距至少要维持25mm。在接地线与管道、公路、铁路等交叉处及其他可能使接地线遭受机械损伤的地方,均应套钢管或角钢保护当接地线跨越有振动的地方,如铁路轨道时,接地线应略加弯曲,以便振动时有伸缩的余地,避免断裂。

户外接地母线敷设时,如遇有石方、矿渣、积水、障碍物等,应按实际情况增加施工降效、工地运输等费用,另行计算。

槽形母线与设备连接定额,除套用槽形母线安装定额外,还应按其与何种设备连接,再套相应定额,定额以"台"或"组"为单位,每台或组包括6个或3个头的安装费。

各种硬母线安装中均未包括母线伸缩接头,应按设计要求另套定额,定额以"个"为单位。发电机及变压器按铜片的数量和长度确定,如设计采用伸缩接头且与上述条件不相同时,则应按铜铝材质、每相片数、长度、截面等要求套用相应定额。

管形母线按不同材质和直径套用定额。

管形母线引下线定额以"组"为单位,定额套用与管形母线定额的要求相同。

封闭母线的主母线与分支母线均为工厂制造的成品,只计列安装费及主材费。

(20)接地线:将电力设备、杆塔的接地螺栓与接地体或零线相连接用的,在正常情况下不载流的金属导体,称为接地线。接地线可选用自然接地线和人工接地线。

(21)地漆布地面:水泥地上铺地漆布地面有耐磨、不起尘、易清洁、有一定弹性、吸声较好、表面光而不滑的特点,并具有一定的绝缘及耐火性能。

(22)电缆槽道:为电缆安装而设置的槽形走道。

(23)壁柜:是封闭的继电器支架。通常它们有两个边,一个前门,一个后门。根据装在里面的各式各样的设施的宽度,它有不同的尺寸。电缆支撑系统:用于支撑电缆的管道、电缆盘、支撑钩子、绳套以及其他用于电缆安装的硬件部分的组合。

列柜定额,工程中需修改信号时的增加系数:列柜定额,工程中需修改信号时,每架另增加2个工日。

列头柜、列中柜、尾柜、空机架安装：主要包括将柜体安装固定在基础槽钢架上，然后进行机械传动部分的调整。

(24)电源架：电源架上部为直流配电单元，下部为交流配电单元。外部配线有交流输入配线和直流负载配线、蓄电池配线、通信地和机架地及避雷地的配线。电源架面板上装有交流电压、直流电压、直流电流等测量仪表，还装有交流浮充、均衡等工作指示灯，以及交流故障、输出电压高、电池熔丝断、整流器故障、浮充电压低等故障灯。

(25)可控硅整流装置：在硅整流装置中接入一滑动变阻器，可通过调动滑动变阻器改变通过二极管的电流，从而人为地控制输出经整流后的直流电流的大小。

(26)晶体管：分为晶体二极管和晶体三极管。硅和锗等都是四价的半导体元素，当硅或锗等半导体材料被制成单晶时，其原子的排列就由杂乱无章的状态变成非常整齐的晶体结构。这种纯单晶半导体称为本征半导体。本征半导体虽然有自由电子和空穴两种载流子，但由于数量少，导电能力仍然很低。如果在本征半导体中掺入微量的杂质，其导电能力将大大提高。由于掺入的杂质不同，这种杂质半导体可分为N型半导体和P型半导体两大类。不论是N型半导体还是P型半导体，就其本身整体而言，仍是电中性的。但当P型半导体和N型半导体结合在一起时，由于P型半导体内空穴多而电子少，N型半导体内电子多而空穴少，在它们的交界处就出现了电子和空穴的浓度差别，这样空穴和电子都要从浓度高的地方向浓度低的地方扩散。它们的扩散结果使P型区和N型区中原来的电中性结构被破坏，在PN交界面附近，P型一边失去带正电的空穴和接受了带负电的电子而带负电，N型一边失去带负电的电子和接受了带正电的空穴而带正电，这些电荷就集中在P型区和N型区的交界面附近形成很薄的空间电荷区。当扩散越多，空间电荷区越宽，因而在电荷区中形成了一个内电场，其方向是从带正电的N区指向带负电的P区，这个内电场成为这种扩散运动的阻碍电流。

当在PN结两端加上正向电压(即外电源正极接P侧、负极接N侧)时，外电场刚好与PN结的内电场方向相反，使内电场减弱，即使PN晶体的电阻变小。外电场愈强、正向电流愈大，这时PN结呈现的电阻就越低。当PN结两端加反向电压(即外加电压正极接N侧，负极接P侧)时，外电压与内电压方向相同，故外电压使内电压加强，即使PN晶体的电阻变大。外电场愈强，反向电流愈大，则PN结呈现的电阻越大，以至不能通过电流。

半导体二极管是由一个PN结加上接触电极、引线和管壳而构成。通常由P区引出的电极称为阳极，N区引出的电极称为阴极，二极管的工作原理就是PN结的原理，它只能通过一个方向上的电流，故常用于整流装置。

半导体三极管是由两个PN结"背靠背"地组合而成的。若用两层N型半导体和一层P型半导体制成，则称NPN型三极管；若用两层P型半导体和一层N型半导体组成，则称为PNP型三极管。晶体三极管内的三个半导体分别称为发射区、基区和集电区，对应的PN结称为发射结和集电结。晶体三极管具有对电流的放大功能，常用于各种放大电路中。

铃流：一种电话交换局向被叫用户发送的振铃信号。它通知被叫用户有呼叫来到。当被叫用户摘机应答时铃流停止。

(27)安装保安配线箱及总配线架：

1)安装保安配线箱。保安配线箱安装的工程量应按其不同回线数量，分别以"个"为单位计算。

2)安装总配线架、空机架。总配线安装的工程量应按其不同回线数量，分别以"架"为单位计算。

滑梯安装的工程量以“架”为单位计算。

预制安装槽钢接头板的工程量以“处”为单位计算。

测量台、业务台、辅导台安装的工程量,均以“台”为单位计算。

端子板、保安器、试验弹簧排、100 对以下两用排安装的工程量,均以“块”为单位计算。

空机架安装的工程量以“架”为单位计算。

总配线架安装,以“架”为计算单位,配线架规格容量见下表 3.11.2。定额中 4000 回线为 2×202×10,6000 回线为 3×202×10。

表 3.11.2 总配线架规格及容量

总配线架规格	直列数	直列回线数	每架回线数	容量扩充
202×8	8	202	1616	按架扩充
202×9	9	202	1818	按架扩充
202×10	10	202	2020	按架扩充
303×8	8	303	2424	按架扩充

总配线架保安器排配置,每 100 回线配 20×2 保安器排 4 块,21×2 保安器排 1 块。

(28)测量台:设在程控局测量室内,每台 3000~5000 门;数学的运端模块局不设测量台,只设携带测量箱。

(29)安装列架、机台照明:列架照明安装的工程量应按每列的不同灯具数量,分别以“列”为单位计算。

设备天棚灯安装的工程量应按每列的不同灯具数量,分别以“列”为单位计算。

机台照明安装的工程量应区别照明灯和事故照明灯,分别以“台”为单位计算。

中央信号装置、事故照明切换装置、不间断电源调试:中央信号装置及事故照明切换装置调试的工作内容是指装置本体及控制回路系统的调整试验。但事故照明切换装置调试为装置本体调试,不包括供电回路调试。其工程量计算应区别中央信号装置(变电所或配电室)、直流盘监视、变送器屏、事故照明切换、按周波减负荷装置、不间断电源(区分不同容量),均以“系统”(套)为单位计算。

(30)机房信号设备:通信设备接收和传送信号的设备装置。

(31)安装机房信号设备:总信号灯盘和列信号灯盘安装的工程量,均以“盘”为单位计算。信号设备安装的工程量以“盘”为单位计算。

(32)电缆种类很多,按功能可分为电力电缆和控制电缆。

电力电缆有油浸纸绝缘电缆、橡胶绝缘电缆、聚氯乙烯绝缘电缆、交联聚乙烯绝缘电缆等。

控制电缆主要用在电气二次回路作为控制、测量、保护、信号回路中的连接线路。有 K—控制电缆、P—信号电缆、Y—移动式软电缆、H—电话电缆及光纤电缆等。

(33)电缆结构:是由导电线芯、绝缘层及保护层三个主要部分组成,如图 3.11.1 所示。其中导电线芯用来传输电流;绝缘层是线芯之间,线芯与铅包层之间的绝缘;保护层用来对绝缘层密封,避免潮气侵入绝缘层,并保护电缆免受外界损伤。

图 3.11.1 铠装电缆的构造

1—导电线芯;2—分相纸绝缘;3—填充物;4—统包纸绝缘;5—铅(铝)包层;6—涂沥青的纸衬垫;7—浸沥青的麻包层;8—铠装

(34)总配线架与交接箱跳线:

1）布放跳线定额用于新建通信局、所与新建交接箱。

2）改接跳线定额用于原有通信局、所扩建与原有交接箱。

3）通信局、所跳线的工程量计算，应以工程范围内现有用户数量为准；机关厂矿用户的交换机总配线架跳线，按计划用户数量计算。

中间配线跳线和改接跳线的工程量应按其不同规格和型号，区别跳线的不同芯数，分别以“条”为单位计算。

（35）集线器：提供从多路网络设施到多路网络设施的连接的设施。集线器可以使包括了服务和外围设施的多路网络设施之间进行通信。

集线器又称为集中器，它是计算机网络结构化，特别是布线结构化的产物。集线器的作用是将分散的网络线路集中在一起，从而将各个独立网络分段线路集中在一个设备中。也可以把集中器看成是星形布线的线路中心，线路由这个中心向外辐射到各个局域网，如图3.11.2所示。

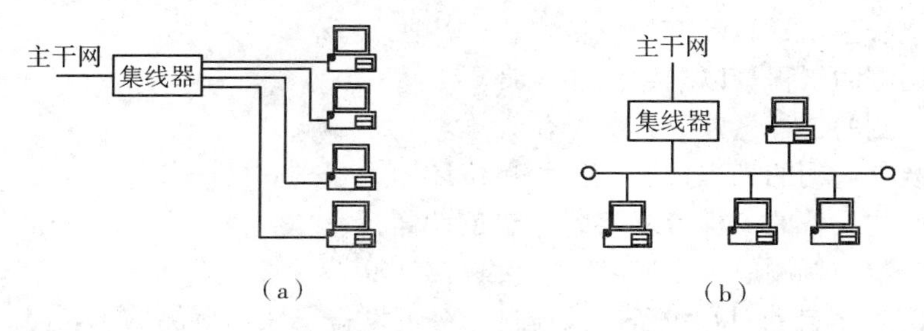

图 3.11.2　集线器使用示意图

（a）采用集线器构成以太网的物理连接；（b）采用集线器构成以太网的逻辑拓扑

（36）安装市内通信交换设备：

1）安装自动及共电式电话交换设备。机架、组装中间配线架、混合配线架安装的工程量，应按其不同型式（共电、步进制、纵横制），分别以“架”为单位计算。

共电交换台安装的工程量以“台”为单位计算。

步进制信号设备安装的工程量，应按其用列信号设备和不用列信号设备的不同，区别其不同门局数量，分别以“架”为单位计算。

修改信号设备电路和机键检查及通电测试（共电式）安装的工程量，应区别其不同门局数量，分别以“架”为单位计算。

步进制机键检查调整及通电测试的工程量以“只”为单位计算。

纵横制机键检查及连通测试的工程量以“架”为单位计算。

局间中继线检查、测试的工程量以“每个回线”为单位计算。

2）安装自动式电话小交换机。

①纵横制自动电话小交换机安装的工程量，应按其不同规格和型号，区别交换机的不同门数，分别以“套”为单位计算。

②步进制自动电话小交换机安装的工程量，应按其不同门数，分别以“套”为单位计算。

3）安装共电式小交换机。共电式小交换机安装的工程量应按其不同门数，分别以“套”为单位计算。

4）安装磁石式小交换机。磁石式小交换机安装的工程量，应按其不同门数，分别以“套”为单位计算。

（37）安装长途通信交换设备：

1)安装与调测长途交换通用设备。中间配线架、柜式绕线配线架的安装和电源供给架、铃流信号机架的安装与调测的工程量,分别以“架”为单位计算。

电缆转向台安装和营业处小交换的安装与调测的工程量,均以“台”为单位计算。

2)安装与调测长途人工交换设备(继电器式)。长途线、出中继、入中继、专线、测试架安装与调测的工程量,分别以“架”为单位计算。

接续、专线、生产检查、班长台安装与调测和记录、查询、检查分发、调度台安装与调测的工程量,均以“席”为单位计算。

3)安装与调测长途人工交换设备(晶体管式)。100 回线长途线、出中继、入中继、专线架安装与调测和 120 回线长途线、出中继、入中继、专线架安装与调测的工程量,分别以“架”为单位计算。

接续、专线、生产检查、班长台、记录、查询、检查分发、调度台安装与调测的工程量,均以“席”为单位计算。

4)安装与调测长途电话自动交换设备(JT—801 型)。

机架安装与调测的工程量以“架”为单位计算。

机台安装与调测的工程量以“台”为单位计算。

记费设备安装与调测的工程量以“套”为单位计算。

测试组装与调测设备的工程量以“部”为单位计算。

路由示忙灯安装与调测的工程量以“个”为单位计算。

5)安装与调测长途自动对端设备。长途自动对端设备安装与调测的工程量,应按全自动接续机架和半自动接续机架,区别其不同路数,分别以“架”为单位计算。

6)安装与调测长途交换(JT—801)与市话配合设备。市话混合机架和市话显号机架的安装与调测的工程量,均以“架”为单位计算。市话磁环架安装的工程量以“架”为单位计算。

(38)复用器:把若干数字信号编码在一个数字信号内,并在一个媒介(如一对线)中传输的电子设备。

(39)光转换器:完成把来自 SDH 系统的光信号转换为满足波分复用系统要求的光信号的功能的装置。

(40)光线路放大器:能去掉光—电—光转换过程,直接在光路上对信号进行放大后再传输,即用一个全光传输型中继器来代替目前这种光—电—光型再生中继器,这就是光线路放大器。

(41)中继机:也称中继站,含在中继站的光纤传输系统,称为中继通信。

再生中继器:它主要由均衡放大器、时钟提取电路和判决再生电路三大部分构成。

再生:PCM 信号在传输过程中会出现衰减或失真。所以,在长距离传输时,必须在一定的距离内对 PCM 信号波进行再生。PCM 信号再生中继器框图如图 3.11.3 所示。

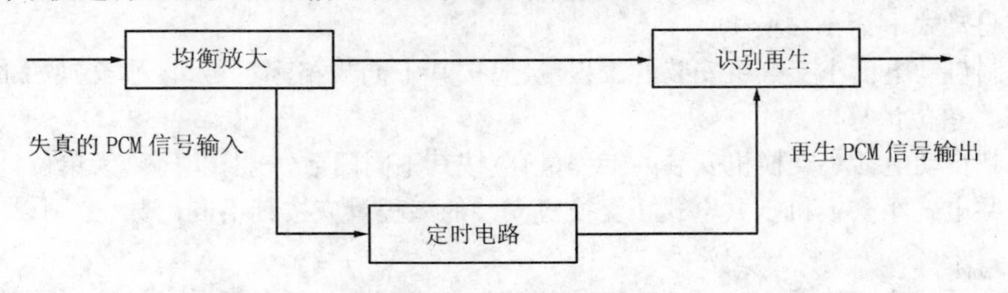

图 3.11.3　再生中继器框图

(42)数字数据网(DDN):是一种利用数字信道提供半永久性连接的专用电路,传输以数据信号为主的数字传输网络。

利用 DDN 提供的服务构造专用数据通信网是一种理想的方案。

DDN 由本地传输系统、复用及交叉连接系统、局间传输及同步系统、网络管理系统等 4 部分组成,如图 3.11.4 所示。

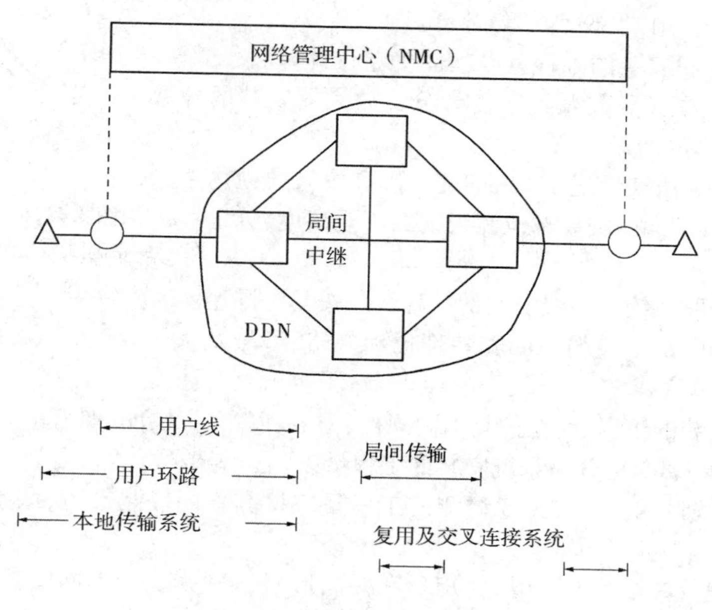

图 3.11.4　DDN 的组成

数据网设备进行调试检测。

(43)数字数据网:是一种新型的数字传输网络。它利用数字信道提供半永久性连接电路,以传输数据信号为主,为用户提供一个高速的网络。

(44)分组交换:是以分组为单位进行数据交换,传输的数据单位的最大长度是1000 位到几千位。

分组交换网:又称为通信子网,由若干个分组交换机和连接这些节点的通信链路组成。

分组交换网的结构:通常采用两级,根据业务流量、流向和地区情况设立一级和二级交换中心。

(45)抛物面天线:用抛物面作天线的反射器,将幅射源置于抛物面的焦点上的一种面式天线。

抛物面天线是一种单反射面的天线,其结构如图 3.11.5 所示。

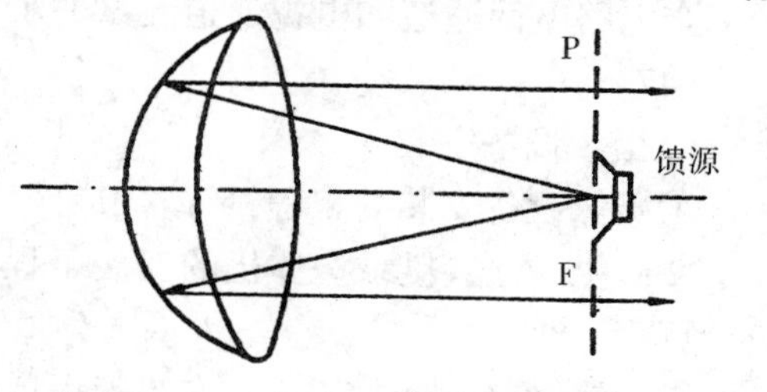

图 3.11.5　抛物面天线结构示意图

安装位置的确定,应满足馈线长度最短、馈线转弯和扭转最少的要求。

卫星直播接收抛物面天线安装,按天线直径分档,以安装高度和安装位置(楼房上和铁塔上、水泥基础上安装),分别以"副"计算。

抛物面天线安装工作包括:天线和天线架设场内搬运,安装及吊装,安装就位,调正方位和俯仰角,补漆,吊装设备的安装与拆除。

每一副抛物面天线未计价材料包括:天线架底座 1 套;底座与天线自带架加固件 1 套;底座与地面槽钢加固体 1 套。如图 3.11.6 所示。

抛物面天线安装,可套用安装定额第四册第九章相应子目。

抛物面天线调试,按“副”计算。

(46)安装微波通信设备:

1)安装微波机架及附属设备。微波机架安装的工程量,应按其不同规格、型号,分别以“部”为单位计算。

电视解调盘、监视机安装的工程量以“套”为单位计算。

中频分支放大器、中频开关及视频伴音分支放大器安装的工程量,均以“部”为单位计算。

2)安装微波天线。微波天线安装的工程量,应按天线抛物面的不同直径,区别其不同的安装部位和天线的不同高度,分别以“副”为单位计算。

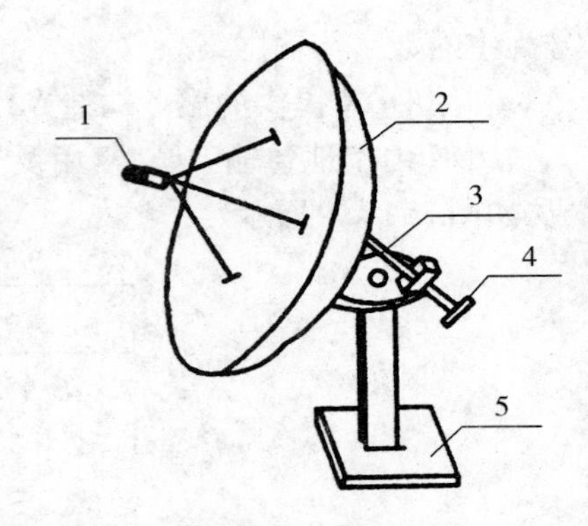

图 3.11.6　抛物面天线

1—高频头及馈源;2—抛物面天线;3—方位调节器;4—俯仰角调节器;5—安装底座

3)安装馈线和分路系统。馈线安装的工程量应按其不同型式(矩形和椭圆形),区别馈线的不同安装部位和规格、型号及长度,分别以“条”为单位计算。

射频同轴电缆安装的工程量,应按其不同规格、型号,以“条”为单位计算。

2GHz、4GHz、6GHz、8GHz 分路系统安装的工程量以“套”为单位计算。

4)微波天线、馈线调测。微波天线调测的工程量应按其不同安装部位,区别天线抛物面的不同直径,分别以“副”为单位计算。

馈线调测的工程量应按其不同型式(矩形和椭圆形),区别馈线的不同安装部位和规格、型号及长度,分别以“条”为单位计算。

5)微波单机测试。微波单机测试的工程量应按其不同名称和型号,分别以“部”为单位计算。

6)电话调制段测试。电话调制段天馈线测试的工程量应按波道站配合单机的不同波道个数,区别其调制段的不同站数,分别以“调制组”为单位计算。

调制段内电话通道(主用)、电话调制段内联络通道的测试和稳定测试的工程量,分别以“调制段”为单位计算。

电话调制段内波道倒换和远程控制试验的工程量,均以“调制段”为单位计算。

7)全电路测试。保持维护已完成调制段电路正常运转(调制段)的工程量,应按其波道个数的不同,分别以“全电路”为单位计算。

全电路电话通道和电视通道测试的工程量,应区别不同站数,分别以“全电路”为单位计算。

(47)

1)摄像设备安装。

①摄像设备安装的工程量计算,应区别其黑白和彩色(含半球)CCD,分别以“台”为单位计算。

②微机、X 光、摄录一体机的安装工程量,应区别其设备的不同型号和规格,分别以“台”为单位计算。

③门镜、红外光源 CCD 的安装工程量,均以“台”为单位计算。

2)监视器安装。监视器安装的工程量计算,应按其不同色彩(黑白和彩色)和不同安装位置(台面上和立柜上),区别其不同规格(cm),分别以“台”为单位计算。

3)镜头安装。镜头安装的工程量计算,应按其不同焦距(定焦距和变焦变倍),区别其不同光圈(手动光圈镜头、自动光圈镜头、电动光圈、自动光圈),分别以台为单位计算。

小孔镜头安装的工程量,以“台”为单位计算。

4)机械设备安装。

①云台安装的工程量计算,应按其云台的不同种类(电动云台、手动云台、快速云台),电动云台应区别其不同重量,分别以“台”为单位计算。

②防护罩安装的工程量计算,应区别其不同型式(普通防护罩和密封防护罩、全天候防护罩、防爆防护罩、防酸外罩),分别以“台”为单位计算。

③摄像机支架安装的工程量,应区别其支架的不同安装方式(壁式和悬挂式),分别以“台”为单位计算。

④控制台和监视器柜架安装的工程量计算,应按其不同名称(单联控制台机架、双联控制台机架、监控器柜、监视器吊架、立柜),分别以“台”为单位计算。

5)视频控制设备安装。

①云台控制器视频切换器安装的工程量计算,应按其设备的不同型号,区别其不同名称(云台控制器、键盘控制器、视频切换器),分别以“台”为单位计算。

②全电脑视频切换设备安装的工程量计算,应按其切换设备的不同名称型号,区别其切换回路的不同数量,分别以“台”为单位计算。

6)音频、视频及脉冲分配器安装。音频、视频及脉冲分配器安装的工程量计算,应按其不同安装方式(台面上、立柜上),区别其回路的不同数量(路),分别以“台”为单位计算。

7)视频补偿器安装的工程量计算,应按其不同安装方式(台面上和立柜上),区别其通道的不同数量,分别以“台”为单位计算。

8)视频传输设备及汉字发生设备安装。视频传输设备及汉字发生设备安装的工程量计算,应区别其设备的不同型号和名称(汉字字符发生器、时间信号发生器、光端发送机、光端接收机、多路遥控发射设备、天线伺服系统、接收设备、前端控制器解码器、电视信号补偿器、勤务电话),分别以“台”为单位计算。

9)录像、录音设备安装。

①录像设备安装的工程量计算,应按其设备的不同型号和规格,区别其录像机带编辑机和不带编辑机,分别以“台”为单位计算。

②录音设备安装的工程量,应区别其设备的不同型号和名称(录音机、扩音机、多画面分割器),分别以“台”为单位计算。

10)电源安装。

①交流变压器安装的工程量计算,应按其变压器的不同型号和规格,以“台”为单位计算。

②摄像机直流电源的工程量计算,应区别其明装和暗装,分别以“台”为单位计算。

③交流稳压电源和不间断电源的安装工程量,应区别其不同容量(kVA),分别以“台”为单位计算。

④配电柜安装的工程量,以“台”为单位计算。

11)插头、插座焊接安装。

①插头、插座焊接的工程量计算,应区别其焊接导线的不同芯数,分别以“套”为单位计算。

②插头、插座焊接的工程量计算,应区别其插头和插座的不同用途(射频电缆用、BP-18、BP-19、BNC-50kV、双绞明线用、光纤接线用),分别以“套”为单位计算。

12)防护系统设备安装。

防护系统设备安装的工程量计算,应区别其不同系统(排风扇、高温系统、半导体制冷、风冷系统、水冷系统),分别以“套”为单位计算。

(48)安装中波、短波、电视天馈线装置:

1)短波天线幕架设,以“副”为计量单位。定额中未包括天线幕的主要材料,应根据施工图(或通用图集)加定额规定的损耗率另行计算。天线幕的桅杆架设,按桅杆架设定额,另行计算。

2)天线桅杆、铁塔架设,以“座”为计量单位。桅杆与铁塔按施工图规定的规格,另行计算。

3)角锥、双环天线安装,以“层”为计量单位,每层四片,不足四片时,不作调整。

4)中波、短波、电视天馈线装置,定额中均包括了远距在500m以内场内运输;远距超过500m时,其超过部分按二次搬运计算。

(49)地球站设备:典型的地球站设备由天线分系统、发射分系统、接收分系统、终端分系监控分系统、电源分系统、地面接口及传输系统等组成,如图3.11.7所示。

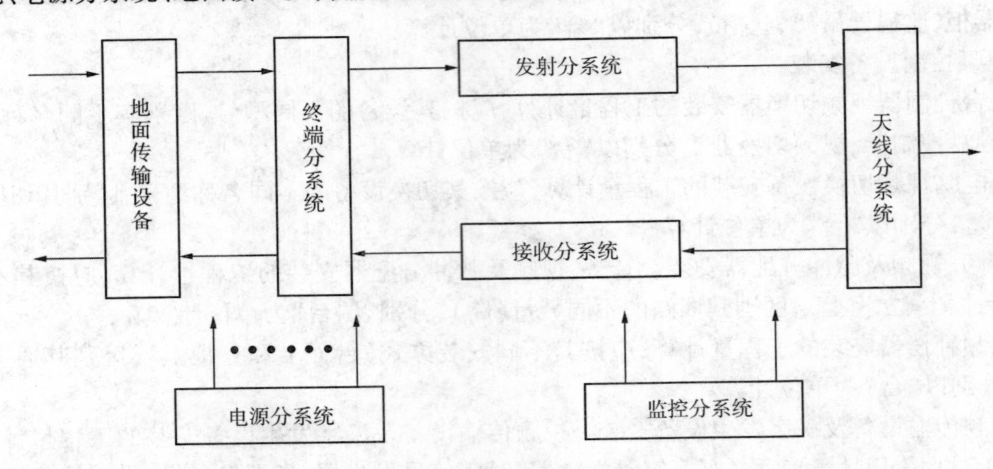

图3.11.7 地球站的设备组成

地球站系统测试是在地球站单机设备和由它组成的各分系统测试基础上进行的。

(50)本节包括通信设备的供电系统;交换、传输设备的安装与调试。

适用于各类通信系统的设备安装与调试。

工程量计算以设计图示数量按相应的计量单位计算。

工程量清单设置、按设计图给定的工程量的名称以及各类技术参数,参照对应的清单项目设置项目编码;按分部分项工程特征设置项目名称;以其所综合的工程内容进行计价。

英方规定与中方规定不同,中方规定的通信设备较详细,对每个设备进行规定,而英方只是对电气系统测试及调试,标识系统——电气、各类一般电器杂项作了规定,没有详细对电信设备作出规定,详见表3.11.3。

表3.11.3 英方电气系统测试及调试、标识系统——电气、各类一般电器杂项

提供资料	计算规则	定义规则	范围规则	辅助资料
P1 以下资料或应按第A部分之基本设施费用/总则条款而提供于位置图内	M1 与本章节有关的工程内容按附录B内规则V10 – W62计算,并作相应分类			

续表

分类表					计算规则	定义规则	范围规则	辅助资料
1. 附加焊接	1. 因测试外接金属件而需要的焊接		暂定款		M2 作为另一选择,可在工程分部A50中加入一个暂定款项目			
2. 标明结构中孔、眼和凹槽的位置	1. 注明设备安装		项	1. 施工过程中预留,详细说明				
3. 散装部件	1. 钥匙 2. 工具 3. 备件	1. 注明类型、质量或数量	nr	1. 接收人的姓名				
4. 设备或控制装置中未提供的标识	1. 标识牌 2. 磁碟 3. 标签 4. 磁带及条码 5. 箭头、符号、字母和号码 6. 图表	1. 注明类型、尺寸和安装方法		1. 雕刻、铭牌,详细详细说明 2. 安装、图表,详细说明				
5. 测试	1. 注明设备	1. 注明测试分阶段(nr)进行并说明目的 2. 完整的设备安装操作人员指导	项	1. 所需的照管服务 2. 所需的仪器、仪表			C1 视作已包括提供电力和其他供应 C2 视作已包括提供测试签定书	
6. 依业主要求的临时设备操作	1. 注明设备和操作目的	1. 说明运行周期	项	1. 所需的照管服务 2. 业主在准许运行之前的要求 3. 业主的特殊保险的要求	M3 电力和其他供应已包括在A54条款的暂定款内			
7. 图纸准备	1. 注明所需资料和文件份数	1. 底片、正片与缩微胶片,细节说明	项	1. 装订成套,细节说明 2. 注明收件人姓名		D1 图纸内容需包括:土建施工图纸、制造商图纸、安装图纸与记录,或其他"合适"的图纸		
8. 操作和维护手册			项					

2. 中英方关于通信线路工程的工程量计算规则是如何规定的?

答:中方规定:通信线路工程工程量清单项目设置及工程量计算规则,应按表3.11.4的规定执行。

表3.11.4　中方通信线路工程

项目名称	项目特征	计量单位	工程量计算规则	工作内容
水泥管道	1.规格 2.型号 3.孔数 4.填充水泥砂浆配合比 5.混凝土强度标准	m	按设计图示尺寸以中心线长度计算	1.铺设 2.填充水泥砂浆 3.混凝土包封
长途专用塑料管道	1.规格、型号 2.地区 3.孔数 4.试通方式			1.敷设小口径塑料管 2.大管径内人工穿放小口径塑料管 3.试通
通信电(光)缆通道	1.类型 2.规格 3.混凝土强度标准	1.m 2.处	1.以米计量,按设计图示尺寸以中心线长度计算 2.以处计量,按设计图示数量计算	砌筑
微机控制地下定向钻孔敷管	1.规格 2.型号 3.孔数 4.长度	处	按设计图示数量计算	1.钻孔 2.敷管
装电杆附属装置	1.名称 2.规格、型号	处(条)		安装
人工敷设塑料子管	1.规格 2.子管数	m	按设计图示尺寸以中心线长度计算	敷设
架空吊线	1.规格 2.型号 3.材质 4.地区			架设
光缆	1.规格、型号 2.敷设部位 3.敷设方式			1.测量 2.敷设
电缆				
光缆接续	1.名称 2.规格 3.类别	头	按设计图示数量计算	接续、测试
光缆成端接头		芯		
光缆中继段测试	1.名称 2.规格 3.测试类别 4.测试内容	中继段		测试
电缆芯线接续、改接	1.名称 2.规格 3.方式	百对		接续、测试

续表

项目名称	项目特征	计量单位	工程量计算规则	工作内容
堵塞成端套管	1. 规格 2. 类别	个	按设计图示数量计算	安装
充油膏套管接续				
封焊热可缩套管				
包式塑料电缆套管				
气闭头				
电缆全程测试	1. 测试类别 2. 测试内容	百对		测试
进线室承托铁架	1. 规格 2. 型号	条		安装
托架		跟		
进线室钢板防水窗口	规格	处		1. 制作 2. 安装
交接箱	1. 种类 2. 规格 3. 容量	个		1. 站台、砌筑基座安装 2. 箱体安装 3. 接线模块(保安排、端子板、试验排、接头排)安装 4. 列架安装 5. 成端电缆安装 6. 地线安装 7. 连接、改接跳线
交接间配线架		座		
分线箱(盒)	1. 规格 2. 种类 3. 容量	个		1. 制作 2. 安装 3. 测试
充气设备	1. 规格 2. 型号 3. 容量	套		1. 安装 2. 测试 3. 试运转
告警器、传感器	1. 名称 2. 规格	个		1. 安装 2. 调试
电缆全程充气		m	按设计图示尺寸以中心线长度计算	充气试验
水线地锚或永久标桩		个	按设计图示数量计算	安装
水底光缆标志牌	规格	块		
排流线	1. 规格 2. 材质	m	按设计图示尺寸以中心线长度计算	敷设
对地绝缘监测装置	1. 规格 2. 型号	处	按设计图示数量计算	安装
埋式光缆对地绝缘检查及处理	按设计要求	m	按设计图示尺寸以中心线长度计算	查修

同时注意：

(1)破路面、管沟挖填、基底处理、混凝土管道敷设等工程，应按现行国家标准《房屋建筑与装饰工程工程量计算规范》GB50854、《市政工程工程量计算规范》GB50857 相关项目编码列项。

(2)通信线路工程中蓄电池、太阳能电池、交直流配电屏、电源母线、接地棒(板)、地漆布、橡胶垫、塑料管道、钢管管道、通信电杆、电杆加固及保护、撑杆、拉线、消弧线、避雷针、接地装置，应按《通用安装工程工程量计算规范》GB50856 附录 D 电气设备安装工程相关项目编码列项。

(3)工程量清单设置，按设计图标示的工程量的名称以及各类技术参数，参照对应的清单项目设置。

(4)通信线路工程中发电机、发电机组，按《通用安装工程工程量计算规范》GB50856 附录 A 机械设备工程相关项目编码列项。

表 3.11.5　英方高压、低压电缆和电线/母线槽/接地和连接元件

提供资料					计算规则	定义规则	范围规则	辅助资料
P1 以下资料或应按第 A 部分之基本设施费用/总则条款而提供于位置图内，或应提供于与工程量清单相对应的附图上： (a)工程范围及其位置 P2 提供以下关于最终线路图的资料： (a)标有所有装置和附件数量和位置的配电图 (b)表示各点设计方案的位置图					M1 与本章节有关的工程内容按附录 B 内规则 V10 – W62 计算，并作相应分类	D1 面层及表面处理不包括按 M60 规则计算的装饰性面层	C1 视作已包括接头所需的全部配件 C2 视作已包括模式、造型和样板等	S1 特殊的行规及规范 S2 材料类型与材质 S3 材料规格、厚度或材质 S4 材料必须符合的测试标准 S5 现场操作的面层或表面处理 S6 非现场操作的面层或表面处理，应说明是在工厂组装或安装之前或之后进行 S7 电缆相位色标或其他分辨标志的细节说明
分类表								
1. 电缆	1. 注明类型、尺寸、芯数、电缆包皮和铠装	1. 穿入管沟管道、穿入电缆槽或电缆敷设 2. 穿入电缆槽并敷设集中成组回路 3. 表面固定处理 4. 管线的绕线施工 5. 电缆沟内敷线 6. 空中走线的绝缘子固定 7. 从悬链进行电缆悬挂	m	1. 注明类型、间距和支架固定方法 2. 注明安装的环境	M2 电缆管或电缆槽中的电缆以及与电缆盘固定的电缆以电缆管、电缆槽和电缆盘的净长度计算。其他电缆则以固定点间长度计，不考虑下垂度 M3 对于按净长度计算的电缆，应考虑以下余量： (a) 0.30m，考虑其进入固定件、照明器或其他附件的电缆 (b) 0.60m，考虑其进入设备或控制系统的电缆	D2 电路组电缆指的是集成组的电缆	C3 电缆视作已包括： (a)墙、地板和天花板内的接线板 (b)电缆套管 (c)连接尾端	

续表

分类表					计算规则	定义规则	范围规则	辅助资料
2. 柔性电缆接头	1. 注明类型、尺寸、芯数、铠数、包皮、容量，长度≤1.00m 2. 其后，按每增1.0m分级	1. 注明每一端头处接头的详细资料	nr					
3. 电缆接头	1. 注明电缆的类型和尺寸		nr	1. 接线箱，注明类型 2. 密封箱，注明类型				
4. 分叉接头				1. 屏蔽，注明类型				
5. 电缆终点密封装置	1. 注明电缆的类型和尺寸，密封装置类型	1. 接线箱，注明类型尺寸和固定方法	nr	1. 电缆接线箱，注明类型和尺寸				
6. 不同于电缆的电缆支架	1. 注明电缆尺寸、支架类型和尺寸以及固定方法	1. 表面固定 2. 与空中线路导线固定 3. 从悬链电缆悬挂	nr	1. 注明安装的环境				
7. 母线槽	1. 直槽 2. 弯槽，注明半径	1. 注明类型、尺寸、盖板、连接方法、母线额定能力和类型、间距和支架固定方法	m	1. 注明安装的环境	M4 计算母线槽时不扣除紧固件和支线槽的长度			
8. 母线槽所需要的附加项目	1. 配件装置	1. 注明类型	nr				C4 视作已包括母线槽对于紧固件、分线装置，馈线装置和防火隔离装置的切割和连接	
9. 分线装置 10. 馈线装置 11. 防火隔离装置	1. 注明类型、尺寸及固定方法	1. 注明额定能力	nr	1. 注明安装的环境				

续表

分类表					计算规则	定义规则	范围规则	辅助资料
12. 不同于母线槽的母线槽支架	1. 注明母线槽尺寸、支架类型和尺寸及固定方法		nr					
13. 绝缘胶带	1. 注明胶带类型和尺寸、固定间距和型式		m		M5 13 – 18. ＊. 0. ＊只与 Y80 条款配套计算			
14. 连接器 15. 接线箱	1. 注明胶带类型和尺寸		nr				C5 视作已包括与连接器、接线箱、电缆夹、电极和空气终结点相关的胶带切分和连接	
16. 测试夹	1. 注明类型、尺寸及连接方法							
17. 电极	1. 注明类型和尺寸			1. 压入地下				
18. 空气终端点	1. 注明类型、尺寸和固定方法			1. 注明安装的环境				
19. 终端线路中的电缆和电缆管	1. 注明电缆安装、电缆尺寸和类型、及终端线路的描述 2. 注明电缆和电缆管安装、电缆和电缆管尺寸、类型及终端线路的描述	1. 插座、开关插座等 2. 浸入式加热器和烹调器接口等 3. 照明接口 4. 单路开头 5. 双路开关 6. 中间开关	nr	1. 接地用电缆和保护性导体 2. 特殊接线箱 3. 表面式 4. 隐藏式 5. 注明安装的环境和固定方法	M6 从配电盘接出的，不构成家庭线路或类似的简单线路安装的最终线路及类似做法需分别列项，并根据 Y60 和 Y63 以及 Y61、Y62 和 Y80：1 – 18. ＊. ＊. ＊规定详细计算 M7 从配电盘接出的构成家庭线路或类似的简单线路安装的最终线路及类似做法可按点计数进行计算 M8 每一个照明接口都作为一个点计算，不论灯的数目是多少 M9 只有构成最终线路一部分的接地用电缆和保护性导体才在说明中加以描述 M10 描述中提及的特殊接线箱是特殊需要的接线箱，它与 C5 中所述的接线箱不同		C6 按点计算的终端线路视作已包括： （a）电缆管配件，包括需用于各种不同类型安装的导管连接箱 （b）固定、弯曲、切分、用螺钉固定和连接 （c）线路确定	S8 电压和电流

3. 中英方关于移动通信设备工程的工程量计算规则是如何规定的？

答：中方移动通信设备工程工程量清单项目设置及工程量计算规则，应按表 3.11.6 执行。

表 3.11.6　中方移动通信设备工程

<table>
<tr><th>项目名称</th><th>项目特征</th><th>计量单位</th><th>工程量计算规则</th><th>工作内容</th></tr>
<tr><td>全向天线
定向天线</td><td>1. 规格
2. 型号
3. 塔高
4. 部位</td><td rowspan="3">副</td><td rowspan="3">按设计图示数量计算</td><td rowspan="2">本体安装</td></tr>
<tr><td>室内天线</td><td rowspan="2">1. 规格
2. 型号</td></tr>
<tr><td>卫星全球定位系统天线(GPS)</td><td>1. 安装
2. 调测</td></tr>
<tr><td>同轴电缆</td><td>1. 规格
2. 型号
3. 部位</td><td>1. 条
2. m</td><td>1. 以条计量，按设计图示数量计算
2. 以米计量，按设计图示尺寸以中心线长度计算</td><td rowspan="2">布放</td></tr>
<tr><td>室外线缆走道</td><td>1. 种类
2. 规格
3. 方式</td><td>m</td><td>按设计图示尺寸以中心线长度计算</td></tr>
<tr><td>避雷器</td><td>1. 规格
2. 型号</td><td>个</td><td rowspan="13">按设计图示数量计算</td><td>安装</td></tr>
<tr><td>室内分布式天、馈线附属设备</td><td>1. 规格
2. 型号
3. 种类</td><td>个（架、单元）</td><td>1. 安装
2. 调测</td></tr>
<tr><td>馈线密封窗</td><td>规格</td><td>个</td><td>安装</td></tr>
<tr><td>基站天、馈线调测</td><td rowspan="3">1. 测试类别
2. 测试内容</td><td>条</td><td>调测</td></tr>
<tr><td>分布式天馈线系统调测</td><td>副</td><td>系统调测</td></tr>
<tr><td>泄漏式电缆调测</td><td>条</td><td>调测</td></tr>
<tr><td>基站设备</td><td>1. 规格
2. 型号
3. 方式
4. 部位
5. 高度</td><td>架(套)</td><td rowspan="2">1. 安装
2. 检测</td></tr>
<tr><td>信道板</td><td rowspan="3">1. 规格
2. 型号</td><td>载频</td></tr>
<tr><td>直放站设备</td><td>站</td><td>1. 安装
2. 调测</td></tr>
<tr><td>基站监控配线箱</td><td>个</td><td>安装</td></tr>
<tr><td>GSM 基站系统调测</td><td rowspan="3">1. 测试类别
2. 测试内容</td><td>载频/站</td><td rowspan="3">系统调测</td></tr>
<tr><td>CDMA 基站系统调测</td><td>扇·载/站</td></tr>
<tr><td>寻呼基站系统调测</td><td>频点/站</td></tr>
</table>

续表

项目名称	项目特征	计量单位	工程量计算规则	工作内容
自动寻呼终端设备	1. 规格 2. 型号	架	按设计图示数量计算	安装、调测
数据处理中心设备		条		
人工台		台		
短信、语音信箱设备		架		
操作维护中心设备（OMC）		套		
基站控制器、编码器		架		安装
调测基站控制器、编码器		中继		调测
GSM 定向天线基站及 CDMA 基站联网调测	1. 测试类别 2. 测试内容	站		联网调测
寻呼基站联网调测				

同时注意：

①本节包括移动通信信号接收系统、信号传输系统、信号接收系统的安装与调试。

适用于移动通信设备的天、馈线系统的安装调试、基站设备的安装调试。

工程量计算以设计图示数量按相应的计量单位计算。

工程量清单设置，按设计图标示的工程量的名称以及各类技术参数，参照对应的清单设置。

②定向天线：对接收或者发射信号的方向敏感的天线。“兔耳”（偶级天线）和“抛物面”型天线是有方向性的。抛物面天线不仅有方向性，还将收到的信号聚焦到一个 LNB/单元上。天线单元也将发射的信号聚焦，发射的信号在抛物面上反射并发射到目的地。

③对数周期天线：把许多长短不等的振子按一定规律组合起来，就构成了宽频带对数周期天线。它可以作为在很宽的频带范围内，当中间任一振子作为有源振子时（即信号频率与其谐振频率相等），此时短于它的振子就成为引向振子，长于它的就成为了反射振子。

天线阵：把相同的天线上下组合起来，称之为垂直天线阵，左右组合起来称之为水平天线阵。它可以提高天线增益，改善天线的方向性，增强其抗干扰能力。设计天线阵时应使其天线间距 S 选的合适，以消除重影。上面两种天线阵的组合就叫做复合天线阵。

对数周期天线的形状如图 3.11.8 所示。

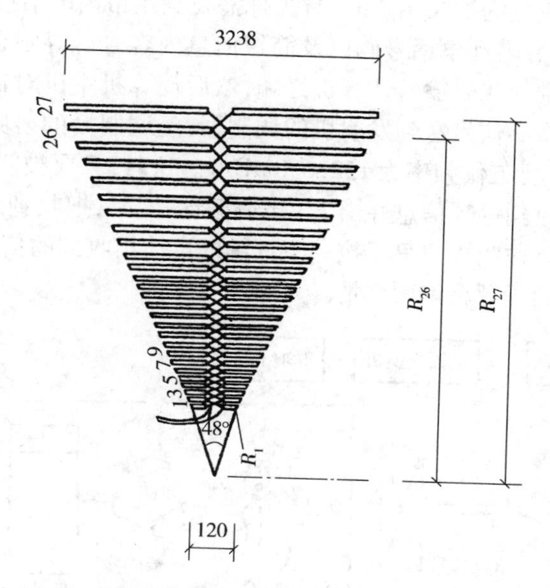

图3.11.8　全频道(1～45频道)对数周期天线(单位:mm)

④避雷器:用来直接承受雷击,防护雷电产生的过电压波沿线路侵入建筑物内危及被保护设备的绝缘和人员安全,损坏建筑物的设备。避雷器应与被保护设备并联,在被保护设备的电源侧。

⑤基站天线的作用是增加用户容量,提高频率利用率。为此,在小区内保持通信必要的电场强度,使电波不能辐射到其他小区,缩短频率复用小区的距离等问题都非常重要。

⑥自动寻呼系统:由于人工寻呼系统需要操作员将寻呼信息键入计算机终端,所以在夜间也需要有人值班。另外,当用户数量很大时,操作员就要增加很多,电话中继线也要相应增加,因此发展自动寻呼系统就显得非常必要。

自动寻呼终端包括中继接口单元、记发器、用户号码核对器和语音信箱等。

全自动寻呼系统如图3.11.9所示。

⑦人工台:主叫用户通过寻呼台的操作员进行对被叫用户的寻呼,这种系统即为人工台的寻呼。

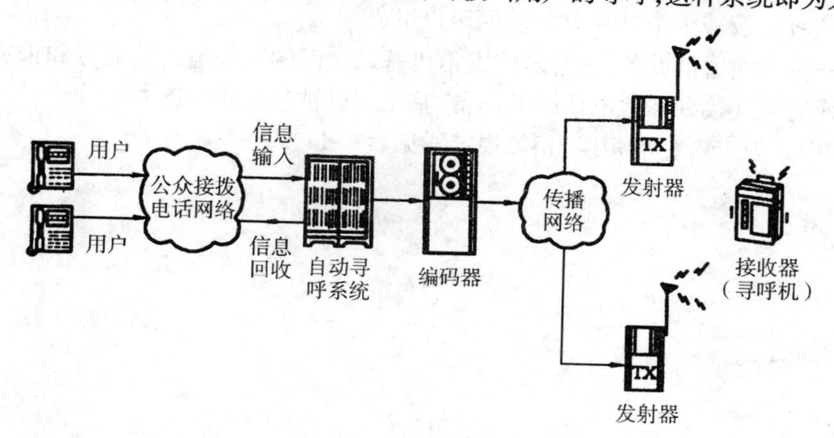

图3.11.9　全自动寻呼系统

在我国,公用寻呼的主要工作频率为152.650MHz。

人工无线电寻呼系统的工作方式如图3.11.10所示。如果你(主叫用户)要用无线电寻呼系统寻找一个携带了寻呼接收机的被叫用户时，首先你需要利用市内电话拨通寻呼台的电话，然后把被叫用户的寻呼编号、你的姓名和电话号码以及简短信息内容告诉寻呼台的操作员。操作员即把这些信息译成计算机能识别的代码输入计算机终端；然后计算机主机对输入数据代码按标准寻呼编码格式编码。编码后的数字信号送到发射机的调制器，经调制后的射频信号由发射机天线发射到空间（我国公用寻呼的主要工作频率为152.650MHz）。这时，只要被叫用户处于电波覆盖区内，他身上的寻呼接收机就会收到寻呼信息并出BB声或振动，同时，把收到的信息存入存储器并在液晶显示屏上显示收到信息。被叫用户只要按一下读键即可读出收到的信息，并按收到的信息办事，或回一个电话给寻呼者或向寻呼台询问详情。

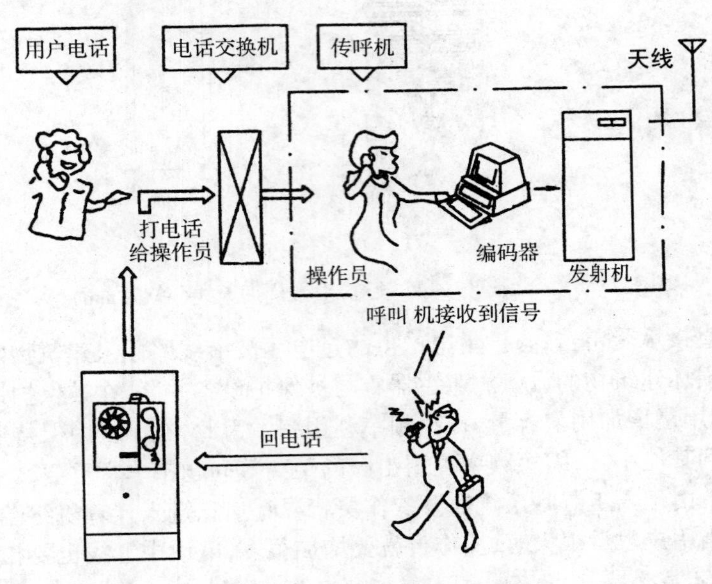

图3.11.10　人工寻呼系统

⑧无线电寻呼系统是一种单频、单工、单向的无线电系统。它向持有寻呼机的人发送单向的简短的信息，属于一种单向的个人通信。它是一个极其简单的系统，由一个寻呼中心（包括一个寻呼发射机及一个控制台）及若干个持有寻呼机的用户组成。

基站系统：一种无线通信设备，它管理收发信机基站之间的无线电通信业务和带宽。

基站：将无线通信连接到陆地电话网的设备，基站可以被集成到BTS中。

英方规定与中方规定内容不相应，相关规定详见表3.11.3。

第四章　市政工程工程量清单项目及计算规则

一、土石方工程

1. 中英方关于土方工程的工程量计算规则是如何确定的?

答:中方:

挖土方:在市政工程中,挖土即平整。凡槽宽大于3m或坑底面积大于$20m^2$或±30cm以上的场地平整均属挖土方。挖土方分为挖一般土方、挖沟槽土方、挖基坑土方、暗挖土方、挖淤泥、流砂。

一般开挖:在市政工程施工中一般开挖是指在设计0-0线以下部位或是底宽大于3m的沟槽挖土方。

挖沟槽土方:市政管理工程多为地下铺设管道,为铺设地下管道进行土方开挖叫挖槽。开挖的槽叫沟槽或基槽,为建筑物、构筑物开挖的坑叫基坑,基坑是指坑的底长小于底宽3倍以内,且坑底面积在$20m^2$以内的土方工程。

暗挖土方:指在土质隧道、地铁中除用盾构掘进和竖井挖土方外,用其他方法挖沟洞内土方的工程。

淤泥和淤泥质土为工程建设中经常会遇到的软土、挖淤泥的深度根据地质勘察情况而定。对于挖取淤泥一般采用抓铲机,抓挖产土时,通常立于一侧进行,对较宽的基础则在两侧或四侧抓土。挖淤泥时,抓斗易被淤泥“吸住”。应避免起吊用力过猛,以防翻车。

土方工程的计算规则见表4.1.1。

土方工程工程量清单项目设置及工程量计算规则,应按表4.1.1的规定执行。

表4.1.1　中方土方工程

项目名称	项目特征	计量单位	工程量计算规则	工作内容
挖一般土方	1. 土壤类别 2. 挖土深度	m^3	按设计图示尺寸以体积计算	1. 排地表水 2. 土方开挖 3. 围护(挡土板)及拆除 4. 基底钎探 5. 场内运输
挖沟槽土方			按设计图示尺寸以基础垫层面积计算乘以挖土深度计算	
挖基坑土方				
暗挖土方	1. 土壤类别 2. 平洞、斜洞(坡度) 3. 运距		按设计图示断面乘以长度以体积计算	1. 排地表水 2. 土方开挖 3. 场内运输
挖淤泥、流沙	1. 挖掘深度 2. 运距		按设计图示位置、界限以体积计算	1. 开挖 2. 运输

英方规定详见表4.1.2。

表4.1.2　英方土方开挖及回填

提供资料					计算规则	定义规则	范围规则	辅助资料
P1 以下资料或应按A部分之基本设施费用/总则条款而提供于位置图内,或应提供于与工程量清单相对应的深化图纸内: (a)地下水位及其确定日期。按执行合同前水位定义 (b)每次开挖完重新确定地下水位,并定义为合同执行后水位 (c)受潮汐或类似事项影响的周期性变化地下水位。按平均高、低水位进行说明 (d)试验坑或勘探井及其位置 (e)挡水设施 (f)地表或地下给排水设施及其位置 (g)若适用,按D30-D32章节规定所需说明的桩尺寸及其平面布置								
分类表								
1. 场地准备	1. 伐树 2. 去除树墩	1. 树围600mm ~1.50m 2. 树围1.5~3m 3. 树围>3.00m,需详细说明	nr		M1 树围按高于地面1.00m高度计算 M2 树墩按顶部尺寸计量		C1 所述工程视作已包括 (a)铲除树根 (b)清运物料出工地 (c)填坑	S1 填充物料说明
	3. 清除场地植被	4. 用于准确确定工程项目的其他说明	m^2			D1 场地植被指灌木、丛林、矮灌木、矮树丛、树及≤600mm的树墩		
	4. 铲除草皮并保管	1. 保护措施,需详细说明	m^2					
2. 土方开挖	1. 保护用地表土	1. 说明平均深度	m^2	1. 当挖深超过现有场地标高0.25m时,需说明具体开挖深度	M3 清单提供的工程量为开挖前数量,不考虑挖出土方之松散变化量、工作面挖方量或设置土方支撑之开挖量 M4 非桩间地梁的挖方按2.5和6**之规则计量			
	2. 挖低标高 3. 地下室及类似构筑物 4. 坑井(nr) 5. 基槽,宽度≤0.30m 6. 基槽,宽度>0.30m 7. 桩承台和桩间地梁 8. 形成台/坡面以供回填用	分级: 1. 最大深度≤0.25m 2. 最大深度≤1.00m 3. 最大深度≤2.00m 4. 此后按每增加2.00m为单位而分段计量	m^3					

续表

提供资料					计算规则	定义规则	范围规则	辅助资料
3. 与深度无关的任何额外挖方项目	1. 地下水位以下的挖方		m^3		M5 若合同执行后的水位与合同执行前的不同，应相应修改测量值			
	2. 靠近现存管道设施之开挖	1. 设施类型说明	m		M6 在特别要求留意区域执行计量	D2 防护维持管道视为特殊要求		S2 特殊要求之类别
	3. 围绕现存管道设施之开挖		nr					
4. 打碎现有物料		1. 岩石 2. 混凝土 3. 钢筋混凝土 4. 砖、砌块或石料 5. 涂膜碎石或沥青	m^3	1. 与深度无关的任何额外挖方项目		D3 岩石指因其尺寸或位置而决定不能以壁凿、特殊设备或爆破方式而移走的物料		
5. 打碎现有硬地面，需说明厚度			m^2					
6. 执行挖方之预留工作面	1. 挖低标高、地下室或同类构筑物 2. 坑井 3. 基槽 4. 桩承台及桩间地梁		m^2		M7 当挖方两侧模板面、抹灰面、基坑面或保护墙面的距离 < 600mm 时，须计量工作面项目 M8 工作面按模板面、抹灰面、基坑面或保护墙面之周长乘以按开挖标高而计量出的挖方深度计算	D4 当使用经选择或处理的挖方或外运物料执行回填时，须列为特殊物料回填项目	C2 视作已包括土方支承、外运土方、回填、地下水位之下执行工程及破碎等	S3 用特殊材料执行回填的细节

续表

分类表					计算规则	定义规则	范围规则	辅助资料
7. 土方支撑	1. 最大深度≤1.00m; 2. 最大深度≤2.00m; 3. 此后按每增加2.00m而分级计量	1. 挖方相对面间距≤2.00m 2. 挖方相对面间距为2.00m～4.00m 3. 挖方相对面间距 > 4.00m	m^2	1. 曲线 2. 低于地下水位 3. 不稳定土壤 4. 临近道路 5. 临近现有建筑 6. 留在原处	M9 土方支撑按所有挖方竖面的全深度(不管实际是否需要执行支撑)计算,除非: (a) 挖方竖面≤0.25m高 (b) 挖方竖面为斜面且水平倾斜角度≤45° (c) 挖方竖面靠近原有墙、墩或其他结构 M10 地下水位以下或地基不稳区域的土方支撑,按开挖标高起计的全深度计量 M11 只有当相应项目按3.1.0.0规则计算时及因合同执行后水位有所不同而需作出相应调整时,才会分项计量地下水位以下之土方支撑项目	D5 土方支撑指采用不同于D32章节所述的联接钢板桩方式而进行的,供维持挖方两侧土方稳定所需之一切措施 D6 只有当挖方竖面与道路或人行道路端面的水平距离 < 低于道路或人行道端面标高起计的开挖深度时,才会分项计量临近道路土方支撑项目 D7 只有当挖方竖面与最临近现存建筑之基础的距离 < 自基础底部起计的开挖深度时,才会分项计量临近现存建筑之土方支撑项目 D8 不稳定土壤指流动粉砂、流砂、松散碎石或其他同类项目	C3 弧形土方支撑视作已包括执行弧形挖方所需之所有额外费用	

2. 中英方关于回填方及土方运输工程的工程量如何计算?

答:中方回填方及土方运输工程包括:回填方、余方弃置。

回填方:当基础完工以后,为达到室内垫层以下标高的设计要求,必须进行土方的回填,回填土一般距离5m内取用,故称为就地取土。一般由场地低部分开始,由一端向另一端自下而上分层铺填。

余土弃置:指单位工程总挖方量大于总填方量时的多余土石方需运至指定点。

其工程量计算规则见表4.1.3。

回填方及土石方运输。工程量清单项目设置及工程量计算规则,应按表4.1.3的规定执行。

表4.1.3　中方回填方及土石方运输

项目名称	项目特征	计量单位	工程量计算规则	工作内容
回填方	1.密实度要求 2.填方材料品种 3.填方粒径要求 4.填方来源、运距	m^3	1.按挖方清单项目工程量加原地面线至设计要求标高间的体积,减基础、构筑物等埋入体积计算 2.按设计图示尺寸以体积计算	1.运输 2.回填 3.压实
余方弃置	1.废弃料品种 2.运距		按挖方清单项目工程量减利用回填方体积(正数)计算	余方点装料运输至弃置点

英方规定详见表4.1.4(摘选)。

表4.1.4　英方土方回填

分类表					计算规则	定义规则	范围规则	辅助资料
8.余土外运	1.地表水 2.地面水		项		M12 只有当相应项目按4.1规则计算和因合同执行后水位有所不同而需作出调整时,才会分项计量排走地面水之工程项目	D9 地表水为位于现场和挖方区域的地表水		
	3.挖出土方	1.运出现场 2.于场内存土	m^3	1.规定位置,需说明细节 2.规定存储,需说明细节	M13 清单提供的余土外运工程量为开挖前数量,不考虑开挖后土方松散的变化量或设置土方支撑所需的土方量		C4 视作已包括任何形式挖方或破碎物料	

续表

分类表					计算规则	定义规则	范围规则	辅助资料
9. 土方回填 10. 回填至所需标高 11. 回填至外部种植层高度，需说明位置	1 平均厚度≤0.25m; 2. 平均厚度>0.25m	1. 使用挖出土方回填 2. 使用场内存土回填 3. 使用场外取土回填，需说明填土类别	m^3	1. 经选择土方，需说明细节 2. 再处理土方，需说明细节 3. 地表土 4. 特殊存储，需说明细节	M14 回填量按回填后体积计算 M15 用于计量之平均回填厚度为压实后的厚度 M16 当不处于地面标高时，才需特别说明外部种植层或其他同类项目的位置			S4 材料种类及质量 S5 回填及夯实办法
12. 回填层表面夯实	1. 于垂直面或斜面		m^2			D10 仅要求对水平角度 > 15° 的斜面之工作进行详细说明		
13. 表面处理	1. 使用除草剂		m^2		M17 表面处理也可提供于任何按表面积计量项目的项目描述内			S6 材料类别、质量及利用率
	2. 夯实	1. 地面 2. 回填 3. 挖方底面		1. 垫层，需说明材料	M18 特殊垫层按 10 *** 之规则回填面计量 M19 混凝土垫层按 E10 章节之相关规则计量		C5 夯实视作已包括刮平及形成水平角度≤15° 的坡面或斜面	S7 夯实方法 S8 材料质量及类别
	3. 修整	1. 倾斜表面		1. 岩石内	M20 当水平角度 > 15° 时，须分项计量修整斜面项目			
		2. 切割侧面 3. 筑堤侧面		1. 倾斜 2. 垂直 3. 岩石内				
	4. 修整岩石以形成平滑表面或外露面							
	5. 为地表土准备垫层土							S9 施工准备方法

同时注意：土方工程

1. 适用范围的说明。

(1)挖一般土石方、沟槽土石方、基坑土石方的划分原则在本章说明中已经明确，在编列清单项目时，按划分的原则进行列项。

(2)暗挖土方，指在土质隧道、地铁中除用盾构掘进和竖井挖土方外，用其他方法挖洞内土方工程用此项目。

(3)回填方，包括用各种不同的填筑材料填筑的填方均用此项目。

2. 工程量计算规则的说明。

本规则一般规定工程量是按形成工程实物的净量来计算的，对市政工程中的土石方来说，道路的路堤填方，最后形成的路堤确实是一个实物。道路的路堑挖方，最后形成的是路堑，说它是实物，好像就勉强了一点。对管沟土石方和埋设基础的土石方工程，说是实物，就更勉强了；至于管沟和埋设基础的土石方量是多少，又是一个很不确定的量，其与施工方法、所采取的措施手段有很大关系。而工程量清单计价一般只要求达到设计标准，对于采用什么施工方法、措施手段一般不作规定，由投标方根据工程特点、现场情况和自身的条件自主选择确定。因此，根据工程量清单计价要求，为达到工程有关各方对同一份设计图进行清单工程量计算时其计算结果数量是一致的目的，我们将土石方工程视为“实物”，设立清单项目，对清单工程量计算作如下规定：

(1)填方以压实(夯实)后的体积计算，挖方以自然密实度体积计算。

(2)挖一般土石方的清单工程量按原地面线与开挖达到设计要求线间的体积计算。

(3)挖沟槽和基坑土石方的清单工程量，按原地面线以下构筑物最大水平投影面积乘以挖土深度(原地面平均标高至坑、槽底平均标高的高度)以体积计算，如图 4.1.1 所示。

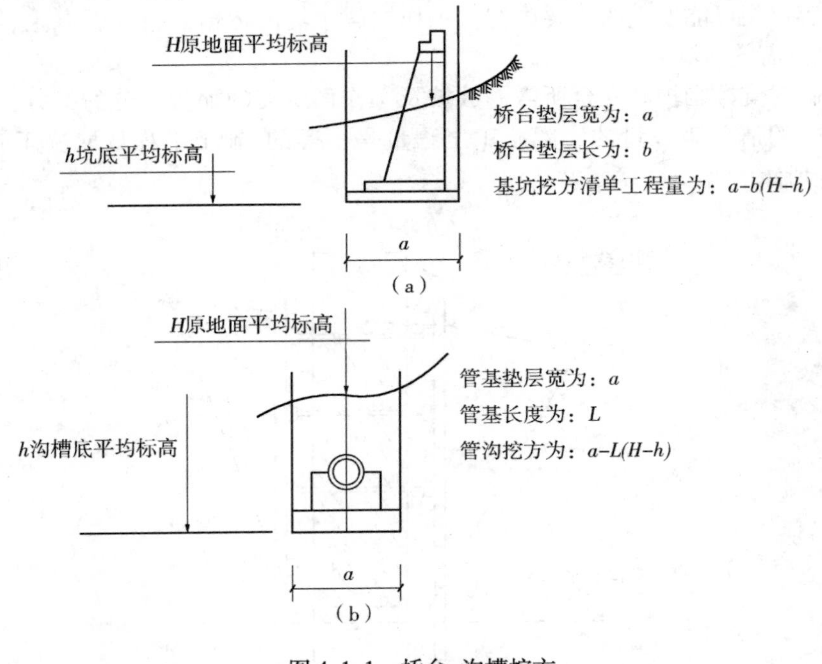

图 4.1.1　桥台、沟槽挖方

(a)桥台基坑挖方；(b)沟槽挖方

(4)市政管网中各种井的井位挖方计算。因为管沟挖方的长度按管网铺设的管道中心线的长度计算，所以管网中的各种井的井位挖方清单工程量必须扣除与管沟重叠部分的方量，如图 4.1.2 所示只计算斜线部分的方量。

(5)填方清单工程量计算。

1)道路填方按设计线与原地面线之间的体积计算，如图 4.1.2 所示。

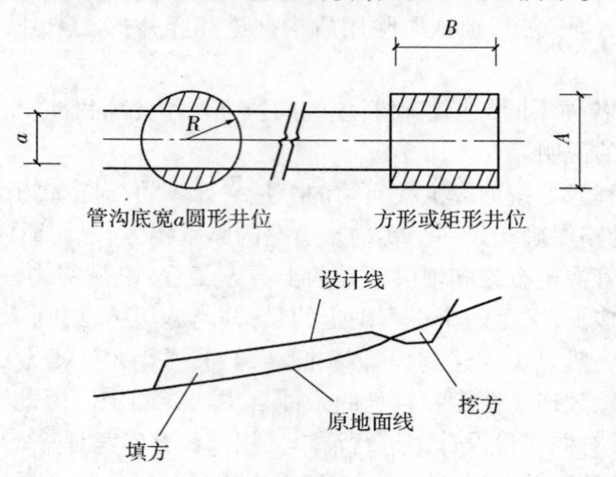

图 4.1.2　市政管网井位挖方

2)沟槽及基坑填方按沟槽或基坑挖方清单工程量减埋入构筑物的体积计算，如有原地面以上填方则再加上这部体积即为填方量。

3. 工程内容的说明。

(1)工程内容仅指可能发生的主要内容。工作内容中场内运输是指土石方挖、填平衡部分的运输和临时堆放所需的运输。

(2)挖方的临时支撑围护和安全所需的放坡及工作面所需的加宽部分的挖方，在组价时要考虑在其中(即挖方的清单工程量的实际施工工程量是不等的，施工工程量取决于施工措施的方法)，如图 4.1.3 所示。

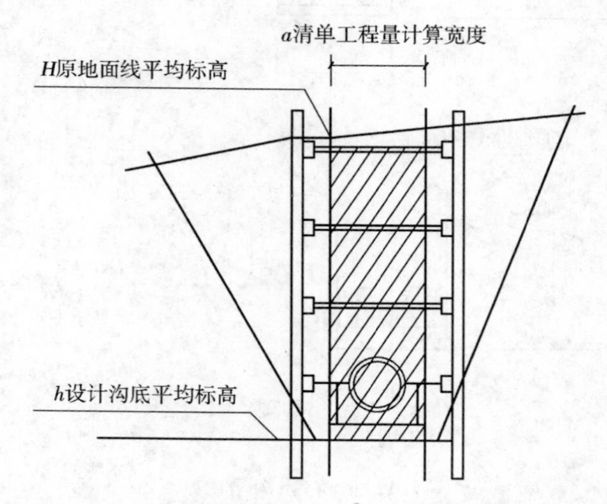

图 4.1.3　有防护措施的挖方

4. 管沟沟槽和基坑挖方的清单工程量按原地面线以下的构筑物最大水平投影乘以平均挖方深

度计算。

5. 路基填方按路基设计线与原地面线之间的体积计算。

6. 沟槽、基坑填方的清单工程量，按相关的挖方清单工程量减包括垫层在内的构筑物埋入体积计算；如设计填筑线在原地面以上的话，还应加上原地面线至设计线之间的体积。

7. 每个单位工程的挖方与填方应进行平衡，多余部分应列余方弃置的项目。如招标文件中指明弃置地点的，应列明弃置点及运距；如招标文件中没有列明弃置点的，将由投标人考虑弃置点及运距。缺少部分(即缺方部分)应列缺方内运清单项目。如招标文件中指明取方点的，则应列明到取方点的平均运距；如招标文件和设计图及技术文件中，对填方材料品种、规格有要求的也应列明，对填方密实度有要求的应列明密实度。

8. 分部分项工程量清单项目表的编制和计价

分部分项工程量清单项目表是工程量清单的主要组成部分，工程量清单是招标文件的主要组成部分。所以分部分项工程量清单项目表要根据招标文件、工程设计图纸和技术要求文件及相关的规范、标准要求进行编制，要做到不漏不重，要达到发包人能对工程项目的目标能主动进行控制，并使其风险减到最小的目的。

(1)挖一般土石方，就市政工程来说一般是路基挖方和广场挖方。路基挖方一般用平均横断面法计算，广场挖方一般采用方格网法进行计算。

(2)如遇到原有道路拆除，拆除部分应另列清单项目。道路的挖方量应不包括拆除量。

二、道路工程

1. 中英方关于路基处理、道路基层的工程量计算规则是如何规定的?

答:路基是在地表按照道路路线位置和一定技术要求开挖或堆填而成的岩土结构物。

路基除本体(基身)外，还应包括保证其正常工作所需的排水、防护与加固措施，以及路侧的取土坑和弃土堆等。

由于路线情况和自然条件的不同，路基横断面形式有多种多样，按照基身的填挖情况，路基的断面有三种类型:路堤、路堑、半填半挖路基。

路基的强度与稳定性，是保证路面的强度与稳定性，从而保证道路安全畅通的基本条件。路基横断面形式如图4.2.1所示。

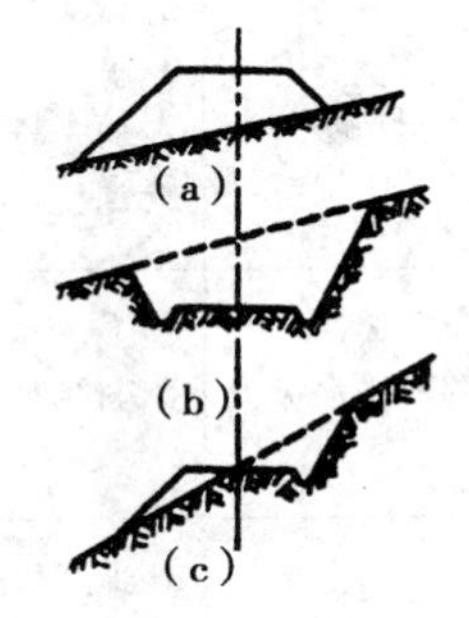

图4.2.1 路基横断面形式
(a)路堤;(b)路堑;
(c)半填半挖路基

基层:是面层以下的结构层。它主要承受由面层传递的车辆荷载垂直力，并将它分布到上基或垫层上。因此，它应有足够的强度和刚度，并具有良好的扩散应力的性能。基层也应有平整的表面，以保证面层厚度均匀，它还可能受到地表水或地下水的侵入，故应有足够的水稳定性，以防湿软变形过大而影响路面结构的强度。

基层材料:基层的主要材料有各种结合料(如石灰、水泥或沥青等)稳定土或碎(砾)石或工业废渣组成的混合料，各种水泥混凝土，各种碎(砾)石混合料或天然砂砾及片、块石或圆石等。当基层较厚或采用两种以上混合料时，基层可分成两层或三层来修筑。基层的最下一层又称为底基层，它对强度要求较低，大都采用当地材料来修筑。

中方对路基处理、道路基层的规定详见表4.2.1和表4.2.2。

路基处理。工程量清单项目设置及工程量计算规则,应按表 4.2.1 的规定执行。

表 4.2.1　中方路基处理

项目名称	项目特征	计量单位	工程量计算规则	工作内容
预压地基	1. 排水竖井种类、断面尺寸、排列方式、间距、深度 2. 预压方法 3. 预压荷载、时间 4. 砂垫层厚度	m^2	按设计图示尺寸以加固面积计算	1. 设置排水竖井、盲沟、滤水管 2. 铺设砂垫层、密封膜 3. 堆载、卸载或抽气设备安拆、抽真空 4. 材料运输
强夯地基	1. 夯击能量 2. 夯击遍数 3. 地耐力要求 4. 夯填材料种类			1. 铺设夯填材料 2. 强夯 3. 夯填材料运输
振冲密实(不填料)	1. 地层情况 2. 振密深度 3. 孔距 4. 振冲器功率			1. 振冲加密 2. 泥浆运输
掺石灰	含灰量	m^3	按设计图示尺寸以体积计算	1. 掺石灰 2. 夯实
掺干土	1. 密实度 2. 掺土率			1. 掺干土 2. 夯实
掺石	1. 材料品种、规格 2. 掺石率			1. 掺石 2. 夯实
抛石挤淤	材料品种、规格			1. 抛石挤淤 2. 填塞垫平、压实
袋装砂井	1. 直径 2. 填充料品种 3. 深度	m	按设计图示尺寸以长度计算	1. 制作砂袋 2. 定位沉管 3. 下砂袋 4. 拔管
塑料排水板	材料品种、规格			1. 安装排水板 2. 沉管插板 3. 拔管
振冲桩(填料)	1. 地层情况 2. 空桩长度、桩长 3. 桩径 4. 填充材料种类	1. m 2. m^3	1. 以米计量,按设计图示尺寸以桩长计算 2. 以立方米计量,按设计桩截面乘以桩长以体积计算	1. 振冲成孔、填料、振实 2. 材料运输 3. 泥浆运输
砂石桩	1. 地层情况 2. 空桩长度、桩长 3. 桩径 4. 成孔方法 5. 材料种类、级配		1. 以米计量,按设计图示尺寸以桩长(包括桩尖)计算 2. 以立方米计量,按设计桩截面乘以桩长(包括桩尖)以体积计算	1. 成孔 2. 填充、振实 3. 材料运输

续表

项目名称	项目特征	计量单位	工程量计算规则	工作内容
水泥粉煤灰碎石桩	1. 地层情况 2. 空桩长度、桩长 3. 桩径 4. 成孔方法 5. 混合料强度等级	m	按设计图示尺寸以桩长(包括桩尖)计算	1. 成孔 2. 混合料制作、灌注、养护 3. 材料运输
深层水泥搅拌桩	1. 地层情况 2. 空桩长度、桩长 3. 桩截面尺寸 4. 水泥强度等级、掺量		按设计图示尺寸以桩长计算	1. 预搅下钻、水泥浆制作、喷浆搅拌提升成桩 2. 材料运输
粉喷桩	1. 地层情况 2. 空桩长度、桩长 3. 桩径 4. 粉体种类、掺量 5. 水泥强度等级、石灰粉要求			1. 预搅下钻、喷粉搅拌提升成桩 2. 材料运输
高压水泥旋喷桩	1. 地层情况 2. 空桩长度、桩长 3. 桩截面 4. 旋喷类型、方法 5. 水泥强度等级、掺量			1. 成孔 2. 水泥浆制作、高压旋喷注浆 3. 材料运输
石灰桩	1. 地层情况 2. 空桩长度、桩长 3. 桩径 4. 成孔方法 5. 掺和料种类、配合比		按设计图示尺寸以桩长(包括桩尖)计算	1. 成孔 2. 混合料制作、运输、夯填
灰土(土)挤密桩	1. 地层情况 2. 空桩长度、桩长 3. 桩径 4. 成孔方法 5. 灰土级配			1. 成孔 2. 灰土拌和、运输、填充、夯实
柱锤冲扩桩	1. 地层情况 2. 空桩长度、桩长 3. 桩径 4. 成孔方法 5. 桩体材料种类、配合比		按设计图示尺寸以桩长计算	1. 安拔套管 2. 冲孔、填料、夯实 3. 桩体材料制作、运输
地基注浆	1. 地层情况 2. 成孔深度、间距 3. 浆液种类及配合比 4. 注浆方法 5. 水泥强度等级、用量	1. m 2. m^3	1. 以米计量,按设计图示尺寸以深度计算 2. 以立方米计量,按设计图示尺寸以加固体积计算	1. 成孔 2. 注浆导管制作、安装 3. 浆液制作、压浆 4. 材料运输

续表

项目名称	项目特征	计量单位	工程量计算规则	工作内容
褥垫层	1. 厚度 2. 材料品种、规格及比例	1. m^2 2. m^3	1. 以平方米计量,按设计图示尺寸以铺设面积计算 2. 以立方米计量,按设计图示尺寸以铺设体积计算	1. 材料拌合、运输 2. 铺设 3. 压实
土工合成材料	1. 材料品种、规格 2. 搭接方式	m^2	按设计图示尺寸以面积计算	1. 基层整平 2. 铺设 3. 固定
排水沟、截水沟	1. 断面尺寸 2. 基础、垫层:材料品种、厚度 3. 砌体材料 4. 砂浆强度等级 5. 伸缩缝填塞 6. 盖板材质、规格	m	按设计图示以长度计算	1. 模板制作、安装、拆除 2. 基础、垫层铺筑 3. 混凝土拌和、运输、浇筑 4. 侧墙浇捣或砌筑 5. 勾缝、抹面 6. 盖板安装
盲沟	1. 材料品种、规格 2. 断面尺寸			铺筑

道路基层。工程量清单项目设置及工程量计算规则,应按表 4.2.2 的规定执行。

表 4.2.2　中方道路基层

项目名称	项目特征	计量单位	工程量计算规则	工作内容
路床(槽)整形	1. 部位 2. 范围	m^2	按设计道路底基层图示尺寸以面积计算,不扣除各类井所占面积	1. 放样 2. 整修路拱 3. 碾轧成型
石灰稳定土	1. 含灰量 2. 厚度		按设计图示尺寸以面积计算,不扣除各类井所占面积	1. 拌和 2. 运输 3. 铺筑 4. 找平 5. 碾轧 6. 养护
水泥稳定土	1. 水泥含量 2. 厚度			
石灰、粉煤灰、土	1. 配合比 2. 厚度			
石灰、碎石、土	1. 配合比 2. 碎石规格 3. 厚度			
石灰、粉煤灰、碎(砾)石	1. 配合比 2. 碎(砾)石规格 3. 厚度			
粉煤灰	厚度			
矿渣				

续表

项目名称	项目特征	计量单位	工程量计算规则	工作内容
砂砾石	1. 石料规格 2. 厚度	m^2	按设计图示尺寸以面积计算，不扣除各类井所占面积	1. 拌和 2. 运输 3. 铺筑 4. 找平 5. 碾扎 6. 养护
卵石				
碎石				
块石				
山皮石				
粉煤灰三渣	1. 配合比 2. 厚度			
水泥稳定碎(砾)石	1. 水泥含量 2. 石料规格 3. 厚度			
沥青稳定碎石	1. 沥青品种 2. 石料规格 3. 厚度			

英方规定按表4.2.3执行。

表4.2.3　英方路基处理

提供资料					计算规则	定义规则	范围规则	辅助资料
P1 以下资料或应按A部分之基本设施费用/总则条款而提供于位置图内，或应提供于与工程量清单相对应的深化图纸内： (a)地下水位及其确定日期。按执行合同前水位定义 (b)每次开挖完重新确定地下水位，并定义为合同执行后水位 (c)受潮汐或类似事项影响的周期性变化地下水位。按平均高、低水位进行说明 (d)试验坑或勘探井及其位置 (e)挡水设施 (f)地表或地下给排水设施及其位置 (g)若适用，按D30－D32章节规定所需说明的桩尺寸及其平面布置								
分类表								
1. 场地准备	1. 伐树 2. 去除树墩	1. 树围600mm～1.50m 2. 树围1.5～3m 3. 树围>3.00m，需详细说明	nr		M1 树围按高于地面1.00m高度计量 M2 树墩按顶部尺寸计量		C1 所述工程视作已包括： (a)铲除树根 (b)清运物料出工地 (c)填坑	S1 填充物料说明
	3. 清除场地植被	4. 用于准确确定工程项目的其他说明	m^2			D1 场地植被指灌木、丛林、矮灌木、矮树丛、树及≤600mm的树墩		
	4. 铲除草皮并保管	1. 保护措施，需详细说明	m^2					

续表

分类表					计算规则	定义规则	范围规则	辅助资料
2. 土方开挖	1. 保护用地表土	1. 说明平均深度	m^2	1. 当挖深超过现有场地标高0.25m时，需说明具体开挖深度	M3 清单提供的工程量为开挖前数量，不考虑挖出土方之松散变化量、工作面挖方量或设置土方支撑之开挖量 M4 非桩间地梁的挖方按2.5和6**之规则计量			
	2. 挖低标高 3. 地下室及类似构筑物 4. 坑井（nr） 5. 基槽，宽度≤0.30m 6. 基槽，宽度>0.30m 7. 承台和桩间地梁 8. 形成台/坡面以供回填用	分级： 1. 最大深度≤0.25m 2. 最大深度≤1.00m 3. 最大深度≤2.00m 4. 此后按每增加2.00m为单位而分段计量	m^3					
3. 与深度无关的任何额外挖方项目	1. 地下水位以下的挖方		m^3		M5 若合同执行后的水位与合同执行前的不同，应相应修改测量值			
	2. 靠近现存管道设施之开挖	1. 设施类型说明	m		M6 在特别要求留意区域执行计量	D2 防护维持管道视为特殊要求		S2 特殊要求之类别
	3. 围绕现存管道设施之开挖		nr					
4. 打碎现有物料	1. 岩石 2. 混凝土 3. 钢筋混凝土 4. 砖、砌块或石料 5. 涂膜碎石或沥青		m^3	1. 与深度无关的任何额外挖方项目		D3 岩石指因其尺寸或位置而决定不能以壁凿、特殊设备或爆破方式而移走的物料		
5. 打碎现有硬地面，需说明厚度			m^2					
6. 执行挖方之预留工作面	1. 挖低标高、地下室或同类构筑物 2. 坑井 3. 基槽 4. 桩承台及桩间地梁		m^2		M7 当挖方两侧模板面、抹灰面、基坑面或保护墙面的距离<600mm时，须计量工作面项目 M8 工作面按模板面、抹灰面、基坑面或保护墙面之周长乘以按开挖标高而计量出的挖方深度计算	D4 当使用经选择或处理的挖方或外运物料执行回填时，须列为特殊物料回填项目	C2 视作已包括土方支承、外运土方、回填、地下水位之下执行工程及破碎等	S3 用特殊材料执行回填的细节

续表

分类表					计算规则	定义规则	范围规则	辅助资料
7. 土方支撑	1. 最大深度≤1.00m 2. 最大深度≤2.00m 3. 此后按每增加2.00m而分级计量	1. 挖方相对面间距≤2.00m 2. 挖方相对面间距为2.00 m ~ 4.00m 3. 挖方相对面间距 > 4.00m	m^2	1. 曲线 2. 低于地下水位 3. 不稳定土壤 4. 临近道路 5. 临近现有建筑 6. 留在原处	M9 土方支撑按所有挖方竖面的全深度（不管实际是否需要执行支撑）计算，除非： (a)挖方竖面≤0.25m高 (b)挖方竖面为斜面且水平倾斜角度≤45° (c)挖方竖面靠近原有墙、墩或其他结构 M10 地下水位以下或地基不稳区域的土方支撑，按开挖标高起计的全深度计量 M11 只有当相应项目按3.1.0.0 规则计算时及因合同执行后水位有所不同而需作出相应调整时，才会分项计量地下水位以下之土方支撑项目	D5 土方支撑指采用不同于D32 章节所述的联接钢板桩方式而进行的，供维持挖方两侧土方稳定所需之一切措施 D6 只有当挖方竖面与道路或人行道路端面的水平距离 < 低于道路或人行道端面标高起计的开挖深度时，才会分项计量临近道路土方支撑项目 D7 只有当挖方竖面与最临近现存建筑之基础的距离 < 自基础底部起计的开挖深度时，才会分项计量临近现存建筑之土方支撑项目 D8 不稳定土壤指流动粉砂、流砂、松散碎石或其他同类项目	C3 弧形土方支撑视作已包括执行弧形挖方所需之所有额外费用	

续表

分类表					计算规则	定义规则	范围规则	辅助资料
8.余土外运	1.地表水 2.地面水		项		M12 只有当相应项目按4.1规则计算和因合同执行后水位有所不同而需作出调整时，才会分项计量排走地面水之工程项目	D9 地表水为位于现场和挖方区域的地表水		
	3.挖出土方	1.运出现场 2.于场内存土	m^3	1.规定位置，需说明细节 2.规定存储，需说明细节	M13 清单提供的余土外运工程量为开挖前数量，不考虑开挖后土方松散的变化量或设置土方支撑所需的土方量		C4 视作已包括任何形式挖方或破碎物料	
9.土方回填 10.回填至所需标高 11.回填至外部种植层高度，需说明位置	1.平均厚度≤0.25m 2.平均厚度>0.25m	1.使用挖出土方回填 2.使用场内存土回填 3.使用场外取土回填，需说明填土类别	m^3	1.经选择土方，需说明细节 2.再处理土方，需说明细节 3.地表土 4.特殊存储，需说明细节	M14 回填量按回填后体积计算 M15 用于计量之平均回填厚度为压实后的厚度 M16 当不处于地面标高时，才需特别说明外部种植层或其他同类项目的位置			S4 材料种类及质量 S5 回填及夯实办法
12.回填层表面夯实	1.于垂直面或斜面		m^2			D10 仅要求对水平角度>15°的斜面之工作进行详细说明		

续表

分类表					计算规则	定义规则	范围规则	辅助资料
13. 表面处理	1. 使用除草剂		m^2		M17 表面处理也可提供于任何按表面积计量项目的项目描述内			S6 材料类别、质量及利用率
	2. 夯实	1. 地面 2. 回填 3. 挖方底面		1. 垫层，需说明材料	M18 特殊垫层按10＊＊＊之规则回填而计量； M19 混凝土垫层按E10章节之相关规则计量		C5 夯实视作已包括刮平及形成水平角度≤15°的坡面或斜面	S7 夯实方法 S8 材料质量及类别
	3. 修整	1. 倾斜表面		1. 岩石内	M20 当水平角度>15°时，须分项计量修整斜面项目			
		2. 切割侧面 3. 筑堤侧面		1. 倾斜 2. 垂直 3. 岩石内				
	4. 修整岩石以形成平滑表面或外露面							
	5. 为地表土准备垫层土							S9 施工准备方法

2. 中英方关于沥青路面面层的工程量是如何计算的?

答:面层是路面结构层最上面的一个层次,直接承受车辆荷载及自然荷载,并将荷载传递到基层。因此,它要求比基层有更好的强度和刚度,能安全的把荷载传递到下部。另外,它还要求表面平整,有良好的抗滑性能,使车辆能顺利的通过。它必须能抵抗车轮的磨耗,对气候作用有充分抵抗的能力,稳定性好,不透水,以防止水分渗入下部。

面层材料:面层的材料主要有水泥混凝土、沥青碎(砾)石混合料,碎(砾)石掺土或不掺土混合料和块石等，面层有时可分两层或三层修筑。如沥青混凝土可作为高等级路面层上层，沥青碎石作为面层下层。为了加强面层与基层共同作用或减少基层裂缝对面层的影响，在基层上加铺联结层，一般采用沥青石或沥青贯入式，它也是面层的组成部分之一。用作封闭表面空隙、防止水分侵入面层的封层和厚度不超过3cm的磨耗层不能作为一个独立的层次来看待，但它仍应看作面层的一部分。

中方规定沥青道路面层主要分为沥青表面处治、沥青贯入式、沥青混凝土。

沥青表面处治：层厚不超过3cm的沥青路面面层，用尺寸较均匀的碎（砾）石，与稠度较低的沥青材料，按拌和法或层铺法铺筑。具有防水，提高路面粗糙度、保护路面下层等功能。且施工简单、造价低、一般可作次高级路层或高级路面的磨耗层，亦可作为旧沥青路面的养护措施。计算工程量时考虑沥青品种、层数，以m^2为计量单位，按设计图示尺寸以面积计算，不扣除各种井所占面积。

沥青贯入式路面：用沥青作结合料而铺筑的一种，路面结构层将沥青浇灌在初步压实的碎石或砾石层上，再经过分层浇洒沥青和撒铺嵌缝料并压实而成，在行车荷载作用下，沥青自上而下贯穿碎石或砾石层，故称为沥青贯入式路面。其强度和稳定性主要由石粒之间相互嵌挤而形成，要求石料颗粒的最大颗粒径为压实层厚的0.8～0.9倍，主层料中大于平均颗粒粒径的颗粒含量不少于70%，分深贯入（层厚6～8cm）和浅贯入（层厚为4～5cm）两种，具有热稳性好，发生裂缝后不易显露、施工方便等优点，适应于次高级路面等面层、高级路面的联结层和基层等。计算工程量时以m^2为计量单位。按设计图示尺寸以面积计算，不扣除各种井所占面积。

沥青混凝土路面：按级配原理选配的矿料与适量沥青均匀拌和，经摊铺压实而成的沥青路面面层。它具有强度高、整体性强、抵抗自然因素破坏的能力强等优点，属于高级路面，适用于交通量大的城市道路和公路，也适用于高速公路。它的使用年限为15～20年。

沥青混凝土路面的强度是按密实原则所配成的。在混合料中掺配一定数量的矿粉是沥青混凝土的一个显著特点。矿粉的掺入提高了沥青混凝土中沥青的粘结力，其粘结力比单纯沥青要大出十倍。因此，粘结力是沥青混凝土强度构成的重要因素，而集料的摩阻力和嵌挤作用则占次要地位。为使粘稠沥青和矿粉能形成均匀的沥青胶泥并均匀分布于级配矿料中以构成一个密实的整体，因而大多采用热料热拌的方法（厂拌）施工，以利于严格控制质量，并获得好的压实效果。计算工程量时，以m^2为计量单位，按设计图示尺寸以面积计算，不扣除各种井所占面积。

英方规定详见表4.2.4。

表4.2.4　英方粘结碎石/沥青道路/路面

提供资料	计算规则	定义规则	范围规则	辅助资料
P1 以下资料或应按第A部分之基本设施费用/总则条款而提供于位置图内，或应提供于与工程量清单相对应的附图上： (a)工程范围及位置		D1 除非特别说明为室内工程，所有工程均为室外工程 D2 注明的厚度为完工厚度	C1 工程内容视作已包括： (a)平整接缝 (b)跨越或围绕障碍物部分，入凹槽的压型预埋件	S1 材料种类、成份和拌合物 S2 使用方法 S3 表面处理的性质 S4 表面的特殊养护 S5 底层性质 S6 胶合前的准备工作

续表

分类表					计算规则	定义规则	范围规则	辅助资料
1. 路 2. 路面	1. 注明铺路面的厚度和层数	1. 只适用于水平和坡面 2. ≤ 15° 之坡面和横向坡面 3. > 15° 之坡面	m^2		M1 计算面积为与底层之接触面积，不扣除≤0.50m^2的空隙		C2 工程内容视作已包括建成浅沟渠及相关劳务 C3 坡面和横坡以及斜坡视作已包括交叉段	
3. 沟渠里衬	1. 水平 2. 坡面	1. 注明里衬内周长	m				C4 沟渠里衬视作已包括边坡、盖板、端件、角件、交叉件和出口	

3. 中方关于黑色碎石道路面层的工程量如何计算，英方是如何与之对应的？

答：黑色碎石路面是用黑色碎石材料作面层的路面，通常以轧制碎石按嵌挤原则铺筑。有水结碎石和泥结碎石等。其上一般设砂土磨耗层，以防砂子飞散。具有施工简便、造价低、可分期修建等优点。但路面的平整度较差、易扬尘，需经常养护才能维持其使用寿命。属中级路面，适用于三、四级公路和城郊道路等。计算工程量时，以 m^2 为计量单位，按设计图示尺寸以面积计算，不扣除各种井所占面积。其工程内容包括：

①清理下承面；②拌和、运输；③摊铺、整型；④压实。

英方对碎石/道渣道路/路面作了规定，详见表 4.2.5。

表 4.2.5 英方碎石/道渣道路/路面

提供资料					计算规则	定义规则	范围规则	辅助资料
P1 以下资料或应按第 A 部分之基本设施费用/总则条款而提供于位置图内，或应提供于与工程量清单相对应的附图上： (a)工程范围及其位置								S1 材料类型和材质
分类表								
1. 路 2. 路面	1. 注明厚度	1. 仅适用于水平和坡面 2. 坡面和≤ 15° 之横向坡面 3. > 15° 之坡面	m^2		M1 计算面积为与底面之接触面，不扣除≤0.50m^2的空隙面积	D1 除非特别说明为室内工程，所有工程均为室外工程 D2 厚度规定为压实厚度	C1 工程内容视作已包括： (a)平整接逢 (b)跨越或围绕障碍物部分，入凹槽的压型预埋件	S2 路基平整，预备工作和表面压光或处理 S3 铺路面并压实

续表

分类表					计算规则	定义规则	范围规则	辅助资料
3. 镶边	1. 注明厚度和高度		m				C2 镶边视作已包括： (a)榫钉和支托 (b)角件和端件	S4 固定或支撑的类型和方法

4. 什么是水泥混凝土路面，中英方对其工程量计算是如何规定的？

答：水泥混凝土路面指以素混凝土或钢筋混凝土板和基、垫层所组成的路面，水泥混凝土板作为主要承受交通荷载的结构层，而板下的基（垫）层和路基起着支承的作用。水泥混凝土路面与沥青类路面相比，其特点主要有强度高、稳定性好、使用年限长、养护费用少等优点，但也有造价相对较高、板块之间有接缝、施工较复杂等缺点。沥青类路面与水泥混凝土路面组成了道路的两大类路面形式。计算工程量时，以 m^2 为计量单位，按设计图示尺寸以面积计算，不扣除各种井所占面积。

英方对水泥混凝土路面的规定详见表 4.2.6。

表 4.2.6　英方现浇混凝土道路、路面、路基

提供资料				计算规则
P1 以下资料或应按第 A 部分之基本设施费用/总则条款而提供于位置图内，或应提供于与工程量清单相对应的附图上： (a)工程范围及其位置				
分类表				
1. 混凝土				M1 混凝土按 E10 规则计算
2. 模板				M2 模板按 E20 规则计算
3. 钢筋				M3 钢筋按 E30 规则计算
4. 接缝				M4 接缝按 E40 规则计算
5. 表面处理				M5 表面处理按 E41 规则计算
6. 辅件浇注				M6 辅件浇注按 E42 规则计算

5. 中方对块料道路面层，弹性面层的工程量计量是如何规定的？英方是如何与之对应的？

答：块料路面：用块状石料或混凝土预制块铺筑的路面称为块料路面。根据其使用材料性质、形状、尺寸、修琢程度的不同，分为条石、小方石、拳石、粗琢石及混凝土块料路面。

块料面层和弹性面层路面计算工程量时以 m^2 为计算单位，按设计图示尺寸以面积计算，不扣除各种井所占面积。

英方对特殊场地面层做了规定，详见表 4.2.7。

表 4.2.7　英方特殊场地面层

提供资料	计算规则	定义规则	范围规则	辅助资料
P1 以下资料或应按第 A 部分之基本设施费用/总则条款而提供于位置图内，或应提供于与工程量清单相对应的附图上： (a)工程范围及其位置	M1 计算面积为与底面之接触面，不扣除 $\leqslant 0.50m^2$ 的空隙面积	D1 除非特别说明为室内工程，所有工程均为室外工程 D2 厚度为标称厚度	C1 工程内容视作已包括： (a)平整接头 (b)跨越或围绕障碍物部分，入凹槽的压型预埋件 (c)切割	S1 材料种类及材质 S2 垫层的性质

续表

分类表					计算规则	定义规则	范围规则	辅助资料
1. 可使用液体的面层		1. 仅适用于水平和坡面 2. 坡面和≤15°之横向坡面 3. >15°之坡面	m^2				C2 工程内容视作已包括建成浅沟渠及相关劳务 C3 坡面和横坡以及斜坡视作已包括交叉段	S3 面层的层数 S4 表面处理 S5 使用方法
2. 卷材面层 3. 绒头地毯面层	1. 注明厚度							S6 接缝的固定和节点处理方法 S7 搭接范围 S8 接缝类型
4. 彩色专用沥青碎石运动面层和铺砌面 5. 彩色专用粘土和页岩运动面层和铺砌面	1. 注明覆盖厚度和层数							S9 专用名称 S10 使用方法 S11 表面处理
6. 专用无砂混凝土运动面层和铺砌面	1. 注明厚度							
7. 表面装饰								
8. 路面划线	1. 宽度≤300mm		m					S12 准备工作 S13 面层覆盖层数(nr) S14 使用方法 S15 铺砌层之间的表面处理
	2. 宽度>300mm说明宽度							
9 字母和图像	1. 尺寸说明		nr					

同时注意:道路工程

①道路各层厚度均以压实后的厚度为准。

②道路的基层和面层的清单工程量均以设计图示尺寸以面积计算,不扣除各种井所占面积。

③道路基层和面层均按不同结构分别分层设立清单项目。

④路基处理、人行道及其他、交通管理设施等的不同项目分别按《市政工程工程量计算规范》GB50857 规定的计量单位和计算规则计算清单工程量。

6. 中英方关于人行道的工程量计算规则是如何规定的?

答:中方规定详见表 4.2.8。

人行道及其他。工程量清单项目设置及工程量计算规则,应按表 4.2.8 的规定执行。

表 4.2.8　中方人行道及其他

项目名称	项目特征	计量单位	工程量计算规则	工作内容
人行道整形碾轧	1. 部位 2. 范围	m^2	按设计人行道图示尺寸以面积计算，不扣除侧石、树池和各类井所占面积	1. 放样 2. 碾轧
人行道块料铺设	1. 块料品种、规格 2. 基础、垫层:材料品种、厚度 3. 图形		按设计图示尺寸以面积计算，不扣除各类井所占面积，但应扣除侧石、树池所占面积	1. 基础、垫层铺筑 2. 块料铺设
现浇混凝土人行道及进口坡	1. 混凝土强度等级 2. 厚度 3. 基础、垫层:材料品种、厚度			1. 模板制作、安装、拆除 2. 基础、垫层铺筑 3. 混凝土拌和、运输、浇筑
安砌侧（平、缘）石	1. 材料品种、规格 2. 基础、垫层:材料品种、厚度	m	按设计图示中心线长度计算	1. 开槽 2. 基础、垫层铺筑 3. 侧（平、缘）石安砌
现浇侧（平、缘）石	1. 材料品种 2. 尺寸 3. 形状 4. 混凝土强度等级 5. 基础、垫层:材料品种、厚度			1. 模板制作、安装、拆除 2. 开槽 3. 基础、垫层铺筑 4. 混凝土拌和、运输、浇筑
检查井升降	1. 材料品种 2. 检查井规格 3. 平均升（降）高度	座	按设计图示路面标高与原有的检查井发生正负高差的检查井的数量计算	1. 提升 2. 降低
树池砌筑	1. 材料品种、规格 2. 树池尺寸 3. 树池盖面材料品种	个	按设计图示数量计算	1. 基础、垫层铺筑 2. 树池砌筑 3. 盖面材料运输、安装
预制电缆沟铺设	1. 材料品种 2. 规格尺寸 3. 基础、垫层:材料品种、厚度 4. 盖板品种、规格	m	按设计图示中心线长度计算	1. 基础、垫层铺筑 2. 预制电缆沟安装 3. 盖板安装

英方对人行道的规定与中方角度不同，详见表 4.2.9。

表 4.2.9　英方人行道

提供资料					计算规则	定义规则	范围规则	辅助资料
P1 以下资料或应按第 A 部分之基本设施费用/总则条款而提供于位置图内，或应提供于与工程量清单相对应的附图上： (a)工程范围及其位置					M1 现浇混凝土路面的现浇路缘/镶边/沟渠按 Q21 规则计算			
分类表								
1. 开挖					M2 开挖按 D20 规则计算			
2. 路缘 3. 镶边 4. 沟渠	1. 尺寸说明		m	1. 钢筋的规格和使用范围 2. 基础和托座 3. 曲面构件，说明半径	M3 对标准构件以外的同类型长度变化的构件需注明数量		C1 路缘/镶边/沟渠视作已包括切角件和端件 C2 基础和托座视作已包括模板	S1 材料类型和材质 S2 详述混凝土配合比 S3 垫层和固定 S4 表面处理 S5 基础和托座的性质和使用范围
5. 额外项目	1. 特别注明		nr					

7. 中英方对交通管理设施的工程量计算规则如何规定?

答:交通管理:建国以来,我国公安和交通两部门协力配合对公路和城市道路的交通管理、事故分析、车辆监理作了大量的研究工作。明确了交通管理体制,制定了国家法律法规标准,同时制定了一整套安全监理方面的规章制度与交通事故分析方法和衡量标准。在环保方面,对噪声测试、汽车排气污染等环境保护问题,颁布了试行标准,研制了测试设备。各地区还采取了许多交通管理措施,加强交通安全综合治理。交通控制与管理的主要手段:

①交通法规及管理规定、条例等;

②交通信号;

③交通标志;

④交通标示。

中方将交通管理设施分为:人(手)孔井、电缆保护管铺设、标杆、标志板、视线诱导器、标线、标记、横道线、清除标线、信号灯、环形检测线圈、值警亭、隔离护栏、架空走线、设备控制机箱等。

接线:指导线与导线、导线与设备之间的连接,在这里指照明器具及灯具和导线之间的一般连线。

工作井:用来对管道线路的管理、调节、控制及检查维修的地下小室。半通行地沟、不通行地沟及无沟敷设的管线,在管道上设有阀门、排水、放气装置及套管补偿器、波环补偿器等处均应设置检查工作井。

电缆保护管铺设:电缆的上、下须铺以不小于100mm的软土或沙层,并盖以混凝土保护板,其覆盖宽度应超过电缆两侧各50mm,也可用砖块代替混凝土盖板。

标线:标线与道路标志共同对驾驶员指示行驶位置、前进方向以及有关限制,具有引导指示有秩序地安全行驶的重要作用。

标记:在公路两侧的站牌杆上用作指示的记号,人们用它来指示引导行人和车辆的通行规则。

横道线:它是路面标线的一种形式,应根据路面断面形式、路宽以及交通管理的需要划定。

清除标线:将标划于路面上的各种线条、箭头、文字、立面标记、突起标记和轮廓标等清除。

交通信号灯:城市道路主、次干道交叉口一般都设置交通信号设备,指挥交叉口的通行。交叉口交通信号设备有:指挥信号灯、车道信号灯和人行横道信号灯。

交通管理设施的工程量计算规则详见表4.2.10。

交通管理设施。工程量清单项目设置及工程量计算规则,应按表4.2.10的规定执行。

表4.2.10 中方交通管理设施

项目名称	项目特征	计量单位	工程量计算规则	工作内容
人(手)孔井	1. 材料品种 2. 规格尺寸 3. 盖板材质、规格 4. 基础、垫层:材料品种、厚度	座	按设计图示数量计算	1. 基础、垫层铺筑 2. 井身砌筑 3. 勾缝(抹面) 4. 井盖安装
电缆保护管	1. 材料品种 2. 规格	m	按设计图示以长度计算	敷设
标杆	1. 形式 2. 材质 3. 规格尺寸 4. 基础、垫层:材料品种、厚度 5. 油漆品种	根	按设计图示数量计算	1. 基础、垫层铺筑 2. 制作 3. 喷漆或镀锌 4. 底盘、拉盘、卡盘及杆件安装
标志板	1. 类型 2. 材质、规格尺寸 3. 板面反光膜等级	块		制作、安装
视线诱导器	1. 类型 2. 材料品种	只		安装

续表

项目名称	项目特征	计量单位	工程量计算规则	工作内容
标线	1. 材料品种 2. 工艺 3. 线型	1. m 2. m^2	1. 以米计量，按设计图示以长度计算 2. 以平方米计量，按设计图示尺寸以面积计算	1. 清扫 2. 放样 3. 画线 4. 护线
标记	1. 材料品种 2. 类型 3. 规格尺寸	1. 个 2. m^2	1. 以个计量，按设计图示数量计算 2. 以平方米计量，按设计图示尺寸以面积计算	
横道线	1. 材料品种 2. 形式	m^2	按设计图示尺寸以面积计算	
清除标线	清除方法			清除
环形检测线圈	1. 类型 2. 规格、型号	个	按设计图示数量计算	1. 安装 2. 调试
值警亭	1. 类型 2. 规格 3. 基础、垫层：材料品种、厚度	座	按设计图示数量计算	1. 基础、垫层铺筑 2. 安装
隔离护栏	1. 类型 2. 规格、型号 3. 材料品种 4. 基础、垫层：材料品种、厚度	m	按设计图示以长度计算	1. 基础、垫层铺筑 2. 制作、安装
架空走线	1. 类型 2. 规格、型号			架线
信号灯	1. 类型 2. 灯架材质、规格 3. 基础、垫层：材料品种、厚度 4. 信号灯规格、型号、组数	套	按设计图示数量计算	1. 基础、垫层铺筑 2. 灯架制作、镀锌、喷漆 3. 底盘、拉盘、卡盘及杆件安装 4. 信号灯安装、调试
设备控制机箱	1. 类型 2. 材质、规格尺寸 3. 基础、垫层：材料品种、厚度 4. 配置要求	台		1. 基础、垫层铺筑 2. 安装 3. 调试
管内配线	1. 类型 2. 材质 3. 规格、型号	m	按设计图示以长度计算	配线

续表

项目名称	项目特征	计量单位	工程量计算规则	工作内容
防撞筒(墩)	1. 材料品种 2. 规格、型号	个	按设计图示数量计算	制作、安装
警示柱	1. 类型 2. 材料品种 3. 规格、型号	根		
减速垄	1. 材料品种 2. 规格、型号	m	按设计图示以长度计算	制作、安装
监控摄像机	1. 类型 2. 规格、型号 3. 支架形式 4. 防护罩要求	台	按设计图示数量计算	1. 安装 2. 调试
数码相机	1. 规格、型号 2. 立杆材质、形式 3. 基础、垫层:材料品种、厚度	套		1. 基础、垫层铺筑 2. 安装 3. 调试
道闸机	1. 类型 2. 规格、型号 3. 基础、垫层:材料品种、厚度			
可变信息情报板	1. 类型 2. 规格、型号 3. 立(横)杆材质、形式 4. 配置要求 5. 基础、垫层:材料品种、厚度			
交通智能系统调试	系统类别	系统		系统调试

中方对交通管理系统的规定主要是对道路交通管理系统的规定,而英方与中方不同,主要从室内交通运输设备,如电梯、自动扶梯等;和机械运输工具,如卷扬机、塔吊等方面对交通工具进行说明,两者总的角度不同。

英方对交通系统的规定见表4.2.11。

表 4.2.11　英方交通系统

提供资料					计算规则	定义规则	范围规则	辅助资料
P1 以下资料或应按第 A 部分之基本设施费用/总则条款而提供于位置图内,或应提供于与工程量清单相对应的附图上: (a)工程范围及其位置,包括马达、机械或机房的工作内容					M1 本章节允许某个单独项目使用适宜的对应规则进行计算(若已注明该规则适用该项目)			S1 与项目的采购、设计、执行、供应和/或制造以及运用于工程有关的资料
分类表								
1. 电梯 2. 自动扶梯 3. 传送带 4. 卷扬机 5. 塔吊 6. 履带吊 7. 货物配送/机械化储藏 8. 机械化文件传送 9. 气动式文件传送 10. 自动化文件归档及提取	1. 部件参考图之类型、尺寸、型式、容量、载荷、长度、服务楼层,全部说明	1. 另需参考技术要求	nr		M2 工作按下列工作项目分类: X10 电梯 X11 自动扶梯 X12 传送带 X20 卷扬机 X21 塔吊 X22 履带吊 X23 货物配送/机械化储藏 X30 机械化文件传送 X31 气动式文件传送 X32 自动化文件归档及提取			
11. 标出结构中的洞口、孔道和凹口	1. 安装说明		项	1. 施工中成型,详细说明				
12. 未与设备一同提供的标识	1. 板式标牌 2. 磁碟 3. 标签 4. 磁带及条码 5. 箭头、符号、字母和数字 6. 图表	1. 类型、尺寸和固定方法说明	nr	1. 雕刻,铭牌,详细说明 2. 安装图表详细说明				

续表

分类表					计算规则	定义规则	范围规则	辅助资料
13. 测试	1. 安装说明	1. 预备性操作，细节说明 2. 列出阶段性测试（nr），说明目的 3. 保险公司的测试，细节说明 4. 完整操作的人员培训	项目	1. 所需的照管服务 2. 所需的仪器、仪表			C1 视作已包括提供电力和其他供应 C2 视作已包括提供测试鉴定书	
14. 按业主要求的试运行	1. 注明安装和操作目的，注明所需的位置	1. 说明运行周期	项	1. 所需的照管服务 2. 业主在准许运行之前的要求 3. 业主的特殊保险的要求	M3 电和其他供应已包括在 A54 条款的暂定款内			
15. 图纸准备	1. 注明所需之信息、复印件份数	1. 底片、正片与缩微胶片，细节说明	项	1. 装订成套，细节说明 2. 注明收件人姓名		D1 制图内容需包括：土建施工图纸、制造商图纸、安装图纸与记录，或其他“合适”的图纸		
16. 运行与维护手册								

三、桥涵工程

1. 中英方关于桩基的工程量计算规则是如何规定的？

答：桩基：桩基一般由设置于土中的桩和承接上部结构的承台组成，如图 4.3.1 所示。桩顶埋入承台中，随着承台与地面的相对位置的不同，而有低承台桩基和高承台桩基之分。前者的承台底面位于地面以下，而后者则高出地面以上，且常处于水下。在工业与民用建筑物中，几乎都使用低承台桩基，而且大量采用的是竖直桩，很少采用斜桩。桥梁和港口工程中常用高承台桩基，且较多采用斜桩，以承受水平荷载。

桩基础：由若干根设置于地基中的桩柱和承接建筑物（或构筑物）上部结构荷载的承台构成的一种基础。它广泛用于荷载大、地基软弱、天然地基的承载力和变形不满足设计要求的情况。

中方根据桩的类型不同,将坑基分为预制钢筋混凝土方桩、预制钢筋混凝土管桩、钢管桩、泥浆护壁成孔灌注桩、沉管灌注桩、干作业成孔灌注桩、人工挖孔灌注桩、钻孔压浆桩等。

钢筋混凝土方桩(管桩):预制混凝土桩包括方桩和管桩,预制方桩工程量以体积计算。预制方桩工程量 = 设计桩长 × 桩截面面积 × 打桩根数,其中桩长是指从桩尖到桩顶面的距离,体积不扣除桩尖的虚体积。预应力混凝土管桩的空心管直径为30~55cm,长度每节4~12m,用钢制法兰及螺栓连接,管壁厚度为8cm。在计算管桩的工程量即体积时,空心体积应扣除,但空心部分灌有混凝土或其他填充材料,要分别进行计算。

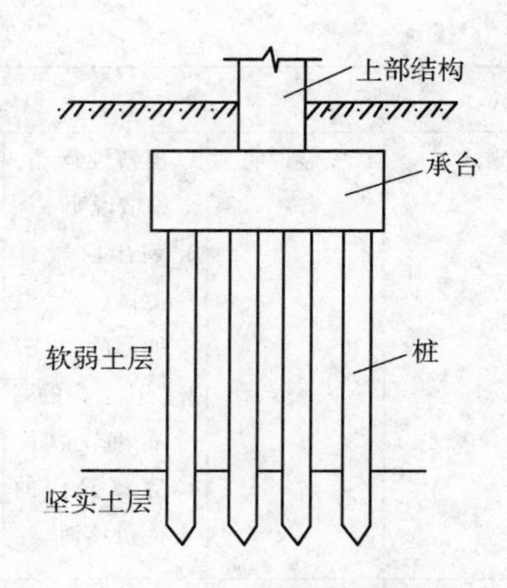

图4.3.1 低承台桩基础示意图

钢管桩:又称钢桩,可根据荷载特征制成各种有利于提高承载力的断面。管形和箱形断面桩的桩端常作成敞口式以减小沉降过程的挤土效应。当桩壁轴面抗压强度不足时,可将挤入管、箱中的土挖除,灌注混凝土。

泥浆护壁成孔灌注桩:在泥浆护壁条件下成孔,采用水下灌注混凝土的桩。其成孔方法包括冲击钻成孔、冲抓锥成孔、回旋钻成孔、潜水钻成孔、泥浆护壁的旋挖成孔等。

沉管灌注桩:沉管方法包括捶击沉管法、振动沉管法、振动冲击沉管法、内夯沉管法等。

干作业成孔灌注桩:不用泥浆护壁和套管护壁的情况下,用钻机成孔后,下钢筋笼,灌注混凝土的桩,适用于地下水位以上的土层使用。其成孔方法包括螺旋钻成孔、螺旋钻成孔扩底、干作业的旋挖成孔等。

中方对桩基工程量的计算规则见表4.3.1。

注:

桩基包括了桥梁常用的桩种,清单工程量以设计桩长计算,只有混凝土板桩以体积计算,这与定额工程量计算是不同的,定额一般桩以重量计算。清单工程内容包括了从搭拆工作平台起到竖拆桩机、制桩、运桩、打桩(沉桩)、接桩、送桩,直至截桩头、废料弃置等全部内容。

桩基。工程量清单项目设置及工程量计算规则,应按表4.3.1的规定执行。

表4.3.1 中方桩基

项目名称	项目特征	计量单位	工程量计算规则	工作内容
预制钢筋混凝土方桩	1. 地层情况 2. 送桩深度、桩长 3. 桩截面 4. 桩倾斜度 5. 混凝土强度等级	1. m 2. m^3 3. 根	1. 以米计量,按设计图示尺寸以桩长(包括桩尖)计算 2. 以立方米计量,按设计图示桩长(包括桩尖)乘以桩的断面积计算 3. 以根计量,按设计图示数量计算	1. 工作平台搭拆 2. 桩就位 3. 桩机移位 4. 沉桩 5. 接桩 6. 送桩

续表

项目名称	项目特征	计量单位	工程量计算规则	工作内容
预制钢筋混凝土管桩	1. 地层情况 2. 送桩深度、桩长 3. 桩外径、壁厚 4. 桩倾斜度 5. 桩尖设置及类型 6. 混凝土强度等级 7. 填充材料种类	1. m 2. m^3 3. 根	1. 以米计量，按设计图示尺寸以桩长（包括桩尖）计算 2. 以立方米计量，按设计图示桩长（包括桩尖）乘以桩的断面积计算 3. 以根计量，按设计图示数量计算	1. 工作平台搭拆 2. 桩就位 3. 桩机移位 4. 桩尖安装 5. 沉桩 6. 接桩 7. 送桩 8. 桩芯填充
钢管桩	1. 地层情况 2. 送桩深度、桩长 3. 材质 4. 管径、壁厚 5. 桩倾斜度 6. 填充材料种类 7. 防护材料种类	1. t 2. 根	1. 以吨计量，按设计图示尺寸以质量计算 2. 以根计量，按设计图示数量计算	1. 工作平台搭拆 2. 桩就位 3. 桩机移位 4. 沉桩 5. 接桩 6. 送桩 7. 切割钢管、精割盖帽 8. 管内取土、余土弃置 9. 管内填芯、刷防护材料
泥浆护壁成孔灌注桩	1. 地层情况 2. 空桩长度、桩长 3. 桩径 4. 成孔方法 5. 混凝土类别、强度等级	1. m 2. m^3 3. 根	1. 以米计量，按设计图示尺寸以桩长（包括桩尖）计算 2. 以立方米计量，按不同截面在桩上范围内以体积计算 3. 以根计量，按设计图示数量计算	1. 工作平台搭拆 2. 桩机移位 3. 护筒埋设 4. 成孔、固壁 5. 混凝土制作、运输、灌注、养护 6. 土方、废浆外运 7. 打桩场地硬化及泥浆池、泥浆沟
沉管灌注桩	1. 地层情况 2. 空桩长度、桩长 3. 复打长度 4. 桩径 5. 沉管方法 6. 桩尖类型 7. 混凝土种类、强度等级		1. 以米计量，按设计图示尺寸以桩长（包括桩尖）计算 2. 以立方米计量，按设计图示桩长（包括桩尖）乘以桩的断面积计算 3. 以根计量，按设计图示数量计算	1. 工作平台搭拆 2. 桩机移位 3. 打（沉）拔钢管 4. 桩尖安装 5. 混凝土制作、运输、灌注、养护
干作业成孔灌注桩	1. 地层情况 2. 空桩长度、桩长 3. 桩径 4. 扩孔直径、高度 5. 成孔方法 6. 混凝土种类、强度等级			1. 工作平台搭拆 2. 桩机移位 3. 成孔、扩孔 4. 混凝土制作、运输、灌注、振捣、养护

续表

项目名称	项目特征	计量单位	工程量计算规则	工作内容
挖孔桩土(石)方	1. 土(石)类别 2. 挖孔深度 3. 弃土(石)运距	m^3	按设计图示尺寸(含护壁)截面积乘以挖孔深度以立方米计算	1. 排地表水 2. 挖土、凿石 3. 基底钎探 4. 土(石)方外运
人工挖孔灌注桩	1. 桩芯长度 2. 桩芯直径、扩底直径、扩底高度 3. 护壁厚度、高度 4. 护壁材料种类、强度等级 5. 桩芯混凝土种类、强度等级	1. m^3 2. 根	1. 以立方米计量,按桩芯混凝土体积计算 2. 以根计量,按设计图示数量计算	1. 护壁制作、安装 2. 混凝土制作、运输、灌注、振捣、养护
钻孔压浆桩	1. 地层情况 2. 桩长 3. 钻孔直径 4. 骨料品种、规格 5. 水泥强度等级	1. m 2. 根	1. 以米计量,按设计图示尺寸以桩长计算 2. 以根计量,按设计图示数量计算	1. 钻孔、下注浆管、投放骨料 2. 浆液制作、运输、压浆
灌注桩后注浆	1. 注浆导管材料、规格 2. 注浆导管长度 3. 单孔注浆量 4. 水泥强度等级	孔	按设计图示以注浆孔数计算	1. 注浆导管制作、安装 2. 浆液制作、运输、压浆
截桩头	1. 桩类型 2. 桩头截面、高度 3. 混凝土强度等级 4. 有无钢筋	1. m^3 2. 根	1. 以立方米计量,按设计桩截面乘以桩头长度以体积计算 2. 以根计量,按设计图示数量计算	1. 截桩头 2. 凿平 3. 废料外运
声测管	1. 材质 2. 规格型号	1. t 2. m	1. 按设计图示尺寸以质量计算 2. 按设计图示尺寸以长度计算	1. 检测管截断、封头 2. 套管制作、焊接 3. 定位、固定

英方对桩基没有明确做出规定,只对桩进行说明,且英方把桩统分为现浇混凝土桩、预制成型混凝土桩、钢板桩,并对其进行分别规定,详见表 4.3.2 ~ 表 4.3.4。

表 4.3.2　英方现浇混凝土桩

提供资料					计算规则	定义规则	范围规则	辅助资料
P1 以下资料或应按 A 部分之基本设施费用/总则条款而提供于位置图内,或应提供于与工程量清单相对应的深化图纸内: (a)桩基布置总平面图 (b)不同类型桩的位置 (c)场内现存机电设施之位置 (d)与邻近建筑物关系 P2 土壤说明 (a)地面特性按 D20 章节所说明的资料提供 (b)当工程靠近河、河流等或潮水时,应说明与运河、河流正常水位相对的地面标高或高低变化潮水平均水位的相对标高,有需要时需说明洪水水位 P3 开始标高 (a)应说明工程开工及计量所根据的开始标高。不规则地面亦应予以说明								
分类表								
1. 钻孔灌注桩 2. 钻孔壳桩	1. 说明标称直径	1. 总桩数,说明初始表面	nr	1. 初始桩 2. 邻近钻孔桩 3. 倾斜,需说明斜度	M1 钻孔灌注桩及钻孔壳桩之长度,按桩轴线自初始表面计算至钻孔灌注桩的桩靴或钻孔壳桩的套管底端。	D1 先打入一个轻型桩壳、再于其中灌注混凝土、最后拔出桩壳的桩定义为钻孔壳桩 D2 此类桩填充不归类入 D31:8.1 * * 节所述之空心桩填充	C1 所述工程视作已包括浇注超出完成长度的混凝土桩量 C2 预钻孔视作已包括桩孔壁和桩体间的孔隙灌浆	S1 材料种类、质量及标号说明 S2 材料试验 S3 灌浆形式 S4 振捣细节
		2. 总混凝土桩长	m					
		3. 总长度,说明最大深度	m					
3. 预钻钢管灌注桩		1. 说明最大深度	m		M2 只有在特殊要求时才会计量预钻孔			
4. 回填空孔		1. 说明填充材料类别	m					
5. 桩额外增加项目	1. 穿透障碍物		h		M3 仅当桩持力层上遇到障碍物时,才需分项计量穿透障碍物项目			
	2. 灌注桩底端扩孔 3. 钻孔壳桩底端扩孔	1. 说明底端扩孔直径	nr				C3 所述工程视作已包括超出特别说明底面之工作	

续表

分类表					计算规则	定义规则	范围规则	辅助资料
6. 永久外壳	1. 说明内径	1. 长度≤13米(nr) 2. 长度>13米(nr)	m	说明外壳壁厚	M5 永久外壳自开始表面计量		C4 永久外壳视作已包括桩头和桩靴	S5 材料类型和外表面修饰 S6 非由承建商自行决定的桩头和桩靴说明
7. 切桩头(nr)	1. 说明标称直径	1. 全长度	m	1. 永久外壳顶部			C5 切桩头视作已包括准备和配置锚入桩承台和地梁的钢筋及清运出场	
8. 桩钢筋	1. 说明钢筋标称尺寸		t				C6 桩钢筋视作已包括绑扎钢丝、定位钢筋、连接筋、拉结筋等由承建商所决定工程项目	S7 材料类型和质量
	2. 说明螺旋钢筋标称尺寸	1. 说明桩标称直径						
9. 余土外运	1. 挖出之物料	1. 现场外 2. 现场内	m^3	1. 特别要求位置，需详细说明 2. 特别要求处理，需详细说明	M6 清运出场之多余挖方按桩标称截面积、桩长和1及2.1.2规则计算，量度需包括底端扩孔工程量			
10. 延尺执行项目	1. 竖立试验台		h		M7 只有特别准许情况下才分项计量延迟执行项目		C7 延迟执行项目视作已包括所需之人工	
11. 试桩	1. 详细说明		nr					S8 试验时间和测试细节

表 4.3.3　英方预制成型混凝土桩

提供资料					计算规则	定义规则	范围规则	辅助资料
P1 以下资料或应按 A 部分之基本设施费用/总则条款而提供于位置图内，或应提供于与工程量清单相对应的深化图纸内： (a)桩基布置总平面图 (b)不同类型桩的位置 (c)场内现存工程和机电设施位置 (d)与邻近建筑物关系 P2 土壤说明 (a)地面特性按 D20 章节所说明资料提供 (b)当工程靠近运河、河流等或潮水时，应说明与运河、河流正常水位相对的地面标高；或说明至高低变化潮水之平均水位的相对标高；有需要时须说明洪水水位 P3 开始标高 (a)应说明工程开工及量度所依据的开始标高，不规则地面亦予以说明								
分类表								
1. 配筋桩 2. 预应力桩 3. 配筋板桩 4. 空心截面桩	1. 说明标称横断面尺寸	1. 说明桩总数量、规定长度和开始表面	nr	1. 初始桩 2. 倾斜桩，需说明斜度	M1 总打桩深度之计量包括打入接桩之长度 M2 打桩深度沿桩轴线自开始面量度至桩底脚	D1 总打桩深度须由设计师确定	C1 视作已包括桩头和桩靴	S1 材料质量和类型 S2 材料试验 S3 桩头和桩靴细节
5. 桩之额外增加项目		2. 总打桩深度	m		M3 只有特别要求时才计量重新打桩项目			
		1. 重新打桩	nr					
6. 预钻孔		1. 说明最大深度	m		M4 只有特别要求时才计量预钻孔项目		C2 预钻孔视作已包括桩侧面和孔壁间隙之灌浆	S4 灌浆形式
7. 喷射钻孔								
8. 混凝土填充空心桩		1. 素混凝土	m					S5 混凝土和钢筋之技术规范
		2. 钢筋混凝土，需详细说明	m					
9. 分段接长桩		1. 总桩数	m				C3 视作已包括准备桩头以进行桩的延伸接长	
		2. 延伸长度≤3.00m	m					
		3. 延伸长度>3.00m						

续表

分类表					计算规则	定义规则	范围规则	辅助资料
10. 切桩头(nr)		1. 总桩长	m				C4 切桩头视作已包括准备和设置钢筋入桩承台和地梁及清运出场	
11. 余土外运	1. 挖出物料	1. 场外 2. 场内	m^3	1. 特别要求位置，需详细说明 2. 特别要求处理，需详细说明	M5 清运出场之多余挖方按桩标称载面积、桩长及1-4.1.2 * 规则计量			
12. 延迟执行项目	1. 竖立试验台		h		M6 只有特别准许情况下才分项计量延迟执行项目		C5 延迟执行项目视作已包括所需之人工	
13. 试桩	1. 详细说明		nr					S6 试验时间和测试细节

表 4.3.4 英方钢板桩

提供资料	计算规则	定义规则	范围规则	辅助资料
P1 以下资料或应按 A 部分之基本设施费用/总则条款而提供于位置图内，或应提供于与工程量清单相对应的深化图纸内： (a)桩基布置总平面图 (b)不同类型桩的位置 (c)场内现存工程和机电设施位置 (d)与邻近建筑物关系 P2 土壤说明 (a)地面特性按 D20 章节所说明资料提供 (b)当工程靠近运河、河流等或潮水时，应说明与运河、河流正常水位相对的地面标高；或说明至高低变化潮水之平均水位的相对标高；有需要时须说明洪水水位 P3 开始标高 (a)应说明工程开工及量度所依据的开始标高，不规则地面应予以说明				

续表

分类表					计算规则	定义规则	范围规则	辅助资料
1. 独立桩	1. 每米质量和横断面尺寸，或说明断面参阅资料	1. 说明打桩总数、规定长度和开始表面	nr	1. 初始桩 2. 倾斜桩，需说明斜度 3. 抗拔桩	M1 总打桩深度之量度包括分段接桩长度 M2 打桩深度沿桩轴线自开始面计算至桩底脚	D1 设计桩长须由设计师确定	C1 拔桩费用视作已包括在所述桩内	S1 材料质量和类型 S2 材料测试
		2. 总打桩深度	m					
2. 联索桩	1. 断面模数和横断面尺寸，或说明断面参阅资料	1. 总设计桩长≤14.00m 2. 总设计桩长14.00~24.00m 3. 总设计桩长>24.00m 4. 总打桩面积	m^2		M3 每组联索桩均需分项列出以下项目： (a) 桩组总打桩面积的一项或多项分别归类于2.1.1－3. * 节之规定长度范围 (b) 桩组总打桩面积分列为一项 M4 联索桩打桩面积按形成桩墙壁之平均水平长度。(包括特殊桩占位)乘以按打桩定义之桩深度计算			
3. 联索桩额外增加项目	1. 角 2. 连接件 3. 堵口 4. 锥度	1. 类别说明	m		M5 额外增加项目按总桩长量度			

续表

分类表					计算规则	定义规则	范围规则	辅助资料
4. 独立桩接长延伸	1. 每米质量和横断面尺寸，或说明断面参阅资料	1. 总桩数	nr	1. 初始桩 2. 倾斜桩，需说明斜度 3. 拔桩 4. 利用其他桩切割之多余长度	M6 须分项列出桩延伸长度和桩延伸数量		C2 拔桩费用视作已包括在所述桩内 C3 桩的延伸视作已包括将延伸部分接至桩上的工程及费用	
		2. 延伸长度≤3.00m 3. 延伸长度>3.00m	m					
5. 联索桩延伸	2. 断面模数和横断面尺寸，或说明断面参阅资料							
6. 自设计桩长切除多余部分	1. 每米质量和横断面尺寸，或说明断面参阅资料	1. 独立桩(nr)	m	1. 初始桩 2. 倾斜桩，需说明斜度	M7 计量长度为每根桩的多余长度		C4 从设计桩长上切除多余部分视作已包括提供及填充工作面和清运出场	
	2. 断面模数和横断面尺寸，或说明断面参阅资料	2. 联索桩(nr)	m					
7. 切除联索桩以形成孔	1. 尺寸说明		nr					
8. 延迟执行项目	1. 竖立试验台	1. 独立桩 2. 联索桩	h		M8 只有特别准许情况下才分项计量延迟执行项目		C5 延迟执行项目视作已包括所需之人工	
9. 试桩	1. 详细说明		nr					S3 试验时间和测试细节

2. 什么是现浇混凝土构件？中英方关于现浇混凝土构件的工程量计算规则如何规定？

答：现浇混凝土是指在施工现场直接支模、绑扎钢筋、浇灌混凝土，制成各种构件。

中方根据构件的不同将现浇混凝土分为混凝土承台、混凝土基础、墩帽、墩身等。

墩帽：是桥墩的一部分，也是桥墩顶端的传力部分，它通过支座承托上部结构的荷载并传递给墩身。

拱座：指与拱肋相连的部分，主要支承拱上结构的重要构件。拱座又称拱台，位于拱桥端跨末端的拱脚支承结构物。

现浇混凝土构件工程量清单项目设置及工程量计算规则，应按表4.3.5的规定执行。

表4.3.5　现浇混凝土构件

项目名称	项目特征	计量单位	工程量计算规则	工作内容
混凝土垫层	混凝土强度等级	m^3	按设计图示尺寸以体积计算	1. 模板制作、安装、拆除 2. 混凝土拌和、运输、浇筑 3. 养护
混凝土基础	1. 混凝土强度等级 2. 嵌料(毛石)比例			
混凝土承台	混凝土强度等级			
混凝土墩(台)帽	1. 部位 2. 混凝土强度等级			
混凝土墩(台)身				
混凝土支撑梁及横梁				
混凝土墩(台)盖梁				
混凝土拱桥拱座	混凝土强度等级			
混凝土拱桥拱肋				
混凝土拱上构件	1. 部位 2. 混凝土强度等级			
混凝土箱梁				
混凝土连续板	1. 部位 2. 结构形式 3. 混凝土强度等级			
混凝土板梁				
混凝土板拱	1. 部位 2. 混凝土强度等级			

续表

项目名称	项目特征	计量单位	工程量计算规则	工作内容
混凝土挡墙墙身	1. 混凝土强度等级 2. 泄水孔材料品种、规格 3. 滤水层要求 4. 沉降缝要求	m^3	按设计图示尺寸以体积计算	1. 模板制作、安装、拆除 2. 混凝土拌和、运输、浇筑 3. 养护 4. 抹灰 5. 泄水孔制作、安装 6. 滤水层铺筑 7. 沉降缝
混凝土挡墙压顶	1. 混凝土强度等级 2. 沉降缝要求			
混凝土楼梯	1. 结构形式 2. 底板厚度 3. 混凝土强度等级	1. m^2 2. m^3	1. 以平方米计量，按设计图示尺寸以水平投影面积计算 2. 以立方米计量，按设计图示尺寸以体积计算	1. 模板制作、安装、拆除 2. 混凝土拌和、运输、浇筑 3. 养护
混凝土防撞护栏	1. 断面 2. 混凝土强度等级	m	按设计图示尺寸以长度计算	
桥面铺装	1. 混凝土强度等级 2. 沥青品种 3. 沥青混凝土种类 4. 厚度 5. 配合比	m^2	按设计图示尺寸以面积计算	1. 模板制作、安装、拆除 2. 混凝土拌和、运输、浇筑 3. 养护 4. 沥青混凝土铺装 5. 碾轧
混凝土桥头搭板	混凝土强度等级	m^3	按设计图示尺寸以体积计算	1. 模板制作、安装、拆除 2. 混凝土拌和、运输、浇筑 3. 养护
混凝土搭板枕梁				
混凝土桥塔身	1. 形状 2. 混凝土强度等级			
混凝土连系梁				
混凝土其他构件	1. 名称、部位 2. 混凝土强度等级			
钢管拱混凝土	混凝土拌和、运输、压注			混凝土拌和、运输、压注

英方对现浇混凝土的规定也是对混凝土的各个构件进行分类说明，但两者对构件的分类上有差别，英方规定详见表4.3.6。

表4.3.6　英方现浇混凝土

<table>
<tr><th colspan="5">提供资料</th><th>计算规则</th><th>定义规则</th><th>范围规则</th><th>辅助资料</th></tr>
<tr><td colspan="5">P1 以下资料或应按A部分的基本设施费用/总则条款而提供于位置图内，或应提供于与工程量清单相对应的附图内：
(a)混凝土构件相对位置
(b)构件尺寸
(c)混凝土板厚度
(d)与浇注时间相关的允许荷载</td><td>M1 混凝土按净体积计算，但以下体积不扣除：
(a)钢筋
(b)钢构件截面积≤0.5mm
(c)预埋件
(d)孔洞体积≤0.05m³（槽板和肋形板中的孔洞除外）</td><td></td><td>C1 混凝土视作已包括模板拆下后的整修或非机械捣实饰面，除非对完成工程的面层作法另有特别要求</td><td>S1 材料种类、质量及混凝土标号详细说明
S2 材料及完成工程的测试
S3 所实施防水措施
S4 浇注方法、工序、速度或浇注量限制
S5 捣实和养护方法</td></tr>
<tr><td colspan="5">分类表</td><td></td><td></td><td></td><td></td></tr>
<tr><td>1. 基础
2. 地梁
3. 独立基础</td><td></td><td></td><td>m³</td><td>1. 钢筋
2. 钢筋>5%
3. 斜度≤15°
4. 斜度>15°
5. 在地面或未固结垫层上浇注</td><td>M2 项目描述内须说明厚度范围，突出和凹槽则不用说明
M3 槽板和肋形板厚度按总厚度计算</td><td>D1 基础包括与其相连的柱基和桩承台
D2 独立基础包括独立柱基、独立桩承台和设备基座
D3 垫层包括：
(a)素混凝土垫层
(b)基础底座
(c)垫层加厚部分
D4 板包括：
(a)深度达至≤三倍宽度的与其相连之肋梁和箱形肋梁（深度由板下皮开始计算）
(b)柱帽</td><td></td><td>S6 垫层分段浇注要求</td></tr>
</table>

续表

分类表					计算规则	定义规则	范围规则	辅助资料
4. 垫层 5. 板 6. 槽板和肋形 7. 墙 8. 空心填充墙	1. 厚度≤150mm 2. 厚度150~450mm 3. 厚度>450mm		m^3			D5 槽板和肋形板包括宽度≤500mm板翼部分,宽度超出前述范围部分的按普通板量度		
9. 梁 10. 箱形梁	1. 独立梁 2. 独立梁深度 3. 与板相连接梁深度			1. 钢筋 2. 钢筋>5%		D6 墙包括与其相连的柱和扶壁		
11. 柱 12. 箱形柱 13. 楼梯			m^3		M4 只有平面图所示长度≤4倍厚度的独立构件才归入“柱”内	D7 深度>3倍宽度(深度由板下皮开始量度)的定义为深梁和箱形深梁 D8 楼梯包括楼梯休息平台和楼梯边缘		
14. 上翻构件						D9 直立构件不包括导模		
15. 所需之超出一般现浇混凝土作业的额外增加项目	1. 加热养护		m^2		M5 按系统加热面积计算			
	2. 清水混凝土饰面,需说明厚度			1. 表面斜度≤15° 2. 表面斜度>15°		D10 清水混凝土面层包括所需内衬的模板		
16. 灌浆	1. 支柱基础 2. 格排梁		nr					
17. 填充	1. 榫		nr					
	2. 孔(nr)		m^3					
	3. 凹槽>$0.01m^2$		m^3					
	4. 凹槽≤$0.01m^2$		m					

3. 什么是预制混凝土构件？中英方对预制混凝土构件的工程量计算如何规定？

答：预制混凝土是指在施工安装之前，按照采暖、卫生和通风空调工程施工图纸及土建工程的有关尺寸，进行预先下料，加工成组合部件或在预制加工厂定购的各种构件。这种方法可以提高机械化程度，加快施工现场安装速度，缩短工期，但要求土建工程施工尺寸要准确。

中方对预制混凝土按构件类型不同把预制混凝土分为预制混凝土梁、预制混凝土柱、预制混凝土板、预制混凝土挡土墙墙身、预制混凝土其他构件。

中方对预制混凝土构件工程量清单项目设置及工程量计算的规则详见表4.3.7。

表4.3.7　中方预制混凝土构件

项目名称	项目特征	计量单位	工程量计算规则	工作内容
预制混凝土梁	1. 部位 2. 图集、图纸名称 3. 构件代号、名称 4. 混凝土强度等级 5. 砂浆强度等级	m^3	按设计图示尺寸以体积计算	1. 模板制作、安装、拆除 2. 混凝土拌和、运输、浇筑 3. 养护 4. 构件安装 5. 接头灌缝 6. 砂浆制作 7. 运输
预制混凝土柱				
预制混凝土板				
预制混凝土挡土墙墙身	1. 图集、图纸名称 2. 构件代号、名称 3. 结构形式 4. 混凝土强度等级 5. 泄水孔材料种类、规格 6. 滤水层要求 7. 砂浆强度等级			1. 模板制作、安装、拆除 2. 混凝土拌和、运输、浇筑 3. 养护 4. 构件安装 5. 接头灌缝 6. 泄水孔制作、安装 7. 滤水层铺设 8. 砂浆制作 9. 运输
预制混凝土其他构件	1. 部位 2. 图集、图纸名称 3. 构件代号、名称 4. 混凝土强度等级 5. 砂浆强度等级			1. 模板制作、安装、拆除 2. 混凝土拌和、运输、浇筑 3. 养护 4. 构件安装 5. 接头灌浆 6. 砂浆制作 7. 运输

同时注意：预制混凝土构件清单项目的工程内容包括制作、运输、安装和构件连接等全部内容。

英方对大型预制混凝土构件的计算规则详见表 4.3.8。英方规定与中方规定不同，中方是对单个构件进行规定，而英方对整个预制混凝土构件进行统一规定，且涉及范围较广，如结合缝等。

表 4.3.8　英方大型预制混凝土构件

提供资料					计算规则	定义规则	范围规则	辅助资料
P1 以下资料或应按 A 部分之基本设施费用/总则条款而提供于位置图内，或应提供于与工程量清单相对应的附图内： (a)表示应力分配的预制混凝土构件详细说明 (b)锚固件、管道、套管和排气孔详细说明 (c)混凝土构件相对位置 (d)构件尺寸 (e)板厚度 (f)允许荷载								
分类表								
1. 类别或名称说明	1. 尺寸说明		nr	1. 需详细说明配筋 2. 需详细说明预埋件	M1 单位预制构件一般按“个”(nr)计算。当由承建商决定构件长度时，或当各构件属于同一标准长度时，或当存在不同长度标准构件时，也可按长度单位计算；在此等情况下，需说明构件个数		C1 单位预制构件视作已包括模具、钢筋、垫层、固定件、临时支撑、预埋件和预张拉施工	S1 材料类型、质量及混凝土标号说明 S2 材料测试及表面处理 S3 振捣和养护方法 S4 垫层及固定件 S5 表面处理 S6 预张拉材料、隔铁和应力之类型及质量
	2. 尺寸说明(nr)		m					
	3. 尺寸说明	1. 楼板构件，需说明长度	m^2					

续表

分类表					计算规则	定义规则	范围规则	辅助资料
					M2 当单位楼板构件属于相同长度时，可按面积单位计算，并需进行归类及说明每一类别的长度			
2. 所需之额外增加费项目	1. 转角 2. 平滑端 3. 垫块 4. 其他，需详细说明		nr		M3 当单位构件按长度单位计算时，转角、平滑端、垫块等均按“个”量度			
3. 结合缝	1. 形状及尺寸说明	1. 填充料规格和密封剂说明	m		M4 各种接缝之个数的资料可按其发生情况在相应预制件的项目描述内说明			S7 材料类型及质量
	2. 尺寸说明		nr					

4. 中英方关于砌筑工程量是如何计算的？

答：砌筑是指用各种砌块通过砌筑各种墙体或挡土墙。通常在桥涵砌筑工程中限制在8m范围以内，超过8m则应乘以相应的系数来摊销费用。

中方规定砌筑工程的项目名称主要有垫层、干砌块料、浆砌块料、砖砌体、护坡等。

干砌：就是直接用砖石垒起来而不用砂浆之类的粘浆砌筑。

浆砌块石：指将料石打平成块状利用砂浆作胶粘剂的一种砌筑材料，它比砖砌体的强度高。

垫层：指碎石、块石等非混凝土类垫层。

中方关于砌筑的工程量清单项目设置及工程量计算规则，详见表4.3.9。

注：砌筑清单项目的工程内容包括泄水孔、滤水层及勾缝在内。

英方对砌筑工程的规定与中方不同，比中方的要详细。英方对砌筑工程的每个细部构件都作了细致的规定，如墙、独立墩、独立隔板、烟囱等。

英方对砌筑工程的规定详见表4.3.10。

表 4.3.9　中方砌筑

项目名称	项目特征	计量单位	工程量计算规则	工作内容
垫层	1. 材料品种、规格 2. 厚度	m^3	按设计图示尺寸以体积计算	垫层铺筑
干砌块料	1. 部位 2. 材料品种、规格 3. 泄水孔材料品种、规格 4. 滤水层要求 5. 沉降缝要求			1. 砌筑 2. 砌体勾缝 3. 砌体抹面 4. 泄水孔制作、安装 5. 滤层铺设 6. 沉降缝
浆砌块料	1. 部位 2. 材料品种、规格 3. 砂浆强度等级 4. 泄水孔材料品种、规格 5. 滤水层要求 6. 沉降缝要求			
砖砌体				
护坡	1. 材料品种 2. 结构形式 3. 厚度 4. 砂浆强度等级	m^2	按设计图示尺寸以面积计算	1. 修整边坡 2. 砌筑 3. 砌体勾缝 4. 砌体抹面

表 4.3.10　英方砖墙、砌块墙、玻璃砖墙

提供资料	计算规则	定义规则	范围规则	辅助资料
P1 以下资料或应按 A 部分之基本设施费用/总则之条款而提供于位置图内，或提供于与工程量清单相对应的附图内： (a)各层平面图和主要剖面图。须表现有墙位置和所使用材料 (b)外立面图，须表现所使用材料	M1 除非另有特别说明，砖墙和砌块墙均应按墙体轴线计算 M2 不扣除以下之空间： (a)孔洞≤0.10m^2 (b)烟道、衬烟道和烟道砌块之孔洞及砌筑料的总面积≤0.25m^2 M3 关于应予扣除的圈梁、过梁、门槛、板等的范围，按全厚砖/砌块的高度和半厚砖的厚度计算 M4 弧形工程按半径说明	D1 除非另有特别说明，所说明的厚度均为标称厚度 D2 饰面工程指对砖墙或砌块墙执行饰面处理的所有工程 D3 除非另有特别说明，所有工程均为垂直工程 D4 墙壁包括空心墙罩面层	C1 砖墙和砌块墙视作已包括： (a)弧形工程所需的额外材料 (b)所有粗切割和细切削 (c)形成粗细槽、喉道、榫眼、凹槽、凹凸榫、孔、挡板和斜接面 (d)刮开接口以形成键结合 (e)檐口填充所需之人工 (f)转弯、端部和转角所需之人工 (g)中心线持续对中	S1 砖墙和砌块墙的种类、质量及尺寸 S2 连接形式 S3 水泥砂浆配合比及标号 S4 勾缝类型 S5 不能由承建商决定的切割方法

续表

分类表					计算规则	定义规则	范围规则	辅助资料
1. 墙 2. 独立墩 3. 独立隔板 4. 烟囱	1. 厚度说明 2. 单面饰面墙，需说明厚度 3. 双面饰面墙，需说明厚度	1. 垂直墙 2. 斜墙 3. 单面锥形墙 4. 双面锥形墙	m^2	1. 在其他工程上建造 2. 与其他工程结合 3. 做模板用，需详细说明临时支撑 4. 悬吊建造	M5 当存在其他工程时或由不同材料组成时，需分项计量在其他工程上建造和与其他工程结合的所述构件	D5 斜墙指两侧面平行的倾斜墙 D6 锥形墙指厚度缩进的墙 D7 锥形墙按平均厚度说明 D8 独立墩指平面长度≤4倍厚度的独立墙，因开洞产生者除外	C2 与其他材料结合的砖墙和砌块墙工程视作已包括结合用额外材料	
5. 凸出物	1. 凸出物宽度和深度说明	1. 垂直 2. 倾斜 3. 水平	m			D9 凸出物指附墙墩（平面长度≤4倍厚度）、基座、穿越通道及其他		
6. 拱(nr)	1. 立面高度、外露腹板厚度、宽度和拱形状说明		m		M6 拱按轴线长度或表面长度计算			
7. 独立烟囱等(nr)	1. 厚度说明	1. 说明平面尺寸、形状和总高度	m^2	1. 从建筑物外脚手架砌筑				
8. 锅炉基座	1. 厚度说明		m^2					
9. 烟道内衬					M7 非砖砌烟道内衬按F30章节11.1.0.0规则计算			
10. 锅炉基座凸缘	1. 形状和尺寸说明		m					
11. 所需之额外增加费项目	1. 特别情况及尺寸说明	1. 收边 2. 转角 3. 交叉	m					

续表

分类表					计算规则	定义规则	范围规则	辅助资料
12. 闭合空腔	1 空腔宽度和闭合方法说明	1. 垂直 2. 倾斜 3. 水平	m					
13. 饰面工程，需说明装饰形式等	1. 齐平 2. 回缩，需说明回缩深度 3. 凸出物，需说明凸前的深度	1. 垂直，需说明宽度 2. 倾斜，需说明宽度 3. 水平，需说明 4. 其他，请说明	m	1. 工程中发生的额外工程 2. 整个顺砌 3. 整个丁砌 4. 悬吊砌筑		D10 所说明的半径为轴线半径 D11 饰面工程等指边缘砖饰、端部砖饰、篮式饰带、模制或斜式底座、模制圈梁、模制天花缘饰等		
14. 饰面装饰物	1. 齐平 2. 回缩，需说明回缩深度 3. 凸出物，需说明凸前的深度	1. 说明轴线长度	m	1. 工程上发生的额外工程 2. 切割和磨圆边 3. 除锈 4. 包括贴砖 5. 悬吊砌筑	M8 饰面装饰物应按垂直角量度	D12 饰面装饰物与饰面砖一起形成，在种类和尺寸上与一般面饰有所不同		S6 装饰物与砖墙或砌块墙之间的连接方法
15. 窗台饰面工程 16. 门槛饰面工程 17. 压顶石饰面工程 18. 台阶饰面工程	1. 说明尺寸	1. 垂直 2. 斜 3. 水平 4. 其他，需详细说明	m	1. 所发生额外增加费工程 2. 悬吊砌筑 3. 防风雨处理				S7 形成窗台、门槛压顶石、台阶的方法
19. 嵌砌至扶壁饰面工程 20. 拱顶部分饰面工程 21. 牛腿饰面工程 22. 扶壁基石饰面工程 23. 扶壁压顶饰面工程 24. 独立柱墩压顶饰面工程		1. 所发生额外增加费工程	nr					
25. 与现有工程之连结	1. 新工程的厚度说明		m					
26. 表面处理	1. 类别和标准说明	1. 墙的种类说明	m^2			D13 此顶不包括安装物料于墙上		

5. 什么是挡墙、护坡？中英方关于挡墙、护坡的工程量计算规则是如何计算的？

答：挡墙即挡土墙，土建工程和水利工程中常用的一种挡土结构物，常常用砖石、混凝土、钢筋混凝土以防土体坍塌和失稳。按照墙的设置位置，挡土墙可分为路肩墙、路堤墙，路堑墙和山坡墙等类型，如图4.3.2所示。

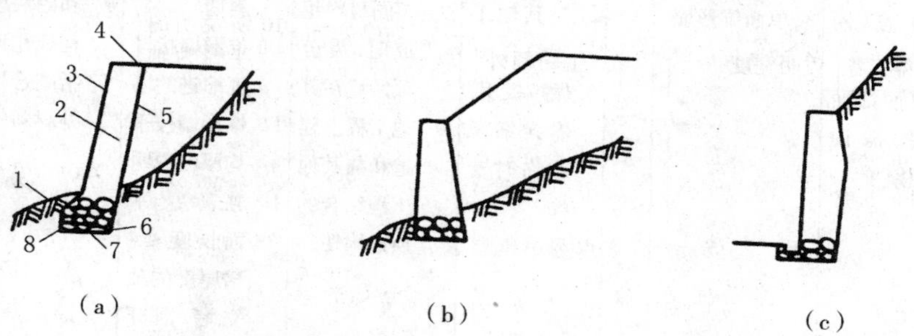

图4.3.2　挡土墙按设置位置的分类

(a)路肩墙；(b)路堤墙；(c)路堑墙

1—基础；2—墙身；3—墙面；4—墙顶；5—墙背；6—墙踵；7—基底；8—墙趾

护坡：是河岸或路旁用石块、水泥等筑成的斜坡，用来防止河流或雨水冲刷。

新规范把挡墙、护坡的相关内容并入现浇混凝土构件、预制混凝土构件、砌筑内，其工程量清单设置及工程量计算规则按表4.3.5、4.3.7、4.3.9相关规定执行。

同时注意：挡墙及护坡清单项目的工程内容均包括泄水孔、滤水层及勾缝在内。

英方规定中没有对挡墙、护坡进行规定，但规定：挡土墙归入"墙"的分类中，现把墙的设计算规则列于表4.3.11。

表4.3.11　英方墙体工程

提供资料	计算规则	定义规则	范围规则	辅助资料
P1 以下资料或应按A部分之基本设施费用/总则之条款而提供于位置图内，或提供于与工程量清单相对应的附图内： (a)各层平面图和主要剖面图。须表现有墙位置和所使用材料 (b)外立面图，须表现所使用材料	M1 除非另有特别说明，砖墙和砌块墙均应按墙体轴线计算 M2 不扣除以下之空间： (a)孔洞≤0.10m^2 (b)烟道、衬烟道和烟道砌块之孔洞及砌筑料的总面积≤0.25m^2 M3 关于应予扣除的圈梁、过梁、门槛、板等的范围，按全厚砖/砌块的高度和半厚砖的厚度计算 M4 弧形工程按半径说明	D1 除非另有特别说明，所说明的厚度均为标称厚度 D2 饰面工程指对砖墙或砌块墙执行饰面处理的所有工程 D3 除非另有特别说明，所有工程均为垂直工程 D4 墙壁包括空心墙罩面层	C1 砖墙和砌块墙视作已包括： (a)弧形工程所需的额外材料 (b)所有粗切割和细切削 (c)形成粗细槽、喉道、榫眼、凹槽、凹凸榫、孔、挡板和斜接面 (d)刮开接口以形成键结合 (e)檐口填充所需之人工 (f)转弯、端部和转角所需之人工 (g)中心线持续对中	S1 砖墙和砌块墙的种类、质量及尺寸 S2 连接形式 S3 水泥砂浆配合比及标号 S4 勾缝类型 S5 不能由承建商决定的切割方法

续表

分类表					计算规则	定义规则	范围规则	辅助资料
1. 墙 2. 独立墩 3. 独立隔板 4. 烟囱	1. 厚度说明 2. 单面饰面墙，需说明厚度 3. 双面饰面墙，需说明厚度	1. 垂直墙 2. 斜墙 3. 单面锥形墙 4. 双面锥形墙	m^2	1. 在其他工程上建造 2. 与其他工程结合 3. 做模板用，需详细说明临时支撑 4. 悬吊建造	M5 当存在其他工程时或由不同材料组成时，需分项计量在其他工程上建造和与其他工程结合的所述构件	D5 斜墙指两侧面平行的倾斜墙 D6 锥形墙指厚度缩进的墙 D7 锥形墙按平均厚度说明 D8 独立墩指平面长度≤4倍厚度的独立墙，因开洞产生者除外	C2 与其他材料结合的砖墙和砌块墙工程视作已包括结合用额外材料	

6. 中英方关于钢结构的工程量计算规则是如何规定的?

答:钢结构:用钢材建造的工程结构的统称。传统钢结构采用热轧型钢和钢板,应用铆接、焊接或栓接连接方法,根据弹性计算理论设计而成。由于钢材具有强度高、比容重小、弹性模量大、塑性好及加工方便等优点,所以钢结构常被应用于大跨、高耸、承受动载或重载的工程结构上以及移动式和大直径、高压容器管道等特种构筑物。

中方将钢结构按项目名称分为钢箱梁、钢板梁、钢桁梁、钢拱、劲性钢结构、钢结构叠合梁、其他钢构件、悬(斜拉)索、钢拉杆等。其各个构件的工程量清单项目设置及工程量计算规则,应按表4.3.12执行。

表4.3.12 中方钢结构

项目名称	项目特征	计量单位	工程量计算规则	工作内容
钢箱梁	1. 材料品种、规格 2. 部位 3. 探伤要求 4. 防火要求 5. 补刷油漆品种、色彩、工艺要求	t	按设计图示尺寸以质量计算。不扣除孔眼的质量,焊条、铆钉、螺栓等不另增加质量	1. 拼装 2. 安装 3. 探伤 4. 涂刷防火涂料 5. 补刷油漆
钢板梁				
钢桁梁				
钢拱				
劲性钢结构				
钢结构叠合梁				
其他钢构件				
悬(斜拉)索	1. 材料品种、规格 2. 直径 3. 抗拉强度 4. 防护方式		按设计图示尺寸以质量计算	1. 拉索安装 2. 张拉、索力调整、锚固 3. 防护壳制作、安装
钢拉杆				1. 连接、紧锁件安装 2. 钢拉杆安装 3. 钢拉杆防腐 4. 钢拉杆防护壳制作、安装

英方对钢结构工程量计算的规定没有中方详细，主要归结为对钢框架制作、安装及其他相关方面的规定，其计算规定有所不同，详见表 4.3.13。

表 4.3.13　英方钢框架结构/铝框架结构/金属独立构件

提供资料					计算规则	定义规则	范围规则	辅助资料
P1 以下资料或应按 A 部分的基本设施费用/总则条款而提供于位置图内，或提供于与工程量清单相对应的附图内： (a)与所建工程其他部分和拟建建筑相关工程之位置关系 (b)结构构件的类型、尺寸及其相互间位置 (c)连接板详细资料或连接处的应力、力矩和轴向荷载等详细资料								S1 材料类别和等级 S2 焊接试验和 X 光检验的详细资料 S3 性能试验详细资料
分类表								
1. 框架制作	1. 柱 2. 梁 3. 斜撑 4. 檩条和骨架外覆盖层轨条 5. 排架		t	1. 楔形 2. 锥形 3. 曲面 4. 上弯	M1 框架重量包括所有构件及安装件，除非所述之安装件属于不同类型和材质等级 M2 只有出现不同类型和材质等级时，才会分项量度安装件 M3 框架重量按通长计算，不扣除切口和斜端面或面积 < 0.10 m^2 的切掉物或开孔的重量 M4 不考虑焊缝、紧固螺栓、螺母、垫圈、铆钉和保护涂层的重量 M5 钢材比重按 785kg/m^2/100mm 厚(7.85t/m^2)量度；需说明其他金属的重量	D1 制造需包括所有工艺过程直至运输至现场 D2 檩条和骨架外覆盖层轨条按热轧钢重量计算 D3 线材、缆、盘条和钢筋等包括吊杆、系杆及其他同类项目 D4 特殊螺栓和紧固件指有别于一般紧固螺栓、固定螺栓和组件的螺栓和紧固件	C1 按重量计算的制造项目视作已包括结构框架本身和结构框架间相互连接用的工厂和施工现场所需之紧固螺栓、螺母和垫圈	
	6. 天车轨	1. 需详细说明固定卡具和弹性垫块						
	7. 支架、塔架和组合柱 8. 桁架和组合梁	1. 需说明详细构造						
	9. 线、缆、盘条和钢筋 10. 安装件							
	11. 固定螺栓或组件	1. 需说明详细资料	nr					
	12. 特殊螺栓和竖固件	1. 需说明种类和直径						

续表

分类表					计算规则	定义规则	范围规则	辅助资料
2. 框架安装	1. 试装 2. 土地永久安装		t			D5 安装应包括制作完成后所需的所有工序		
3. 永久模板	1. 说明固定形式和方法		m²	1. 弧形		D6 永久模板指从构造上与整体框架联成一体的模板		
4. 冷轧钢檩条和骨架外覆盖层轨条	1. 说明固定形式和方法		m	1. 堞形 2. 锥形 3. 曲面 4. 上弯				
5. 独立构件	1. 一般构件	1. 说明用途	t		M6 组合构件重量按“框架制作”章节的规则计算 M7 固定螺栓按工程类型 G20：25. *. 0. 0 章节的规则计算	D7 用途规定按 1.1 – 1.10 章节的规则执行 D8 固定螺栓指将各独立构件连接起来所需的螺栓		
	2. 组合构件	2. 说明用途和建造详细资料						
6. 空位填充	1. 水 2. 混凝土	1. 说明详细资料						
7. 基层准备	1. 喷扫 2. 酸洗 3. 钢丝刷清理 4. 火焰清理 5. 其他，需详细说明		m²					S4 施工准备的类型、应用和时间的详细资料
8. 表面处理	1. 电镀 2. 金属喷涂 3. 保护性涂漆 4. 其他，需详细说明		m²					
9. 局部性要求的保护涂层/涂层	1. 说明种类		m²		M8 只有铝结构框架才需计算局部性要求的保护性涂层	D9 局部性要求的保护性涂层指于不同金属和侵蚀性建材相接触面上所施加的保护涂层		

7. 中英方关于桥涵护岸油漆的工程量计算规则是如何规定的？

答：根据油漆的性质和用途，油漆可分为清油、防锈漆、乳胶漆、干性油。

中方计算油漆工程量时，考虑：①材料品种；②部位；③工艺要求等因素，以 m^2 为计量单位，按图示尺寸以面积计算，工程内容包括：①除锈；②刷油漆。

英方没有明确对桥涵护岸油漆工程的工程量计算作出规定，而是对油漆、清漆面层工程作出了规定，中方与英方的计算规则大相径庭，英方见表 4.3.14。

表 4.3.14　英方油漆、清漆面层

提供资料	计算规则	定义规则	范围规则	辅助资料
P1 以下资料或应按第 A 部分之基本设施费用/总则条款而提供于位置图内，或应提供于与工程量清单相对应的附图上： (a)工程范围及其位置	M1 楼梯间和机房的工程量需分别计算 M2 只计算覆盖面积和长度，除特别规定外视作已包括边缘周长、造型、镶板、沉孔、波纹、开槽、雕刻、增添装饰等的额外用料 M3 不扣除≤0.50m² 的空隙面积 M4 高出地面 3.5m 以上的天花板和梁（二者高度均以天花板为准），应于项目描述内加以注明，高度每增加 1.50m 均需分项注明及计算。但楼梯间除外	D1 除非特别说明为室外工程，所有工程均为室内工程 D2 多颜色工程指的是在某一表面所涂颜色超过一种，但墙面、柱墩面或天花板和梁面除外 D3 墙面、柱墩面或天花板和梁面的多颜色工程指的是在同一房间内墙面、柱墩面或天花板和梁面所涂颜色超过一种 D4 不规则表面指的是波纹、凹槽、镶板、雕刻或装饰面 D5 非涂漆表面包括贴防火条和挡风雨条 D6 独立表面包括相关造型的表面周长 D7 本表所述之涂漆视作已包括表面清漆处理工作	C1 工程内容视作已包括用玻璃砂纸、金刚砂纸或普通砂纸打磨 C2 多颜色工程视作已包括嵌入颜色及分割成条状的额外处理	S1 材料类型和材质 S2 基层材质 S3 准备工作 S4 底层或密封层(nr) S5 打底(nr) S6 面层(nr)和表面修饰 S7 涂漆方法 S8 玻璃砂纸、金刚砂纸或普通砂纸打磨以外的层间磨蚀或其他处理

续表

分类表					计算规则	定义规则	范围规则	辅助资料
1. 一般表面		1. 周长 >300mm	m^2	1. 多颜色工程 2. 详述非涂漆表面 3. 不规则表面 4. 安装固定前之现场涂漆		D8 一般表面指其他分类表述的表面以外的面层	C3 一般表面的工程内容视作已包括与门、框架和窗套相连接的对接件和紧固件的表面	
		2. 独立表面,周长≤300mm	m					
		3. 独立面积≤0.50m^2 不论周长	nr					
2. 玻璃窗户和玻璃屏风 3. 玻璃上下推拉窗 4. 玻璃门	1. 玻璃面积≤0.10m^2 2. 玻璃片面积 0.10～0.50m^2 3. 玻璃片面积 0.50～1.00m^2 4. 玻璃片面积≥1.00 m^2	1. 周长 >300mm	m^2	1. 多颜色工程 2. 详述非涂漆表面 3. 部分镶玻璃 4. 不规则漆面 5. 安装固定前构的现场涂漆	M5 计算面积为窗屏风和玻璃门的每侧面积,玻璃门面积为平面面积加镶边面积 M6 当玻璃片的尺寸超过一种时按平均尺寸 M7 相关套窗和窗台的工程以一般表面计算	D9 玻璃片面积为单块玻璃片面积	C4 镶玻璃之工程内容视作已包括 (a) 双悬窗扇中推运窗管所未包括的开敞窗洞和开敞式和开敞部分的边缘 (b) 开敞式窗洞周边框架的额外涂漆 (c) 下一块玻璃的切割 (d) 玻璃嵌条以及其平接头和紧固件	
		2. 独立表面,周长≤300mm	m					
		3. 独立面积≤0. 50m^2,不论周长	nr					
5. 结构金属构件	1. 一般表面 2. 屋顶桁架、格构大梁、檩条等的构件	1. 周长 >300mm	m^2	1. 多颜色工程 2. 详述非涂漆表面 3. 安装固定前构件的现场涂漆 4. 构件高出地面 5.00～8.00m 5. 此后,高度以 3.0m 为一级	M8 构件高度以构件最高点之高度计		C5 结构金属构件视作已包括相关的钩头螺栓,夹具等	
		2. 独立表面,周长≤300mm	m					
		3. 独立面积≤0.50 m^2,不论周长	nr					

四、隧道工程

1. 中英方关于隧道岩石开挖的工程量计算规则是如何规定的?

答:隧道通常指用作地下通道工程建筑物,一般可分为两大类:一类是修建在岩层中的,称为岩石隧道;另一类是修建在土层中的,称为软土隧道。岩石隧道修建在山体中的较多,故又称山岭隧道;软土隧道常常修建在水底和城市立交桥,故称水底隧道和城市道路隧道。

开挖是隧道施工的第一道工序,也是关键工序。在坑道的开挖过程中,围岩稳定与否,虽然主要取决于周围岩体本身的工程地质条件,但无疑开挖对围岩的稳定状态有着直接而重要的影响。

中方规定隧道开挖的工程项目名称主要有开洞开挖、斜井开挖、竖井开挖、地沟开挖等。中方对各个项目的工程量计算规则进行了分别规定,详见表4.4.1。

表4.4.1 隧道岩石开挖

项目名称	项目特征	计量单位	工程量计算规则	工作内容
平洞开挖	1. 岩石类别 2. 开挖断面 3. 爆破要求 4. 弃渣运距	m^3	按设计图示结构断面尺寸乘以长度以体积计算	1. 爆破或机械开挖 2. 施工面排水 3. 出渣 4. 弃渣场内堆放、运输 5. 弃渣外运
斜井开挖				
竖井开挖				
地沟开挖	1. 断面尺寸 2. 岩石类别 3. 爆破要求 4. 弃渣运距			
小导管	1. 类型 2. 材料品种 3. 管径、长度	m	按设计图示尺寸以长度计算	1. 制作 2. 布眼 3. 钻孔 4. 安装
管棚				
注浆	1. 浆液种类 2. 配合比	m^3	按设计注浆量以体积计算	1. 浆液制作 2. 钻孔注浆 3. 堵孔

注:平洞指隧道轴线与水平线之间的夹角在5°以内的;斜洞指隧道轴线与水平线之间的夹角在5°~30°;竖井指隧道轴线与水平线垂直的;地沟指隧道内地沟的开挖部分。隧道开挖的工程内容包括:开挖、临时支护、施工排水、弃渣的洞内运输外运弃置等全部内容。清单工程量按设计图示尺寸以体积计算,超挖部分由投标者自行考虑在组价内。是采用光面爆破还是一般爆破,除招标文件另有规定外,均由投标者自行决定。

英方对隧道岩石开挖工程量的规定很不明确,只是在规定土方开挖时涉及到石方的开挖,且规定与中方大相径庭,现总结见表4.4.2。

表 4.4.2　英方遂道石方开挖

提供资料					计算规则	定义规则	范围规则	辅助资料
P1 以下资料或应按 A 部分之基本设施费用/总则条款而提供于位置图内，或应提供于与工程量清单相对应的深化图纸内： (a)地下水位及其确定日期。按执行合同前水位定义 (b)每次开挖完重新确定地下水位，并定义为合同执行后水位 (c)受潮汐或类似事项影响的周期性变化地下水位。按平均高、低水位进行说明 (d)试验坑或勘探井及其位置 (e)挡水设施 (f)地表或地下给排水设施及其位置 (g)若适用，按 D30 – D32 章节规定所需说明的桩尺寸及其平面布置								
分类表								
1. 场地准备	1. 伐树 2. 去除树墩	1. 树围 6.00m ~ 1.50m 2. 树围 15 ~ 3m 3. 树围 > 3.00m，需详细说明	m		M1 树围按高于地面 100m 高度计量 M2. 树墩按顶部尺寸计量		C1 所述工程视作已包括： (a)铲除树根 (b)清运物料出工地 (c)填坑	S1 填充物料说明
	3. 清除场地植被	4. 用于准确确定工程项目的其他说明	m^2			D1 场地植被指灌木、丛林、矮灌木、矮树丛、树及 ≤ 600mm 的树墩		
	4. 铲除草皮并保管	1. 保护措施，需详细说明	m^2					

续表

分类表					计算规则	定义规则	范围规则	辅助资料
2. 与深度无关的任何额外挖方项目	1. 地下水位以下的挖方		m^3		M5 若合同执行后的水位与合同执行前的不同，应相应修改测量值			
	2. 靠近现存管道设施之开挖	设施类型说明	m		M6 在特别要求留意区域执行计量	D2 防护维持管道视为特殊要求		S2 特殊要求之类别
	3. 围绕现存管道设施之开挖		m					
3. 打碎现有物料		1. 岩石 2. 混凝土 3. 钢筋混凝土 4. 砖、砌块或石料 5. 涂膜碎石或沥青	m^3	1. 与深度无关的任何额外挖方项目		D3 岩石指因其尺寸或位置而决定不能以壁凿、特殊设备或爆破方式而移走的物料		
4. 打碎现有硬地面，需说明厚度			m^2					
5. 执行挖方之预留工作面	1. 挖低标高、地下室或同类构筑物 2. 坑井 3. 基槽 4. 桩承台及桩间地梁		m^2		M7 当挖方两侧模板面、抹灰面、基坑面或保护墙面的距离 < 600mm 时，须计量工作面项目 M8 工作面按模板面、抹灰面、基坑面或保护墙面之周长乘以按开挖标高而计量出的挖方深度计算	D4 当使用经选择或处理的挖方或处运物料执行回填时，须列为特殊物料回填项目	C2 视作已包括土方支承、外运土方、回填、地下水位之下执行工程及破碎等	S3 用特殊材料执行回填的细节

续表

分类表					计算规则	定义规则	范围规则	辅助资料
6. 土方支撑	1. 最大深度≤1.00 2. 最大深度≤2.00 3. 此后按每增加2.00m而分级计量	1. 挖方相对面间距≤2.00m 2. 挖方相对面间距为2.00m～4.00m 3. 挖方相对面间距>4.00m	m^2	1. 曲线 2. 低于地下水位 3. 不稳定土壤 4. 临近道路 5. 临近现有建筑 6. 留在原处	M9 土方支撑按所有挖方竖面的全深度(不管实际是否需要执行支撑)计算，除非 (a)挖方竖面≤0.25m高 (b)挖方竖面为斜面且水平倾斜角度≤45° (c)挖方竖面靠近原有墙、墩或其他结构 M10 地下水位以下或地基不稳区域的土方支撑，按开挖标高起计的全深度计量 M11 只有当相应项目3100规则计算时及因合同执行后水位有所不同而需作出相应调整时，才会分项计量地下水位以下之土方支撑项目	D5 土方支撑指采用不同于D32章节所述的联接钢板桩方式而进行的，供维持挖方两侧土方稳定所需之一切措施 D6 只有当挖方竖面与道路或人行道路端面的水平距离<低于道路或人行道端面标高起计的开挖深度时，才会分项计量临近道路土方支撑项目 D7 只有当挖方竖面与最临近现存建筑之基础的距离<自基础底部起计的开挖深度时，才会分项计量临近现存建筑之土方支撑项目 D8 不稳定土壤指流动粉砂、流砂、松散碎石或其他同类项目	C3 弧形土方支撑视作已包括执行弧形挖方所需之所有额外费用	

续表

分类表					计算规则	定义规则	范围规则	辅助资料
7. 余土外运	1. 地表水 2. 地面水		项		M12. 只有当相应项目按41规则计算和因合同执行后水位有所不同而需作出调整时，才会分项计量排走地面水之工程项目	D9 地表水为位于现场和挖方区域的地表水		
	3. 挖出土方	1. 运出现场 2. 于场内存土	m^3	1. 规定位置，需说明细节 2. 规定存储，需说明细节	M13 清单提供的余土外运工程量为开挖前数量，不考虑开挖后土方松散的变化量或设置土方支撑所需的土方量		C4 视作已包括任何形式挖方或破碎物料	
8. 土方回填 9. 回填至所需标高 10. 回填至外部植层高度，需说明位置	1. 平均厚度≤0.25m 2. 平均厚度>0.25m	1. 使用挖出土方回填 2. 使用场内存土回填 3. 使用场外取土回填，需说明填土类别	m^3	1. 经选择土方，需说明细节 2. 再处理土方，需说明细节 3. 地表土 4. 特殊存储，需说明细节	M14 回填量按回填后体积计算 M15 用于计量之平均回填厚度为压实后的厚度 M16 处于地面标高时，才需特别说明外部种植层或其他同类项目的位置			S4 材料种类及质量 S5 回填及夯实办法
11. 回填层表面夯实	于垂直面或斜面		m^2			D10 仅要求对水平角度>15°的斜角之工作进行详细说明		

续表

分类表					计算规则	定义规则	范围规则	辅助资料
12. 表面处理	1. 使用除草剂				M17 表面处理也可提供于任何按表面积计量项目的项目描述内			S6 材料类别、质量及利用率
	2. 夯实	1. 地面 2. 回填 3. 挖方底面		1. 垫层，需说明材料	M18 特殊垫层按 10 ＊＊＊之规则回填而计量 M19 混凝土垫层按 E10 章节之相关规则计量		C5 夯实视作已包括刮平形成水平角度≤15°的坡面或斜面	S7 夯实方法 S8 材料质量及类别
	3. 修整	1. 倾斜表面	m^2	1. 岩石内	M20 当水平角度＞15°时，须分项计量修整斜面项目			
		2. 切割侧面 3. 筑堤侧面		1. 倾斜 2. 垂直 3. 岩石内				
	4. 修整岩石以形成平滑表面或外露面							
	5. 为地表土准备垫层土							S9 施工准备方法

2. 中英方关于拱部喷射混凝土、边墙喷射混凝土的工程量计算规则是如何规定的？

答：喷射混凝土支护围岩是现代隧道工程中最常见的也是最基本的支护形式和方法。喷射混凝土具有以下几个方面的作用和效果：

(1)支承围岩：由于喷射层能与围岩密贴和粘贴、并给围岩表面以抗力和剪力，从而使围岩处于三向受力的有利状态，防止围岩强度恶化。此外，喷射层本身的抗冲切能力与阻力阻止不稳定坡体的滑塌。

(2)“卸载”作用：由于喷射层属柔性，能有控制地使围岩在不出现有害变形的前提下，进行一定程度的变形，从而使围岩“卸载”，同时喷射中弯曲应力减小，有利于混凝土承载力的发挥。

(3)填平补强围岩：喷射混凝土可射入围岩张开的裂隙，填充表面凹穴，使裂缝隙分割的岩层面粘连在一起，保护岩块间咬合、镶嵌作用，提高其间的粘结力、摩阻力、有利于防止围岩松动，并避免围岩应力集中。

(4)覆盖围岩表面：喷层直接粘贴岩面，形成风化和止水防护层，并阻止节理裂隙中充填物流失。

(5)阻止围岩松动：喷层能紧跟掘进进程后及时进行支护、早期强度较高，因而能及时向围岩提供抗力，阻止围岩松动。

(6)分配外力：通过喷层把外力传给锚杆、钢拱架等，使支护结构受力均匀分担。

中方计算拱部喷射混凝土、边墙混凝土工程量清单时，考虑：①结构形式；②厚度；③混凝土强度等级；④掺加材料品种、用量等因素，按设计图示尺寸以面积计算，以 m^2 为计量单位。工程内容包括：①清洗基层；②混凝土拌和、运输、浇筑、喷射；③收回弹料；④喷射施工平台搭设、拆除。

英方对喷射混凝土计算规则没有明确做出规定，只是说明喷射混凝土中的钢筋按现浇混凝土中的钢筋计算。

现浇混凝土的钢筋工程量按表4.4.3执行。

3. 中英方关于拱圈砌筑、边墙砌筑的工程量计算规则是如何规定的？

答：中方规定拱圈砌筑计算工程量时，考虑：①断面尺寸；②材料品种；③规格；④砂浆强度等级等因素；边墙砌筑计算工程量时考虑：①厚度；②材料品种；③规格；④砂浆强度等级等因素，两者以 m^2 为计算单位，按设计图示尺寸以体积计算，工程内容都包括砌筑、勾缝、抹灰。

英方规定没有对岩石隧道拱圈砌筑、边墙砌筑工程量计算作出明确规定，只是在砌体工程中有所说明，现总结见表4.4.4。

4. 中英方关于隧道工程的地下连续墙的工程量计算规则如何规定？

答：地下连续墙：地下连续墙是区别于传统施工方法的一种较为先进的地下工程结构形式和施工工艺。它是在地面用特殊的挖槽设备，沿着深开挖工程的周边，在泥浆护壁的情况下，开挖一条狭长的深槽，在槽内放置钢筋笼并浇灌水下混凝土，筑成一段钢筋混凝土墙段。然后将若干墙段连接成整体，形成一条连续的地下墙体。地下连续墙可供截水防渗和挡土承重之用。

中方规定地下连续墙工程量清单项目设置及工程量计算规则按表4.4.5执行。

英方对地下连续墙作了总的说明，不只限于隧道工程中的连续墙。英方规定见表4.4.6。

表 4.4.3　现浇混凝土的钢筋

提供资料					计算规则	定义规则	范围规则	辅助资料
P1 以下资料或应按 A 部分之基本设施费用/总则条款而提供于位置图内，或应提供于与工程量清单相对应的附图内： (a)混凝土构件相对位置 (b)构件尺寸 (c)构件厚度 (d)与浇注时间相关的允许荷载								S_1 材料类型及质量 S_2. 测试详细要求 S_3 弯曲限制
分类法								
1. 钢筋	1. 需说明钢筋标称尺寸	1. 直筋 2. 弯曲筋 3. 弧形筋	t	1. 水平筋，长度 1200 ~1500m。以后按每增加 300m 而分级量度 2.. 垂直筋，长度 600 ~900m。以后按每增加 300m 分级量度	M1 钢筋重量不包括表面处理和轧制产生的重量差别 M2. 第四栏所指长度为弯曲前的长度	D1 水平筋包括水平倾角≤30°的钢筋 D2 垂直筋包括倾角＞30°的钢筋	C1 钢筋视作已包括应由承建商决定的弯钩、钢筋绑扎丝、定位筋和马凳铁	
		4. 箍筋						
2. 定位钢筋和马凳铁	1. 需说明尺寸		t		M3 只有当承建商不能自行决定定位筋及马凳铁的要求时，此等项目才需分项计量			
3. 特殊搭接件	1. 需说明标称尺寸和造形		m					
4. 钢筋网片	1. 需说明钢筋网片规格和每平方米重量		m^2	1. 弯曲 2. 条形网片，需说明宽度	M4 钢筋网计算工程量内不包括网片间的搭接面积 M5 面积≤$100m^2$ 的孔洞不予扣除		C2 钢筋网片视作已包括应由承建商自作决定的搭接、钢筋捆扎丝、所有切割、弯曲、定位钢筋和马凳铁 C3 弯曲钢筋网片视作已包括钢构件外的绑扎件	S4 最小搭接长度

表 4.4.4 英方砖墙/砌块墙

提供资料					计算规则	定义规则	范围规则	辅助资料
P1 以下资料或应按 A 部分之基本设施费用/总则之条款而提供于位置图内，或提供于与工程量清单相对应的附图内： (a)各层平面图和主要剖面图。须表现有墙位置和所使用材料 (b)外立面图，须表现所使用材料					M1 除非另有特别说明，砖墙和砌块墙均应按墙体轴线计算 M2. 不扣除以下之空间： (a)孔洞≤0.10m² (b)烟道、衬烟道和烟道砌块之孔洞及砌筑料的总面积≤0.25m² M3 关于应予扣除的圈梁、过梁、门槛、板等的范围，按全厚砖/砌块的高度和半厚砖的厚度计算 M4 弧形工程按半径说明	D1 除非另有特别说明，所说明的厚度均为标称厚度 D2 饰面工程指对砖墙或砌块墙执行饰面处理的所有工程 D3 除非另有特别说明，所有工程均为垂直工程 D4 墙壁包括空心墙罩面层	C1 砖墙和砌块墙视作已包括： (a)弧形工程所需的额外材料 (b)所有粗切割和细切削 (c)形成粗细槽、喉道、榫眼、凹槽、凹凸榫、孔、挡板和斜接面 (d)刮开接口以形成键结合 (e)檐口填充所需之人工 (f)转弯、端部和转角所需之人工 (g)中心线持续对中	S1 砖墙和砌块墙的种类、质量及尺寸 S2 连接形式 S3 水泥砂浆配合比及标号 S4 勾缝类型 S5 不能由承建商决定的切割方法
分类表								
1. 墙 2. 独立墩 3. 独立隔板 4. 烟囱	1. 厚度说明 2. 单面饰面墙，需说明厚度 3. 双面饰面墙，需说明厚度	1. 垂直墙 2. 斜墙 3. 单面锥形墙 4. 双面锥形墙	m²	1. 在其他工程上建造 2. 与其他工程结合 3. 做模板用，需详细说明临时支撑 4. 悬吊建造	M5 当存在其他工程时或由不同材料组成时，需分项计量在其他工程上建造和与其他工程结合的所述构件	D5 斜墙指两侧面平行的倾斜墙 D6 锥形墙指厚度缩进的墙 D7 锥形墙按平均厚度说明 D8 独立墩指平面长度≤4 倍厚度的独立墙，因开洞产生者除外	C2 与其他材料结合的砖墙和砌块墙工程视作已包括结合用额外材料	
5. 拱	1. 立面高度、外露腹板厚度、宽度和拱形状说明		m		M6 拱按轴线长度或表面长度计算			

表 4.4.5　地下连续墙

项目名称	项目特征	计量单位	工程量计算规则	工作内容
地下连续墙	1. 地层情况 2. 导墙类型、截面 3. 墙体厚度 4. 成槽深度 5. 混凝土种类、强度等级 6. 接头形式	m^3	按设计图示墙中心线长乘以厚度乘以槽深，以体积计算	1. 导墙挖填、制作、安装、拆除 2. 挖土成槽、固壁、清底置换 3. 混凝土制作、运输、灌注、养护 4. 接头处理 5. 土方、废浆外运 6. 打桩场地硬化及泥浆池、泥浆沟

注：地下连续墙的清单工程量按设计尺寸以体积计算。工程内容包括导墙制拆除、挖土成槽、锁口管吊拔、混凝土浇筑、养生、土石方场外运输等全部内容。

表 4.4.6　地下连续墙

提供资料					计算规则	定义规则	范围规则	辅助资料
P1 以下资料或应按 A 部分之基本设施费用/总则条款而提供于位置图内，或应提供于与工程量清单相对应的深化图纸内： (a)地下连续墙布置及其与周围建筑物关系。 (b)地下连续墙深度、长度及厚度 P2 土壤说明 (c)地面特性按 D20 章节所要求资料提供 (d)当工程靠近运河、河流等或潮水时，应说明与运河、河流正常水位相对的地面标高；或说明至高低变化潮水之平均水位的相对标高；有需要时须说明洪水水位 P3 开始标高 (a)应说明工程开工及量度所依据的开始标高 (b)不规则地面应予以说明								
	分类表							
1. 土方开挖及外运	1. 说明墙厚	1. 说明最大深度	m^3		M1 按墙体标称长度及深度计算土方开挖和余土外运工程量，深度自开始表面计算			S1 支承液体细节 S2 余土外运方式限制要求

续表

分类表				计算规则	定义规则	范围规则	辅助资料
2. 挖方额外增加项目	1. 打碎现存材料	1. 岩石 2. 混凝土 3. 钢筋混凝土	m^3				
	2. 打碎现存硬路面,须说明路面厚度	4. 砖、砌块或石料 5. 涂膜碎石或沥青	m^2				
3. 空槽回填	1. 说明回填材料类型		m^3				
4. 混凝土	1. 说明墙厚		m^3	M2 混凝土按净量计算,但不扣除下述项目所占空间: (a)钢筋 (b)截面≤0.50m^2之钢构件 (c)预埋配件 (d)≤0.05m^3之孔洞			S3 材料及标号细节 S4 试验
5. 钢筋				M3 钢筋按E30章节之规则计量,计量内容包括特别要求的加劲肋、提升吊钩和预埋支承			
6. 切除顶端至所需标高	1. 说明墙厚		m			C1 切除顶端至所需标高视作已包括提供及填充工作面区域和余料外运	
7. 修整及清理地下连续墙墙面	1. 说明细节		m^2				
8. 防水接缝	1. 说明缝类形及接缝方法		m	M4 只有特殊要求下才分项计量防水接缝			
9. 导水墙	1. 单侧 2. 双侧	1. 说明设计及施工之限制条件	m	M5 导水墙计量长度与地下连续墙长度相同 M6 土方开挖、余土外运、支撑、混凝土、钢筋、模板及其他同类项目包括在清单项目描述内			

续表

分类表					计算规则	定义规则	范围规则	辅助资料
10. 地下连续墙辅助工程	1. 准备连续处预埋凹槽或管子槽，需详细说明		项				C2 准备预埋凹槽或管子槽视作已包括拆模板及加工预埋钢筋	
	2. 挖除临时回填		m^3					
	3. 拆除导水墙	1. 单侧 2. 双侧	m		M7 导水墙计量长度与地下连续墙长度相同		C3 导水墙拆除视作已包括将拆除物清运出场	S5 拆除物清运出场方式限制要求
11. 延迟执行项目	1. 竖立试验台		h		M8 只有特别准许情况下才分项计量延迟执行项目		C4 延迟执行项目视作已包括所需之人工	
12. 测试	1. 需详细说明		m					S6 试验时间和测试细节

五、市政管网工程

1. 中英方关于管道铺设的工程量计算规则是如何规定的?

答：中方对管道铺设的工程计算较详细，其工程量项目设置及工程量计算规则按表 4.5.1 执行。

表 4.5.1 中方管道铺设

项目名称	项目特征	计量单位	工程量计算规则	工作内容
混凝土管	1. 垫层、基础材质及厚度 2. 管座材质 3. 规格 4. 接口方式 5. 铺设深度 6. 混凝土强度等级 7. 管道检验及试验要求	m	按设计图示中心线长度以延长米计算，不扣除附属构筑物、管件及阀门等所占长度	1. 垫层、基础铺筑及养护 2. 模板制作、安装、拆除 3. 混凝土拌和、运输、浇筑、养护 4. 预制管枕安装 5. 管道铺设 6. 管道接口 7. 管道检验及试验

续表

项目名称	项目特征	计量单位	工程量计算规则	工作内容
钢管 铸铁管	1. 垫层、基础材质及厚度 2. 材质及规格 3. 接口方式 4. 铺设深度 5. 管道检验及试验要求 6. 集中防腐运距	m	按设计图示中心线长度以延长米计算。不扣除附属构筑物、管件及阀门等所占长度	1. 垫层、基础铺筑及养护 2. 模板制作、安装、拆除 3. 混凝土拌和、运输、浇筑、养护 4. 管道铺设 5. 管道检验及试验 6. 集中防腐运输
塑料管	1. 垫层、基础材质及厚度 2. 材质及规格 3. 连接形式 4. 铺设深度 5. 管道检验及试验要求			1. 垫层、基础铺筑及养护 2. 模板制作、安装、拆除 3. 混凝土拌和、运输、浇筑、养护 4. 管道铺设 5. 管道检验及试验
直埋式预制保温管	1. 垫层材质及厚度 2. 材质及规格 3. 接口方式 4. 铺设深度 5. 管道检验及试验的要求			1. 垫层铺筑及养护 2. 管道铺设 3. 接口处保温 4. 管道检验及试验
管道架空跨越	1. 管道架设高度 2. 管道材质及规格 3. 接口方式 4. 管道检验及试验要求 5. 集中防腐运距		按设计图示中心线长度以延长米计算。不扣除管件及阀门等所占长度	1. 管道架设 2. 管道检验及试验 3. 集中防腐运输
隧道(沟、管)内管道	1. 基础材质及厚度 2. 混凝土强度等级 3. 材质及规格 4. 接口方式 5. 管道检验及试验要求 6. 集中防腐运距		按设计图示中心线长度以延长米计算。不扣除附属构筑物、管件及阀门等所占长度	1. 基础铺筑、养护 2. 模板制作、安装、拆除 3. 混凝土拌和、运输、浇筑、养护 4. 管道铺设 5. 管道检测及试验 6. 集中防腐运输
水平导向钻进	1. 土壤类别 2. 材质及规格 3. 一次成孔长度 4. 接口方式 5. 泥浆要求 6. 管道检验及试验要求 7. 集中防腐运距		按设计图示长度以延长米计算。扣除附属构筑物(检查井)所占的长度	1. 设备安装、拆除 2. 定位、成孔 3. 管道接口 4. 拉管 5. 纠偏、监测 6. 泥浆制作、注浆 7. 管道检测及试验 8. 集中防腐运输 9. 泥浆、土方外运

续表

项目名称	项目特征	计量单位	工程量计算规则	工作内容
夯管	1. 土壤类别 2. 材质及规格 3. 一次夯管长度 4. 接口方式 5. 管道检验及试验要求 6. 集中防腐运距	m	按设计图示长度以延长米计算。扣除附属构筑物(检查井)所占的长度	1. 设备安装、拆除 2. 定位、夯管 3. 管道接口 4. 纠偏、监测 5. 管道检测及试验 6. 集中防腐运输 7. 土方外运
顶(夯)管工作坑	1. 土壤类别 2. 工作坑平面尺寸及深度 3. 支撑、围护方式 4. 垫层、基础材质及厚度 5. 混凝土强度等级 6. 设备、工作台主要技术要求	座	按设计图示数量计算	1. 支撑、围护 2. 模板制作、安装、拆除 3. 混凝土拌和、运输、浇筑、养护 4. 工作坑内设备、工作台安装及拆除
预制混凝土工作坑	1. 土壤类别 2. 工作坑平面尺寸及深度 3. 垫层、基础材质及厚度 4. 混凝土强度等级 5. 设备、工作台主要技术要求 6. 混凝土构件运距	座	按设计图示数量计算	1. 混凝土工作坑制作 2. 下沉、定位 3. 模板制作、安装、拆除 4. 混凝土拌和、运输、浇筑、养护 5. 工作坑内设备、工作台安装及拆除 6. 混凝土构件运输
顶管	1. 土壤类别 2. 顶管工作方式 3. 管道材质及规格 4. 中继间规格 5. 工具管材质及规格 6. 触变泥浆要求 7. 管道检验及试验要求 8. 集中防腐运距	m	按设计图示长度以延长米计算。扣除附属构筑物(检查井)所占的长度	1. 管道顶进 2. 管道接口 3. 中继间、工具管及附属设备安装拆除 4. 管内挖、运土及土方提升 5. 机械顶管设备调向 6. 纠偏、监测 7. 触变泥浆制作、注浆 8. 洞口止水 9. 管道检测及试验 10. 集中防腐运输 11. 泥浆、土方外运
土壤加固	1. 土壤类别 2. 加固填充材料 3. 加固方式	1. m 2. m^3	1. 按设计图示加固段长度以延长米计算 2. 按设计图示加固段体积以立方米计算	打孔、调浆、灌注
新旧管连接	1. 材质及规格 2. 连接方式 3. 带(不带)介质连接	处	按设计图示数量计算	1. 切管 2. 钻孔 3. 连接

续表

项目名称	项目特征	计量单位	工程量计算规则	工作内容
临时放水管线	1. 材质及规格 2. 铺设方式 3. 接口形式	m	按放水管线长度以延长米计算,不扣除管件、阀门所占长度	管线铺设、拆除
砌筑方沟	1. 断面规格 2. 垫层、基础材质及厚度 3. 砌筑材料品种、规格、强度等级 4. 混凝土强度等级 5. 砂浆强度等级、配合比 6. 勾缝、抹面要求 7. 盖板材质及规格 8. 伸缩缝(沉降缝)要求 9. 防渗、防水要求 10. 混凝土构件运距		按设计图示尺寸以延长米计算	1. 模板制作、安装、拆除 2. 混凝土拌和、运输、浇筑、养护 3. 砌筑 4. 勾缝、抹面 5. 盖板安装 6. 防水、止水 7. 混凝土构件运输
混凝土方沟	1. 断面规格 2. 垫层、基础材质及厚度 3. 混凝土强度等级 4. 伸缩缝(沉降缝)要求 5. 盖板材质、规格 6. 防渗、防水要求 7. 混凝土构件运距			1. 模板制作、安装、拆除 2. 混凝土拌和、运输、浇筑、养护 3. 盖板安装 4. 防水、止水 5. 混凝土构件运输
砌筑渠道	1. 断面规格 2. 垫层、基础材质及厚度 3. 砌筑材料品种、规格、强度等级 4. 混凝土强度等级 5. 砂浆强度等级、配合比 6. 勾缝、抹面要求 7. 伸缩缝(沉降缝)要求 8. 防渗、防水要求			1. 模板制作、安装、拆除 2. 混凝土拌和、运输、浇筑、养护 3. 渠道砌筑 4. 勾缝、抹面 5. 防水、止水
混凝土渠道	1. 断面规格 2. 垫层、基础材质及厚度 3. 混凝土强度等级 4. 伸缩缝(沉降缝)要求 5. 防渗、防水要求 6. 混凝土构件运距			1. 模板制作、安装、拆除 2. 混凝土拌和、运输、浇筑、养护 3. 防水、止水 4. 混凝土构件运
警示(示踪)带铺设	规格		按铺设长度以延长米计算	铺设

注:①管道铺设项目设置中没有明确区分是排水、给水、燃气还是供热管道,它适用于市政管网管道工程。在列工程量清单时可冠以排水、给水、燃气、供热的专业名称以示区别。

②管道铺设除管沟挖填方外,包括从垫层起至基础、管道防腐、铺设、保温、检验试验、冲洗消毒或吹扫等全部内容。

英方对管道铺设的规定,主要归结为对空气输送管道、空气输送管道附件的规定,与中国规定不同,中方按管道材料不同对管道进行分类并分别规定,又考虑管道铺设方法不同对管道进行分类规定,而英方对管道进行总的说明,如:管道所需的额外项目,辅件,现有管道的断开,不同于管线作法的管道支撑、未与配件一起提供的弯钩与多路接头等相关规定,与中方不同,英方规定详见表 4.5.2。

表 4.5.2　英方管道铺设

<table>
<tr><th colspan="5">提供资料</th><th>计算规则</th><th>定义规则</th><th>范围规则</th><th>辅助资料</th></tr>
<tr><td colspan="5">P1 以下资料或应按第 A 部分之基本设施费用/总则条款而提供于位置图内，或应提供于与工程量清单相对应的附图上：
(a)工程范围及其位置，包括机房内的工作内容</td><td rowspan="2">M1 与本章节有关的工程内容按附录 B 内规则 R20. U70 计算，并作相应分类
M2. 机房内的工作单独计算</td><td rowspan="2">D1 面层及表面处理不包括按 Y50 及 M60 规则计算的保温绝热层及装饰性面层</td><td rowspan="2">C1 视作已包括提供一切必要的连接件
C2 视作已包括提供格式、模式与模具等</td><td rowspan="2">S1 特殊的行规及规范
S2 材料类型与材质
S3 材料规格、厚度或材质
S4 材料必须符合的测试标准
S5 现场操作的面层或表面处理
S6 非现场操作的面层或表面处理，应说明是在工厂组装或安装之前或之后进行</td></tr>
<tr><td colspan="5">分类表</td></tr>
<tr><td>1. 管道</td><td>1. 直型
2. 弯曲型，注明半径
3. 矩形截面宽边弯曲型，注明半径
4. 矩形截面窄边弯曲型，注明半径
5. 可延长型</td><td>1. 注明连接件的类型、形状、尺寸及连接方法，安装支撑间距及方法亦需注明</td><td>m</td><td>1. 注明支承环境及安装方法</td><td>M3 计算管道时不扣除配件及支管长度</td><td></td><td>C3 管道视作已包括
(a)管道长度内的连接件
(b)加劲构件</td><td></td></tr>
<tr><td>2. 管道所需的额外项目</td><td>1. 带内衬的管道</td><td>1. 注明管道内衬材料类型与厚度及管道内部净尺寸</td><td>m</td><td></td><td>M4 内衬可于管道方面中加入注明</td><td></td><td></td><td></td></tr>
</table>

续表

分类表					计算规则	定义规则	范围规则	辅助资料
	2. 特殊连接件	1. 注明类型、尺寸、管道尺寸以及连接方法	nr	1. 不同于管道的连接件，需注明标称尺寸	M5 当出现配件较多的情况时（例如在机房内），配件可单独作为全成本项目以数量计算	D2 特殊连接件是指与常规管道不同的连接，或与不同管径或材料的管道的连接	C4 检修孔、排气孔及试验孔视作已包括孔口加固 C5 视作已包括管道与配件之间的切割与连接	
	3. 配件 4. 检修孔及盖板或门洞 5. 排气口 6. 试验孔与盖板	1. 注明类型	nr	1. 采用不同于管道的配件时，需注明连接方法				
3. 未与配件一起提供的弯头与多路接头	1. 注明类型	1. 注明管道内部尺寸	nr					
4. 辅件	1. 注明连接的方法、类型及标称尺寸，支承的方法、类型及数量	1. 注明管道类型	nr	1. 说明环境 2. 导入管沟 3. 导入沟槽			C6 视作已包括切割管道以便与配件连接	
5. 现有管道的断开	1. 注明管道的类型、尺寸与位置	1. 注明断开的目的	项	1. 获取必要的断开许可证 2. 隔离现有管道 3. 准备停止现有设备以开始新运行 4. 关闭期限的限制				
6. 不同于管线做法的管道支撑		1. 注明管道的形状及尺寸、支撑的类型及尺寸、管道安装及支承方法	nr	1. 绝缘处理，细节说明 2. 补偿弹簧可调节的荷载与位移量 3. 注明安装的环境	M6 对工厂制造服务及多功能服务，在P30章节进行计算			
7. 墙壁、地板与天花板内的套管	1. 长度≤300mm 2. 其后，按每增300mm分级	1. 注明管道的类型与尺寸	nr	1. 安装方法与包装类型 2. 交由其他承建商安装				

2. 中英方关于管件、阀门及附件安装和支架制作及安装的工程量计算规则是如何确定的？

答：管件：给水铸铁管件材质分为灰口铸铁和球墨铸铁管件，接口形式分承插连接和法兰连接两种。给水铸铁管管件种类较多，有起转弯用的不同弯曲角度的弯管；有起管道分支用的丁字管、十字管；有起变径用的渐扩管、渐缩管；有起连接用的套管、短管等。排水管件有弯管（弯头，图4.5.1、图4.5.2）；三通管（图4.5.3、图4.5.4）；四通管（图4.5.5、图4.5.6）；存水弯管（图4.5.7、图4.5.8）；检查口、清扫口等。排水硬聚氯乙烯管件，主要有带承插口的T形三通和90°肘形弯头（图4.5.9），带承插口的三通、四通和弯头（图4.5.10）。除此之外，还有45°弯头，异径管和管接头（管箍）等。

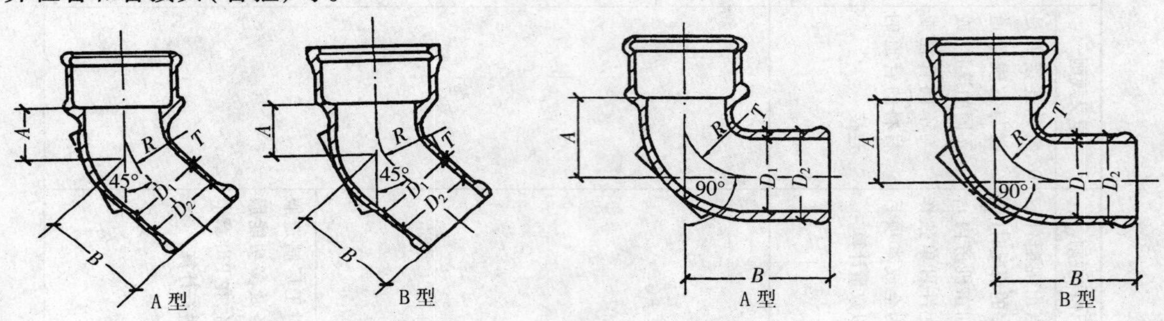

图4.5.1　45°承插弯管　　图4.5.2　90°承插弯管

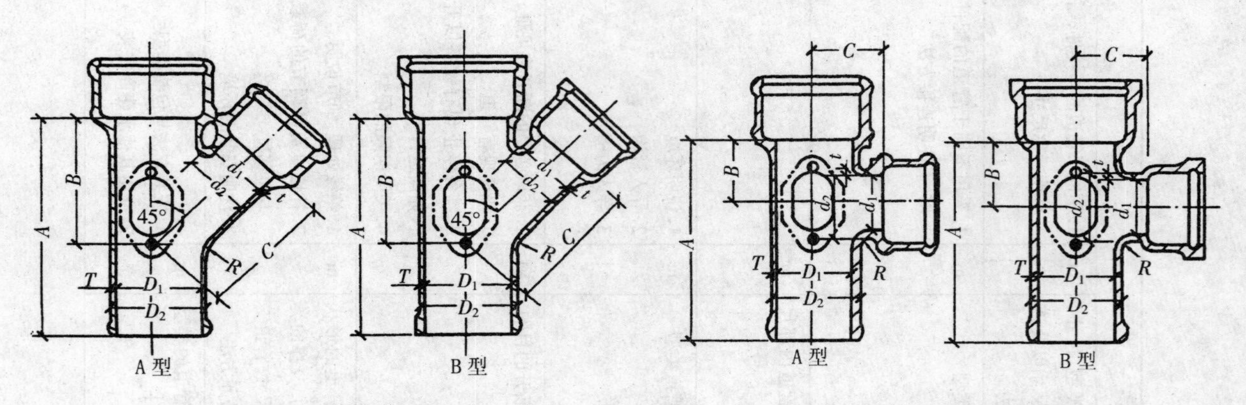

图4.5.3　45°承插三通管　　图4.5.4　90°承插三通管

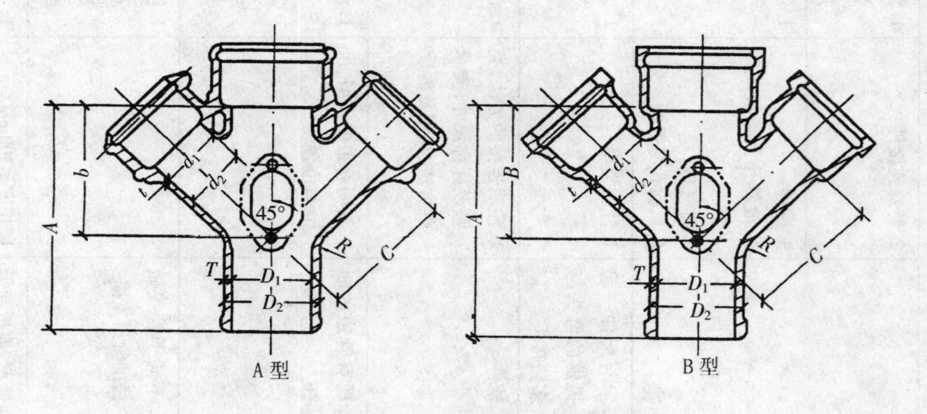

图4.5.5　45°承插四通管

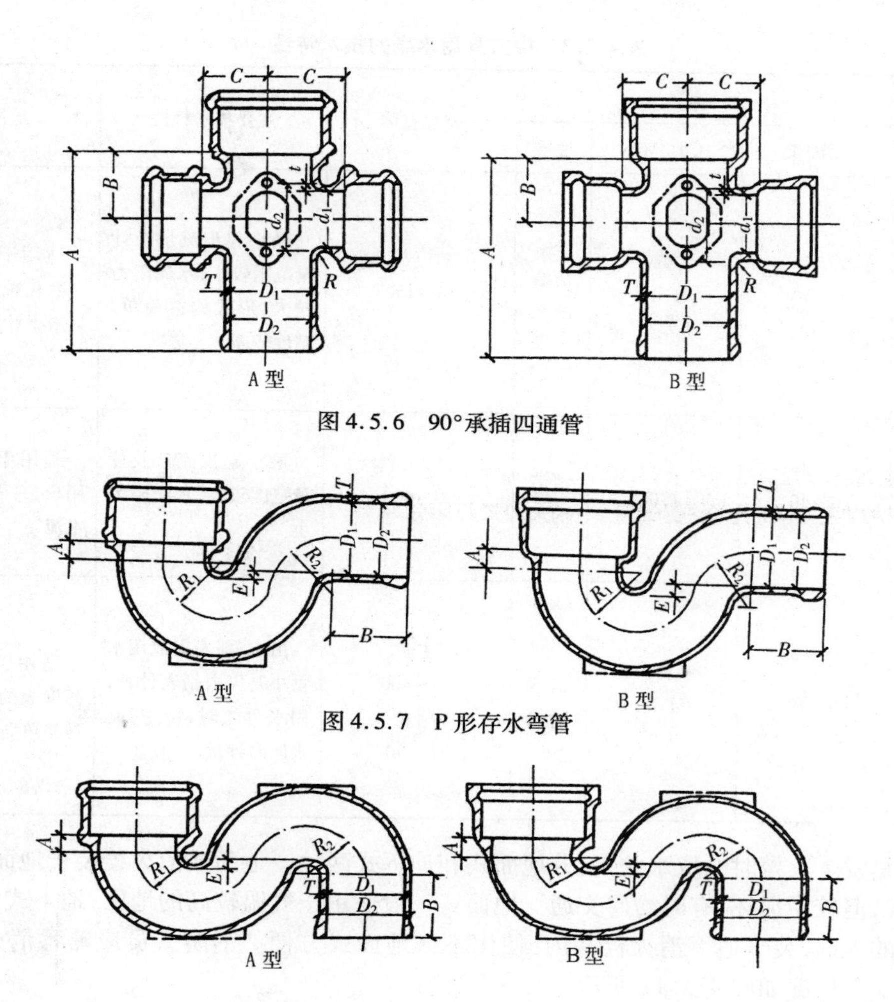

图 4.5.6　90°承插四通管

图 4.5.7　P 形存水弯管

图 4.5.8　S 形存水弯管

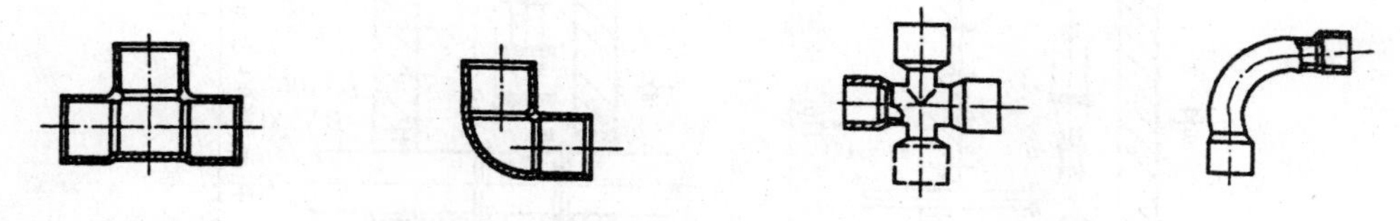

图 4.5.9　带承插口的 T 形三通和 90°肘形弯头　　图 4.5.10　带承插口的三通、四通和弯头

阀门是给排水、采暖、煤气工程中应用极广泛的一种部件，其作用是关闭或开启管路以及调节管道介质的流量和压力。按照阀门的职能和结构特点，可分为截止阀、闸阀、节流阀、球阀、蝶阀、隔膜阀、旋塞阀、止回阀、安全阀、疏水阀等。这些阀件都是在管道安装工程中常用的。

水表是用来计算介质流量的，常用水表为旋翼式水表和螺翼式水表，一般公称直径≤50mm 时选用旋翼式水表；公称直径 >50mm 时，应采用螺翼式水表；当通过流量变化幅度很大时，应采用由旋翼式和螺翼式组合而成的复式水表，水表的公称直径应按设计标称流量不超过水表的额定流量来决定，一般等于或略小于管道公称直径。常用水表技术特性见表 4.5.3。

表 4.5.3　中方常用水表的技术特性

类型	介质条件			公称直称	主要技术特性	适用范围
	水温/℃	压力/MPa	性质			
旋翼式水表	0～40	1.0	清洁的水	15～150	最小起步流量及计量范围较小、水流阻力较大,形式构造简单,精度较高	适用于用水理及逐时变化幅度小的用户,只限于计量单向水流
螺翼式水表	0～40	1.0	清洁的水	80～400	最小起步流量及计量范围较大,水流阻力小	适用于用水量大的用户,只限于计量单向水流
复式水表	0～40	1.0	清洁的水	主表 50～400 副表 15～40	由主、副表组成用水量小时仅由副表计算,用水量大时,由主、副表同时计量	适用于用水量变化幅度大的用户,只限于计量单向水流

消火栓是发生火警时的取水龙头,分地面式和地下式两种。地面式消火栓装于地面上,目标明显,易于寻找,但较易损坏,有时妨碍交通。地面式一般适用于气温较高的地区;地下式消火栓适用于气温较低的地面,装于地下消火栓井内,使用不如地面式方便。消防人员应熟悉消火栓设置位置。消火栓安装情况如图 4.5.11 所示。

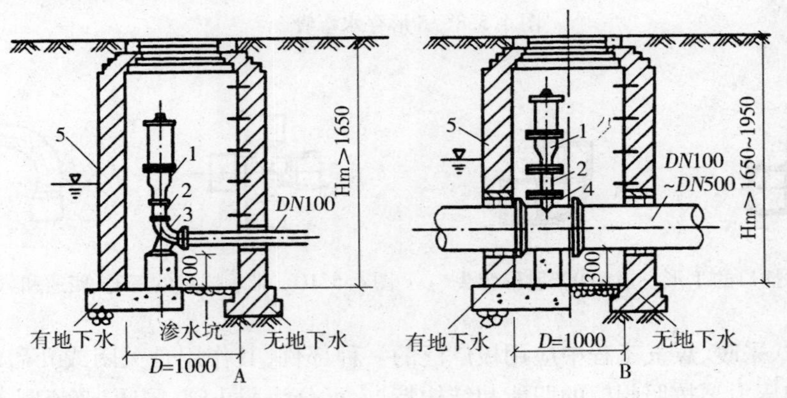

图 4.5.11　地下消火栓

1—S×100 消火栓;2—短管;3—弯头支座;4—消火栓三通;5—圆形阀门井

中方管件、阀门及附件安装和支架制作及安装。工程量清单项目设置及工程量计算规则,应按表 4.5.4 的规定执行。

表 4.5.4　中方管件、阀门及附件安装和支架制作及安装

项目名称	项目特征	计量单位	工程量计算规则	工作内容
铸铁管管件	1. 种类 2. 材质及规格 3. 接口形式	个	按设计图示数量计算	安装
钢管管件制作、安装				制作、安装
塑料管管件	1. 种类 2. 材质及规格 3. 连接方式			安装
转换件	1. 材质及规格 2. 接口形式			
阀门	1. 种类 2. 材质及规格 3. 连接方式 4. 试验要求			
法兰	1. 材质、规格、结构形式 2. 连接方式 3. 焊接方式 4. 垫片材质			
盲堵板制作、安装	1. 材质及规格 2. 连接方式			制作、安装
套管制作、安装	1. 形式、材质及规格 2. 管内填料材质			
水表	1. 规格 2. 安装方式			安装
消火栓	1. 规格 2. 安装部位、方式			
补偿器（波纹管）	1. 规格 2. 安装方式			
除污器组成、安装		套		组成、安装
凝水缸	1. 材料品种 2. 型号及规格 3. 连接方式	组		1. 制作 2. 安装
调压器	1. 规格 2. 型号 3. 连接方式			安装
过滤器				
分离器				
安全水封	规格			
检漏（水）管				

续表

项目名称	项目特征	计量单位	工程量计算规则	工作内容
砌筑支墩	1. 垫层材质、厚度 2. 混凝土强度等级 3. 砌筑材料、规格、强度等级 4. 砂浆强度等级、配合比	m^3	按设计图示尺寸以体积计算	1. 模板制作、安装、拆除 2. 混凝土拌和、运输、浇筑、养护 3. 砌筑 4. 勾缝、抹面
混凝土支墩	1. 垫层材质、厚度 2. 混凝土强度等级 3. 预制混凝土构件运距			1. 模板制作、安装、拆除 2. 混凝土拌和、运输、浇筑、养护 3. 预制混凝土支墩安装 4. 混凝土构件运输
金属支架制作、安装	1. 垫层、基础材质及厚度 2. 混凝土强度等级 3. 支架材质 4. 支架形式 5. 预埋件材质及规格	t	按设计图示质量计算	1. 模板制作、安装、拆除 2. 混凝土拌和、运输、浇筑、养护 3. 支架制作、安装
金属吊架制作、安装	1. 吊架形式 2. 吊架材质 3. 预埋件材质及规格			制作、安装

同时注意：

①管道铺设中的管件、钢支架制作安装及新旧管连接，应分别列清单项目。

②管道法兰应单独列清单项目，内容包括法兰片的焊接和法兰的连接；法兰管件安装的清单项目包括法兰片的焊接和法兰管体的安装。

英方对管件、阀门及附件安装和支架制作及安装的工程量计算规定与中方不同。英方主要对管件及其相关项目进行规定，详见表4.5.5。

英方没有明确规定阀门、水表、消火栓安装的工程量计算规则，只是在Y51机械系统测试及调试系统Y54标识系统——机械式Y59各类一般机械累项中有所体现，但不能对应，详见表4.5.6。

表 4.5.5　英方管件、阀门及附件安装和支架制作

提供资料					计算规则	定义规则	范围规则	辅助资料
P1 以下资料或应按第 A 部分之基本设施费用/总则条款而提供于位置图内，或应提供于与工程量清单相对应的附图上： (a)工程范围及其位置，包括机房的工作内容					M1 与本章节有关的工程内容按附录 B 内规则 R20 - U70 计算，并作相应分类 M2. 机房内的工作单独计算	D1 面层及表面处理不包括按 Y50 及 M60 规则计算的保温绝热层及装饰性面层	C1 视作已包括提供一切必要的连接件 C2 视作已包括提供格式、模式与模具等	S1 特殊的行规及规范 S2 材料类型与材质 S3 材料规格、厚度或材质 S4 材料必须符合的测试标准 S5 现场操作的面层或表面处理 S6 非现场操作的面层或表面处理，应说明是在工厂组装或安装之前或之后进行
分类表								
1. 管件	1. 直型 2. 弯曲型，注明半径 3. 柔性软管 4. 可延长型	1. 注明连接件的类型、标称尺寸及连接方法，安装支撑、间距及方法亦需说明	m	1. 说明支承环境及安装方法 2. 导入管沟 3. 导入沟槽 4. 导入暗槽 5. 埋在楼面抹灰层内 6. 在现场浇筑的混凝土内	M3 计算管道时不扣除配件及与管长度 M4 柔性及可延长型管道需计算其展开后的长度		C3 管道视作已包括配套的连接件 C4 管道视作已包括仅用于吊装工作的连接件	
	5. 供水管与回水管	2. 注明主管的类型、长度及标称尺寸，注明支管的数量、类型、长度及每条的直径，安装方法、终端连接方法及支撑的类型、数量及固定方法亦需说明	nr					

续表

分类表					计算规则	定义规则	范围规则	辅助资料
2. 管道所需要的额外项目	1. 弯管		nr			D2 特殊连接件是指，与常规管道不同的连接或与管道的连接，或与现有管道设备或排气管道端部之连接件		
	2. 特殊连接件	1. 说明连接类型与方法		1. 不同于管道的连接件，需注明标称尺寸				
	3. 配件，管道直径≤65mm	2. 单头 3. 双头 4. 三头 5. 其他类型，细节说明		1. 装有检查门 2. 在采用不同于管道的配件时，需说明连接方法	M5 有大小头的不同管径或材料的连接件，该连接件按大头管径计算		C5 管道视作已包括切割及与管件相接的连接件、膨胀圈与膨胀补充器	
	4. 配件，管道直径>65mm	6. 注明类型						
3. 膨胀圈	1. 注明类型、标称尺寸、连接方法、类型、数量及支承方法	1. 限定尺度及可调节的膨胀量	nr	1. 说明环境 2. 导入管沟 3. 导入沟槽				
4. 膨胀补充器		1. 注明可调节的膨胀量	nr					
5. 螺旋套节 6. 阀门 7. 丝套	1. 注明类型，尺寸与安装方法	1. 注明标称尺寸与管件类型	nr				C6 螺旋套节，阀门与轴套视作已包括管件穿孔	
8. 管道辅助工作	1. 注明类型、标称尺寸、连接方法、类型、数量及支承方法	1. 注明管件类型	nr	1. 注明综合控制或指示器 2. 注明遥控或指示器，以及两者之间的衔接 3. 注明安装的环境 4. 导入管沟 5. 导入沟槽			C7 管道视作已包括切割及与辅件相接的连接件	

续表

分类表					计算规则	定义规则	范围规则	辅助资料
9. 不同于管线做法的管道支撑		1. 注明管道的标称尺寸，支承的类型与尺寸，以及管道安装与支承方法	nr	1. 绝缘处理，细节说明 2. 补偿弹簧、可调节的荷载与位移量 3. 注明安装的环境	M6 对工厂制造服务及多功能服务，在 P30 章节进行计算			
10. 管线锚碇与导管装置		1. 注明管道的标称尺寸、类型、尺寸与组成，以及管道安装与管线锚碇及导管装置	nr					
11. 墙壁、地板与天花板内的套管	1. 长度≤300mm 2. 其后，按每增300mm 分级	1. 注明管件的类型与标称尺寸	nr	1. 说明安装方法与包装类型 2. 交由其他承建商进行安装				
12. 墙壁、地板与天花板的垫板		1. 注明类型、尺寸与安装方法	nr					

表 4.5.6　英方机械系统测试及调试系统/标识系统——机械式/各类一般机械杂项

提供资料					计算规则	定义规则	范围规则	辅助资料
P1 以下资料或应按第 A 部分之基本设施费用/总则条款而提供于位置图内：					M1 与本章节有关的工程内容按附录 B 内规则 R14 – U10 计算，并作相应分类			
分类表								
1. 标出孔洞、榫眼与暗槽于结构中的位置	1. 安装说明		项	1. 在施工过程中成型				
2. 散装附件	1. 钥匙 2. 工具 3. 备件 4. 部件/化学品		nr	1. 注明接收人姓名				
3. 未与设备同时提供的标识	1. 图版 2. 磁碟 3. 标签 4. 磁带或条码 5. 箭头、象征、字母与数字 6. 图表	1. 注明类型、尺寸与安装方法	nr	1. 提供刻线划字方面的细节信息 2. 图表的装裱，细节说明				
4. 测试	1. 安装说明	1. 预备性操作，细节说明 2. 列出阶段性测试（nr），说明目的 3. 保险公司的测试，细节说明 4. 完整操作的人员培训	项	1. 所需的照管服务 2. 所需的仪器、仪表			C1 视作已包括电力与其他供应 C2 视作已包括提供检测鉴定书	
5. 依业主要求的试运转	1. 注明安装和操作目的	1. 说明运行周期	项	1. 所需的照管服务 2. 业主在准许运行之前的要求 3. 业主的特殊保险的要求	M2 水、燃气、电与其他供应已包括在 A54 条款的暂定款内			
6. 图纸准备	1. 注明所需之信息、复印件份数	1. 底片、正片与缩微胶片，细节说明	项	1. 装订成套，细节说明 2. 注明收件人姓名		D1 图纸内容需包括：土建施工图纸、制造商图纸、安装图纸与记录，或其他“合适”的图纸		
7. 运行与维护手册			项					

六、钢筋工程

1. 中英方关于钢筋工程中的预埋铁件工程量计算规则是如何规定的?

答:铁件是指在钢筋混凝土工程中用到的各种铁制构件,如钢筋、型钢、角钢等小型构件,在组合钢模中用到的钢板楔等亦是铁件。

预埋铁件:一般用于预埋构件的拼装焊接,民用建筑中门窗固定,栏杆、晒衣架的焊接等。它由锚板和锚筋焊接而成,根据锚筋使用材料和形式可分为以下三类:

1)圆锚筋可做成直锚筋或弯折斜锚筋的形式。

2)角钢锚筋预埋件:预埋件受力较大时,锚筋采用角钢。

3)直锚筋与抗剪钢板组成的预埋件。

当作用在预埋铁件的剪力较大时,可采用直锚筋与抗剪钢板组成的预埋件。

预埋件按受力情况可分为:

1)受拉预埋件:此类预埋件用于梁(板)下部需要悬挂重物的情况,或单层工业厂房中吊车梁承受吊车横向水平荷载时上翼缘与柱连接的地方。

2)受剪预埋件:用于梁侧受剪的地方;或露天吊车柱柱顶与吊车梁上翼缘连接的地方。

3)拉弯剪预埋件:在实际工程中,此类构件应用比较广泛,如连接钢牛腿的弯剪预埋件。

4)压弯剪预埋件:这类预埋件通常用于钢筋混凝土牛腿面和柱顶处连接屋架,托架、吊车梁以及梁端承受压弯剪的地方。

5)构造预埋件:这类预埋件受力较小,且不易确定受力性质,锚板往往根据要求选用钢板,采用扁钢或角钢构成矩形、条形或边框形式的预埋件。

中方规定:预埋铁件在计算工程量时考虑:①种类;②规格等因素,以 t 为计量单位,按设计图示尺寸以质量计算。

英方规定钢筋工程中的预埋件按表 4.6.1 执行。

2. 中英方关于后张法预应力钢筋的工程量计算规则是如何确定的?

答:应力钢筋是通过先张法和后张法制作的,制作时用油压千斤顶在台座的两边或一边张拉,张拉到规定应力时,利用锚具或夹具将预应力钢筋固定在台座上,操作时应特别仔细,以免有过多的预应力损失。

先张法是浇混凝土前在台座之间张拉钢筋至预定值并作临时固定,安置模板,浇混凝土并待混凝土达一定程度后(约为设计强度的 70% 以上),放松钢筋,利用钢筋弹性回缩,借助于粘结力在混凝土上建立预应力。先张法多用于工厂化生产,台座可以很长(大于 100m 以上),在台座间可生产同类型构件,预应力筋愈快放松,就愈能加快生产周期,提高生产率,但需采取相应措施,保证混凝土达到一定强度。利用台座张拉预应力钢筋,有直线配筋及折线配筋两种。

后张法是先浇灌混凝土,并在混凝土中预留孔道,待混凝土达一定程度后(约为设计强度的 70% 以上),在孔道中穿筋并在构件端部张拉预应力筋,张拉到预定数值,用锚具将钢筋锚在端部,再通过特殊导管灌浆,使预应力与钢筋混凝土产生粘结力。可以一端先锚住,在另一端张拉钢筋完毕后锚固,也可以两端分别张拉,然后锚固于端部。后张法多在工地现场进行,大跨度构件分段施工用此法更为有效。

中方规定后张法预应力钢筋考虑:①部位;②预应力筋种类;③预应力筋规格;④锚具种类、规格;⑤砂浆强度等级;⑥压浆管材质、规格,以 t 为计量单位,按设计图示尺寸以质量计算,工程内容包括:1)预应力筋孔道制作、安装;2)锚具安装;3)预应力筋制作、张拉;4)安装压浆管道;5)孔道压浆。英方对现浇混凝土后张法钢筋作了规定,详见表 4.6.2。

表 4.6.1　英方现浇混凝土的预埋件

提供资料					计算规则	定义规则	范围规则	辅助资料
P1 以下资料或应按 A 部分之基本设施费用/总则条款而提供于位置图内，或应提供于与工程量清单相对应的附图内： (a)混凝土构件相对位置 (b)构件尺寸 (c)板厚度 (d)与浇注时间相关的允许荷载								
分类表								
1. 说明类型或名称		1. 尺寸说明	m^2	1. 说明间距	M1 预埋件一般按“个”(nr)计算，如若项目说明中提供了适当间距，则也可按长度单位或面积单位计算	D1 预埋件不包括钢筋、绑扎钢丝、钢筋定位块、定位筋、马凳铁、钢结构、空心砌块、填充砌块、永久模板、接缝及存在于混凝土周边但不能由承建商确定的所有其他部件		S1 材料类型、质量、尺寸或制造厂家资料
			m					
			nr					

表 4.6.2 英方现浇混凝土后张法钢筋

<table>
<tr><th colspan="5">提供资料</th><th>计算规则</th><th>定义规则</th><th>范围规则</th><th>辅助资料</th></tr>
<tr><td colspan="5">P1 以下资料或应按 A 部分之基本设施费用/总则条款而提供于位置图内,或应提供于与工程量清单相对应的附图内:
(a)混凝土构件相对位置
(b)构件尺寸
(c)板厚度
(d)与浇注时间相关的允许荷载</td><td rowspan="2"></td><td rowspan="2"></td><td rowspan="2"></td><td rowspan="2"></td></tr>
<tr><td colspan="5">分类表</td></tr>
<tr><td>1. 张拉构件(nr)</td><td>1. 尺寸说明</td><td></td><td>nr</td><td>1. 组合结构</td><td>M1 后张钢筋按同类构件中的预应力钢筋束之数量计算</td><td></td><td></td><td>S1 钢筋束中预应力钢丝的数量、长度、材质和尺寸
S2 管道、孔隙及灌浆
S3 锚固件和端头处理
S4 施加应力工序、应力传递、初始应力
S5 支撑限制条件</td></tr>
</table>

表 4.6.3　英方现浇混凝土钢筋

提供资料					计算规则	定义规则	范围规则	辅助资料
P1 以下资料或应按 A 部分之基本设施费用/总则条款而提供于位置图内，或应提供于与工程量清单相对应的附图内： (a)混凝土构件相对位置 (b)构件尺寸 (c)板件厚度 (d)与浇注时间相关的允许荷载								S1 材料类型及质量 S2 测试详细要求 S3 弯曲限制
分类表								
1. 钢筋	1. 需说明钢筋标称尺寸	1. 直筋 2. 弯曲筋 3. 弧形筋	t	1. 水平筋，长度 1200～1500m 2. 以后按每增加 300m 而分级量度 3. 垂直筋，长度 600～900m 4. 以后按每增加 300m 分级量度	M1 钢筋重量不包括表面处理和轧制产生的重量差别 M2. 第四栏所指长度为弯曲前的长度	D1 水平筋包括水平倾角≤30°的钢筋 D2 垂直筋包括倾角>30°的钢筋	C1 钢筋视作已包括应由承建商决定的弯钩、钢筋绑扎丝、定位筋和马凳铁	
		4. 箍筋						
2. 定位钢筋和马凳铁	1. 需说明尺寸		t		M3 只有当承建商不能自行决定定位筋及马凳铁的要求时，此等项目才需分项计量			
3. 特殊搭接件	2. 需说明标称尺寸和造形		nr					
4. 钢筋网片	1. 需说明钢筋网片规格和每平方米重量		m^2	1. 弯曲 2. 条形网片，需说明宽度	M4 钢筋网计算工程量内不包括网片间的搭接面积 M5 面积≤$100m^2$ 的孔洞不予扣除		C2 钢筋网片视作已包括应由承建商自作决定的搭接、钢筋捆扎丝、所有切割、弯曲、定位钢筋和马凳铁 C3 弯曲钢筋网片视作已包括钢构件外的绑扎件	S4 最小搭接长度

注：1)“钢筋工程”所列型钢项目是指劲性骨架的型钢部分。

2)凡型钢与钢筋组合(除预埋铁件外)的钢格栅，应分别列项。

3)钢筋、型钢工程量计算中，设计注明搭接时，应计算搭接长度；设计未注明搭接时，不计算搭接长度。

3. 什么是型钢，中英方关于型钢的工程量是如何计算的？

答：型钢是指断面呈不同形状的钢材，断面呈 L 形的叫角钢；呈 U 形叫槽钢；断面呈圆形的叫圆钢；呈方形的叫方钢；呈工字形的叫工字钢；呈 T 形的叫丁字钢。

中方规定型钢计算工程量时以 t 为计量单位，按设计图示尺寸以质量计算。

英方没有对型钢作出专门规定，而是对现浇混凝土中的所有钢筋作出规定，详见表 4.6.3。

七、拆除工程

1. 中英方关于拆除工程的工程量计算规则是如何规定的？

答：拆除工程是对已建设的建筑物或构筑物由于时间太久某些功能已丧失，建筑问题形成危房，或城市规划等需要拆除的建构筑物，用人工、机械、或火药进行拆除。中方按项目名称将拆除工程分为拆除路面、拆除人行道、拆除基层、铣刨路面、拆除侧、平（缘）石、拆除管道、拆除砖石结构、拆除混凝土结构、拆除井、拆除电杆、拆除管片等，并对其分项进行规定，详见表 4.7.1。

拆除工程。工程量清单项目设置及工程量计算规则，应按表 4.7.1 的规定执行。

表 4.7.1　中方拆除工程

项目名称	项目特征	计量单位	工程量计算规则	工作内容
拆除路面	1. 材质 2. 厚度	m^2	按拆除部位以面积计算	1. 拆除、清理 2. 运输
拆除人行道				
拆除基层	1. 材质 2. 厚度 3. 部位			
铣刨路面	1. 材质 2. 结构形式 3. 厚度			
拆除侧、平（缘）石	材质	m	按拆除部位以延长米计算	
拆除管道	1. 材质 2. 管径			
拆除砖石结构	1. 结构形式 2. 强度等级	m^3	按拆除部位以体积计算	
拆除混凝土结构				
拆除井	1. 结构形式 2. 规格尺寸 3. 强度等级	座	按拆除部位以数量计算	
拆除电杆	1. 结构形式 2. 规格尺寸	根		
拆除管片	1. 材质 2. 部位	处		

注：1 拆除路面、人行道及管道清单项目的工作内容中均不包括基础及垫层拆除，发生时按本章相应清单项目编码列项。

2 伐树、挖树蔸应按现行国家标准《园林绿化工程工程量计算规范》（GB 50858）中相应清单项目编码列项。

英方对拆除工程的规定比较详细，见表 4.7.2。

表4.7.2 英方拆除工程

<table>
<tr><th colspan="5">提供资料</th><th>计算规则</th><th>定义规则</th><th>范围规则</th><th>辅助资料</th></tr>
<tr><td colspan="5">P1 以下资料或应按 A 部分之基本设施费用/总则条款而提供于位置图内,或应提供于与工程量清单相对应的深化图纸内:
(a)现存拆除结构的位置和范围</td><td rowspan="2">M1 本章节内规定的规则,适用于对总则条款所定义之现有建筑所进行的工程</td><td rowspan="2"></td><td rowspan="2"></td><td rowspan="2"></td></tr>
<tr><td colspan="5">分类表</td></tr>
<tr><td>1. 拆除所有结构
2. 拆除个别结构
3. 拆除部分结构</td><td>1. 关于充分确定项目内容的描述</td><td>1. 将要拆除的结构体之标高</td><td>项</td><td>1. 拆除后作为雇主财产保留的物料
2. 可重复利用之物料
3. 结构体修复
4. 作为扶壁而暂时保留于原位的部分现有墙体
5. 临时转移、维持或封闭的现有机电系统
6. 有毒物或其他特殊废物</td><td>M2 本规则下只计量执行临时转移、维持或执行封闭的现有机电系统</td><td>D1 除非另有特别规定,拆除所形成的物料属于承建商财产
D2 对局部结构体的拆除不包括 C20 章节内所述之项目</td><td>C1 拆除项目视作已包括:
(a)将拆除后作为雇主财产而保留的物料和可重复使用物料外的所有其他物料清运出场
(b)由承建商自行确定之伴随拆除所发生的所有临时支承</td><td>S1 所采用特殊操作方法
S2 雇主保留财产和可重复利用物料的放置和存储
S3 雇主对物料清运出场方法的限制要求</td></tr>
</table>

续表

提供资料					计算规则	定义规则	范围规则	辅助资料
4. 不拆除结构的支承 5. 道路及其他同类项目的支承	1. 需说明支撑位置和类型及需加支撑结构或道路之类别		项	1. 供料和安装 2. 维持，需说明维持时间 3. 改造，需说明细节 4. 清除 5. 在结构体上开洞，需说明细节 6. 完工后修复所有受影响工程		D3 支承指伴随拆除而发生、但却有别于临时支撑的支承项目	C2 支承视作已包括螺钉、安装楔子和紧固螺栓	
6. 临时屋面 7. 临时隔板	1. 尺寸说明		项	1. 供应和安装 2. 维持，需说明时间 3. 改造，需说明细节 4. 清除 5. 排除雨水，需说明细节 6. 在结构体上开洞，需说明细节				S4 关于天气和防尘要求的详细说明

第五章　园林绿化工程工程量清单项目及计算规则

一、绿化工程

1. 中英方关于绿地整理的工程量计算规则是如何规定的?

答:整理绿化用地:应用于园林绿化的土地,都要通过征购、征用或内部调剂来解决,征地工作是园林工程开始之前最重要的事情。特别是占地面积很大的大型综合性公园。土地征用后,应尽快设置围墙、篱栅或临时性的围护设施将施工现场保护起来,同时还要做好征地后的拆迁安置、退耕还绿和工程建设宣传。

根据园林规划和园林种植设计的安排,已经确定的绿化用地范围,施工中最好不要临时挪作他用,特别是不要作为建筑施工的备料、配料场地使用,以免破坏土质。若作为临时性的堆放场地,也要求堆放物对土质无不利影响。在进行绿化施工之前,绿化用地上所有建筑垃圾和其他杂物,都要清除干净。若土质已遭碱化或其他污染,要清除恶土,置换肥沃客土。

在施工现场范围内做好各项施工准备工作,要求引入水源、电源、敷设水管、电线,并修筑材料运输便道,平整施工场地做到"三通一平"。运输便道可按照规划的主园路路线,需要一段就修一段,只修筑路基和路面基层,不做路面面层铺装。

中方对绿地整理规定较为详细,按项目名称分类为砍伐乔木、挖树根(蔸)、砍挖灌木丛及根、砍挖竹及根、砍挖芦苇(或其他水生植物及根)、清除草皮、清除地被植物、屋面清理、种植土回(换)填、整理绿化用地、绿地起坡造型、屋顶花园基底处理等,并对其工程量计算规则进行规定,详见表 5.1.1。

表 5.1.1　中方绿地整理

<table>
<tr><th>项目名称</th><th>项目特征</th><th>计量单位</th><th>工程量计算规则</th><th>工作内容</th></tr>
<tr><td>砍伐乔木</td><td>树干胸径</td><td rowspan="2">株</td><td rowspan="2">按数量计算</td><td>1. 砍伐
2. 废弃物运输
3. 场地清理</td></tr>
<tr><td>挖树根(蔸)</td><td>地径</td><td>1. 挖树根
2. 废弃物运输
3. 场地清理</td></tr>
<tr><td>砍挖灌木丛及根</td><td>丛高或蓬径</td><td>1. 株
2. m^2</td><td>1. 以株计量,按数量计算
2. 以平方米计量,按面积计算</td><td rowspan="3">1. 砍挖
2. 废弃物运输
3. 场地清理</td></tr>
<tr><td>砍挖竹及根</td><td>根盘直径</td><td>株(丛)</td><td>按数量计算</td></tr>
<tr><td>砍挖芦苇(或其他水生植物及根)</td><td>根盘丛径</td><td rowspan="2">m^2</td><td rowspan="2">按面积计算</td></tr>
<tr><td>清除草皮</td><td>草皮种类</td><td>1. 除草
2. 废弃物运输
3. 场地清理</td></tr>
</table>

续表

项目名称	项目特征	计量单位	工程量计算规则	工作内容
清除地被植物	植物种类	m^2	按面积计算	1. 清除植物 2. 废弃物运输 3. 场地清理
屋面清理	1. 屋面做法 2. 屋面高度		按设计图示尺寸以面积计算	1. 原屋面清扫 2. 废弃物运输 3. 场地清理
种植土回(换)填	1. 回填土质要求 2. 取土运距 3. 回填厚度 4. 弃土运距	1. m^3 2. 株	1. 以立方米计量,按设计图示回填面积乘以回填厚度以体积计算 2. 以株计量,按设计图示数量计算	1. 土方挖、运 2. 回填 3. 找平、找坡 4. 废弃物运输
整理绿化用地	1. 回填土质要求 2. 取土运距 3. 回填厚度 4. 找平找坡要求 5. 弃渣运距	m^2	按设计图示尺寸以面积计算	1. 排地表水 2. 土方挖、运 3. 耙细、过筛 4. 回填 5. 找平、找坡 6. 拍实 7. 废弃物运输
绿地起坡造型	1. 回填土质要求 2. 取土运距 3. 起坡平均高度	m^3	按设计图示尺寸以体积计算	1. 排地表水 2. 土方挖、运 3. 耙细、过筛 4. 回填 5. 找平、找坡 6. 废弃物运输
屋顶花园基底处理	1. 找平层厚度、砂浆种类、强度等级 2. 防水层种类、做法 3. 排水层厚度、材质 4. 过滤层厚度、材质 5. 回填轻质土厚度、种类 6. 屋面高度 7. 阻根层厚度、材质、做法	m^2	按设计图示尺寸以面积计算	1. 抹找平层 2. 防水层铺设 3. 排水层铺设 4. 过滤层铺设 5. 填轻质土壤 6. 阻根层铺设 7. 运输

注:①整理绿化地是指土石方的挖方、凿石、回填、运输、找平、找坡、耙细。

②伐树、挖树根、砍挖灌木丛、挖竹根、挖芦苇根,除草项目包括:砍、锯、挖、剔枝、截断、废弃物装、运、卸、集中堆放、清理现场等全部工序。

③屋顶花园基底处理项目包括:铺设找平层、粘贴防水层、闭水试验、透水管、排水口埋设、填排水材料、过滤材料剪切、粘接、填轻质土、材料水平、垂直运输等全部工序。

④伐树、挖树根项目应根据树干的胸径或区分不同胸径范围(如胸径 150~250mm 等),以实际树木的株数计算。

⑤砍挖灌木丛项目应根据灌木丛高或区分不同丛高范围(如丛高 800~1200mm 等),以实际灌木丛数计算。

英方没有对绿地整理作出专门规定,只是在地面工程中涉及了场地平整的内容,与中方的计算规则有所不同,详见表 5.1.2。

表 5.1.2　英方地面工程

提供资料					计算规则	定义规则	范围规则	辅助资料
P1 以下资料或应按 A 部分之基本设施费用/总则条款而提供于位置图内，或应提供于与工程量清单相对应的深化图纸内： (a)地下水位及其确定日期。按执行合同前水位定义 (b)每次开挖完重新确定地下水位，并定义为合同执行后水位 (c)受潮汐或类似事项影响的周期性变化地下水位。按平均高、低水位进行说明 (d)试验坑或勘探井及其位置 (e)挡水设施 (f)地表或地下给排水设施及其位置 (g)若适用，按 D30 - D32 章节规定所需说明的桩尺寸及其平面布置								
分类表								
1. 场地准备	1. 伐树 2. 去除树墩	1. 树围 600mm ~ 150m 2. 树围 15 ~ 3m 3. 树围 > 3.00m，需详细说明	nr		M1 树围按高于地面 1.00m 高度计量 M2 树墩按顶部尺寸计量		C1 所述工程视作已包括： (a)铲除树根 (b)清运物料出工地 (c)填坑	S_1 填充物料说明
	3. 清除场地植被	4. 用于准确确定工程项目的其他说明	m^2			D1 场地植被指灌木、丛林、矮灌木、矮树丛、树及 ≤ 600mm 的树墩		
	4. 铲除草皮并保管	1. 保护措施，需详细说明	m^2					

续表

分类表					计算规则	定义规则	范围规则	辅助资料
2. 土方开挖	1. 保护用地表土	1. 说明平均深度	m^2	1. 当挖深超过现有场地标高 0.25m 时，需说明具体开挖深度	M3 清单提供的工程量为开挖前数量，不考虑挖出土方之松散变化量、工作面挖方量或设置土方支撑之开挖量 M4 非桩间地梁的挖方按25和6**之规则计量			
	2. 挖低标高 3. 地下室及类似构筑物 4. 坑井(nr) 5. 基槽，宽度≤0.30m 6. 基槽，宽度>0.30m 7. 桩承台和桩间地梁 8. 形成台/坡面以供回填用	分级： 1. 最大深度≤0.25m 2. 最大深度≤1.00m 3. 最大深度≤2.00m 4. 此后按每增加 2.00m 为单位而分段计量	m^3					
3. 与深度无关的任何额外挖方项目	1. 地下水位以下的挖方		m^3		M5 若合同执行后的水位与合同执行前的不同，应相应修改测量值			
	2. 靠近现存管通设施之开挖	1. 设施类型说明	m		M6 在特别要求留意区域执行计量	D2 防护维持管道视为特殊要求		S2 特殊要求之类别
	3. 围绕现存管道设施之开挖		nr					
4. 打碎现有物料		1. 岩石 2. 混凝土 3. 钢筋混凝土 4. 砖、砌块或石料 5. 涂膜碎石或沥青	m^3	1. 与深度无关的任何额外挖方项目		D3 岩石指因其尺寸或位置而决定不能以壁凿、特殊设备或爆破方式而移走的物料		
5. 打碎现有硬地面，需说明厚度			m^2					

续表

分类表					计算规则	定义规则	范围规则	辅助资料
6. 执行挖方之预留工作面	1. 挖低标高、地下室或同类构筑物 2. 坑井 3. 基槽 4. 桩承台及桩间地梁		m^2		M7 当挖方两侧模板面、抹灰面、基坑面或保护墙面的距离<600mm时，须计量工作面项目 M8 工作面按模板面、抹灰面、基坑面或保护墙面之周长乘以按开挖标高而计量出的挖方深度计算	D4 当使用经选择或处理的挖方或外运物料执行回填时，须列为特殊物料回填项目	C2 视作已包括土方支承、外运土方、回填、地下水位之下执行工程及破碎等	S3 用特殊材料执行回填的细节
7. 土方支撑	1. 最大深度≤1.00m 2. 最大深度≤2.00m 3. 此后按每增加2.00m而分级计量	1. 挖方相对面间距≤200m 2. 挖方相对面间距为200~400m 3. 挖方相对面间距>400m	m^2	1. 曲线 2. 低于地下水位 3. 不稳定土壤 4. 临近道路 5. 临近现有建筑 6. 留在原处	M9 土方支撑按所有挖方竖面的全深度（不管实际是否需要执行支撑）计算，除非： (a)挖方竖面≤0.25m高 (b)挖方竖面为斜面且水平倾斜角度≤45° (c)挖方竖面靠近原有墙、墩或其他结构 M10 地下水位以下或地基不稳区域的土方支撑，按开挖标高起计的全深度计量 M11 只有当相应项目按3100规则计算时及因合同执行后水位有所不同而需作出相应调整时，才会分项计量地下水位以下之土方支撑项目	D5 土方支撑指采用不同于D32章节所述的联接钢板桩方式而进行的，供维持挖方两侧土方稳定所需之一切措施 D6 只有当挖方竖面与道路或人行道路端面的水平距离<低于道路或人行道端面标高起计的开挖深度时，才会分项计量临近道路土方支撑项目 D7 只有当挖方竖面与最临近现存建筑之基础的距离<自基础底部起计的开挖深度时，才会分项计量临近现存建筑之土方支撑项目 D8 不稳定土壤指流动粉砂、流砂、松散碎石或其他同类项目	C3 弧形土方支撑视作已包括执行弧形挖方所需之所有额外费用	

续表

分类表					计算规则	定义规则	范围规则	辅助资料
8. 余土外运	1. 地表水 2. 地面水		项		M12 只有当相应项目按41规则计算和因合同执行后水位有所不同而需作出调整时，才会分项计量排走地面水之工程项目	D9 地表水位于现场和挖方区域的地表水		
	3. 挖出土方	1. 运出现场 2. 于场内存土	m^3	1. 规定位置，需说明细节 2. 规定存储，需说明细节	M13 清单提供的余土外运工程量为开挖前数量，不考虑开挖后土方松散的变化量或设置土方支撑所需的土方量		C4 视作已包括任何形式挖方或破碎物料	
9. 土方回填 10. 回填至所需标高 11. 回填至外部种植层高度，需说明位置	1. 平均厚度≤0.25m； 2. 平均厚度>0.25m	1. 使用挖出土方回填 2. 使用场内存土回填 3. 使用场外取土回填，需说明填土类别	m^3	1. 经选择土方，需说明细节 2. 再处理土方，需说明细节 3. 地表土 4. 特殊存储，需说明细节	M14 回填量按回填后体积计算 M15 用于计量之平均回填厚度为压实后的厚度 M16 当不处于地面标高时，才需特别说明外部种植层或其他同类项目的位置			S4 材料种类及质量 S5 回填及夯实办法
12. 回填层表面夯实	1. 于垂直面或斜面		m^2			D10 仅要求对水平角度 > 15° 的斜面之工作进行详细说明		

续表

分类表					计算规则	定义规则	范围规则	辅助资料
13. 表面处理	1. 使用除草剂		m^2		M17 表面处理也可提供于任何按表面积计量项目的项目描述内			S6 材料类别、质量及利用率
	2. 夯实	1. 地面 2. 回填 3. 挖方底面		1. 垫层，需说明材料	M18 特殊垫层按10＊＊＊之规则回填而计量 M19 混凝土垫层按E10章节之相关规则之量		C5 夯实视作已包括刮平及形成水平角度≤15°的坡面或斜面	S7 夯实方法 S8 材料质量及类别
	3. 修整	1. 倾斜表面		1. 岩石内	M20 当水平角度＞15°时，须分项计量修整斜面项目			
		2. 切割侧面 3. 筑堤侧面		1. 倾斜 2. 垂直 3. 岩石内				
	4. 修整岩石以形成平滑表面或外露面							
	5. 为地表土准备垫层土							S9 施工准备方法

2. 中英方关于栽植花木的工程量是如何计算的？

答:栽植与花卉栽植:栽植是农林园艺植物种植的一种作业。依其目的不同可分为"移植"和"定植"。它包括"起苗"、"搬运"、"种植"三个基本环节。将植株从某地土中连根(裸根或带土团并包装)起出,称为"起(掘)苗"。"搬运"是指将掘出的植株用一定的交通工具(人力或机械、车辆等)运至指定种植地点。"种植"是指将被移来的植株按要求重新栽种于适宜的土壤内的操作过程。在栽植过程中,苗木或树木掘起或搬运后如果不能及时种植,为了保护根系不被风吹日晒,维持树体的生命活动,而采取的短期埋栽或临时对根部湿润土壤的保护措施,称为"假植"。把所栽植对象为花卉的栽植叫做花卉栽植。

中方按栽植的花木种类不同将其分为栽植乔木、栽植竹类、栽植灌木等,并分别对其工程量计算规则进行规定,详见表5.1.3。

表5.1.3　中方栽植花木

<table>
<tr><th>项目名称</th><th>项目特征</th><th>计量单位</th><th>工程量计算规则</th><th>工作内容</th></tr>
<tr><td>栽植乔木</td><td>1. 种类
2. 胸径或干径
3. 株高、冠径
4. 起挖方式
5. 养护期</td><td>株</td><td>按设计图示数量计算</td><td rowspan="7">1. 起挖
2. 运输
3. 栽植
4. 养护</td></tr>
<tr><td>栽植灌木</td><td>1. 种类
2. 根盘直径
3. 冠丛高
4. 蓬径
5. 起挖方式
6. 养护期</td><td>1. 株
2. m^2</td><td>1. 以株计量,按设计图示数量计算
2. 以平方米计量,按设计图示尺寸以绿化水平投影面积计算</td></tr>
<tr><td>栽植竹类</td><td>1. 竹种类
2. 竹胸径或根盘丛径
3. 养护期</td><td>株(丛)</td><td rowspan="2">按设计图示数量计算</td></tr>
<tr><td>栽植棕榈类</td><td>1. 种类
2. 株高、地径
3. 养护期</td><td>株</td></tr>
<tr><td>栽植绿篱</td><td>1. 种类
2. 篱高
3. 行数、蓬径
4. 单位面积株数
5. 养护期</td><td>1. m
2. m^2</td><td>1. 以米计量,按设计图示长度以延长米计算
2. 以平方米计量,按设计图示尺寸以绿化水平投影面积计算</td></tr>
<tr><td>栽植攀缘植物</td><td>1. 植物种类
2. 地径
3. 单位长度株数
4. 养护期</td><td>1. 株
2. m</td><td>1. 以株计量,按设计图示数量计算
2. 以米计量,按设计图示种植长度以延长米计算</td></tr>
</table>

续表

项目名称	项目特征	计量单位	工程量计算规则	工作内容
栽植色带	1. 苗木、花卉种类 2. 株高或蓬径 3. 单位面积株数 4. 养护期	m^2	按设计图示尺寸以绿化水平投影面积计算	
栽植花卉	1. 花卉种类 2. 株高或蓬径 3. 单位面积株数 4. 养护期	1. 株(丛、缸) 2. m^2	1. 以株(丛、缸)计量,按设计图示数量计算 2. 以平方米计量,按设计图示尺寸以水平投影面积计算	1. 起挖 2. 运输 3. 栽植 4. 养护
栽植水生植物	1. 植物种类 2. 株高或蓬径或芽数/株 3. 单位面积株数 4. 养护期	1. 丛(缸) 2. m^2		
垂直墙体绿化种植	1. 植物种类 2. 生长年数或地(干)径 3. 栽植容器材质、规格 4. 栽植基质种类、厚度 5. 养护期	1. m^2 2. m	1. 以平方米计量,按设计图示尺寸以绿化水平投影面积计算 2. 以米计量,按设计图示种植长度以延长米计算	1. 起挖 2. 运输 3. 栽植容器安装 4. 栽植 5. 养护
花卉立体布置	1. 草本花卉种类 2. 高度或蓬径 3. 单位面积株数 4. 种植形式 5. 养护期	1. 单体(处) 2. m2	1. 以单体(处)计量,按设计图示数量计算 2. 以平方米计量,按设计图示尺寸以面积计算	1. 起挖 2. 运输 3. 栽植 4. 养护
铺种草皮	1. 草皮种类 2. 铺种方式 3. 养护期	m^2	按设计图示尺寸以绿化投影面积计算	1. 起挖 2. 运输 3. 铺底砂(土) 4. 栽植 5. 养护

续表

项目名称	项目特征	计量单位	工程量计算规则	工作内容
喷播植草(灌木)籽	1. 基层材料种类规格 2. 草(灌木)籽种类 3. 养护期	m^2	按设计图示尺寸以绿化投影面积计算	1. 基层处理 2、坡地细整 3. 喷播 4. 覆盖 5. 养护
植草砖内植草	1. 草坪种类 2. 养护期			1. 起挖 2. 运输 3. 覆土(砂) 4. 铺设 5. 养护
挂网	1. 种类 2. 规格		按设计图示尺寸以挂网投影面积计算	1. 制作 2. 运输 3. 安放
箱/钵栽植	1. 箱/钵体材料品种 2. 箱/钵外型尺寸 3. 栽植植物种类、规格 4. 土质要求 5. 防护材料种类 6. 养护期	个	按设计图示箱/钵数量计算	1. 制作 2. 运输 3. 安放 4. 栽植 5. 养护

注:①栽植苗木项目包括:起挖苗木、临时假植、苗木包装、装卸押运、回土填塘、挖穴假植、栽植、支撑、回土踏实、筑水围浇水、覆土保墒、养护等全部工序。

②喷灌设施安装项目包括:阀门井砌筑或浇筑、井盖安装、管道检查、清扫、切割、焊接(粘接)、套丝、调直和阀门、管件、喷头安装,感应电控装置安装,管道固筑,管道水压实验调试、管沟回填等全部工序。

③苗木种类应根据设计具体描述苗木的名称。

④栽植乔木等项目应根据胸径、株高、丛高或区分不同胸径、株高、丛高范围,以设计数量计算。

⑤苗木栽植项目,如苗木由市场购入,投标人则不计起挖苗木、临时假植、苗木包装、装卸押运、回土填塘等的价值,以苗木购入价及相关费用进行报价。

英方把栽植花木分为播籽种植/种草皮和花槽进行分别规定,详见表5.1.4及表5.1.5。

表 5.1.4　英方播籽种植/种草皮

提供资料					计算规则	定义规则	范围规则	辅助资料
P1 以下资料或应按第 A 部分之基本设施费用/总则条款而提供于位置图上，或应提供于与工程量清单相对应的附图上： (a)工程范围及其位置								
分类表								
1. 开垦土壤	1. 注明深度		m²	1. 除草，细节说明 2. 剪草，细节说明 3. 准备工作，细节说明		D1 表面处理的种类包括除草剂，选择性除草剂，泥炭，肥料，混合肥料，覆盖料，化学肥料，土壤改良，撒沙等等	C1 开垦视作已包括去除石头 C2 表面处理视作已包括所有需进行的工作 C3 播种视作已包括耙地或者耙掘以及滚压 C4 剪草视作已包括将边缘修剪整齐	S1 操作计时 S2 开垦方法及耕作程度 S3 材料的种类、质量、组成及混合 S4 处理方法 S5 养护草皮的方法
2. 土壤表面处理	1. 注明种类和速度							
3. 播种	1. 注明速度							
4. 铺草皮								
5. 播种区域的边缘铺草皮	1. 注明宽度							
6. 保护	1. 临时栅栏			1. 保护期限及最终所有权，细节说明	M1 保护性临时栅栏在特定需要时按 Q40 规定计算			

表 5.1.5　英方花槽

提供资料					计算规则	定义规则	范围规则	辅助资料
P1 以下资料或应按第 A 部分之基本设施费用/总则条款而提供于位置图上，或应提供于与工程量清单相对应的附图上： (a)工程范围及其位置								
分类表								
1. 开垦土地	1. 注明深度		m^2	1. 除草，细节说明 2. 休耕，细节说明		D1 表面处理的种类包括除草剂，选择性除草剂，泥炭，肥料，混合肥料，覆盖料，化学肥料，土壤改良，撒沙等等 D2 BS 名称包括标准的和修订的苗圃名称或者是半成材树名称 D3 苗圃包括播种、移植和松土 D4 除非另行说明，移走多余的挖出材料意为从现场移走	C1 开垦视作已包括移走石头 C2 表面处理视作已包括所需要进行的工作 C3 项目包括挖掘或形成树坑、洞或沟充填、浇水、移走多余的挖出材料和作标签 C4 充填视作已包括所有必要的多重操作 C5 在由他人准备的开垦区或种草区域栽树视作已包括所有必要的复原工作	S1 操作计时 S2 开垦方法和耕作程度 S3 材料的种类、质量及成分 S4 挖出的或形成的树坑、洞及沟的尺寸和种类 S5 支撑和绑扎的种类 S6 充填的特殊材料 S7 作标签
2. 土地表面处理	1. 注明种类和速度							
3. 植树	1. 植物名称	1. 注明 BS 名称并说明 2. 注明树围、高度、茎干和根系	nr	1. 在由他人所准备的垦区或种草区内栽树，细节说明 2. 初次修剪树枝，细节说明 3. 支撑和绑扎 4. 用特殊材料充填（土壤），细节说明 5. 浇水，细节说明				
4. 苗圃植树 5. 灌木		1. 注明高度和根系	nr					
6. 栽种树篱		1. 注明高度	nr					
		2. 注明高度、间距、行数和布局	m					
7. 栽种草本植物		1. 注明尺寸	nr					
		2. 注明每平方米尺寸和数量	m^2					
8. 栽种球茎植物		1. 注明尺寸	nr m^2					
9. 种植后护根	1. 环绕单株植物	1. 注明厚度和面积	nr	1. 树罩，细节说明				S8 护根的类型、时间和操作方法
	2. 苗床	2. 注明厚度	m^2					
10. 保护	1. 护树	1. 注明尺寸	nr					S9 树木护栏的类型和固定方法 S10 喷水方式和操作进度 S11 遮盖的种类和化学物品应用
	2. 防晒喷水	2. 注明树的高度和树围或植物伸展范围						
	3. 遮盖	3. 注明遮盖高度和树围						
	4. 临时栅栏			1. 保护期限及最终所有权，细节说明	M1 临时栅栏在特定需要时按 Q40 规定计算			

二、园路、园桥、假山工程

1. 中英方关于园路、桥工程的工程量计算规则是如何规定的?

答:园桥园林中的桥,不仅具有沟通园路、导游、分隔水面空间的作用,而且还有构成景观、锦上添花的作用。它是游人休息游览、凭眺、戏水、观鱼及配置水生花草的好地方。所以,桥的位置和造型好坏与园林规划设计的关系较为密切。园桥一般架在水面较窄处,桥身与岸相垂直,或与亭廊相接。造型大小要服从该园林的功能、交通和造景的需要,与周围的环境相协调统一。在较小的水面上设桥应偏向水体一隅,其造型要轻巧、简洁,尺度宜小,桥面宜接近水面。在较大的水面上架桥,可以局部抬高桥面,避免水面单调,有利于桥下通船。

园桥的类型很多,有石桥、木桥、钢筋混凝土桥;有梁式、拱式(单曲拱和双曲拱)、单跨和多跨;有平桥、曲桥、拱桥、亭桥、廊桥、汀步等,如图 5.2.1 所示。

图 5.2.1　各类园桥的造型

园桥桥体的结构形式随其主要建筑材料而有所不同。例如,钢筋混凝土桥和木桥常用板梁柱式,石桥常用拱券式或悬臂梁式,铁桥常用桁架式,吊桥常用悬索式等等,都说明建筑材料与桥的结构形式是紧密相关的。下面分别了解一下常用园桥结构形式(图 5.2.2)的简单情况。

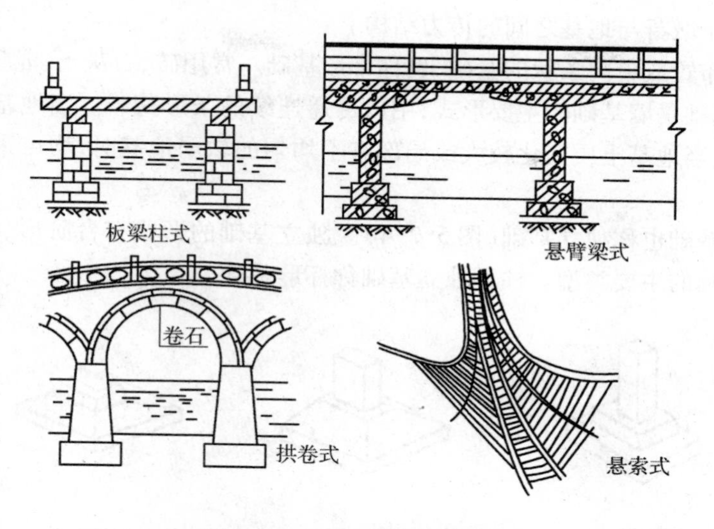

图 5.2.2　园桥的几种结构形式

园路：园路是园林绿地构图中的重要组成部分，是联系各景区、景点以及活动中心的纽带，具有引导游览、分散人流的功能，同时也可供游人散步和休息之用。园路本身与植物、山石、水体、亭、廊、花架一样都能起展示景物和点缀风景的作用。园路还需满足园林建设、养护管理、安全防火和职工生活对交通运输的需要。园路配布合适与否，直接影响到公园的布局和利用率，因此需要把道路的功能作用和艺术性结合起来，精心设计，因景设路，因路得景，做到步移景异。一般园路可分为主干道、次干道和游步道三种类型。主干道是园林绿地道路系统的骨干与园林绿地的主要出入口，作用是使各功能分区以及风景点相联系，也是各区的分界线。次干道一般由主干道分出，是直接联系各区及风景点的道路，以便将人流迅速分散到各个去处。游步道是引导游人深入景点、寻胜探幽的道路。一般设在山丘、峡谷、小岛、丛林、水边、花间或草地上。

嵌草路面：嵌草路面有两种类型：一种为在块料路面铺装时，在块料与块料之间留有空隙，在其间种草，如冰裂纹嵌草路、空心砖纹嵌草路、人字纹嵌草路等；另一种是制作成可以种草的各种纹样的混凝土路面砖。

嵌草砖品种如图 5.2.3 所示。

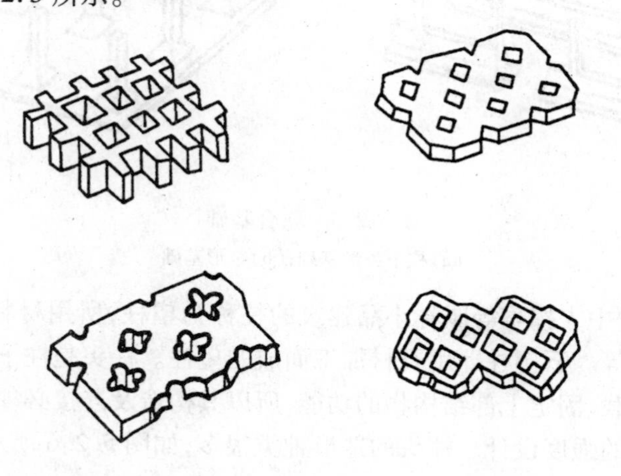

图 5.2.3　可种草的混凝土预制砖

石桥基础：是介于墩身与地基之间的传力结构。

条形基础：是指布置成单向条状的基础，也称带形基础。常用砖、石灰土、混凝土和钢筋混凝土等材料建造。条形基础是墙基础的主要形式，用以传递连续的条形荷载。当地基上容许承载力较小，上部荷载较大时；当地基土质变化较大或局部有不均匀的软弱地基时，均可采用钢筋混凝土条形基础。

独立基础：单独基础也称独立基础（图5.2.4）。独立基础的形式有台阶形、锥形等，用料与条形基础相同，是柱基础的主要类型。柱下独立基础称杯形基础。

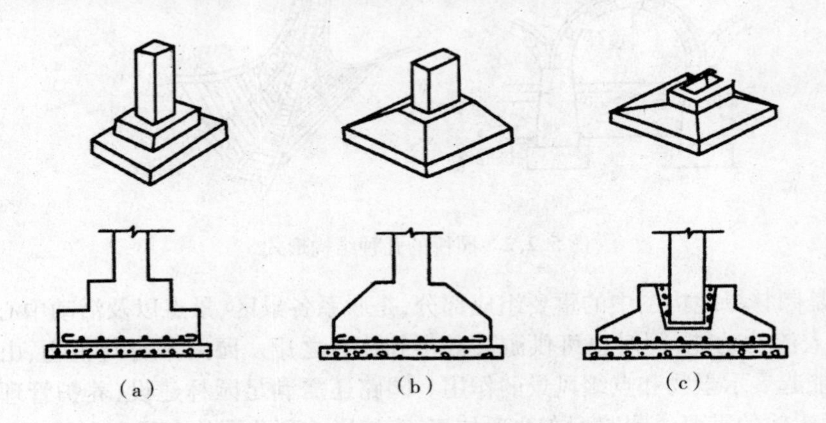

图5.2.4　独立基础

(a)阶梯形；(b)锥形；(c)杯形

联合基础：当建筑物的柱距较小，而柱作用的荷载很大，柱子的独立基础底面积必将连成一整体后才能满足地基容许承载能力，这种把柱子基础连起来的形式为联合基础（图5.2.5）。

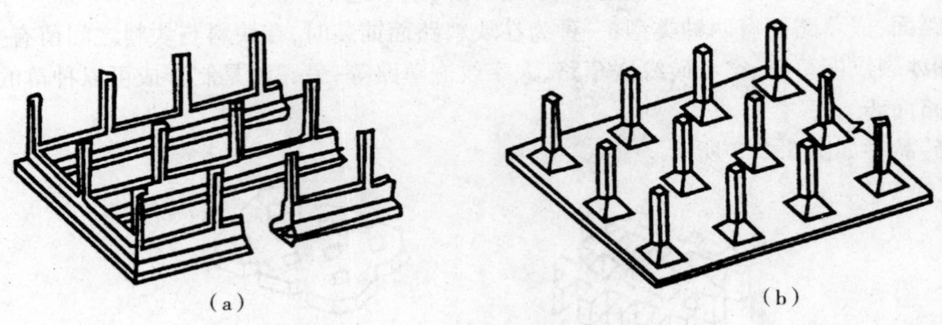

图5.2.5　联合基础

(a)柱下条形基础；(b)筏形基础

石望柱：在园林工程中支撑亭等园林小品建筑的柱称为望柱，所用材料可以是砖石，也可以是混凝土或预应力混凝土等。石望柱即用石材加工而成的望柱。柱头是柱子上端支承上部结构物的部分。它有传递上部荷载、固定上部结构物的功能，所以其构造及连接必须按铰接或刚接要求满足传递可能最大组合荷载的强度设计。柱头的造形种类很多，如图5.2.6所示。

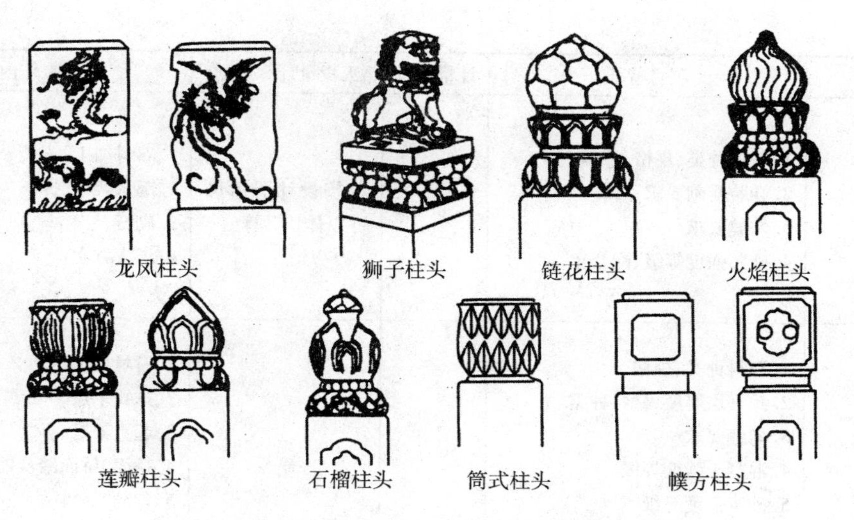

图 5.2.6　几种常用的柱头形式

中方对园路桥的工程量清单项目设置及工程量计算规则，按表 5.2.1 执行。

表 5.2.1　中方园路桥工程

项目名称	项目特征	计量单位	工程量计算规则	工作内容
园路	1. 路床土石类别 2. 垫层厚度、宽度、材料种类 3. 路面厚度、宽度、材料种类 4. 砂浆强度等级	m^2	按设计图示尺寸以面积计算，不包括路牙	1. 路基、路床整理 2. 垫层铺筑 3. 路面铺筑 4. 路面养护
踏(蹬)道			按设计图示尺寸以水平投影面积计算，不包括路牙	
路牙铺设	1. 垫层厚度、材料种类 2. 路牙材料种类、规格 3. 砂浆强度等级	m	按设计图示尺寸以长度计算	1. 基层清理 2. 垫层铺设 3. 路牙铺设
树池围牙、盖板(箅子)	1. 围牙材料种类、规格 2. 铺设方式 3. 盖板材料种类、规格	1. m 2. 套	1. 以米计量，按设计图示尺寸以长度计算 2. 以套计量，按设计图示数量计算	1. 清理基层 2. 围牙、盖板运输 3. 围牙、盖板铺设
嵌草砖(格)铺装	1. 垫层厚度 2. 铺设方式 3. 嵌草砖(格)品种、规格、颜色 4. 漏空部分填土要求	m^2	按设计图示尺寸以面积计算	1. 原土夯实 2. 垫层铺设 3. 铺砖 4. 填土
桥基础	1. 基础类型 2. 垫层及基础材料种类、规格 3. 砂浆强度等级	m^3	按设计图示尺寸以体积计算	1. 垫层铺筑 2. 起重架搭、拆 3. 基础砌筑 4. 砌石
石桥墩、石桥台	1. 石料种类、规格 2. 勾缝要求 3. 砂浆强度等级、配合比			1. 石料加工 2. 起重架搭、拆 3. 墩、台、券石、券脸砌筑 4. 勾缝
拱券石	1. 石料种类、规格 2. 券脸雕刻要求 3. 勾缝要求 4. 砂浆强度等级、配合比			
石券脸		m^2	按设计图示尺寸以面积计算	

续表

项目名称	项目特征	计量单位	工程量计算规则	工作内容
金刚墙砌筑	1. 石料种类、规格 2. 券脸雕刻要求 3. 勾缝要求 4. 砂浆强度等级、配合比	m^3	按设计图示尺寸以体积计算	1. 石料加工 2. 起重架搭、拆 3. 砌石 4. 填土夯实
石桥面铺筑	1. 石料种类、规格 2. 找平层厚度、材料种类 3. 勾缝要求 4. 混凝土强度等级 5. 砂浆强度等级	m^2	按设计图示尺寸以面积计算	1. 石材加工 2. 抹找平层 3. 起重架搭、拆 4. 桥面、桥面踏步铺设 5. 勾缝
石桥面檐板	1. 石料种类、规格 2. 勾缝要求 3. 砂浆强度等级、配合比			1. 石材加工 2. 檐板铺设 3. 铁锔、银锭安装 4. 勾缝
石汀步（步石、飞石）	1. 石料种类、规格 2. 砂浆强度等级、配合比	m^3	按设计图示尺寸以体积计算	1. 基层整理 2. 石材加工 3. 砂浆调运 4. 砌石
木制步桥	1. 桥宽度 2. 桥长度 3. 木材种类 4. 各部位截面长度 5. 防护材料种类	m^2	按桥面板设计图示尺寸以面积计算	1. 木桩加工 2. 打木桩基础 3. 木梁、木桥板、木桥栏杆、木扶手制作、安装 4. 连接铁件、螺栓安装 5. 刷防护材料
栈道	1. 栈道宽度 2. 支架材料种类 3. 面层材料种类 4. 防护材料种类		按栈道面板设计图示尺寸以面积计算	1. 凿洞 2. 安装支架 3. 铺设面板 4. 刷防护材料

英方的鹅卵石路面对应于中方的园路，英方规定见表5.2.2。

中方园桥中的栏杆，扶手与英方中的围栏相对应，英方对围栏的规定较详细，与中方的规定不同，详见表5.2.3。

表 5.2.2　英方鹅卵石路面

<table>
<tr><th colspan="5">提供资料</th><th>计算规则</th><th>定义规则</th><th>范围规则</th><th>辅助资料</th></tr>
<tr><td colspan="5">P1 以下资料或应按第 A 部分之基本设施费用/总则条款而提供于位置图内，或应提供于与工程量清单相对应的附图上：
(a)工程范围及其位置</td><td rowspan="2"></td><td rowspan="2">D1 除非特别说明为室内工程，所有工程均为室外工程
D2 厚度为标称厚度</td><td rowspan="2">C1 工程内容视作已包括：
(a)平整接头
(b)跨越或围绕障碍物部分、入凹槽的压型预埋件
(c)切割</td><td rowspan="2">S1 材料种类及材质包括垫层
S2 构件的尺寸、形状及厚度
S3 表面处理的性质
S4 垫层或其他固定措施
S5 连缝处理
S6 连缝布置
S7 垫层的性质
S8 准备工作</td></tr>
<tr><td colspan="5">分类表</td></tr>
<tr><td>1. 道路
2. 铺面</td><td>1. 注明厚度</td><td>1. 只适用于水平和坡面
2. ≤15°之坡面和横向坡面
3. >15°之坡面</td><td>m^2</td><td>1. 垫层，说明厚度
2. 详述图案花纹
3. 详述连接处做法、部件及参考图纸
4. 若为分跨度装配，则说明平均跨度</td><td>M1 面积以暴露面计，不扣除≤0.5 m^2 的空隙面积</td><td></td><td>C2 工程内容视作已包括建成浅沟渠及相关劳务
C3 坡面、横坡及≤15°的斜坡视作已包括交叉段</td><td></td></tr>
</table>

续表

分类表					计算规则	定义规则	范围规则	辅助资料
3. 楼梯踏步板 4. 边缘	1. 注明宽度		m	1. 详述图案花纹 2. 基础和拱肩 3. 弧型件，说明半径			C4 工程内容视作已包括所有的平整边缘，内部和外部倾斜度 C5 沟渠里衬视作已包括边坡、倾斜角、交叉段和引出口 C6 基础和托座视作已包括模板	S9 基础和拱肩的性质和范围
5. 楼梯踏步竖板	1. 注明高度							
6. 缘石 7. 路肩	1. 注明中标明尺寸				M2 用于道路/铺面以类似材料制成的缘石、边缘和沟槽均在此计算测量。独立的缘石边缘和沟槽在 Q10 部分计算			
8. 沟渠里衬	1. 注明表面周长							
9. 额外项目	1. 特殊构件	1. 尺寸说明	m					
	2. 独立的特殊构件		nr					
10. 附件	1. 隔离薄膜	1. 注明厚度	m^2					
	2. 活动接缝	1. 尺寸说明	m	1. 弧型件，说明半径		D4 活动接缝包括伸缩缝		
	3. 格栅架		nr					

表 5.2.3　英方围栏

提供资料					计算规则	定义规则	范围规则	辅助资料
P1 以下资料或应按第 A 部分之基本设施费用/总则条款而提供于位置图上,或应提供于与工程量清单相对应的附图上: (a)工程范围及其位置 (b)为斜坡特别设计的栅栏之位置							C1 工程内容视作已包括: (a)主柱、特殊支柱及门柱所需之开挖 (b)回填及弃土处理 (c)土坑护壁 (d)支柱	S1 材料类型及材质 S2 施工 S3 加工程序中的表面处理,或运送到工地前的表面处理 S4 回填的范围和性质
分类表								
1. 栅栏	1. 说明种类	1. 注明栅栏高度;支撑的间距、高度和深度	m	1. 弧形栏杆,但在每根柱子之间为直线 2. 弧形栏杆的半径 >100m 3. 弧形栏杆的半径 ≤100m,说明半径 4. 于 >15° 斜坡的栏杆 5 长度≤3m	M1 计算栅栏时不扣除支撑及特殊支撑的长度	D1 支柱为按规则间距安放的柱子或小立柱 D2 特殊支柱同上做法但其间距不规则 D3 栏栅高度量自地面或其他支点,顶点为柱间栅栏的顶点,无栅栏时,顶点为铁丝网或横杆		
2. 栏杆的附加支撑	1. 端柱 2. 倾斜柱 3. 组合门柱 4. 拉紧柱 5. 其他,细节说明	1. 注明尺寸、高度和深度	m^2	1. 在地面的固定方法,说明地面情况 2. 立柱或支撑说明		D4 弧形栅栏为在柱间为弧形者 D5 组合门柱为与栅栏合为一体的门柱	C2 门柱视作已包括顶门栓及悬挂栓	

续表

分类表					计算规则	定义规则	范围规则	辅助资料
3. 独立门柱	1. 注明种类		nr			D6 支柱及特殊支柱的高度指地面以上或其他支点以上的高度 D7 支柱及特殊支柱的深度指的是地面以下或其他支点以下的深度		
4. 栅栏、特殊支柱及独立门柱(不论型式)的额外项目	1. 在地下水位以下开挖		m^3		M2 如果合同前水位与合同后水位不同,计算结果应予以调整		C3 视作已包括排除地面水	
	2. 破除现有现场遗留物	1. 岩石 2. 混凝土 3. 钢筋混凝土 4. 砖砌、砌块和石材砌体 5. 碎石路面和沥青路面				D8 岩石是只能用楔、特殊机具或炸药才能破除和移走的具特定尺寸和位置的物品之统称	C4 视作已包括硬质路面修复	
	3. 破除现有硬质路面,注明厚度		m^2					
5. 门	1. 注明类型	1. 高、宽说明	nr				C5 门视作已包括:定门器、门闩和独立的缓冲器及它们的相应部件	
6. 五金件					M3 根据 P21 条款计算五金件			

同时注意：

1）园路项目路面材料种类：有混凝土路面、沥青路面、石材路面、砖砌路面、卵石路面、片石路面、碎石路面、瓷片路面等；石材应分块石、石板，砖砌应分平砌、侧砌，卵石应分选石、选色、拼花、不拼花，瓷片应分拼花、不拼花等。应在工程量清单中进行描述。

2）树池围牙铺设方式指围牙的平铺、侧铺。

3）石桥基础类型指矩形、圆形等石砌基础。

4）石桥项目中构件的雕饰要求，以园林景观工程石浮雕种类划分。

5）木制步桥项目中的桥宽度、桥长度均以桥板的铺设宽度与长度为准。

6）木制步桥项目的部件，可分为木桩、木梁、木桥板、木栏杆、木扶手，各部件的规格应在工程量清单中进行描述。

7）园路如有坡度时，工程量以斜面积计算。

8）路牙铺设如有坡度时，工程量按斜长计算。

9）嵌草砖铺设工程量不扣除漏空部分的面积，如在斜坡上铺设时，按斜面积计算。

10）石旋脸工程量以看面面积计算。

11）混凝土园路设置伸缩缝时，预留或切割伸缩缝及嵌缝材料应包括在报价内。

12）围牙、盖板的制作或购置费应包括在报价内。

13）嵌草砖的制作或购置费应包括在报价内，嵌草砖漏空部分填土有施肥要求时，也应包括在报价内。

14）石桥基础在施工时，根据施工方案规定需筑围堰时，筑拆围堰的费用，应列在工程量清单措施项目费内。

15）石桥面铺筑，设计规定需回填土或做垫层时，可将回填土或垫层包括在石桥面铺筑报价内，相关的回填土或混凝土垫层项目不再报价。

16）凡石构件发生铁扒锔、银锭制作安装时，应包括在报价内。

三、园林景观工程

1. 中英方关于喷泉管道工程量计算规则是如何规定的？

答：喷泉是园林理水造景的手法之一，是一种独立的艺术品，常应用于城市广场，公共建筑前、庭院等地，其作为园林小品，广泛应用于室内外空间。喷泉能够增加空间湿度，减少尘埃，大大增加空气中负氧离子的浓度，因而有益于改善环境，也有益于人们的身心健康。

喷泉管道：喷泉管网主要有吸水管、供水管、补给水管、溢水管、泄水管及供电线路等组成。

中方计算喷泉管道工程量时，考虑：

1）管材、管件、阀门、喷头品种。

2）管道固定方式。

3）防护材料种类等因素，以 m 为计量单位，按设计图示管道中心线长度以延长米计算，不扣除检查（阀门）井、阀门、管件及附件所占的长度。工程内容包括：①土（石）方挖运；②管道、管件、阀门、喷头安装；③刷防护材料；④回填。

注：喷泉管道工程量从供水主管接头算至喷头接口（不包括喷头长度）。

而英方没有对喷泉管道的工程量计算作专门规定，只是对管道系统通用设备进行规定，其中包含有喷泉管道的内容。详见表 5.3.1。

表 5.3.1　英方管道系统通用设备

提供资料					计算规则	定义规则	范围规则	辅助资料
P1 以下资料或应按第 A 部分之基本设施费用/总则条款而提供于位置图内,或应提供于与工程量清单相对应的附图上: (a)工程范围及其位置,包括机房内的工作内容					M1 与本章节有关的工程内容按附录 B 内规则 R20 - U70 计算,并作相应分类 M2 机房内的工作单独计算	D1 面层及表面处理不包括按 Y50 及 M60 规则计算的保温绝热层及装饰性面层	C1 视作已包括提供一切必要的连接件 C2 视作已包括提供格式、模式与模具等	S1 特殊的行规及规范 S2 材料类型与材质 S3 材料规格、厚度或材质 S4 材料必须符合的测试标准 S5 现场操作的面层或表面处理 S6 非现场操作的面层或表面处理,应说明是在工厂组装或安装之前或之后进行 S7 设备尺寸和重量限制
分类表								
1. 设备	1. 注明类型、尺寸、模式、功能效率、容量、负荷以及安装方法	1. 另需参考技术要求	nr	1. 与设备同时提供的附件,详细说明 2. 综合控制或指示器,详细说明 3. 遥控器或指示器,以及连接件,详细说明 4. 与设备同时提供的支承,抗振动装置,绝缘设备。细节及安装方法说明 5. 初始费用,详细说明 6. 注明安装环境			C3 视作已包括与设备同时提供的用于标识的铭牌、磁碟与标签	

续表

分类表					计算规则	定义规则	范围规则	辅助资料
2. 不与设备同时提供的设备附件	1. 注明类型、尺寸与安装方法	1. 注明设备类型	nr	1. 综合控制或指示器,详细说明 2. 遥控器或指示器,以及之间的衔接,详细说明			C4 视作已包括设备连接件	
3. 窗台散热片 4. 墙裙散热片	1. 构件(nr)	1. 注明输出热值、类型、尺寸与连接方法	m					
	2. 外罩	2. 注明类型、尺寸与连接方法	m				C5 视作已包括边沿密封条	
5. 窗台与墙裙散热片外罩所需的额外项目	1. 角形截面而铁件 2. 配合板 3. 进出口盖 4. 端盖	1. 注明类型、尺寸与连接方法	nr					
6. 不与设备同时提供的支承件	1. 注明类型、尺寸与连接方法		nr	1. 注明安装的环境				
7. 独立垂直钢烟囱	1. 高度、内直径与连接方法说明			1. 底板(nr) 2. 底板的样板(nr) 3. 内衬(nr) 4. 外覆层(nr) 5. 地脚螺栓(nr) 6. 缆索(nr) 7. 梯子(nr) 8. 防护栏杆(nr) 9. 油工安全系钩(nr) 10. 除灰门(nr) 11. 通风帽 12. 烟道终端	M3 在 Y10 章节,烟道作为管道系统进行计算			
8. 不与设备同时提供的抗振配件	1. 类型、尺寸与安装方法		nr	1. 注明安装的环境				
9. 抗振或隔声材料	1. 设备基础	1. 注明性质与厚度	m^2	1. 由其他施工单位				
10. 设施的拆开、堆放、再安装(为了其他工种方便)	1. 注明设备类型与拆开目的		项					

2. 中英方对喷泉电缆的工程量计算规则是如何确定的?

答:喷泉电缆:指在喷泉正常使用时,用来传导电流,提供电能的设备。

中方计算喷泉电缆工程量时,考虑:

1)保护管品种、规格。

2)电缆品种、规格等因素,以 m 为计量单位,按设计图示单根电缆长度以延长米计算,工程内容包括:①土(石)方挖运;②电缆保护管安装;③电缆敷设;④回填。

英方没有对喷泉电缆工程量作专门规定,只对总的电缆桥架作出规定,与中方相比,英方对电缆的规定较为详细,工程量计算规则也与中方不同,详见表 5.3.2。

3. 中英方关于水下艺术装饰灯具的工程量计算规则是如何规定的?

答:水下艺术装饰灯具指设在水池、喷泉、溪、湖等水面以下,对水景起照明及艺术装饰作用的灯具。

水池灯:具有很好的水密性、灯具中的光源一般选用卤钨灯,这是因为卤钨灯的光谱呈连续性,光照效果很好。当灯具放光时,光经过水的折射,会产生色彩艳丽的光线,特别是照射在喷水池中水柱时,人们会被五彩缤纷的光色与水柱所陶醉。

计算水下艺术装饰灯具时考虑:

1)灯具品种、规格。

2)灯光颜色。

以“套”为计量单位,按设计图示数量计算,工程内容包括:①灯具安装;②支架制作、运输、安装。

注:水下艺术装饰灯具工程量以每个灯泡、灯头、灯座以及与之配套的配件为 1 套。

英方规定中没有对水下艺术装饰灯具作专门规定,而在对照明及灯具的规定中有所体现,详见表 5.3.3。

4. 中英方对电气控制柜的工程量是如何计算的?

答:中方计算电气控制柜时考虑:

1)规格、型号。

2)安装方式。

以“台”为计量单位,按设计图示数量计算,工程内容包括:①电气控制柜(箱)安装;②系统调试。

注:

配电箱有照明用配电箱和动力配电箱之分。进户线至室内后光径总刀开关,然后再分支分路负荷。总刀开关、分支刀开关和熔断器等装在一起就称配电箱。

英方对配电柜作了相关规则,详见表 5.3.4。

表 5.3.2　英方电缆桥架

提供资料					计算规则	定义规则	范围规则	辅助资料
P1 以下资料或应按第 A 部分之基本设施费用/总则条款而提供于位置图内,或应提供于与工程量清单相对应附图上: (a)工程范围及其位置					M1 与本章节有关的工程内容按附录 B 内规则 V10 - W62 计算,并作相应分类	D1 面层及表面处理不包括按 M60。规则计算的装饰性面层	C1 视作已包括提供一切必需的连接件 C2 视作已包括提供格式、模式与模具等	S1 特殊的行规及规范 S2 材料类型与材质 S3 材料规格、厚度或材质 S4 材料必须符合的测试标准 S5 现场操作的面层或表面处理 S6 非现场操作的面层或表面处理,应说明是在工厂组装或安装之前或之后进行
分类表								
1. 电缆管	1. 直管 2. 弯管,注明半径	1. 注明类型外形尺寸及固定方法	m	1. 注明施工环境 2. 靠近表面 3. 在凹槽中 4. 在地板抹面层中 5. 在现浇混凝土内	M2 计算电缆管时不扣除配件及支管长度 M3 独立的接地线根据条款 Y61 或 Y80 分别计算		C3 电缆管视作已包括: (a)弯曲、切割、螺钉固定、连接和所有导管管件,不包括 2*.1* (b)管夹、支架和钉子 (c)电缆管入口开孔 (d)拽拉钢丝、拽拉电缆等 (e)接地配件	
	3. 柔性接头 4. 伸缩接头	1. 注明类型、尺寸、连接器总长及固定方法	nr	1. 接地导管				
2. 电缆管所需要的附加项目	1. 特殊电缆箱 2. 可改装的电缆箱 3. 地板洞口电缆箱 4. 特制电缆箱 5. 长方形接线箱 6. 伸缩缝	1. 注明类型、尺寸、盖板及安装方法	nr	1. 注明安装的环境			C4 视作已包括电缆管与电缆箱之连接和连接时的电缆管切割	

续表

分类表					计算规则	定义规则	范围规则	辅助资料
3. 电缆管与电缆槽的连接 4. 电缆管与设备和控制系统的连接	1. 组件 2. 特殊电缆箱	1. 注明类型式、尺寸及连接方法	nr					
5. 电缆槽	1. 直槽 2. 弯槽，注明半径	1. 注明类型、尺寸、连接方法、间距、支架及固定方法	m	1. 注明安装的环境 2. 销接支架 3. 组件（m），注明尺寸	M4 计算电缆槽时不扣除配件及支管长度 M5 独立的接地线根据条款 Y61 或 Y80 分别计算		C5 电缆槽视作已包括接地配件	
6. 电缆槽所需要的附加项目	1. 固定件	1. 注明类型式	nr	1. 衬套材料，注明类型和尺寸			C6 视作已包括电缆槽的切割和与配件的连接	
7. 电缆槽与设备和控制系统的连接	1. 孔的形成 2. 带法兰 3. 带法兰和形成孔	1. 注明开口的尺寸 2. 注明开口尺寸、法兰的型式和尺寸	nr					
8. 电缆盘、爬梯和电缆架	1. 直型 2. 弯曲型，注明半径	1. 注明类型、宽度、连接方法、支架间距及固定方法	m	1. 注明安装的环境	M6 计算电缆盘、爬梯和电缆架时不扣除固定件和电缆支线长度 M7 独立的接地线根据条款 Y61 或 Y80 分别计算		C7 电缆盘视作已包括接地配件	
9. 电缆盘支座	1. 注明型式和尺寸		nr					
10. 电缆盘、爬梯和电缆架所需要的附加项目	1. 固定件		nr				C8 视作已包括电缆盘的切割和与固定件的连接	
11. 电缆槽支架 12. 电缆盘、爬梯和电缆架的支座	1. 不同于电缆槽或电缆盘、爬梯和电缆架的支架	1. 注明电缆槽或电缆盘、爬梯和电缆架的尺寸、支架的型式和尺寸、电缆槽或电缆盘、爬梯和电缆架的固定方法	nr	1. 注明安装的环境				

表 5.3.3 英方照明及灯具

提供资料					计算规则	定义规则	范围规则	辅助资料
P1 以下资料或应按第 A 部分之基本设施费用/总则条款而提供于位置图内，或应提供于与工程量清单相对应的附图上： (a)工程范围及其位置					M1 与本章节有关的工程内容按附录 B 内规则 V10 – W62 计算，并作相应分类	D1 面层及表面处理不包括按 M60 规则计算的装饰性面层	C1 视作已包括接头所需的全部配件 C2 视作已包括模式、造型和样板等	S1 特殊的行规及规范 S2 材料类型与材质 S3 材料规格、厚度或材质 S4 材料必须符合的测试标准 S5 现场操作的面层或表面处理 S6 非现场操作的面层或表面处理，应说明是在工厂组装或安装之前或之后进行
分类表								
1. 特殊规格项目	1. 注明类型并进行描述		nr	1. 接线箱，详细说明 2. 电缆管连接箱，详细说明 3. 安装图表，详细说明 4. 顶棚灯线孔盖，详细说明 5. 连接箱，详细说明 6. 柔性绳缆，详细说明		D2 特殊规格项目指的是与相关工程类型不同的装置或附件		

续表

分类表					计算规则	定义规则	范围规则	辅助资料
2. 照明器材	1. 注明类型、尺寸和固定方法 2. 悬挂件、类型、尺寸和固定方法说明	1. 另需参考技术要求 2. 下垂量≤1.00m 3. 下垂量＞1.00m，注明下垂距离	nr	7. 启动器、电抗器和电容器，详细说明 8. 遮光板、扩散器和反射器，详细说明 9. 灯座、详细说明 10. 导管或悬链，详细说明 11. 悬挂系统，详细说明 12. 柱式照明，详细说明 13. 注明安装的环境		D2 特殊规格项目指的是与相关工程类型不同的装置或附件		
3. 灯具	1. 注明类型、尺寸和额定能力		nr		M2 照明器材说明中将提供可供选择的不同灯具		C3 灯具视作已包括其在照明器材中的安装	
4. 由业主提供的照明器材和灯具	1. 注明类型、尺寸和固定方法			1. 注明附加的元件和室内电线，详细说明 2. 注明安装的环境			C4 视作已包括送达货物、储存和搬运	
5. 附件	1. 注明类型、接线箱和固定方法	1. 注明额定参数	nr	1. 需与插座一起提供的插头 2. 注明安装的环境	M3 根据不同规格将附件分别计数		C5 插头视作已包括熔断器	
6. 为方便其他工种而进行的断开、甩头和重新安装	1. 注明设备类型和断开的目的		项					

表 5.3.4 英方配电柜

提供资料					计算规则	定义规则	范围规则	辅助资料
P1 以下资料或应按第 A 部分之基本设施费用/总则条款而提供于位置图内,或应提供于与工程量清单相对应的附图上: (a)工程范围及其位置					M1 与本章节有关的工程内容按附录 B 内规则 V10 - W62 计算,并作相应分类	D1 面层及表面处理不包括按 M60 规则计算的装饰性面层	C1 视作已包括接头所需的全部配件 C2 视作已包括模式、造型和样板等	S1 特殊的行规及规范 S2 材料类型与材质 S3 材料规格、厚度或材质 S4 材料必须符合的测试标准 S5 现场操作的面层或表面处理 S6 非现场操作的面层或表面处理,应说明是在工厂组装或安装之前或之后进行 S7 设备尺寸和重量限制
分类表								
1. 开关柜 2. 配电柜 3. 接触器和启动器 4. 电机驱动器	1. 注明类型、尺寸、额定容量和固定方法	1. 另需参考技术要求	nr	1. 熔断器 2. 随设备提供的支架,提供详细资料和固定方法 3. 注明安装的环境			C3 视作已包括随设备提供的标识板、磁盘和铭牌	
5. 支撑,未随开关柜、配柜、接触器和启动器以及电机驱动器一起提供	1. 注明类型、尺寸和固定方法		nr	1. 注明安装的环境